西安交通大学研究生“十四五”规划精品系列教材

化工过程装备

魏进家　方嘉宾　段权　等编

CHEMICAL
PROCESS
EQUIPMENT

化学工业出版社
·北京·

内容简介

本书以化工过程装备两个主要组成部分——化工过程流体机械和化工静设备为切入点，在系统介绍容积式泵与压缩机、透平式泵与压缩机、换热器、反应器等化工过程关键装备基本结构形式、工作原理、性能特点和应用场合的基础上，重点对其中存在的关键问题进行深度分析解释，以加深学生对化工过程装备的理解并使学生掌握分析相关问题的方法。内容主要涵盖流体力学、传热学、反应动力学、结构力学等方面的技术进步以及数值模拟技术的发展与应用，详细介绍了该类型装备在结构上的改进、性能（功能）上的提升和应用场合的拓展，并对如何将新技术进步应用于装备改进进行了深入分析；此外，亦对化工过程装备的发展趋势进行了展望。旨在通过系统性地讲述化工过程装备中的难点问题、新进展及其相关的技术支撑，有机融入科学精神、爱国奋斗精神和马克思主义的观点和方法，着力培养学生的创新思维、辩证思维、分析问题和解决问题的能力。

本书可作为动力工程及工程热物理、化工和机械工程等学科的专业课程教材，亦可作为高等院校和科研院所相关专业的研究生、工程技术人员和研究人员的参考书。

图书在版编目（CIP）数据

化工过程装备 / 魏进家等编. -- 北京 ：化学工业出版社，2025. 3. --（西安交通大学研究生“十四五”规划精品系列教材）. -- ISBN 978-7-122-47743-9

Ⅰ. TQ02

中国国家版本馆 CIP 数据核字第 2025A37Z82 号

责任编辑：贾　娜　　文字编辑：孙月蓉
责任校对：边　涛　　装帧设计：张　辉

出版发行：化学工业出版社
（北京市东城区青年湖南街 13 号　邮政编码 100011）
印　　装：天津千鹤文化传播有限公司
787mm×1092mm　1/16　印张 16　字数 396 千字
2025 年 11 月北京第 1 版第 1 次印刷

购书咨询：010-64518888　　售后服务：010-64518899
网　　址：http://www.cip.com.cn
凡购买本书，如有缺损质量问题，本社销售中心负责调换。

定　　价：56.00 元

编写人员名单

编写人员（按姓氏笔画排列）

王驰宇　王晓文　方嘉宾　刘　辉　刘汉卿

刘芸波　刘晓群　刘家琛　刘梅鑫　杨柳青

张沧洪　张晓君　张慧新　段　权　屠　楠

醋文凯　魏进家

前言

化工过程装备主要服务于现代化工及与之相近的许多流程工业，在现代化工中必不可少，其技术发展水平直接影响着化工生产能力。本书以化工过程流体机械和化工静设备为切入点，全面而深入地介绍化工过程装备的设计、运行原理及应用方面的新进展等内容，旨在为广大读者特别是相关专业学生提供一本全面、系统的学习和参考资料。

随着全球化学工业的蓬勃发展和科技水平的不断提高，化工过程装备的设计和应用正面临着前所未有的挑战和机遇。新材料、新工艺的出现，对化工过程装备的性能、安全性、环保性提出了更高的要求；同时，数字化、智能化技术的应用，也为化工过程装备的优化和创新开辟了新的道路。因此，我们编写了这本既全面反映化工过程装备新技术发展趋势，又能助力读者深刻理解并掌握其核心技术的教材。

本书共 6 章，大体上可分为以下 3 个部分。

第 1 部分（绪论）：介绍了化工过程装备的发展背景、现状及未来趋势，旨在为读者提供一个全局的视角，有助于读者理解化工过程装备在现代工业中的重要性及其发展动态。

第 2 部分（第 2～5 章）：系统详细讲解了容积式泵与压缩机、透平式泵与压缩机、换热器、反应器等关键化工过程装备的基本结构、工作原理、性能特点和应用场景。此外，还探讨了设备的振动问题及其控制方法。这一部分是本书的核心内容，通过丰富的图表和实例，有助于读者深入理解各类装备的操作机制和应用领域。

第 3 部分（第 6 章）：专门介绍了数值模拟技术在化工过程装备设计与优化中的应用及案例实践。随着计算机技术的发展，数值模拟已成为化工过程装备研发中不可或缺的工具。这部分内容旨在引导读者掌握数值模拟技术，提高其科技创新能力。

本书全面客观地阐述了化工过程装备的新进展和新技术，科学系统地归纳了化工过程装备的知识点及其相互之间的联系与发展规律。本书在内容上尽可能涵盖化工过程装备基础知识的各方面，并系统性地阐述各类化工过程装备在结构、性能和应用上的新进展，尤其是数值模拟技术在化工过程装备中的应用。我们希望本书不仅能够帮助广大读者掌握化工过程装备的基础知识和应用技巧，更能激发与培养他们探索科学问题、解决实际工程问题的兴趣和能力。

受限于本书的篇幅等因素，尽管我们努力涵盖尽可能广泛的内容，仍然有许多重要且位于技术前沿的领域未能得到覆盖。在本书包含的领域中，有部分领域我们所能提供的信息也远非深入完整，可能仅仅是浅显的一瞥，这意味着，尽管本书旨在为读者提供一个关于化工过程装备技术发展的全景视图，但鉴于科技的快速进步和本领域知识的深度与广度，仍有大量的知识和信息等待着读者去进一步探索和发掘。

在书稿的编写和出版过程中，我们得到了众多专家学者和同行的宝贵意见和大力支持。在此，特别感谢李云、张早校、蔡柳溪、孙杰等人对本书内容的审阅和建议，他们的专业指导和无私帮助使得本书的质量得到了显著提升。同时，也感谢所有参与本书编写、审稿的同事和朋友，没有他们的辛勤工作和默默付出，本书无法顺利完成。在此，我们对所有参与本书编写和出版的同仁表示衷心的感谢。

限于编者水平，书中难免存在疏漏之处，恳请广大读者批评指正。

编　者

目录

第1章 绪论

1.1 化工过程装备的分类及应用

过程工业生产中的各种工艺流程需要在相应的设备，即过程设备（过程装备）中进行。各类过程设备是实现化工生产的必需设备，这些设备可以依据其在化工生产过程中起的功能不同，分为两大类：动设备（又称过程流体机械，包括泵、压缩机、离心机、风机等）和静设备（如储罐、换热设备、塔设备等）。

1.1.1 化工过程流体机械的分类

化工过程流体机械指的是以流体为工作介质对其进行能量转换、处理、增压与输送的机械。作为化工生产线上的主要动力设备，流体机械是化工产业的动力源和核心设备。化工过程流体机械在化工产品的生产中起到的主要作用是：①给流体增压，或为流体输送提供能量；②参与生产环节，保证连续性的生产环境，满足生产工艺的要求；③作为辅助性生产环节中的动力气源，辅助气动仪表的供气、环境的通风等。

化工过程流体机械是化工生产中主要的耗能单元，其能量消耗占比巨大，因此使用合适的流体机械对化工生产线上的设备投资、产品质量、成本和效益等都具有重要的意义。综上所述，化工过程流体机械不仅是化工生产的“动力车间”，也是整个化工生产的“生命线”。

化工过程流体机械种类繁多、应用领域广阔，根据不同的标准可以分为不同的形式。

（1）按照能量转换方式

化工过程流体机械可依据能量转换方式分为原动机和工作机。原动机是指将能量转化为机械能的动能机械，汽轮机、水轮机、燃气轮机就属于原动机。工作机指利用机械能做功驱动流体，进而改变流体的状态并输送流体的动能机械。如活塞式压缩机、离心泵、往复泵等属于工作机。原动机与工作机的理论基础、作用原理以及结构形式相似，但二者的工作进程、作用相反，一个输出功，另一个消耗功。

（2）按照流体介质特点

化工过程流体机械依据工作流体介质的特性可分为压缩机、泵、分离机等。

按出口压力 p 不同，压缩机又可分为低压压缩机（$0.2\text{MPa}<p\leqslant1.0\text{MPa}$）、中压压缩机（$1.0\text{MPa}<p\leqslant10\text{MPa}$）、高压压缩机（$10\text{MPa}<p\leqslant100\text{MPa}$）、超高压压缩机（$p>100\text{MPa}$）。

泵内主要的流体介质是液体，泵是利用机械能给液体增压或输送液体的机械。一般情况下，泵内工作介质为单一液体或气液混合物。也存在流经泵的介质为液体和固体颗粒的混合物的情况，此类泵称为液固两相流泵。

分离机是用机械能将混合介质分离开来的机械，有多种结构形式。这里所提到的分离机是指分离流体介质或以流体介质为主的分离机。一般分离机内的工作流体介质为两种及以上的流体混合物。

（3）按照工作原理及结构特征

化工过程流体机械主要有动力式和容积式两大类，不属于这两类机型的所占比例较小，工作原理也不同于这两类，可以归为其他形式。

动力式流体机械有许多种具体的形式，如汽轮机、燃气轮机、螺旋桨推动器等原动机以及离心泵、旋涡泵、液环真空泵、离心式压缩机、轴流式压缩机等工作机。动力式流体机械又可以分为叶片式（透平式）和流体作用式。叶片式即以叶片为核心元件，由流体（气体及液体）通过叶轮驱动其旋转向外输出能量，或由动力机驱动叶轮将能量传递给流体，从而增加流体的动能及压力能。

流体作用式机械采用的是流体动力学原理，省去了类似叶片的做功元件，其典型代表是喷射式流体机械，主要有以下三类：

① 工作流体在压力作用下通过喷嘴形成射流流出，与引射流体在混合室内进行动量交换，混合后的流体经扩压管将大部分动能转变为压力能，从而实现混合流体的输送功能。如射流泵及喷射器等。

② 工作射流与引射流体通过动量交换后形成的混合流体，经过收缩管或缩放管（拉瓦尔喷管）将大部分压力能转换为动能，以射流的形式向外喷出。如喷气发动机、喷水推进器、水射流切割装置等。

③ 工作射流与引射流体在混合室内进行动量及质量交换，发生混合反应。如射流曝气装置、喷射制冷装置、雾化饱和及喷射干燥釜等。

动力式流体机械工作时提供的压力与流体介质的流量关系密切，同时其工作性能易受到介质特性的影响，工作时的效率较低。动力式流体机械由于结构相对简单，维修设计相对容易，因而在流体机械中占有重要的地位。

容积式流体机械的结构特征是可形成封闭的空间，利用容积变化完成工作，可具体分为往复式和回转式两类。当容积式流体机械作为原动机时，流体（主要是气体）在密封的工作空间通过受热体积膨胀，驱动活塞做周期运动，进而通过传动机构，将能量输出，如柴油发动机、汽油发动机等；而当其作为工作机时，动力机驱动活塞做周期性运动，使包容流体的密封工作空间容积产生变化，把能量传给流体，通过阀门将流体输送到用户，如往复式空气压缩机及真空泵、活塞泵、柱塞泵、隔膜泵、齿轮泵、螺杆泵等。

其他类型的流体机械如利用水击产生瞬变压力的水锤泵、利用电磁力产生能量的电磁泵等，其工作原理并不与上述机械相同。

1.1.2　化工静设备的分类

化工静设备即指化工生产工艺流程中用于完成物料的粉碎、混合、储存、分离、传热、反应等操作过程的设备。过程设备必须满足过程的要求，即功能和寿命的要求。同时新设备的开发、设计需要设计理论、方法、材料和制造技术依据过程要求进行创新发展，没有相应的过程设备，化工过程也就无法实现。

化工静设备可以从多个角度进行分类，主要包括按功能和用途分类、按结构特征分类、按材料分类、按受力情况分类等。

(1) 按功能和用途分类

容器类：用于储存和反应物料，如反应釜、储罐、塔器等。

换热器类：用于传热过程，如列管式换热器、板式换热器等。

分离器类：用于物料的分离和纯化，如过滤器、离心机、填料塔、浮阀塔等。

加热冷却类：用于加热或冷却物料，如加热炉、冷却器等。

其他专用设备：如结晶设备（溶液结晶器、熔融结晶器）、干燥设备等。

(2) 按结构特征分类

容器：包括槽、罐、釜等，用于储存和反应。

塔器：如精馏塔、吸收塔等，用于传质和分离过程。

反应器：如管式反应器、流化床反应器、搅拌釜式反应器等，用于化学反应。

换热器：如列管式换热器、板式换热器，用于热量传递。

加热炉：如电阻加热炉、管式裂解炉，用于加热和裂解物料。

(3) 按材料分类

金属设备：如碳钢、合金钢、铸铁等制成的设备。

非金属设备：如陶瓷、玻璃、塑料等制成的设备。

非金属材料衬里设备：如以橡胶、塑料、耐火材料等作为衬里层的设备。

(4) 按受力情况分类

外压设备：如真空设备。

内压设备：包括常压、低压、中压、高压和超高压设备。

1.1.3 化工过程装备的应用

(1) 化工过程流体机械的应用

化工过程流体机械的用途十分广泛，涉及石油化工、化学化工、机械制造、空调制冷、能源动力、航空航天、交通运输、国防乃至日常用品等诸多领域。通常在工业生产中应用的过程流体机械主要为压缩机、泵、风机三类。压缩机的应用可大致归纳为如下几类。

① 化工工艺用压缩机　用于满足化学等过程工艺对气体压力的需求。如氨合成工艺，通过压缩机达到氢气和氮气的合成压力。其他化工工艺如二氧化碳与氨生产尿素（15～21MPa）、丙烯合成橡胶（2MPa）、乙烯聚合生产塑料（150～350MPa）等都需要通过专用的压缩机获得工艺要求的反应压力。在有气体工质参与生产物质的过程中，多数对操作压力提出具体的要求，需要通过压缩机来满足生产工艺参数的需要。

② 制冷和气体分离用压缩机　经过压缩的气体或混合气体通过节流、膨胀或形成激波等可以实现冷热分离以达到降温的目的，如膨胀机和制冷机等。混合气体被压缩液化后可以利用不同组分蒸发温度不同的原理进行气体分离，如分离空气获得氧、氮等。

③ 气体输送用压缩机　化工生产中气体的输送往往需要采用压缩机提高压力，在管道输送中提供足够的压力以克服一定直径管道的流动阻力，并实现需要的输送流率。如天然气

管道输送，管道全长可达数千千米，一般集气管道压力约在 10MPa 以上，输气压力 7～8MPa，需要依靠起点压气站和沿线压气站加压输送。

④ 动力用压缩机　工业上通常采用空气压缩机获得压缩空气，以驱动各种风动机械或完成气动阀门的控制，如风镐、砂轮机、气锤、铆枪、气钻、气动阀等，此外国防领域潜艇沉浮、鱼雷和导弹发射等均需要压缩空气。

泵的应用：航天发射装置中的涡轮泵、作为高速舰船动力设备的喷水推进泵、超大容量数据存储设备或质子交换膜燃料电池堆的液体冷却泵、临床医疗中使用的人工心脏等。

(2) 化工静设备的应用

静设备在生产技术领域中的应用十分广泛，是化工、炼油、轻工、交通、食品、制药、冶金、纺织、城建、海洋工程等领域所必需的关键设备。一些高新技术领域，如航空航天技术、先进能源技术、先进防御技术等领域，也需要各种各样的静设备。

在化工生产领域（也是本书所关注的主要内容）中，化工静设备的应用主要有四种类型：反应设备、塔设备、换热设备以及工业炉。

① 反应设备是发生化学反应或发生物质变化等过程的场所。以石油化工生产为例，目前在用的先进设备有：百万吨级的气液固三相固定床反应器、大型炼油催化裂化气固流化床反应设备；几十万吨级的聚丙烯气液环管反应器、丙烯腈气固流化床反应器、丙烯酸反应器等；此外还有超大型气流床煤气化炉成套设备等。

② 塔设备是一种重要的单元操作设备，广泛应用于蒸馏、吸收、解吸（气提）、萃取、气体的洗涤、增湿及冷却等化工单元操作中。目前塔设备的典型应用代表有：并流喷射式复合塔、微分浮阀塔、高效率高弹性的立体传质塔、高通量 DJ 塔等。

③ 换热设备也是被广泛应用于化工工业生产的过程设备。其主要作用是通过高温流体与低温流体之间的换热使流体温度达到工艺过程的指标要求，满足生产工艺上的需要。换热设备的另一用途是作为回收余热、废热以及低品位热能的装置提高生产系统的能量利用率。如火力发电厂的换热水冷壁，就是由大量的管道组成的换热器。

④ 工业炉是在工业生产中，利用燃料燃烧或电能转化的热量，将物料或工件加热的热工设备。化学工业炉的应用数不胜数，如焙烧炉（图 1-1）和气化炉（图 1-2）等。

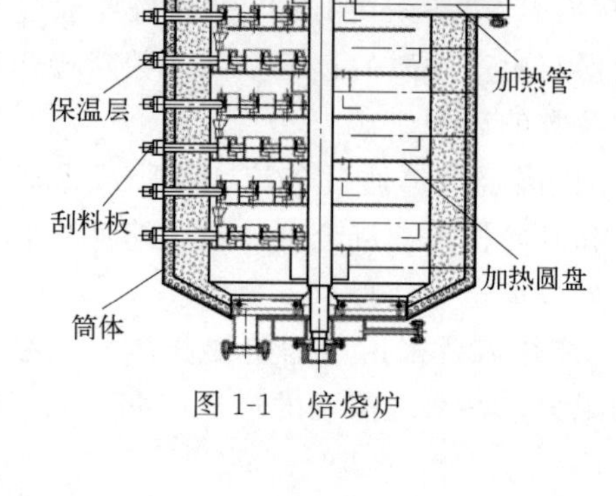

图 1-1　焙烧炉

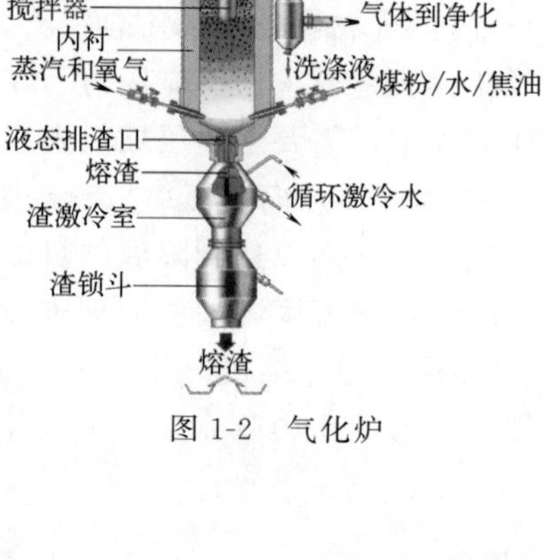

图 1-2　气化炉

1.2　化工过程装备的设计开发思路

1.2.1　化工过程流体机械设计

对于流体机械，其内部流体的流动非常复杂，流体运动参数随着空间坐标而改变，且对于任一固定的空间点而言，流体运动参数会随着时间而改变，即非定常流动。经过长期的研究和实践总结，人们已经对流体机械内的流动规律有了一定的认识，但由于流体运动的复杂性，部分现象的产生机理仍不清楚，所以无法完全使用数学分析的方法对流体机械进行设计及优化。传统的化工过程流体机械设计仍然多遵循以下步骤进行：

① 确定设计需求及目标。

② 依据相应的设计理论及需求确定总体设计参数及结构参数（如运行转速、叶片角、效率等）。

③ 进行辅助零部件的设计（如出水流道、密封等）。

④ 设计完成后，根据运行工况对设计进行优化。

传统的化工过程流体机械设计方法中，流体机械的设计参数主要依靠试验所得，再结合设计人员的设计经验对试验所得参数加以筛选、调整，最终完成流体机械设计。近年来，有学者建立了流体机械的有限元模型，对固体强度进行数值计算，对内部参数和流场进行数值模拟分析，获得了较直观的应力分布仿真图和内部流场仿真图，并在此基础上对流体机械的设计参数进一步优化设计。还有学者提出将正交试验结合数值模拟，针对流体机械运行过程的多因素进行优化设计，改善内部流动状态。但采用上述方法针对部分流体机械进行设计时，参数设定会存在一定误差，在投入实际应用一段时间后，存在相对总压效率难以满足现实需求的问题，导致流体机械的流动性能与预期相比相差甚远。

针对上述问题，基于CFD（计算流体力学）的设计方法的应用价值逐渐显现出来。CFD方法通过理论计算建立数学模型的方式，提高了流体机械设计中参数设定的科学性，进而减少了设计参数设定时存在的误差。此外，基于CFD模型的数值计算可以清晰地展示流体机械内部的流场状态，帮助设计人员进一步理解并完善设计准则。因此，将CFD方法应用在流体机械设计中，不仅可以设计出新型流体机械，还可以从根本上提高流体机械的相对总压效率，进而确保流体机械在化工生产中具备良好的流动性能和输送效率。

基于CFD方法的化工过程流体机械设计一般有以下步骤：

① 给出流体机械几何边界条件，包括进口及出口边界条件，选择合适的湍流模型。

② 生成流体机械的空间离散格式网格。

③ 通过有限差分或有限体积方法求解流体机械离散控制方程。

④ 输出流体机械收敛准则。

⑤ 完成流体机械设计，依据收敛准则，对流体机械的连续或单周期工作状态进行模拟，获得流体机械在运行工况下的性能表现及流动状况。

⑥ 再优化设计，通过神经网络算法、遗传算法等优化算法，利用多种最佳运行工况下流体机械的设计参数及运行状态对流体机械的设计进行进一步的优化，提高流体机械的适应性及性能表现。

1.2.2 化工静设备设计

化工静设备设计是根据产品在全寿命周期内的功能、性能、质量和成本等要求，综合考虑环境要求和经济性，运用工艺、机械、控制、力学、材料等知识，制订可用于制造过程设备的技术性指导文件。其依据是给定的工艺尺寸和工作条件，考虑制造和安装检修的要求，对设备的各个元件正确地选择材料并进行全面的载荷分析和应力分析（部分设备还应考虑热力学效率分析等），进而选择合理的结构形式或对现有的设备进行结构优化，最终确定安全、可靠、经济合理的过程设备尺寸及结构。

化工静设备设计的基本要求主要体现在安全性与经济性上，并且应在充分保证安全的前提下尽可能做到经济。过程工业生产中的许多工艺过程都需要在加压的条件下进行，其所使用的过程设备若发生事故，会造成极大的危害，不仅仅是容器和设备本身遭到毁坏，还会破坏周围的其他设备及建筑物，并造成人身伤亡事故，甚至还会由于内部介质向外扩散而引起化学爆炸、着火燃烧或恶性中毒等连锁反应，造成更严重的破坏。因此，确保过程设备质量（如设计、材料、制造、检验和在线监控等方面）具有十分重要的意义。

传统化工静设备设计方法可按图 1-3 所示步骤进行。

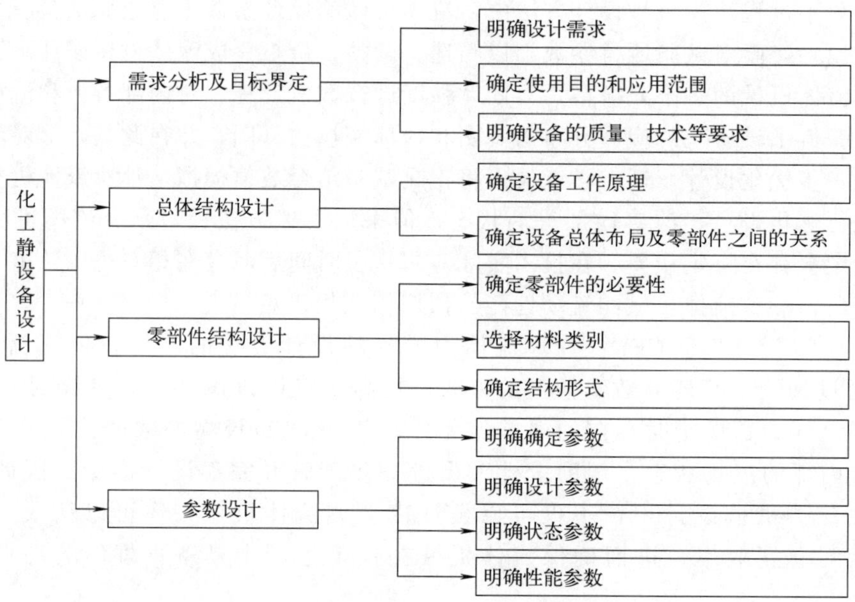

图 1-3 化工静设备设计方法

① 需求分析及目标界定 明确设计需求，确定过程设备开发的目的和范围，明确设备的质量、技术等要求。

② 总体结构设计 确定过程设备的工作原理、总体布局和零部件之间的相互关系。设计过程中常常会根据设计要求将过程设备的功能逐步分解，直至零部件。

③ 零部件结构设计 确认零部件的必要性，尽可能减少零部件数量。选择材料类别，再根据其作用确定结构形式。

④ 参数设计 确定零部件的材料、结构尺寸及精度。参数可分为四类：确定参数、设计参数、状态参数和性能参数。参数设计的目的是合理确定设计参数，提高过程设备的性能。

随着计算机技术的高速发展，部分学者提出了基于有限元方法的设备计算模型，通过对设备的局部或整体结构的应力场、温度场等物理场的数值模拟计算，近似获得了部分设备的真实运行参数，为基于有限元理论的设备设计方法提供了科学支撑。

1.3 化工过程装备发展趋势

1.3.1 化工过程流体机械的发展趋势

(1) 大型化与微型化

在当前化工行业发展背景下，化工生产设备趋向于大型化、一体化和基地化，如百万吨级乙烯装置和千万吨级炼油成套装备等。而成套大型化工设备需要相同级别的化工过程流体机械为其提供动力，包括大型离心式压缩机、活塞式压缩机、低温泵、计量泵等流体机械。

在当前“双碳”背景下，国家对重大装备的节能减排提出了新的战略要求，因此大型化工过程流体机械需要面对的新课题有：低碳节能设计理论，重要流体设备的流场计算方法、数值模拟和实验技术，大型透平机械失速形成机制、准确物理描述及其控制方法，大功率泵内部非定常流体诱导振动与噪声产生机理等。

流体机械微型化也是今后发展的新兴方向和大趋势之一，常见的微型流体机械如微型泵、微型压缩机等以低消耗、快响应、高效益为特点，可以应用在不同的特殊场景。如：输入功率 100W 及以下的微小型泵在人工心脏、制药与精细化工、数据存储系统热管理等工程场合具有重要作用，尤其在航天领域中发挥着推进剂精确输送、空间站热控制等作用。这些特殊应用不仅要求微型泵质量轻、体积小、结构紧凑，而且要求其具有高效、无泄漏、低噪声、高稳定性等特点。但微型结构的设计、制造也对传统的理论方法提出了挑战，因此微纳尺度下的多物理场跨尺度耦合、微纳尺寸效应、微构件力学性能、微纳摩擦磨损及黏附、微传热学、微测试方法等成为了当前亟须解决的关键问题。

(2) 计算机辅助优化设计及运行智能化

得益于计算机性能及优化算法模型的高速发展，流体机械的设计及优化方法有了显著进展，反问题设计成为主流方法。在精细化流动模拟技术与在线实时流场诊断技术的帮助下，计算机辅助流体机械优化设计得到了较为精确的科学数据支撑，从而提高了改型优化的准确性。此外，各类优化算法也得到了极大发展，包括遗传算法、蚁群算法、粒子群算法、模拟退火算法、神经网络算法和专家系统算法等在内的优化算法针对不同的设计问题进行了不同程度的改进，从而改善了优化算法的适应性与准确性。基于不同形式的优化算法，设计人员可有针对性地创建自动高效、适用性强的多目标优化设计系统，为流体机械产品设计优化提供定制化工具。同时智能优化算法也开始大量地被应用到流体机械的设计优化中。

按照“中国制造 2025”，化工过程流体机械中的泵、风机、阀门等通用机械设备具有相应的产品设计标准，同时，多年的生产实践也积累了大量的使用、设计数据，因此流体机械技术智能化发展可以首先应用到通用标准设备上，实现通用机械设备的在线联网智慧化运行。

化工过程流体机械设备的运行将基于反映设备实际状态的大量数据，通过预设模型的计算和判断进行调整，从而使设备状态、节能降耗能够达到最佳水平。此外，依据系统积累的大量数据，采用人工智能方法可以对流体机械运行中的能耗指标、经济性指标、设备定损与维护等与各种参数之间的复杂关系进行动态学习，利用最新数据不断改进计算模型，并基于改进模型的预测确定流体机械的最优控制方案。而由于流体机械的在线实时状态检测与故障诊断技术的普及，基于数据挖掘及检修期间必要的测试数据建立流体机械与辅助设备的寿命预测与延时运行的智能化运行系统也将成为必然趋势。在此趋势下，化工过程流体机械的智慧化运行将有效助力化工产业节能减排，提高化工系统的整体生产效率。

1.3.2 化工静设备的发展趋势

化工静设备作为化工生产的重要组成部分，也是化工技术发展的典型代表，其技术发展水平直接影响着化工产业的生产能力。目前国家化工行业正处在生态环境导向阶段，“双碳”目标下的化工过程装备势必朝着更经济、更环保、更节能、更安全、更紧凑的方向发展。因此，化工静设备需要在体积上大幅减小，在污染排放上大幅降低，在生产效率、能量利用率上大幅提高。

未来化工静设备技术的发展趋势主要集中在三个方面：与计算机辅助技术的深度融合、新材料的开发与使用、新型过程强化技术的开发探索。

(1) 计算机辅助技术的使用

计算机信息技术在化工静设备技术发展方面的应用十分广阔，在过程机器的故障诊断与安全评定方面，计算机技术可实现过程设备生产系统的实时在线监控，精准定位问题所在，降低事故率；而基于大量数据的模拟运算可以用来优化过程装备的内部结构设计；动态三维模拟技术可以用来确定过程设备的最佳运转参数并预估设备的使用寿命；将计算机人工智能与实时扫描成像技术相结合来实现对装备的动态控制与管理；通过数字化技术来实现多装备的集成与调控的优化。计算机辅助技术可以对加工设备的应力-应变场、温度场、流场等环境进行实时计算，可以进行逼真的模拟，为设计和制造工艺设备提供直接依据。在设备集成的过程中，可以集成具有不同功能的其他设备，从而实现原有设备的扩展，进而形成高度集成、功能多样化和智能化的集成系统，从而实现过程设备的高效化。总而言之，计算机技术在过程设备领域具有广阔的应用前景。

(2) 新材料的开发与使用

传热过程装备、传质过程装备、化学反应过程装备等化工静设备对于制作材料的韧性以及耐腐蚀性具有很高的要求。如果韧性与耐腐蚀性无法符合使用要求，会严重影响到设备的使用寿命，而发展新材料能够很好地解决这一问题，提高设备制作材料的韧性与耐腐蚀性。此外，一些新材料的应用可以拓展化工设备的功能，提高原有设备的生产效率。

由新型高性能材料制成的气体膜分离设备能够从混合气体中提取纯氢，也可以用于回收排放烟气中的二氧化碳，还可以直接从空气环境中收集氧成分。而新型研发的反渗透膜和多功效闪蒸技术的结合，可以有效地对海水进行淡化处理，且投入成本远低于传统形式的海水淡化；基于生物膜的过滤技术则可以实现对污水的有效净化处理，从而使其达到标准水源品质，有效提高水资源的利用率。典型的应用气体膜分离技术的污泥分析检测系统如图 1-4 所示。

除此以外，一些高分子复合肽在乙烯物质的回收方面具有很好的效果，甚至可以达到 90%以上的回收率。而其他一些材料经过表面改性处理也同样达到了非常好的效果，比如乙烯裂解炉管的表面改性处理，可以很好地避免结焦现象，有效地提高了乙烯设备的生产效率，推动了乙烯行业的进一步发展。

图 1-4　应用气体膜分离技术的污泥分析检测系统

(3) 过程强化技术

化工静设备内部主要是流体流动、传热、传质及反应过程或这几种过程的耦合，因此过程强化技术是推动过程装备向高效、绿色低碳发展的重要手段。过程强化的主要目的为：提高工作效率，节约能源，降低能耗，降低工作负荷。过程复合作为过程强化控制的手段之一，是通过一个新设备来完成传统的几个设备的功能，在减少过程生产工艺复杂度的同时，大大节约了能源消耗，提高了工作效率。外场效应强化也是过程强化控制的方法之一，其主要是通过对装备内部的各种过程施加诸如电磁场、重力场、声场等外部物理场效应以求达到过程强化的目的。其中一个典型做法是利用旋转式填料器，依靠超重力强化传质反应过程来提高两相流的接触效率。超重力反应器工艺原理图见图 1-5。

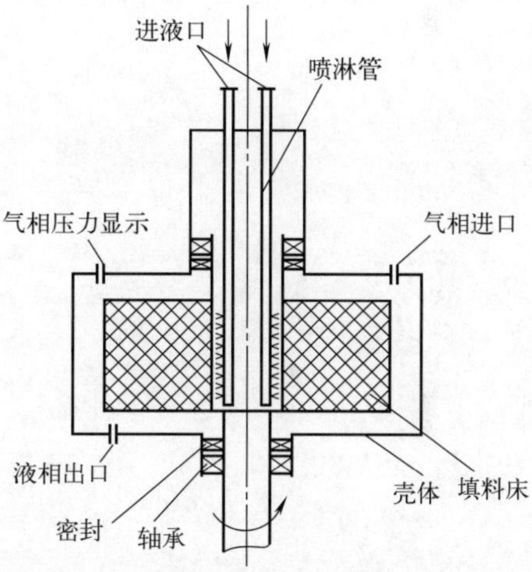

图 1-5　超重力反应器工艺原理图

微型强化技术也是目前过程强化控制发展的主流趋势之一。微型强化技术以微反应器、微混合器、微分离器、微换热器等设备为典型代表，着重研究微时空尺度下“三传一反”（动量、热量、质量传递和化学反应过程）的特征与规律；采用精细化、集成化的设计思路，力求实现过程高效、低耗、安全、可控的现代化工技术，成为国内外学术界和工业界的研究热点。通过微蚀刻技术，可以制造出通道特征尺寸为百微米级的微型通道，进而大幅提高传热系数。微化工系统是带有微结构（通道、筛孔及沟槽等）的反应、混合、换热、分离装置。在微结构的作用下，反应器内可形成微米尺度分散的单相或多相体系的强化反应和分离过程。这些微型系统与常规尺度系统相比，具有热质传递速率快、内在安全性高、过程能耗低、集成度高、放大效应小、可控性强等优点，可实现快速强放/吸热反应的等温操作、两相间快速混合、易燃易爆化合物合成、剧毒化合物的现场生产等，具有广阔的应用前景。典型的微通道反应器如图 1-6 所示。化工过程设备在微型强化过程中尚存在许多问题需要深入研究，如：微设备内复杂的多相流行为及调控规律；微分散的内在机理及物理模型的建立；多相流的表界面性质、传递规律、混合特性；微尺度下的动态界面行为及新型测试技术和方法（无接触测量技术）；研发具有新型结构和功能的微化工设备及工艺；微反应器中纳米催化剂的制备及反应特性与规律；微反应器的结构优化设计、并行放大规律与系统集成；微换热器的整体性能与结构优化等。

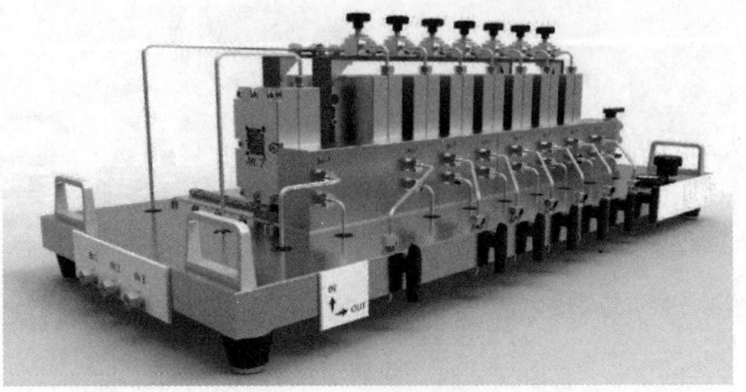

图 1-6 微通道反应器

除了超重力和微型强化技术以外，化工过程强化技术的前沿研究领域还包括：磁稳定床技术、等离子体技术、离子液体技术、微波强化技术以及超临界流体技术等。这些先进化工技术的提出也对相应的化工过程设备的设计研发提出了新的要求和挑战。通过过程强化技术开发新型、高效的生产工艺及过程设备，或对传统工艺（设备）进行改造和升级，使过程的能耗、物耗和废物排放大幅度减少，必将从根本上变革化学工业的面貌。

第2章 容积式压缩机与泵

2.1 分类

第 1 章已经介绍，根据流体机械的工作原理可将过程流体设备分为容积式和动力式两种。能量交换方式是这两种流体机械最明显的区分点：容积式流体机械依靠通过运动部件与静止部件之间容积的周期性变化来实现能量交换；而动力式流体机械依靠高速旋转叶片与流体之间力的相互作用来转换能量。

容积式流体机械的结构形式多种多样，主要可分为回转式和往复式两类。回转式和往复式都广泛应用于流体机械领域，而动力式流体机械则大多属于回转式。本章将重点介绍容积式压缩机和泵的特点和工作原理。

2.1.1 容积式压缩机

容积式压缩机通过工作腔容积的周期性变化来实现气体输送及增压，常被用在制冷机、空调及热泵中。

容积式压缩机按其结构的不同又有往复式压缩机和回转式压缩机之分，前者简称“往复式”，后者简称“回转式”，具体分类如图 2-1 所示。

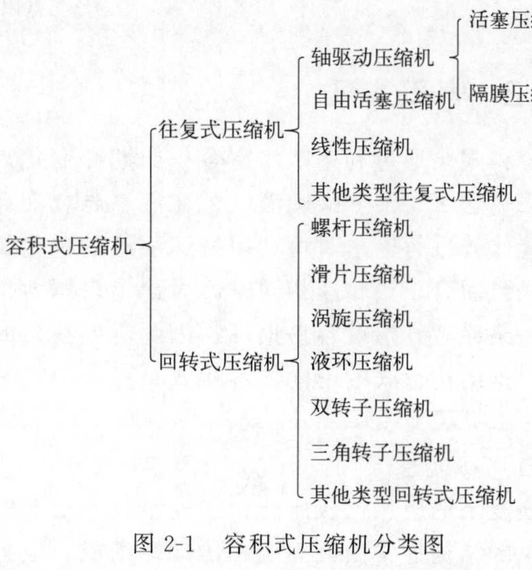

图 2-1 容积式压缩机分类图

(1) 往复式压缩机

往复式压缩机被称为过程工业的核心装置，广泛应用于化工、冶金、电力、炼油、矿山等行业中。它以曲柄连杆机构为媒介，将驱动机的旋转运动转化为活塞的往复运动，气体通过进排气阀周期性进入工作腔，从而实现气体的压缩和排出。典型的往复式压缩机如图 2-2 (a) 所示。

往复式压缩机的装置系统较为简单，对材料要求不高，造价低廉。其依靠容积变化来工作，因而不论流量大小，都能达到很高的工作压力，适用于压力较高的场合。往复式压缩机的压缩过程属于封闭过程，所以热效率较高。但是往复式压缩机有很多的运动部件，检修时工作量非常大，维修费用也较高；难以控制往复惯性力，因此对转速有一定的限制；机器较为笨重，适用于中小排量的场合。此外，由于是往复运动，排气不连续，存在脉动，易产生气柱振动。

(2) 回转式压缩机

20世纪60年代以前，由于技术能力的限制，回转式压缩机相较往复式压缩机性价比不高。随着制造技术的飞速发展，回转式压缩机也有了质的飞跃，目前家用空调广泛使用回转式压缩机。在结构方面，回转式压缩机与往复式压缩机的区别在于其仅有排气阀，没有吸气阀。在工作方式方面，回转式压缩机同样依靠容积的变化来实现气体压缩和压力变化，但其容积的变化是通过压缩机的一个或几个转子在气缸里做旋转运动来达到的。较为典型的回转式压缩机有螺杆压缩机、滑片压缩机和涡旋压缩机等。

典型的回转式压缩机如图2-2 (b) 所示。回转式压缩机的零部件少，运转可靠，寿命长；与往复式压缩机相比，动力平衡性好，功耗相对较高，适合用作移动式压缩机；体积小，重量轻，占地面积小，操作也相对简单。但是其运转时噪声非常大，需要安装消声降噪的设备。

(a) LB940系列往复式气体压缩机

(b) 回转式压缩机

图2-2 容积式压缩机

2.1.2 容积式泵

容积式泵通过利用工作室容积周期性变化来输送液体并提高液体的压力。一般形式的泵被用来输送水、油、酸碱液、乳化液、悬乳液等。对气液混合物、固液两相流体以及气液固三相流体等进行输送时可利用特殊用途的泵，如输送灰浆、矿浆、含气及含砂稠油时。对于容积式泵而言，当转速相同时，无论出口压力是多少，排出的流体流量是恒定的，一旦出口关闭，泵或者管道就容易损坏，因此需要在泵的出口设置安全阀。

根据结构形式的不同，容积式泵可分为往复泵和回转泵（或者叫转子泵），具体的分类如图2-3所示。

(1) 往复泵

往复泵的应用比较广泛，往复泵利用活塞的往复运动将能量以静压能的形式传给液体。往复泵的结构通常由液力端和传动端组成。液力端把机械能转换为液体压力能，传动端把原动机的能量传给液力端。按照驱动方式的不同，往复泵可以分为由电动机驱动的机动泵和由蒸汽或液体驱动的直动泵两大类。典型的往复泵如图 2-4（a）所示。根据结构形式的不同，可分为活塞泵、柱塞泵以及隔膜泵等。

往复泵的流量只与活塞的直径、行程和往复次数有关，与泵的扬程无关，因此往复泵不能通过调节排出阀改变排出压力的办法来调节流量，适用于输送黏度比较大的液体。往复泵具有自吸能力且自吸能力与转速有关，转速提高，液体的流动阻力及惯性损失都会增大，所以往复泵的转速不能太高，一般为 80～200 r/min。其次往复泵的扬程取决于泵在其中工作的装置特性，从理论上讲，其排出压力可以无限高，因此往复泵中必须安装安全阀，以免排出阀堵塞造成“憋泵”事故的发生。此外，往复泵的活塞运动为变速直线运动，吸入及排出过程不连续，会导致瞬时流量不均匀，排出压力脉动，在运转过程中泵容易产生冲击和振动。

- 容积式泵
  - 往复泵
    - 活塞泵
    - 柱塞泵
    - 隔膜泵
  - 回转泵
    - 齿轮泵
    - 螺杆泵
    - 凸轮泵
    - 罗茨泵
    - 滑片泵
    - 柱塞泵

图 2-3　容积式泵分类图

（2）回转泵

回转泵的主要工作部件为静止的泵壳和旋转的转子，它没有吸入阀和排出阀，主要依靠两个同步反向的转子在旋转时与液体接触的一侧将能量以静压力形式直接作用于液体，并借旋转转子的挤压作用排出液体，同时在另一侧留出空间，形成低压，使液体连续吸入。典型的转子泵如图 2-4（b）所示。根据结构不同，又可分为齿轮泵、螺杆泵、凸轮泵、罗茨泵、滑片泵等。

回转泵与往复泵相比，转子做回转运动，没有冲击且转速较高，但大多数回转泵是依靠输送的液体来润滑的，因此一般适用于输送具有润滑性和不含固体颗粒的液体。

(a) 往复泵　　(b) 回转泵

图 2-4　容积式泵

2.2　典型的结构与功能

2.2.1　往复式压缩机的结构和功能

各种结构的往复式压缩机在历史长河中不断发展、完善，现已被应用到各个工作领域，设计和制造技术也已经达到了较高的水平，工艺已经成熟。

(1) 往复式压缩机基本结构

往复式压缩机结构多样，但其主要组成部分基本相同。如图 2-5 所示为一台往复式压缩机的结构示意图。一般可将其分为主机和辅机两大部分。

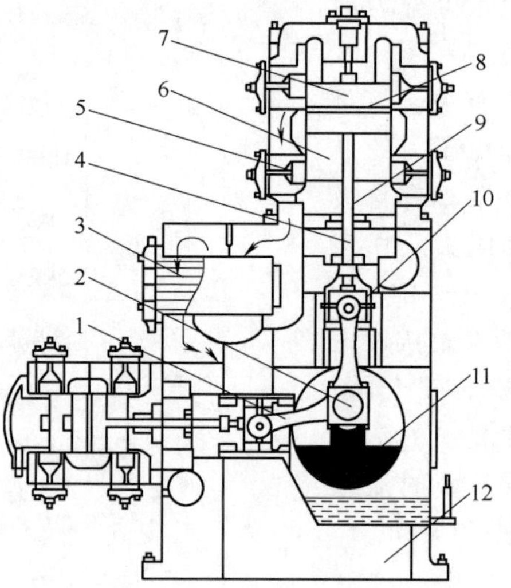

图 2-5 L 型空气压缩机组成结构

1—连杆；2—曲轴；3—中间冷却器；4—活塞杆；5—气阀；6—气缸；7—活塞；8—活塞环；9—填料；10—十字头；11—平衡重；12—机身

主机包括工作腔容积部分、传动部分以及机身部分。工作腔容积部分可细分为气缸组件、吸排气阀组件、活塞组件及填料组件。在工作腔容积部分内进行气体的吸入与排放，实现能量的传递。气缸组件及吸排气阀组件主要实现气体的吸入与排出。曲柄连杆机构通过活塞杆 4 驱动活塞进行往复运动，同时活塞上设有活塞环 8 来密封活塞与气缸的间隙，填料 9 用来密封活塞杆通过气缸的部位。传动部分（大多为曲柄连杆机构）将驱动机的旋转运动转变为活塞的往复运动，主要零部件有连杆 1、曲轴 2、十字头 10 等。曲柄销与连杆大头相连，连杆小头通过十字头销与十字头相连，最后由十字头与活塞杆相连接。机身部分作为支承部件来支承曲轴、十字头和气缸，使压缩机成为一个整体。此外还可能安装有其他辅助设备。

辅机包括润滑系统、冷却系统以及气路系统等。机器中大部分位置都需要润滑才能保证机器的正常运行，如曲轴的主轴颈与轴承、曲柄销与连杆大头瓦和十字头销与连杆小头瓦、十字头滑板与十字头滑道之间等部位。润滑用油从机体油箱通过一定的油路送往各润滑部位。往复式压缩机的冷却系统 3 由冷却气体的中间冷却器和后冷却器、气缸和填料的冷却水套、油冷却器及其他附件组成。压缩机中有各种调节机构，其中气体流量通过入口气阀上部的顶开器调节，当压力超过允许值时安全阀跳开排放。此外，在气体管路系统中还有安全阀、滤清器、缓冲容器等。

(2) 往复式压缩机的工作原理

往复式压缩机将曲轴的旋转运动通过连杆传递给活塞，促使活塞做往复运动，此时由气缸内壁、气缸盖和活塞顶面所构成的工作腔容积会发生周期性变化，在此过程中完成气体吸入、压缩增压及气体排出。

图 2-6 为往复式压缩机的工作原理示意图。首先活塞从气缸盖处（外止点——活塞运动到达的远离主轴侧的极限位置）向右运动，气缸内的工作容积逐渐增大，进气阀 3 被外界气体推动，外界气体进入气缸，直到活塞达到最右侧位置（内止点——活塞运动到达主轴侧的极限位置）时工作容积为最大，此时进气阀关闭。当活塞向左运动时，气缸内工作容积缩小，气体压力逐渐升高，当气缸内压力达到并略高于排气管压力时，排气阀 2 打开，开始排气，直到活塞运动到最左端，排气阀关闭。此时曲轴旋转一周，带动活塞往复运动一次，气缸内完成进气、压缩、排气一个工作循环。当活塞再次反向运动时，上述过程重复出现。

可以从理想角度来考虑往复式压缩机的循环过程，一般称之为理论循环。但是理论循环的分析略去了许多影响因素，有时这些因素的影响会比较显著。如图 2-7 所示为压缩机的实际循环过程，较理论循环过程多了一个膨胀过程。这是由于实际循环过程存在气缸余隙容积

(在排气过程终了和吸气过程之前的瞬时，气缸内多余的容积)，排气终了时，余隙内残留气体的压力为排气压力，在活塞从外止点回行时，进气阀不能马上开启，而是随着活塞的回行，残留气体的压力逐渐降低，当压力低于吸气管内压力一定程度时，在压力差的推动下，进气阀才开启。

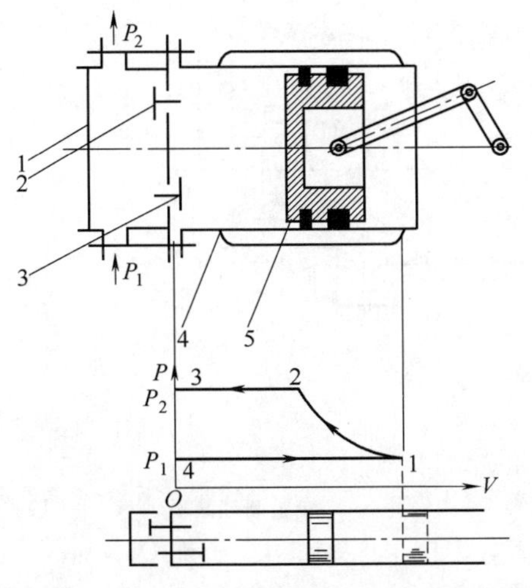

图 2-6　往复式压缩机工作原理示意图

1—端盖；2—排气阀；3—进气阀；4—气缸；5—活塞

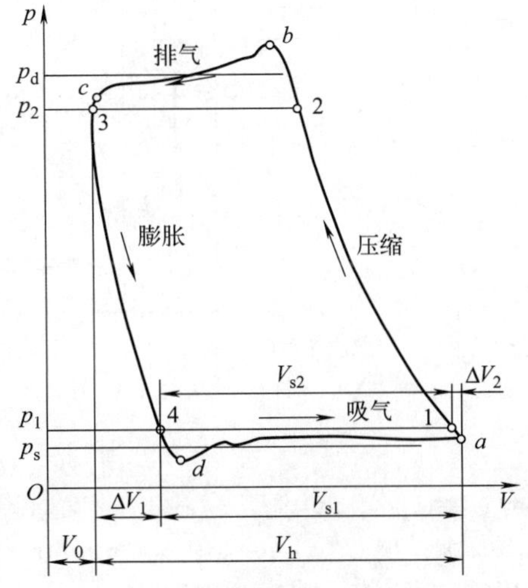

图 2-7　实际循环 p-V 图

2.2.2　回转式压缩机的结构和功能

2.2.2.1　双螺杆压缩机

螺杆压缩机也被称为螺旋式压缩机，可分为单螺杆压缩机和双螺杆压缩机两类。本节介绍双螺杆压缩机。双螺杆压缩机作为双轴封闭式回转类型空气压缩机械，是当前压缩机市场中高效能、低噪声、可靠安全的主流产品。

(1) 双螺杆压缩机基本结构

如图 2-8 所示为双螺杆压缩机的内部组成结构，其具有一对相互啮合、旋向相反的螺线形齿状的转子（螺杆），阳转子 5 为齿面凸起的转子，阴转子 12 为齿面凹下的转子。转子的齿类似于活塞，转子的齿槽、机身的内壁面和两端的端盖等共同构成的工作容积称为基元容积。

(2) 双螺杆压缩机工作原理

双螺杆压缩机与往复式压缩机工作过程类似，由一对螺杆旋转啮合运动，随着转子的旋转，基元容积的空间位置不断移动，从而实现吸气、压缩、排气的过程。其具体工作原理如下：

① 吸气阶段　螺杆式压缩机的吸、排气口分别位于机体的两端，为对角线布置。外部气体经过吸气口进入由阴阳转子组成的基元容积对，随着转子回转运动的进行，凸齿形转子快速地与凹齿形转子齿槽分开，封闭空间范围逐渐增大，内部会形成较大的真空域，气体经吸气口在压差的作用下不断进入，当基元容积达到最大值时，基元容积封闭，吸气终了。图 2-9 为双螺杆压缩机吸气过程图。

② 封闭压缩阶段　基元容积封闭后，转子持续转动，气体压缩过程开始。随着转子转

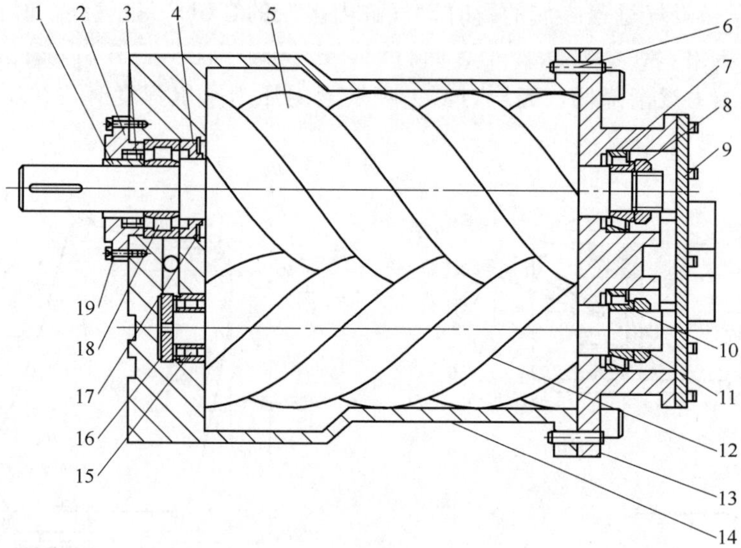

图 2-8 双螺杆压缩机组成结构

1—轴套；2—进气端盖法兰；3—油封；4—固定衬套；5—阳转子；6—销钉；7—阳转子圆锥滚子轴承；8—阳转子锁紧螺母；9—排气端盖；10—阴转子圆锥滚子轴承；11—阴转子锁紧螺母；12—阴转子；13—排气后支座；14—螺杆压缩机机壳；15—阴转子圆柱滚子轴承；16—轴承拆卸装置；17—卡簧；18—阳转子圆柱滚子轴承；19—螺钉

(a) 吸气开始　　(b) 吸气中　　(c) 吸气完成

图 2-9 双螺杆压缩机吸气过程图

动，基元容积由于阴阳转子的啮合而不断推移并减小，气体被压缩。当基元容积与排气口连通时，压缩终了。封闭压缩过程如图 2-10 所示。

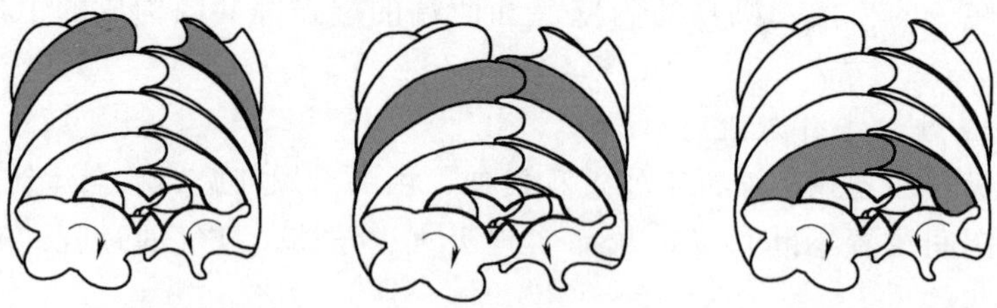

(a) 气体压缩即将开始　　(b) 气体压缩过程中　　(c) 气体压缩结束

图 2-10 双螺杆压缩机封闭压缩过程图

③ 排气过程　转子继续旋转，转动到啮合端面与机壳排气口相通时，高温高压的压缩气体自排气口处释放。排气过程如图 2-11 所示。基元容积由于空间接触线分割，排气的同时，新的基元容积对在吸气端形成并再次吸气，重复以上过程。

对上述双螺杆压缩机工作过程分析可知，阳转子凸齿与阴转子凹齿彼此啮合嵌入的一侧，气体受压缩并形成较高压力，称为高压力区；相反，阳转子凸齿与阴转子凹齿彼此脱开的一侧，基元容积扩大形成较低压力，称为低压力区。

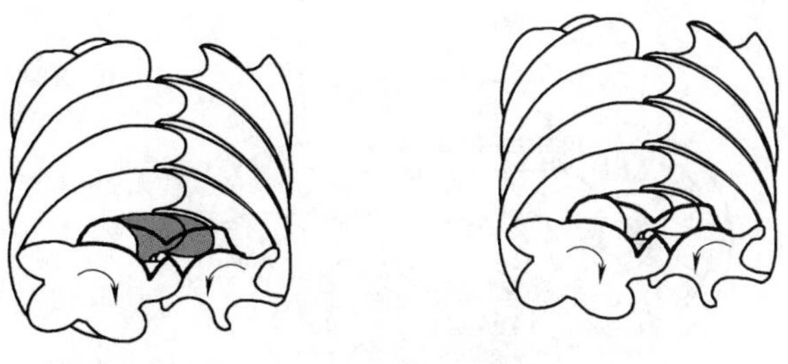

(a) 排气开始　(b) 排气结束

图 2-11　双螺杆压缩机排气过程图

双螺杆压缩机性能突出，广泛应用于多种场合。相对来说，其结构较为简单，很容易上手，便于操作，经过一系列的发展，零部件也已经系列标准化，零部件损坏时，容易进行更换。此外，双螺杆压缩机重量较轻，体积适中，工作稳定。更为突出的是它可以输入多种混合气体，应用范围较广。但同时，它也存在很多缺点：双螺杆压缩机依靠相互啮合的转子的运行来带动工作，而转子较复杂，需要专门的设备，故造价较高；工作过程中，总是会出现气体的泄漏，气体无法被完全使用，因此输出的气体压力值上限有限制，只能适用于一些中低压机器等。

2.2.2.2　单螺杆压缩机

单螺杆压缩机比双螺杆压缩机晚数十年问世，但因其性能优异而上升势头强劲，广泛应用于制冷、船舶、石化流程等领域。

(1) 单螺杆压缩机的基本结构

单螺杆压缩机基本结构如图 2-12 所示。它由一个圆柱螺杆和两个对称布置的平面星轮组成啮合副，装入机壳内。其封闭容积由螺杆螺槽、机壳内壁和星轮齿构成。单螺杆压缩机的一个螺杆可与 2 个或 2 个以上星轮啮合。螺杆和星轮按其外形可分为圆柱型（C）和平面型（P）。由这两种类型可构成如图 2-12 所示的 4 种单螺杆压缩机：PC 型、PP 型、CP 型和 CC 型。目前最常用的是 CP 型，本书主要介绍这种类型。

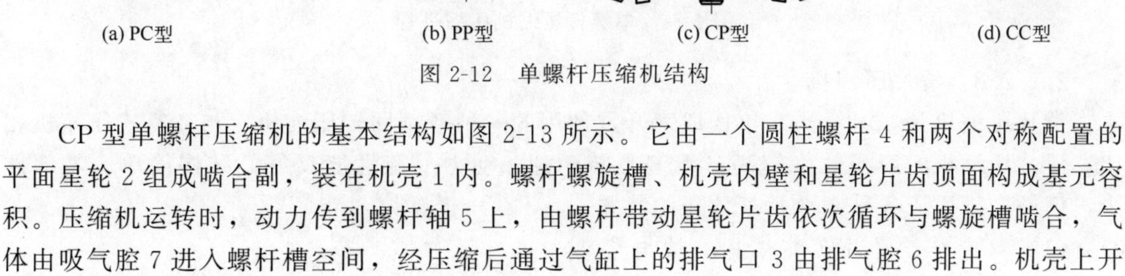

(a) PC型　(b) PP型　(c) CP型　(d) CC型

图 2-12　单螺杆压缩机结构

CP 型单螺杆压缩机的基本结构如图 2-13 所示。它由一个圆柱螺杆 4 和两个对称配置的平面星轮 2 组成啮合副，装在机壳 1 内。螺杆螺旋槽、机壳内壁和星轮片齿顶面构成基元容积。压缩机运转时，动力传到螺杆轴 5 上，由螺杆带动星轮片齿依次循环与螺旋槽啮合，气体由吸气腔 7 进入螺杆槽空间，经压缩后通过气缸上的排气口 3 由排气腔 6 排出。机壳上开有喷液孔，将润滑油、水或制冷液喷入工作容积内，起密封、冷却和润滑作用。

(2) 单螺杆压缩机工作原理

如图 2-14 所示，以螺杆上一个螺槽为例，说明压缩机的具体工作过程。

① 吸气过程　螺杆螺槽在星轮齿尚未与之啮合前与吸气腔相通，处于吸气状态。当螺

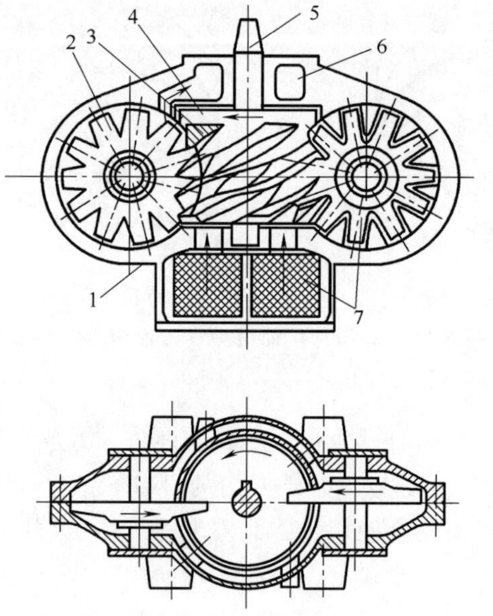

图 2-13 CP 型单螺杆压缩机基本结构

杆转到一定位置时，齿槽空间被与之相啮合的星轮齿遮住，与吸气腔断开，此时吸气过程结束。

② 压缩过程　吸气过程结束后，螺杆继续转动，随着星轮齿沿螺杆齿槽的推进，封闭的基元容积逐渐缩小，实现气体的压缩过程，直到基元容积与排气口连通的瞬时为止，此时压缩过程结束。

③ 排气过程　当基元容积与排气口相连通后，随着螺杆的继续转动，被压缩气体由排气口输送至排气管道，直至星轮齿脱离螺槽为止。

与双螺杆压缩机相比，单螺杆压缩机除具备双螺杆压缩机结构简单、紧凑、单位容积利用率高和无气阀组件等特点外，因其星轮中心对称地配置于单螺杆的两侧，还具有下列双螺杆压缩机所不具备的优点：

① 单机容量大，无余隙容积；

② 结构合理，具有理想的力平衡性；

③ 主机寿命长；

④ 易损件少，维护简便。

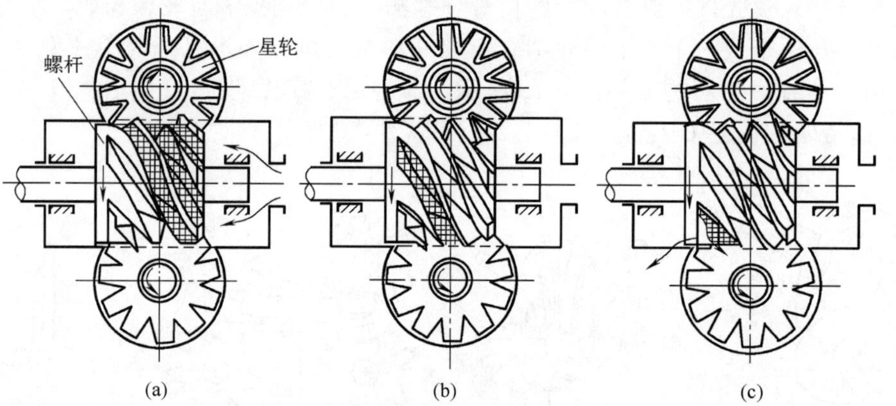

图 2-14 单螺杆压缩机压缩过程

2.2.2.3 滑片压缩机

滑片压缩机是 20 世纪 70 年代以来开发使用的一种新型回转压缩机，与往复式压缩机相比，滑片压缩机的容积效率较高，无偏心转动件，动力平衡性能良好，结构简单，零部件少，已被广泛用于各种制冷及气体压缩装置。

(1) 双工作腔滑片压缩机基本结构

双工作腔滑片压缩机主要由定子、转子、若干个可以在转子槽内自由滑动的叶片（即滑片）组成。其中定子内腔为椭圆柱形，而转子为圆柱形，转子通过传动轴和原动机轴相连接。转子上有许多径向槽（滑片槽），滑片置于其中并可沿槽来回滑动。如图 2-15 所示。

双工作腔滑片压缩机有滑片对心式和滑片偏心式两种，其截面结构示意图如图 2-16 所示。

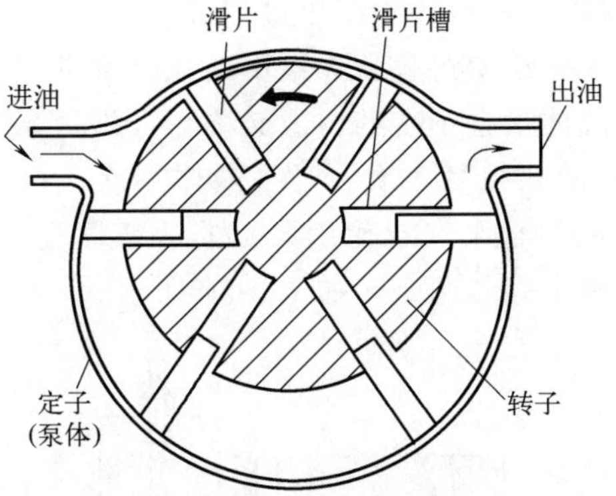

图 2-15　双工作腔滑片压缩机立体分解图

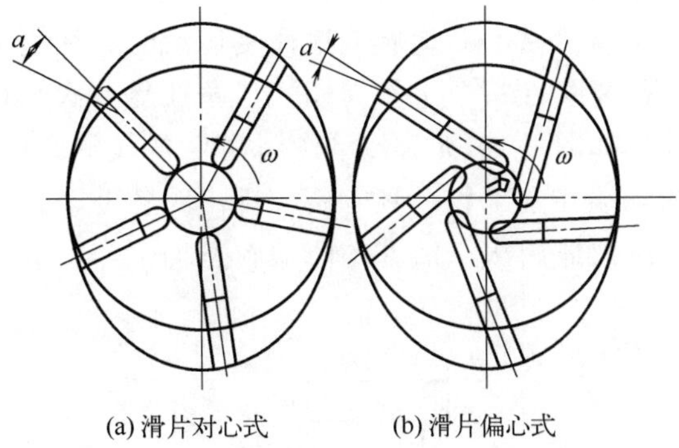

图 2-16　两种双工作腔滑片压缩机截面结构示意图

(2) 双工作腔滑片压缩机工作原理

如图 2-17 所示，转子旋转时，在离心力的作用下，滑片 3 从槽中向外伸出，从而将气缸分成几个隔腔。随着轴的旋转，隔腔容积将会先从小到大，再从大到小，产生周期性变化，同时配合吸气口、排气口，实现气体的吸入和压缩。气缸的形状为扁圆形时，转子的几何中心与缸体的几何中心一致，形成两个月牙形空间。转子每旋转一周，滑片有两次吸气和排气过程，称为双作用滑片式压缩机。

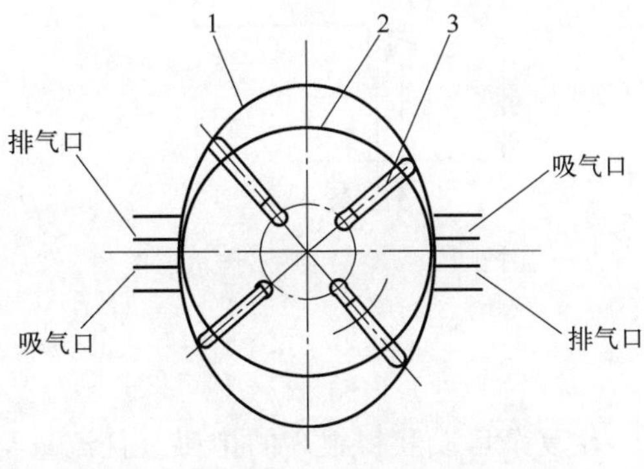

图 2-17　双工作腔滑片压缩机工作原理

1—气缸；2—转子；3—滑片

双工作腔滑片压缩机的转子与气缸同心安装，因此压缩机平衡性能较好，运转较平稳，噪声低且振动小。其次，当压缩机启动时，对气缸的冲击较小，这是因为在启动过程中，滑片是逐步滑出滑片槽的，因此惯性矩较小。由于此机型无吸气阀，余隙膨胀不会影响吸气过程，容积效率相比其他机型较高。

2.2.3　往复泵的结构和功能

往复泵在石油、矿产领域应用非常广泛。它常常用于在高压下输送高黏度、大密度和高含砂量的液体，而流量相对较小。

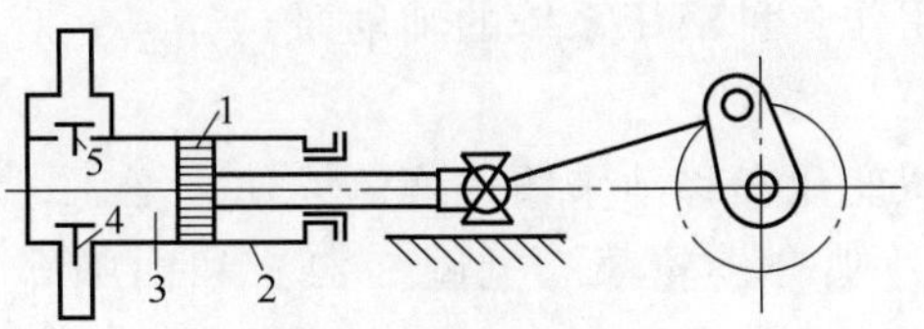

图 2-18　往复泵示意图

1—活塞；2—泵缸；3—工作室；4—吸入阀；5—排出阀

(1) 往复泵基本结构

如图 2-18 所示，往复泵主要由泵缸、活塞、活塞杆及吸入阀、排出阀组成。

(2) 往复泵工作原理

① 吸入过程　工作室 3 的容积会随着活塞 1 在泵缸内自最左位置向右移动而逐渐增大，工作室内的压力降低，吸水池中液体在压力差作用下顶开吸入阀 4，液体进入工作室填补活塞右移让出的空间，直至活塞移到最右位置为止，完成往复泵的吸入过程。

② 排出过程　活塞开始向左方移动，工作室中液体在活塞挤压下获得能量，压力升高，

并压紧吸入阀 4，顶开排出阀 5，液体由压出管路输出，该过程为压出过程。

当活塞不断地做上述往复运动时，往复泵的吸入、压出过程就连续不断地交替进行。由于往复泵在每个工作周期（活塞往复一次）内排出液体量是不变的，故又称为定排量泵。此外，如图 2-19 所示，单作用往复泵（单作用泵）的活塞往复一次，吸排液体一次，仅活塞的一端腔室工作，吸入阀、排出阀各一个。而双作用往复泵（双作用泵）的活塞往复一次，吸排液体两次，活塞的两端腔室均工作，吸入阀、排出阀各两个，如图 2-20 所示。

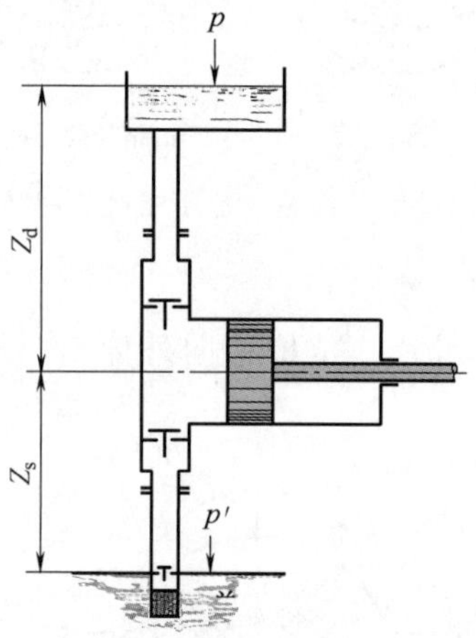

图 2-19 单作用泵工作示意图

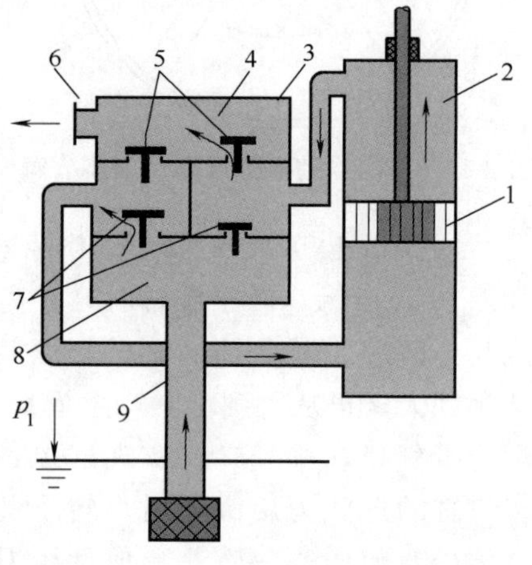

图 2-20 双作用泵工作示意图

1—活塞；2—泵缸；3—阀箱；4—排出室；5—排出阀；6—排出管；7—吸入阀；8—吸入室；9—吸入管

往复泵可以获得很高的排压，且流量与压力无关，吸入性能好，效率较高，其中蒸汽往复泵可达 80%～95%，而且可以输送任何介质，几乎不受介质的物理或化学性质的限制，泵的性能不随压力和输送介质黏度的变动而变动。但往复泵的流量不是很稳定，同流量下比离心泵体积大，结构复杂，资金用量大，不易维修。

2.2.4 回转泵的结构和功能

2.2.4.1 齿轮泵

在现有各类液压泵中，齿轮泵的工作压力仅次于柱塞泵，加之其体积小，价格低，因而广泛用于移动设备和车辆上作为液压工作系统和转向系统的压力油源。另一方面，由于齿轮泵的转速和排量范围均较大，吸油能力较强，也常用作各种液压系统的辅助泵。

（1）齿轮泵基本结构

齿轮泵依靠泵缸与啮合齿轮间所形成的工作容积变化和移动来输送液体或使之增压。齿轮泵一般做成定量泵，根据结构的不同，又可分为外啮合齿轮泵（见图 2-21）和内啮合齿轮泵（见图 2-22），其中外啮合齿轮泵应用范围较广。

齿轮泵一般由泵体、齿轮、轴承座、轴承、安全阀及密封装置组成。由两个齿轮、泵体与前后盖组成两个封闭空间，当齿轮转动时，齿轮脱开侧的空间的体积从小变大，形成真空，将液体吸入，齿轮啮合侧的空间的体积从大变小，而将液体挤入管路中去。吸入腔与排出腔是靠两个齿轮的啮合线来隔开的。齿轮泵的排出口的压力完全取决于泵出口处阻力的大小。

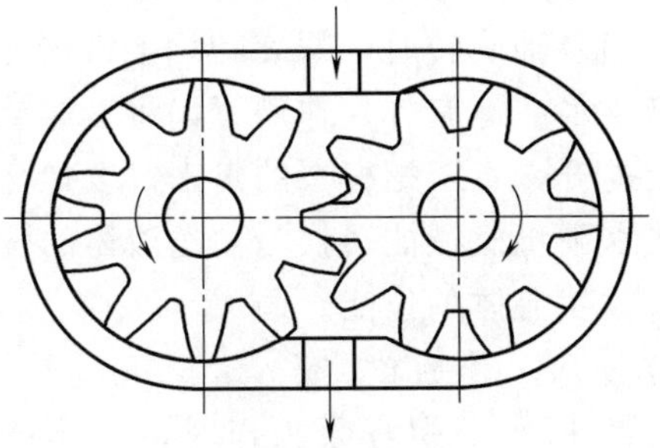

图 2-21 外啮合齿轮泵

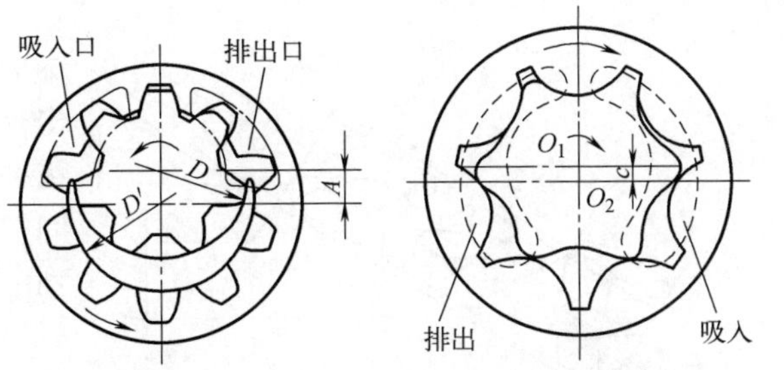

(a) 月牙填隙片式　(b) 无填隙片式

图 2-22 内啮合齿轮泵

(2) 齿轮泵工作原理

如图 2-23 所示，外啮合齿轮泵主要由两个相互啮合的齿轮Ⅰ和齿轮Ⅱ以及容纳它们的泵体Ⅲ和前后盖Ⅳ所组成。在泵体上于两个齿轮开始啮合和脱离啮合之处，分别开有排液口和吸液口。由轮齿 6、7、8、8′、7′的表面及泵体的内表面组成吸液腔，由轮齿 1、2、3′、2′、1′的表面及泵体内表面组成压液腔，两腔互不相通。

当主动齿轮Ⅰ和从动齿轮Ⅱ按箭头所示方向旋转时，由于轮齿 6 和 7′的顶圆半径所扫过的容积大于轮齿 8 和 8′的啮合点半径所扫过的容积，因此吸液腔的容积增大，产生负压吸入液体。充满齿间的液体，沿泵体内表面被带到排液腔。在排液腔，由于轮齿 2 和 3′的顶圆半径所扫过的容积大于轮齿 1 和 1′的啮合点半径所扫过的容积，因此排液腔的容积减小，从而将液体排出。随着齿轮不断地转动，齿轮泵就不间断地吸液和排液。其输出压力取决于负载和排液管路的压力损失。

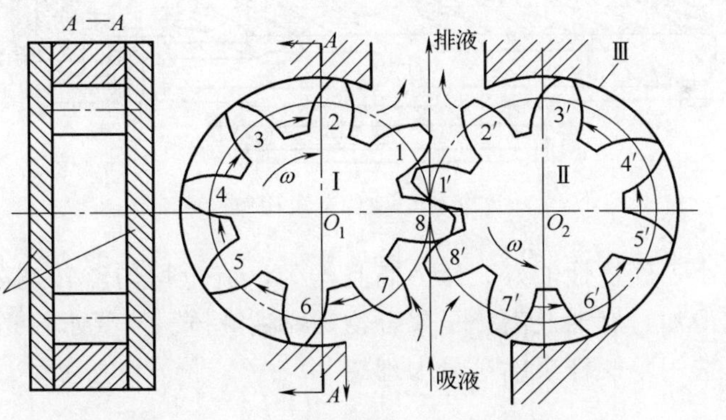

图 2-23 外啮合齿轮泵工作原理图

齿轮泵的主要特点是结构简单，体积小，重量轻，自吸性能好，使用可靠，寿命较长，制造容易，维修方便，价格便宜。其主要缺点是效率低，振动和噪声较大。

2.2.4.2 螺杆泵

螺杆泵目前广泛用于石油、化工、电力、海上平台工程、舰船、精密机床和食品等工业领域，用来代替离心泵、往复泵、齿轮泵或叶片泵等作为输油泵、液压泵、润滑油泵、燃油泵和封液泵等。

(1) 螺杆泵基本结构

螺杆泵利用一根或数根螺杆的相互啮合空间的容积变化来输送液体，因此称为螺杆泵。如图 2-24 所示，螺杆泵主要包括原动机、变速传动装置和螺旋叶片三部分。螺杆泵倾斜装

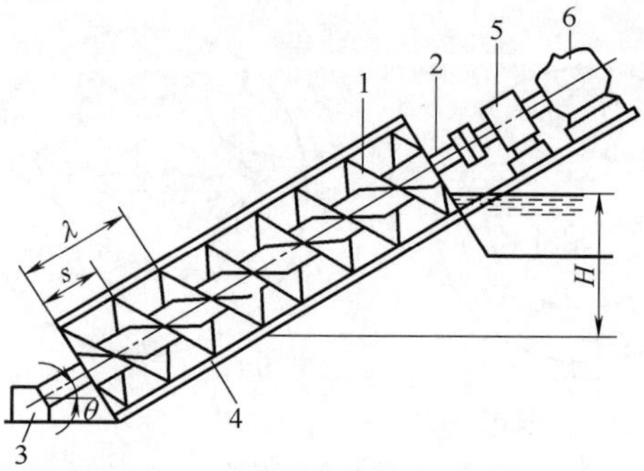

图 2-24 螺杆泵基本结构

1—螺旋叶片；2—泵轴；3—轴承座；4—外壳；5—变速传动装置；6—原动机

在上、下水池之间，螺杆泵下端的叶片需要浸入到水面以下。当泵轴旋转时，螺旋叶片会将水池中的水推入叶槽，水在螺旋叶片作用下，将沿螺旋轴一级一级往上提升，直至螺杆泵的出水口。螺杆泵不同于叶片式水泵将机械能转换为输送液体的位能和动能，它只改变流体的位能。

(2) 螺杆泵工作原理

如图 2-25 所示，螺杆泵工作时，液体被吸入后就进入螺纹与泵壳所围的密封空间。当主动螺杆旋转时，螺杆泵密封容积在螺牙的挤压下提高螺杆泵压力，并沿轴向移动。由于螺杆是等速旋转，所以液体出流流量也是均匀的。

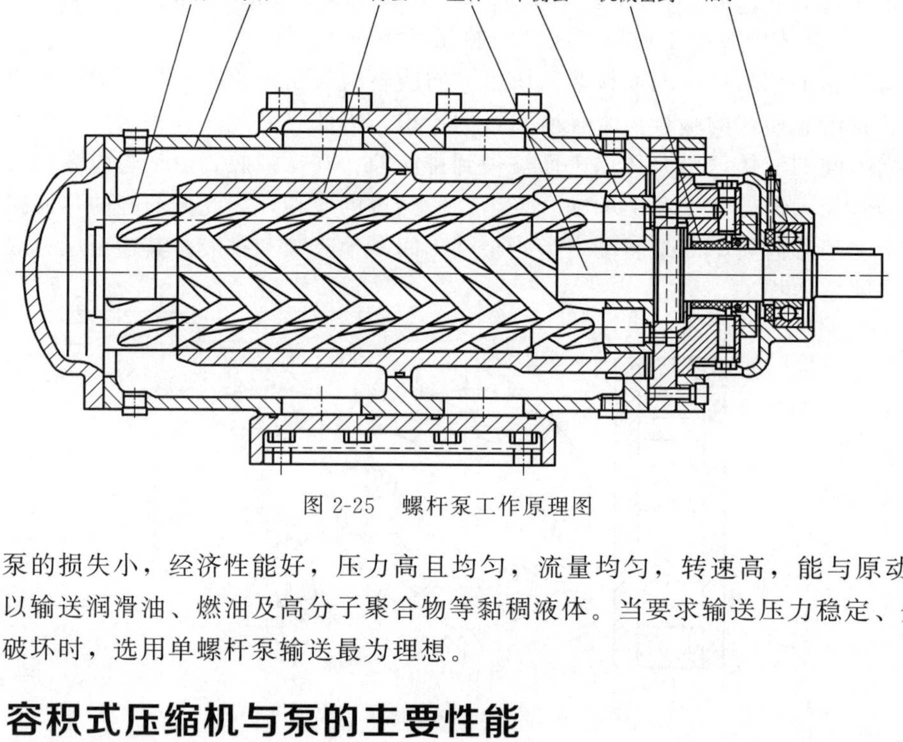

图 2-25 螺杆泵工作原理图

螺杆泵的损失小，经济性能好，压力高且均匀，流量均匀，转速高，能与原动机直连。螺杆泵可以输送润滑油、燃油及高分子聚合物等黏稠液体。当要求输送压力稳定、介质固有结构不受破坏时，选用单螺杆泵输送最为理想。

2.3 容积式压缩机与泵的主要性能

从石油储运、石油炼化行业到制冷设备、化工合成等领域，容积式压缩机和泵的使用极为广泛，两者发挥了十分重要的作用，现已成为一种通用设备。目前，在容积式压缩机和泵的制造与应用方面，我国仍在不断发展，取得了优异的成果，很多企业和机构都成功研发出了具有不同用途的容积式压缩机和泵。然而，在容积式压缩机和泵的设计制造及其实际使用中，仍然面临诸多困难和问题。尤其是进入 21 世纪以来，行业领域的分工越来越细，对机械化要求越来越高，精细化、科技化、智能化、多样化成为市场的重要需求。我国在压缩机和泵的研发制造领域，虽然取得了突出的成果，但仍需要进一步发展和突破。因此，容积式压缩机和泵的研究与发展，仍然十分重要和迫切。

2.3.1　结构及制造工艺

（1）余隙容积

往复活塞式压缩机的工作过程一般为压缩、排气、膨胀、吸气四个过程循环往复，如图2-26所示。在压缩机的实际运行过程中，由于装配、结构或者制造工艺差异等原因，在活塞运行至上止点（位置3—3）时，气缸中仍会存在一定空间，该空间的容积被叫作余隙容积。当排气过程结束时，活塞向下止点移动，余隙容积内的高压气体会经历膨胀过程，该膨胀过程造成气缸有效吸气量减小，因此余隙容积的增大将造成容积效率降低。

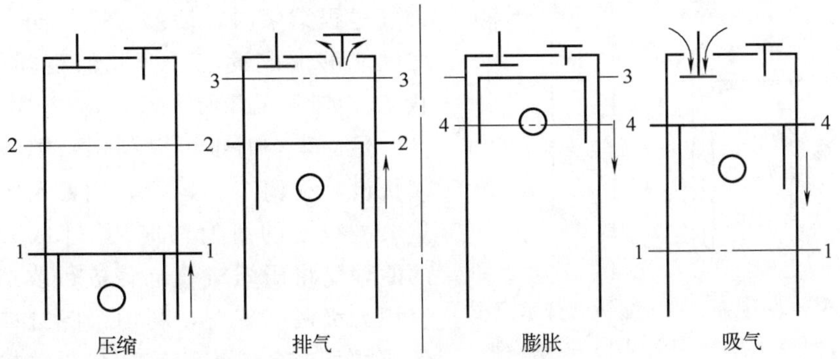

图 2-26　压缩机的工作过程

往复活塞式压缩机的余隙容积由以下几部分组成，如图2-27所示。

① 活塞位于气缸顶点时，活塞表面与气缸盖之间的容积 V_{01}；

② 活塞表面到第一道活塞环之间的容积 V_{02}；

③ 气阀通道内的容积 V_{03}；

④ 气阀内部的剩余容积 V_{04}。

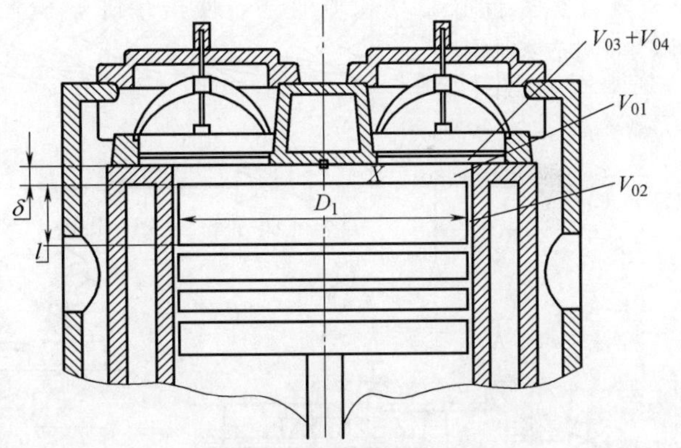

图 2-27　余隙容积示意图

对于一般往复活塞式压缩机而言，V_{02} 的容积很小，余隙容积主要是由 V_{01}、V_{03} 以及 V_{04} 构成。V_{01} 部分的余隙容积存在于气缸内，具有保护气缸内部件，防止活塞与气缸盖之间因受热、膨胀而产生碰撞、磨损的作用，并且这部分余隙容积可以通过改变活塞的行程大小来进行适量调节。关于这部分的压缩机气量调节系统，已进行了很多研究。在以往的研究中，均认为在往复活塞式压缩机中 V_{03} 及 V_{04} 部分的余隙容积是不可避免，结合 V_{01} 余隙容积的积极作用，进一步得出了余隙容积是必须存在的结论。通过对余隙组成部分的分析可知，余隙容积因为产生方式的不同而发挥着或积极或消极的作用：V_{01} 部分的余隙容积产生，是因为机械加工及装配过程中存在一定的误差，须在活塞与缸顶之间留出部分空隙，用来防止活塞与气缸盖之间发生碰撞，这部分的空隙大小由加工装配的误差决定；V_{03} 及 V_{04} 部分余隙容积的产生，是因为传统往复活塞式压缩机在最初设计时的压力比（压比）要求低，并没有考虑余隙容积对高压比情况下排气量的影响。如果在设计时，仅仅结合 V_{01} 部分余隙容积的成因认为余隙容积不可避免，从而导致压缩机

在 V_{03} 及 V_{04} 部分产生大量的余隙容积，这是很不合理的。结合现今对于往复活塞式压缩机要求高压比的情况，有更大的排气量的实际需求，通过结构设计消除 V_{03} 和 V_{04} 部分的余隙容积是必要的。

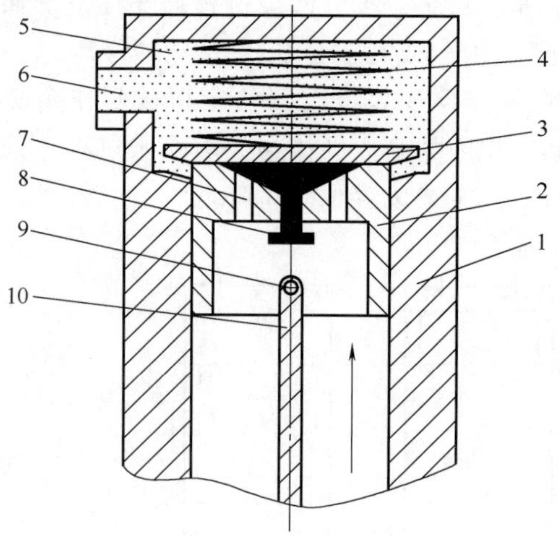

图 2-28 无余隙往复活塞式压缩机结构示意图

1—气缸体；2—活塞；3—排气阀片；4—弹簧；5—排气室；6—排气口；7—进气口；8—异型进气阀；9—活塞销；10—连杆

一般情况下，余隙容积是有害的，所以多数情况下希望消除余隙容积的影响。无余隙往复活塞式压缩机，是在传统往复活塞式压缩机结构的基础上，对压缩机进、排气阀结构和位置以及活塞运动行程进行了重新设计，使其在排气过程结束时，活塞、排气阀片和进气阀体之间能够形成没有任何几何空间的“无余隙”状态，如图 2-28 所示。

然而，有时也可以利用余隙容积来调整压缩机设计或调节其运行，例如余隙无级调节气量节能技术的研发与应用（图 2-29），该技术的原理是将压缩机气缸盖进行改造，成为余隙容积无级调节装置，利用余隙缸体和余隙活塞形成的可变余隙容积腔，与压缩机气缸直接相通，进而改变压缩机的吸气量，实现排气量的调节和节能；该装置可通过液控系统和电仪自控系统，智能伺服驱动余隙活塞，使得余隙容积无级可调，从而实现压缩机排气量的无级自动实时调节控制。

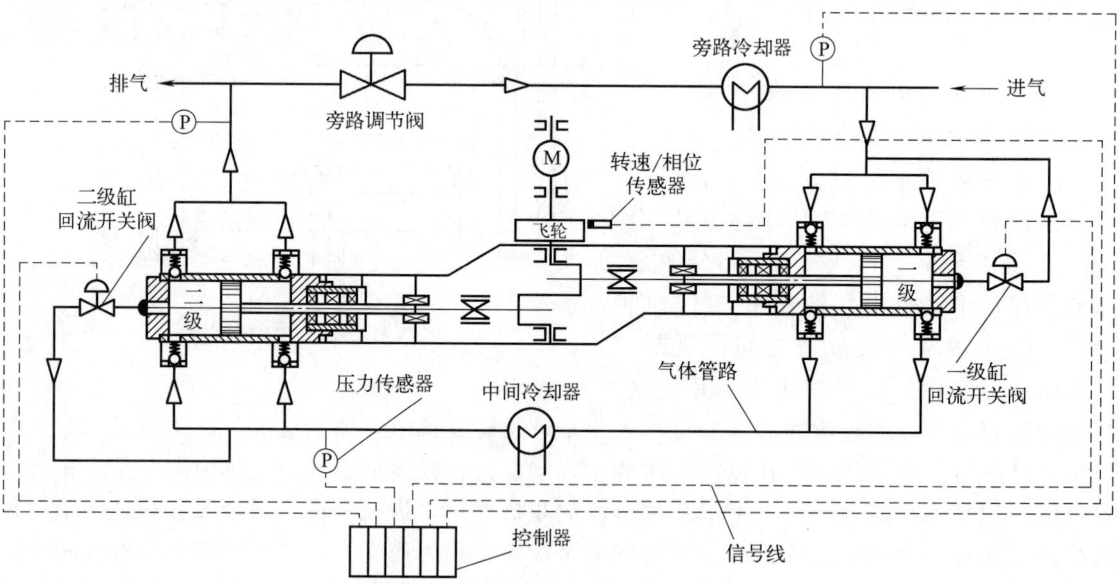

图 2-29 余隙无级调节气量节能系统工艺路线示意图

（2）冷却析水问题

在压缩机的使用中，压缩过程的热力学、气体力学性能会受湿气体存在的影响。在压缩过程中活塞对湿气体做功，湿气体温度升高，相对湿度减小，从气缸排出的高温高压气体经过中间冷却器，湿气体温度降低，相对湿度增加，湿度增加到一定程度后，便会有水析出。在压缩气体中，如果水蒸气含湿量较大，在膨胀过程中可能会结冰，这不仅影响设备的性能，在极端情况下，也有可能会造成设备不同程度的机械损坏。因此，研究压缩机级间析水过程，掌握其机理，分析并预处理进入设备内部的水蒸气对于保护设备以及提高力学性能有重要意义。

压缩机入口吸入的湿气体中水蒸气的含量通常可用相对湿度 φ 来表示

$$\varphi=\frac{x}{x_s}=\frac{p'}{p_s} \tag{2-1}$$

式中　x——湿气体的绝对湿度；

x_s——湿气体的饱和绝对湿度；

p'，p_s——在同一温度下，湿气体中水蒸气分压力和饱和蒸气压力，Pa。

压缩机吸入的湿气体经过一级压缩后，由于压力的提高，湿气体水蒸气的分压力也相应提高，其值为

$$p_2'=\varphi_1 p_{s1}\frac{p_2}{p_1}=\varphi_1 p_{s1}\varepsilon_1 \tag{2-2}$$

压缩后的气体经过级间冷却器，因为温度的降低，气体中的水蒸气趋于饱和，如果水蒸气的分压力大于此状态下的饱和水蒸气的压力，便有水分析出，由此水分凝结析出的充分必要条件为

$$p_2'>p_{s2} \tag{2-3}$$

式中　ε_1——第一级压力比；

φ_1——气体进入压缩机时的相对湿度；

p_{s1}，p_{s2}——分别为第一级和第二级进气温度时的饱和水蒸气压力，Pa；

p_2'——湿气体经压缩后的水蒸气分压力，Pa。

若 $p_2'\leqslant p_{s2}$，这时湿气体仍然处于过热状态，并没有水分析出，湿气体有可能在第二级或者第二级之后析出水分。

同理，冷凝水分凝结析出的条件为

$$\varphi_1 p_{s1}\varepsilon_1\varepsilon_2>p_{s3} \tag{2-4}$$

式中　ε_2——第二级压力比；

p_{s3}——第三级进气温度所对应的饱和水蒸气压力，Pa。

式（2-3）、式（2-4）就是湿气体经过压缩并经级间冷却器冷却后，有无水分析出的判别条件。

基于上述判别条件，可以很容易地判断被压缩的湿气体在经过级间冷却器后是否有凝结水析出。

水蒸气的凝结必然会造成进气容积的相对下降，容积值可用析水系数来进行衡量，析水系数可借助于湿气体的性质导出。

根据湿气体的性质

$$p=p_f+p' \tag{2-5}$$

$$V_f p=V p_f \tag{2-6}$$

式中　p——湿气体的总压力，Pa；

p_f——湿气体中的干气体分压力，Pa；

p'——湿气体中的水蒸气分压力，Pa；

V_f——湿气体中的干气体分容积，m^3；

V——湿气体的总容积，m^3。

多级压缩机的容积流量为 q_V，第一级进气压力为 p_1，如果压缩过程中气体的泄漏不考虑，则第一级吸入的湿气体容积与容积流量相等，由式（2-5）、式（2-6）及式（2-1），湿气体中的干气体所占容积 q_f 为

$$q_f = q_V \frac{p_1 - \varphi_1 p_{s1}}{p_1} \tag{2-7}$$

由此压缩机的容积流量与湿气体中干气容积及压力之间的关系可用下式表示

$$q_V = q_f \frac{p_1}{p_1 - \varphi_1 p_{s1}} \tag{2-8}$$

若第一级压缩后没有水分析出，由式（2-5）、式（2-6）及式（2-1），将第二级吸入的湿气体换算到第一级入口状态时的容积为

$$q_2 = q_f \frac{p_2}{p_2 - \varphi_2 p_{s2}} \tag{2-9}$$

式中　φ_2——第二级进气前的气体相对湿度，其值为 $\varphi_2 = \dfrac{\varphi_1 p_{s1} \varepsilon_1}{p_{s2}}$；

p_{s2}——第二级进气温度时的饱和水蒸气压力，Pa；

p_2——第二级的进气压力，Pa。

某级的析水系数，是指某级的进气容积换算到压缩机的进口状态下的容积值与压缩机容积流量的比值，由式（2-8）、式（2-9），得第二级的析水系数 λ_{φ_2} 为

$$\lambda_{\varphi_2} = \frac{q_2}{q_V} = \frac{p_1 - \varphi_1 p_{s1}}{p_2 - \varphi_2 p_{s2}} \times \frac{p_2}{p_1} \tag{2-10}$$

若在第一级之后已有水分析出，则 $\varphi_2 = 1$，此时上式为

$$\lambda_{\varphi_2} = \frac{q_2}{q_V} = \frac{p_1 - \varphi_1 p_{s1}}{p_2 - p_{s2}} \times \frac{p_2}{p_1} \tag{2-11}$$

对于任意一级的析水系数有

$$\lambda_{\varphi_j} = \frac{p_1 - \varphi_1 p_{s1}}{p_j - p_{sj}} \times \frac{p_j}{p_1} \tag{2-12}$$

式中　p_j，p_{sj}——任意级的进气压力和水蒸气饱和压力，Pa。

一般情况下，第三级以后的各级气体中水蒸气残留已经很少，则 p_{sj} 可不予考虑，式（2-12）即可简化为

$$\lambda_{\varphi_j} = \frac{p_1 - \varphi_1 p_{s1}}{p_1} \tag{2-13}$$

利用析水系数，可以十分方便地计算出压缩机各级单位时间内析出的冷凝水流量 q_{φ_j}（m^3/min）为

$$q_{\varphi_j} = q_V - \lambda_{\varphi_j} q_V = (1 - \lambda_{\varphi_j}) q_V \tag{2-14}$$

单位时间内析出水的流量 q_{φ_m}（kg/min）为

$$q_{\varphi_m} = q_{\varphi_j} \rho_s \tag{2-15}$$

式中　ρ_s——水蒸气的密度，kg/m^3。

ρ_s 值是将某级凝结析出的饱和水蒸气密度换算到第一级入口状态时的密度值。如果将水蒸气看为理想气体，则 ρ_s 为

$$\rho_s = \frac{p_1 T_{js}}{p_{js} T_1} \rho_{js} \tag{2-16}$$

式中　p_{js}——某一级的进气压力，Pa；

T_{js}——某一级的进气温度，K；

ρ_{js}——某一级的饱和水蒸气密度，kg/m^3。

判别级间是否存在冷凝水的推导，以及进一步分析推导出的经级间冷却器冷却后，析水量计算表达式，已在压缩空气储能系统中得到了应用，通过综合考虑压缩因子和增强因子，可以有效分析经过各级压缩机的湿空气是否有液态水析出，避免压缩空气中水蒸气结冰，降低了由析水引发的机械损坏的情况，有效改善了膨胀机性能。

(3) 阀门颤振现象与延迟关闭现象

阀门有三种典型的运动状态：正常阀门、阀门延迟关闭和阀门颤振。在阀门运动的波形图（如图 2-30）中，能够清楚地识别出阀门的状态。正常的阀门在匹配的弹簧力下，会迅速打开，阀片会冲击升程限制器，可能伴有一个或两个轻微的跳跃，因为气体压力的作用，阀片直到阀门即将关闭时，才会离开升程限制器。在吸入或排出过程中，当活塞到达止点位置（dead center location）时，阀片返回到阀门。如果阀门的弹簧很硬，那么阀门打开的速度就比平时要慢，而且在阀门打开后，气体压力不足以完全克服弹簧力，在这种情况下，阀片在气体力和弹簧力的作用下会在阀座和升程限制器之间振荡，气阀的运动曲线将呈现波浪形，这种故障称为阀门颤振。由于反复的撞击，大大增加了通过气阀的阻力损失，缩短了阀片和阀簧的寿命。如果气阀弹簧较弱，气阀会比正常情况下打开得更快，但当活塞到达止点位置时，气阀不会立即完全关闭，仅当压缩或膨胀过程开始时，气阀才会关闭，这种情况称为阀门延迟关闭，该故障会降低压缩机容量和容积效率。此外，阀片在弹簧力和回流气力作用下，会冲击阀座，并伴有严重的爆震，这增加了阀片上的冲击应力，加速了阀片和阀座的磨损，最终导致阀门过早损坏。

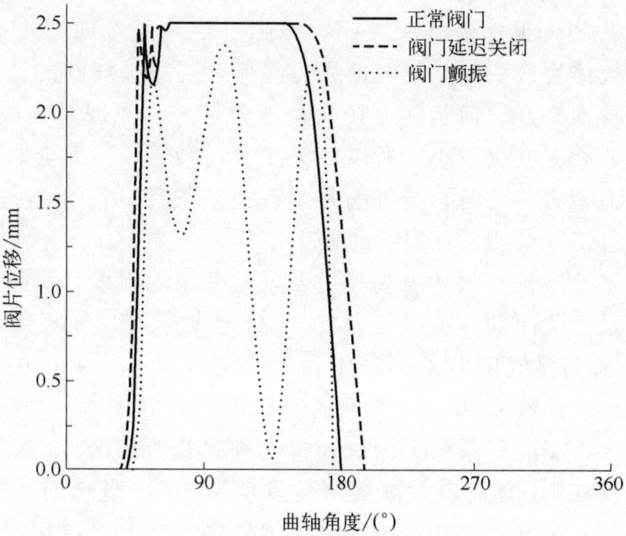

图 2-30　阀门的运动

声发射（acoustic emission，AE）信号作为一种实测信号，可以将其用于压缩机阀门运动监测。在压缩机的工作循环中，气阀的启闭伴随着声发射信号产生，该信号是由阀片冲击升程限制器或阀座而产生的，因为任何气体通过受限孔口都会产生湍流和连续的声发射信号。因此，可以通过声发射信号来监测往复式压缩机的阀门在工作过程中的状态。对阀片声发射信号进行曲轴角域（crank angle domain）分析，并结合压缩机工作循环中的典型过程，可以得到阀门在当前运行状态下的实际运行情况信息。

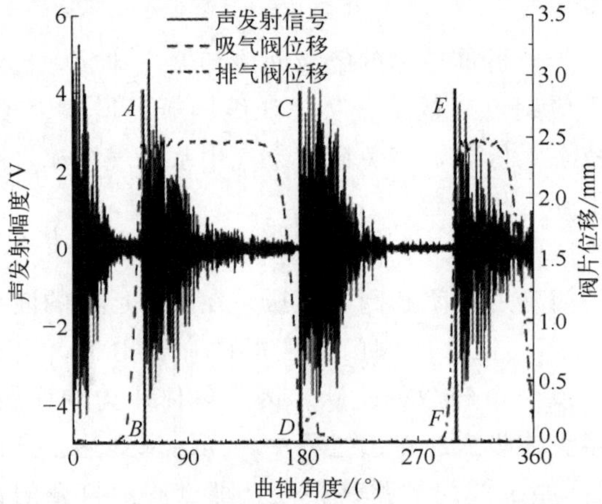

图 2-31　正常阀门的声发射信号与实际阀门运动

图 2-31 为压缩机工作循环中，正常的往复式压缩机阀门的声发射信号与实际阀门运动情况。图 2-32 显示了正常排气阀在排气压力为 0.1MPa 和 0.2MPa 下，一个压缩机工作循环内的模拟阀门运动曲线和 AE 信号，结果表明模拟阀门运动的变化与 AE 信号的变化完全匹配，排气阀的开启角度为 284°和 297°。模拟的阀门运动表明，阀片在排放过程中没有颤振；活塞一到达上止点，排气阀就关闭，因此排气阀也没有延迟关闭；阀门在打开时，因为有气体通过阀门自由流动，不会发生泄漏。而在 0.1MPa 的排气压力下，当弹簧刚度为 3500N/m 时，阀片在阀座与升程限制器之间会产生振荡，如图 2-33 所示。在相同工况下，其声发射信号曲线与普通阀门的声发射信号曲线不同，排气与吸气阶段显示的不是两个突发声发射信号，而是多个突发声发射信号，这些结果和模拟的阀门运动完全吻合，这两种情况都表明膜片明显颤振。这是由于气阀弹簧太硬，在排气或吸气过程中气体压力不能完全克服弹簧力，使阀片在强大的弹簧力和气体压力作用下在阀座和升程限制器之间振荡，导致阀片反复冲击阀座和升程限制器，产生这些额外的突发声发射信号。从图 2-33（b）中可以看出，吸气阀在 166°过早关闭，而不是 180°，气阀弹簧的刚性使吸气阀的弹簧力强于下止点处的气体压力，导致活塞到达下止点前吸气阀关闭。虽然吸气阀关闭，但随着活塞继续向下止点移动，工作容积增加。因此，气缸中的气体再次膨胀，气缸内压力降低，通过吸气阀的压差增大，导致气体压力增大，吸气阀可能再次打开。但实际上吸气阀不会打开，原因是当吸气过程即将结束时，工作容积接近最大值，相对变化较小，所以在关闭吸气阀后，压力会略有下降，气体压力的增加不足以再次克服弹簧力。此时，排气阀并没有提前关闭，因为当排气过程即将结束时，工作容积接近最小，且工作容积的相对变化较大。

上止点和下止点是诊断排气阀和吸气阀是否延迟关闭的标准，实际曲轴角度与标准曲轴角度的差值衡量阀门延迟关闭的程度（延迟度），延迟度越大，气阀弹簧越弱，气阀延迟关闭故障越严重。图 2-34 为排气压力为 0.2MPa、弹簧刚度为 550N/m 时，排气阀和吸气阀在曲轴角域的模拟阀门运动曲线和声发射信号的变化情况。如图 2-34 所示，阀门开启时略有反弹，当弹簧比正常水平弱时，阀门关闭。当排气阀弹簧刚度为 550N/m 时，排气阀在 16°时关闭，对应的吸气阀在 70°时开启，排气阀延迟度为 16°，当阀门关闭时，弹簧力起主导作用。排气阀弹簧越弱，弹簧力越小，排气阀关闭位置距离上止点越远，这已有研究进行了证明。

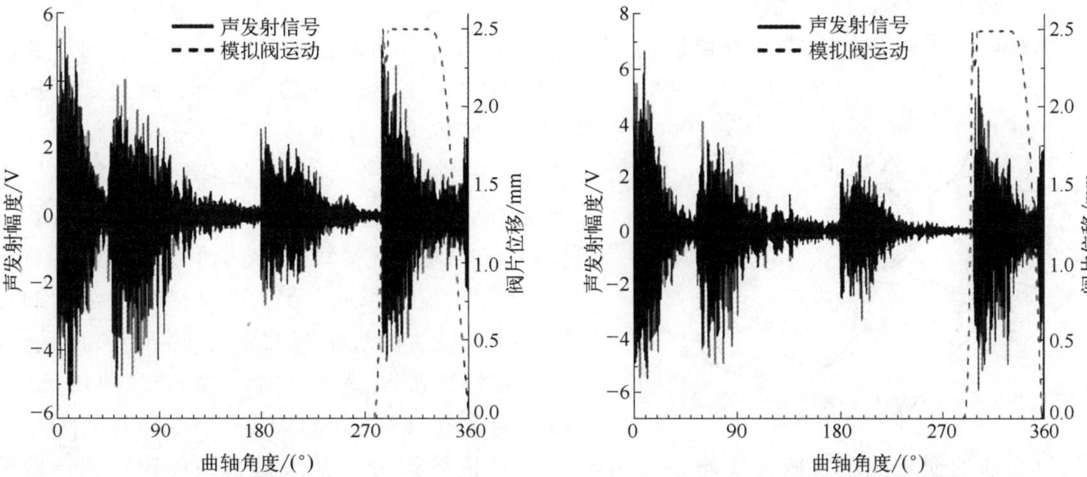

(a) 0.1MPa　　(b) 0.2MPa

图 2-32　排气压力为 0.1MPa 和 0.2MPa 时，测得的声发射信号与模拟阀门运动

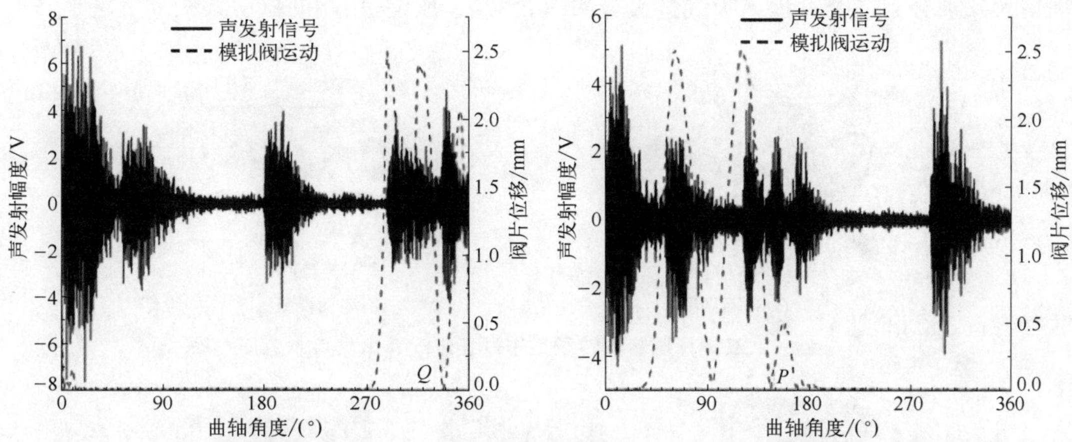

(a) 排气阀　　(b) 吸气阀

图 2-33　排气压力为 0.1MPa、弹簧刚度为 3500N/m 时，测得的声发射信号与模拟阀门运动

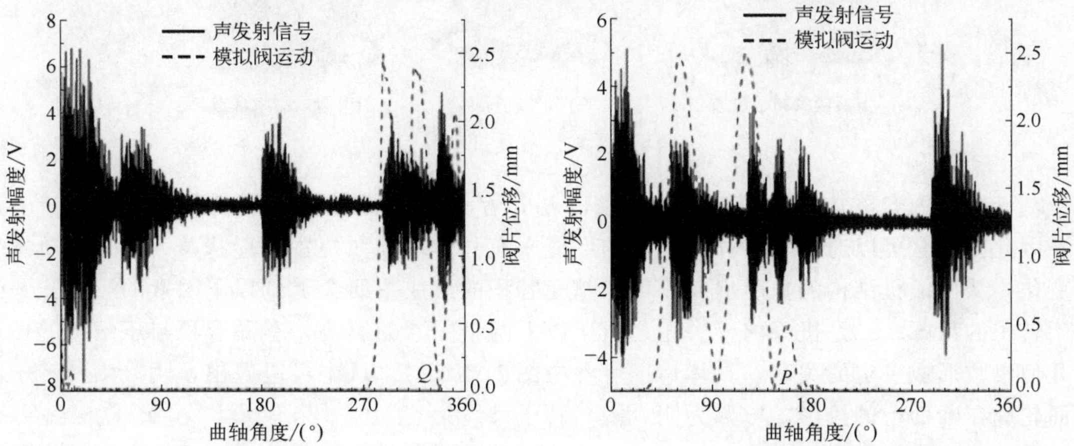

(a) 排气阀　　(b) 吸气阀

图 2-34　排气压力为 0.2MPa、弹簧刚度为 550N/m 时，测得的声发射信号与模拟阀门运动

(4) 螺杆压缩机泄漏三角形

螺杆压缩机转子的型线是螺旋面与垂直于转子轴的平面间的截交线，即转子的齿曲线（具体形状如图 2-35 所示），转子型线对螺杆压缩机的性能起着决定性的影响。转子型线是研究螺杆压缩机的加工性能、设备运转性能和综合性能等问题的基础，国内外学者和研究人员一直致力于螺杆压缩机转子型线设计的研究。然而，对于转子型线的优化设计，至今还没有较为全面的可用于指导和借鉴的理论基础。

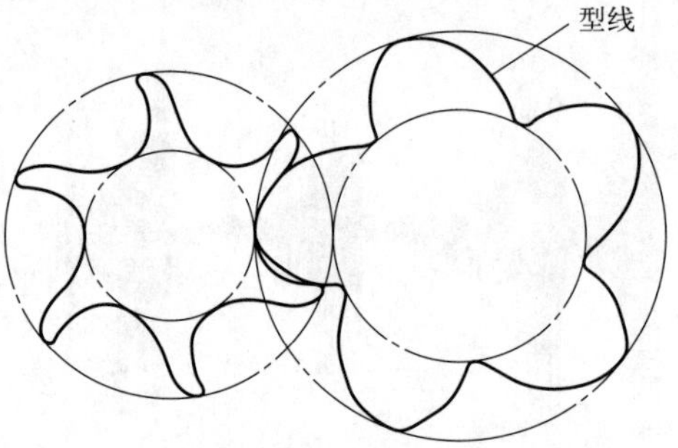

图 2-35 双螺杆压缩机转子型线

在螺杆压缩机处于正常工作状态的情况下，其内部通常存在高压和低压两个区域。其中，与进气口相通的便是低压区域，如图 2-36 中转子上的阴影部分，其余范围为高压区域。两个区域之间的隔离，主要是通过两个方面来实现的：一个是转子间的接触线，另一个是转子与机壳之间的密封特性。依照压缩机工作过程中气体的压力改变情况，双螺杆压缩机的整个运行周期大致被分为三个过程：吸气过程（如图 2-37）、压缩过程和排气过程。

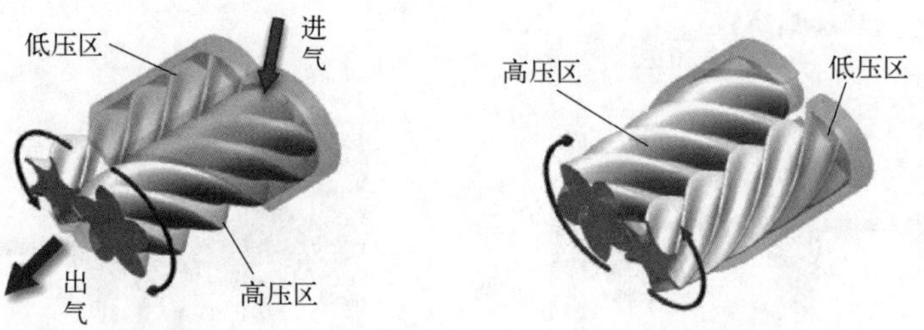

(a) 顶面视图 (b) 底面视图

图 2-36 双螺杆压缩机转子工作过程进气、出气口示意图

(a) 吸气初始状态 (b) 吸气进行状态 (c) 吸气结束状态

图 2-37 吸气过程

基于上述内容可知，双螺杆压缩机是以基元容积大小的变化情况来确定自身的三个过程。因此，完全可以通过双螺杆压缩机的性能来充分体现其在位置、形状及大小方面所发生的变化，从压缩机结构的角度出发，可知基元容积的形成主要会受到以下因素的影响：一是阴阳转子的齿廓；二是机壳内壁。正是由于以上两个因素的影响，基元容积与压缩机的性能及几何参数形成一定的关联，具体情况可参考图 2-38（a）。从中可以看出，阴（阳）转子的齿面轮廓在断面上的投影，被称为阴（阳）转子型线。

为了确保双螺杆压缩机在性能上的优越性，就必须切实使工作腔始终保持良好的密封性能，而这恰恰是压缩机转子型线设计的一个重要理念。关于双螺杆压缩机截面及几何要素示意图可参考图 2-38，其分别在轴、径两个方向上来对压缩机几何要素之间的位置关系进行深入解析。可以看出，加大对几何要素的分析力度是很有必要的，其中主要涉及以下几个要素：①吸气端口的封闭容积；②接触线；③阴（阳）转子齿间面积；④泄漏三角形；等等。

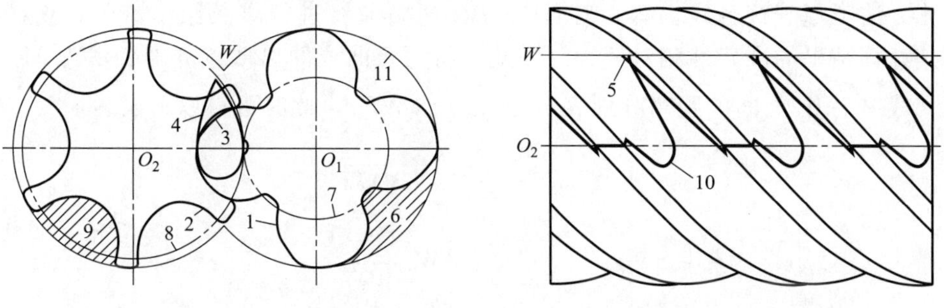

(a) 转子型线、啮合线、齿间面积、封闭容积　　(b) 泄漏三角形和接触线

图 2-38　螺杆转子型线及其几何要素

1—阳转子型线；2—阴转子型线；3—封闭容积；4—啮合线；5—泄漏三角形；6—阳转子齿间面积；7—阳转子节圆；8—阴转子节圆；9—阴转子齿间面积；10—接触线；11—机壳内壁；W—机壳内壁圆柱面交线的投影点

在转子型线的设计过程中，通常都会采取预留间隙的方式，以至于接触线的上止点始终无法落到机壳内壁的圆柱面交线 W—W 上，从而使阴阳转子齿面与圆柱面交线之间形成了空间三角形区域，这一不规则的区域被称为泄漏三角形（如图 2-39）。泄漏三角形的性质等同于接触线带所引起的内部横向泄漏，二者均是相邻基元容积的连接通道，气体在压力差的作用下泄漏到三角空间的另一侧，为此将这一现象形象地称为“内部轴向泄漏”。

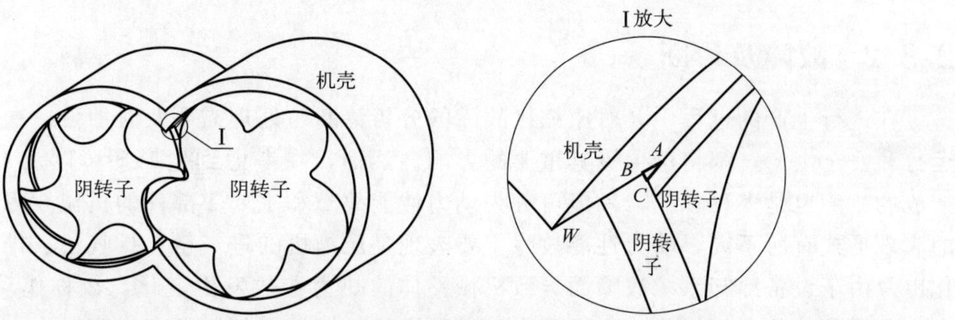

图 2-39　泄漏三角形空间示意图

A—阳转子齿面与机壳内壁交线 W—W 的交点；B—阴转子齿面与机壳内壁交线 W—W 的交点；C—接触线的至高点

从转子端面的角度上来看，在接触线至高点 C 与机壳内壁面交线端点 W 之间距离较大的情况下，一般会认为其泄漏三角形面积相对较大，这就意味着内部轴向泄漏情况较为严重。图 2-40 中空间曲边三角形的面积便是泄漏三角形的面积。图 2-40 中 a-a 、b-b、c-c 为三条从原点出发的射线，表示不同的应力路径。

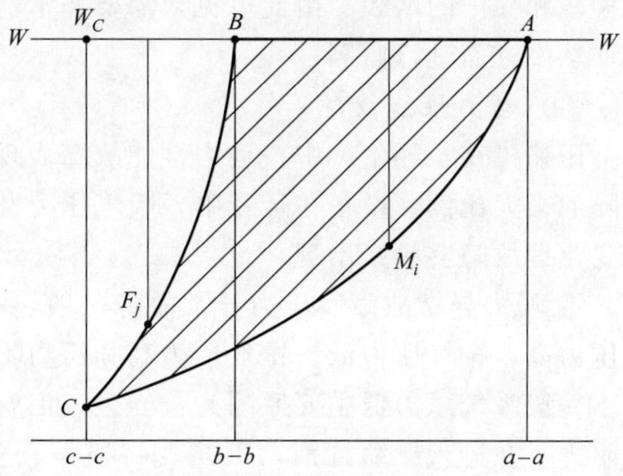

图 2-40　泄漏三角形计算

若以机壳内壁圆柱面交线 W—W、接触线至高点 C 来形成一个平面，并在该平面上

对曲边三角形$\triangle ABC$进行投影（结果可参考图 2-40），此时可将泄漏三角形面积的计算公式归纳为

$$S_{\triangle ABC}=S_{\triangle ACW_C}-S_{\triangle BCW_C} \tag{2-17}$$

其计算方法类似于接触线，首先对AC、BC两条曲线进行离散操作，在离散点较多的情况下，其计算结果的准确性相对较大。在此，将两条曲线的离散点分别表示为M_i和F_j，并将其与交线$W—W$之间的距离分别表示为$\overline{WM_l}$、$\overline{WF_l}$，此时可得以下表达式

$$S_{\triangle ACW_C}=\sum_{i=1}^{n}\frac{\overline{AB}}{n}\overline{WM_l} \tag{2-18a}$$

$$S_{\triangle BCW_C}=\sum_{j=1}^{n}\frac{\overline{BW_C}}{m}\overline{WF_l} \tag{2-18b}$$

基于式（2-18），可将泄漏三角形面积的计算公式归纳为

$$S_{\triangle ABC}=\sum_{i=1}^{n}\frac{\overline{AB}}{n}\overline{WM_l}-\sum_{j=1}^{n}\frac{\overline{BW_C}}{m}\overline{WF_l} \tag{2-19}$$

通过对式（2-19）的分析可知，主要有以下几种方法来减少泄漏三角形的面积：

① 将接触线上止点C与机壳内壁面交线之间的距离（即CW）缩短；

② 将阴阳转子齿面与机壳内壁面交线之间的距离（即AB）缩短；

③ 对转子型线进行优化设计，通过AC、BC形状的调整来达到减小泄漏三角形面积的目的。然而，减少螺杆压缩机泄漏三角形面积后，仍有很多问题需要解决，开展相关的研究十分必要。

2.3.2 故障及诊断

在进行生产的过程中，对压缩机故障的分析诊断与处理需要及时加强，这对系统的正常运行和安全生产，都将产生极其重要的影响。然而，在考虑到生产环境以及人为等因素时，造成的故障也是多种多样，一般可分为动力性能故障和主要零部件的机械故障。这两种故障的表现形式有所不同，动力性能故障主要表现是压缩机的进气量、排气量、排气温度发生变化以及由于设备冷却系统故障而导致机械整体的热力参数发生变化，故称作动力性能故障；而主要零部件的机械故障，主要是由于机械设备长期处于长时间高强度运作，造成零部件的疲劳损坏，或者由于安装不到位而导致的机械故障，这种情况会引起压缩机整体设备在工作时振幅和噪声的增大。由此可见，需要非常清楚地了解发生故障的原因，并在进行分析诊断时，从多方面进行监测。

（1）动力性能故障

压缩机在实际生产中，动力性能故障表现在热力学特征参数异常方面，这些故障占整个故障的很大比例。设备在运行中，吸气压力和排气压力异常、排气温度高、排气量低、压力比变化等故障会频繁出现。

① 压力异常故障　压力异常故障一般包括一级吸气压力低、二级吸气压力低、一级吸气压力高、排气压力低、排气压力高和压力不稳定等情况。

一级吸气压力低主要原因为：当进气汇管结垢严重或者进气过滤器堵塞时，将会增大进气阻力，在进入压缩缸前，工艺气将损失较多能量，使吸气压力降低；吸气阀片升程量过小，使气流通道面积减少，通过吸气阀的瞬时工艺气流量降低，导致一级吸气压力过低；工

艺流程中供气量不足，也会导致吸气压力过低。

二级吸气压力过低主要由于一级系统不正常所致，如果一级的气阀损坏或者管线法兰出现断裂，工艺气体泄漏，进入二级压缩缸的气量减少，压力随之降低。当一级压缩过程中，产生机械故障（如气缸镜面磨损、活塞环或填料函断裂等）后，气体经一级压缩后，压力达不到标准，也会导致二级吸气压力过低。

有两种原因导致一级吸气压力过高：第一，二级压缩出现故障（吸气阀损坏、加载阀关闭不严、活塞环漏气等），导致二级高压气体窜入一级压缩缸。该原因不仅会导致一级吸气压力高，还会导致二级排气压力低。第二，工艺气量压力波动大，进气量增大，导致吸气压力高。

排气压力高是因为当二级吸气压力偏高时，在压力比不变的情况下，二级压缩的气体压力必然偏高。由于冷却器冷却效果不好或排气管路严重积碳，所以气体散热不好，根据气体方程式，气体的压力将会增大。

压力不稳定主要表现为当吸气压力波动过大，从而影响到整个机组的排气压力，以及气阀启动或关闭不及时，高压气体将会窜入低压缸内，导致压力不稳定。

在压缩过程中，两级之间气体的压力、体积和温度三者关系如下

$$\frac{p_{1o}V_{1o}}{T_{1o}}=\frac{p_{2i}V_{2i}}{T_{2i}} \tag{2-20}$$

式中　p_{1o}，V_{1o}，T_{1o}——第一级压缩缸的排气压力、排气体积和排气温度；

p_{2i}，V_{2i}，T_{2i}——第二级压缩缸的吸气压力、吸气体积和吸气温度。

某一个参数变化将会导致其他参数随之改变，从而改变运行状态，如表 2-1 所示。

表 2-1　各参数引起的状态变化

状态	吸气或排气压力 p/MPa	排气体积 V/m^3	排气温度 T/K
一级排气压力正常	0.8	0.185	373.15
二级吸气压力正常	0.78	0.195	383.15
二级吸气压力低	0.6	0.253	383.15
二级吸气温度高	0.78	0.199	393.15

② 温度异常故障　温度异常包括压缩机吸气、排气温度过高以及气缸、轴承、活塞杆、机体等各部件过热。介质在压缩过程中状态不正常会产生吸气、排气温度过高，导致气缸、阀门积炭、磨损和零部件变形、损坏。各部件过热的原因是摩擦发热过大或者摩擦副润滑、冷却不到位等。摩擦过热情况可引起两种严重后果：在较高温度下使摩擦副加快磨损；热量不断积聚，直至烧毁摩擦表面，酿成重大事故。

a. 吸气温度高。在压缩过程中，二级的高压气体温度比一级低压气体温度高，如果级间的加载阀关闭不严或者二级的吸气阀损坏，高压气体将会进入一级压缩缸，导致吸气温度高。如果冷却系统出现故障，换热量不足，也会导致温度升高，比如管线不通畅、冷却液不足、提升泵皮带打滑等。冷却系统出现故障也直接导致二级排气温度高。

b. 气缸过热。冷却液供给不足会使气缸和冷却液热交换量下降，导致气缸过热。如果压力比增大，排气温度升高，传递给气缸的热量增加，也会导致气缸过热。摩擦发热也会导致气缸过热，如：活塞支承环热膨胀间隙太小产生抱缸，摩擦增大；气缸与滑道对中不良，气缸镜面粗糙度不符合要求，磨损恶化，等等。

c. 轴承温度过高。由于摩擦增大，如轴颈与轴瓦接触不良，轴承径向、轴向间隙过小，

曲轴发生弯曲或扭曲等，摩擦产生的热量过多，轴承温度升高。另外，当润滑油不足、中断或者润滑油污染时，润滑作用将达不到要求，摩擦副的热量聚集，温度升高。

d. 活塞杆温度过高。活塞杆与填料函有偏斜或者磨合不良，造成局部摩擦，活塞杆温度升高。填料函的抱紧弹簧太紧，在往复运动中，滑动摩擦力太大，产生巨大的热量，导致活塞杆温度升高。由于密封圈装错，油道堵塞，润滑油供应不上，造成干摩擦。

针对压缩机出现排气温度过高，可运用公式进行分析

$$T_o = T_i \varepsilon^{\frac{k-1}{k}} \tag{2-21}$$

式中 T_o——压缩机排气温度，K；

T_i——压缩机进气温度，K；

ε——压力比；

k——绝热指数。

式（2-21）给出了决定排气温度的因素。通常情况下，绝热指数 k 是固定不变的，压力比 ε 和压缩缸进气温度 T_i 将会主要影响排气温度 T_o。当气阀损坏或者是工艺流程需要，改变了压力比 ε 的大小，那么排气温度 T_o 也会随之变化。DPC 800 系列往复式压缩机，排气温度规定范围为 363～391K，表 2-2 为排气温度状态下各个参数对排气温度的影响。

表 2-2 各个参数对排气温度的影响

T_o/K	T_i/K	ε	k	状态
402.53	293.15	3.6	1.33	异常
388.71	287.15	3.4	1.33	正常
390.45	288.15	3.4	1.33	正常

③ 润滑油系统故障 压缩机组润滑油系统包括润滑油泵、注油器以及过滤器、冷却器、管路压力表等部分。故障主要表现有油压偏低、偏高，油温过高，油量不足，局部润滑不良，注油器不正常等方面。润滑油系统的故障会引起机器摩擦、发热、烧损等一系列问题，必须查明原因并及时处理。

a. 润滑油压力低。当润滑油泵出现机械故障或储罐油位太低而不能吸入时，润滑油将不能增压，导致润滑油压力偏低。如果润滑油泵过滤器堵塞或者润滑油管线漏油，油回流到油池，油压降低。油温过高会导致润滑油黏度太低，离心泵排气压力随之降低，油压也会下降。

b. 润滑油温度高。运动部件配合不良，间隙过小或配合表面质量不好，摩擦阻力大，导致发热量大，油温升高。润滑油黏度高，流动耗功多，发热过多将导致油温升高。环境温度较高，将热量传递给润滑油，易导致油温升高。润滑油冷却效果差或润滑油受污染、散热不好，也会导致润滑油温度偏高。

c. 润滑油不足。吸油过滤网堵塞或油管堵塞时，吸入的油量较少，润滑油会出现不足现象。当注油器柱塞与柱塞孔磨损或注油器上的逆阀不严密时，润滑油会产生泄漏，供油量会过少。

④ 工况改变对压缩机运行参数的影响 在石油工业生产中，常常因为工艺参数的变化，将改变压缩机的运行参数，导致压缩机出现故障现象。频繁遇到的工艺参数变化有：工艺汇管吸气压力变化、吸气的温度变化和排气压力变化等。压缩机组的运行参数包括：压力比、排气量、指示功等。下面具体分析各个因素的影响：

a. 吸气压力变化。当活塞行程容积不变时，各级排气压力与第一级吸气压力成正比例增减。压缩机吸气压力波动引起压力比变化，将会导致排气温度的变化，影响最大的是末级。如果吸气压力下降，末级压力比增大最明显，末级排气温度最容易超出允许范围。

b. 排气压力变化。当压缩机的排气压力上升，首先是二级压力比上升，直至影响到第一级，使第一级排气量减少。排气压力上升，二级压力比上升，导致二级排气温度上升，对一级影响较小。

c. 吸气温度变化。吸气温度的变化改变了气体的体积，使吸入气体的体积变化。吸气时温度越高，吸入气体越少。另外，当气体温度变化后，吸入气体与气缸壁的热交换也发生了变化，会影响到压缩机的温度系数和排气量。吸气温度变化对排气量的影响主要发生在第一级压缩过程中。压缩机各级排气温度在压力比一定时，完全取决于各级的吸气温度，吸气温度上升，排气温度也上升。

然而，对往复式压缩机而言，动力性能方面的故障，如排气量异常、进气或排气压力异常、缸体温度异常等，比压缩机其他重要零部件性能故障更难诊断。因为故障原因与故障表象不是一一对应的关系，如排气压力高有冷却液不足、管线不通畅、提升泵皮带打滑等原因，而这些原因也导致缸体温度升高。联系错综复杂，研究非常困难，所以更深层地探析其故障机理是十分必要的。

⑤ 影响排气量的因素　排气量是指在压缩机末级测得的单位时间内排出的气体，换算成第一级入口状态的压力和温度下的气体体积，单位 m^3/min。压缩机的额定排气量，即压缩机铭牌上标记的排气量，是指特定进口状态（温度 $t=20℃$、压力 $p=0.1MPa$）下的排气量

$$V_n=V_s T_0 p_s/p_0 T_s \tag{2-22}$$

式中 V_n——标准状态下的排气量，m^3/min；

V_s——压缩机进气状态下的排气量，m^3/min；

T_0——标准状态下的进气温度，293 K；

p_0——标准状态下的进气压力，一般为 0.1MPa；

T_s——压缩机进气温度，K；

p_s——压缩机进气压力，MPa。

式（2-22）计算将得到往复式压缩机标准状态下排气量，但是实际排气量比理论排气量要小。因为好多因素制约着压缩机实际排气量，不仅有影响吸气量的因素（吸气温度、吸气压力），还有气缸活塞环以及填料函轴封泄漏损失等，故引入排气系数来衡量压缩机实际排气量与理论排气量的关系。排气系数定义为压缩机实际的排气量与理论排气量之比，用 λ 表示。一级气缸的排气系数即为往复式压缩机的排气系数

$$\lambda=V_{re}/V_{th}=\lambda_V\lambda_p\lambda_t\lambda_g \tag{2-23}$$

式中 V_{re}——实际排气量，m^3/min；

V_{th}——理论排气量，m^3/min；

λ_V——容积系数；

λ_p——压力系数；

λ_t——温度系数；

λ_g——泄漏系数。

由式（2-23）可知，其等式右边四个系数的任何一项的变化都将引起排气量的变化。泄漏系数 λ_g 表示压缩缸的气密性的好坏，一般取值为 0.95。压力系数表征气体进入气缸时，损失的压力。进气压力大概在 0.2MPa 时，压力系数 λ_p 一般取 0.98。所以，影响排气系数的主要因素为容积系数 λ_V 和温度系数 λ_t。

压缩机容积系数 λ_V 公式为

$$\lambda_V=1-C(\varepsilon^{\frac{1}{m}}-1) \tag{2-24}$$

式中 λ_V——容积系数；

C——相对余隙容积；

ε——压力比；

m——膨胀过程指数。

由式（2-24）可知，引起 C、ε、m 三个参数发生变化的因素都将引起 λ_V 的变化，从而影响到排气量的变化。余隙容积是压缩机在安装时设定好的，而相对余隙容积 C 会发生变化。如果排气阀损坏，高压气体就会窜入气缸，那么相对余隙容积就会增大，而容积系数 λ_V 会减小，进入缸体的气量减少会导致实际排气量减小。

温度系数 λ_t 公式为

$$\lambda_t=\frac{T_i}{T} \tag{2-25}$$

式中 λ_t——温度系数；

T_i——吸气状态的气体温度，K；

T——吸气终止时缸内气体温度，K。

当压缩机缸冷却效果差时，缸内气体温度 T 会随之增高，温度系数 λ_t 就相对减小，排气系数 λ 就会减小，排气量就会降低。如果出现密封不严，泄漏系数 λ_g 减小，缸体气体发生漏失也会导致排气量剧减。并且，气阀损坏、活塞环断裂、填料磨损、管道法兰漏气及管系设备关闭不严、漏气等，也都会造成其他系数的变化，从而影响压缩机排气量和压力比的改变。可以发现诸多因素导致排气量发生变化，如进气温度、压力比、膨胀过程指数、泄漏系数、压力系数等。

⑥ 压缩机做功分析　往复式压缩机指示功 W 公式为

$$W=\frac{k}{k-1}mRT(\varepsilon^{\frac{k-1}{k}}-1) \tag{2-26}$$

式中 W——指示功，J；

m——吸气质量，kg；

R——气体常数，J/(kg・K)；

T——吸气终止时缸内气体温度，K；

ε——压力比；

k——绝热指数。

绝热指数 $k=1.33$ 和气体常数 $R=8.31$J/(kg・K) 通常情况下是不变的。其他三个参数的变化将会改变压缩机的指示功，表 2-3 给出了不同情况下的指示功。

压力比 ε、吸气温度 T、吸气质量 m 与压缩机组的指示功 W 成正比例关系。指示功随着三个参数的增大而增大，反之减小。

表 2-3 各参数对指示功的影响

W/J	m(kg)	T/K	ε	R/[J/(kg·K)]	k
389.5	0.081	385.15	3.6	8.31	1.33
354.7	0.078	383.15	3.4	8.31	1.33
388.9	0.083	384.15	3.5	8.31	1.33
376.9	0.079	382.15	3.6	8.31	1.33

(2) 主要零部件的机械故障

① 往复式压缩机主要故障

a. 气阀故障。在往复式压缩机中最为常见的故障便是气阀故障，较为常见的气阀故障为阀片故障和弹簧故障，这些故障主要表现为阀片损坏、弹簧损坏、漏气等。

阀片损坏：在往复式压缩机中较为常见的故障为阀门故障，因为长期的运行过程中，阀片难免出现机械磨损，当达到使用年限后，阀片便会出现故障问题。另外，导致阀片出现故障的原因，还包括阀片自身存在质量问题。阀片出现磨损或者损坏情况时，若没有及时进行更换，最终将影响往复式压缩机运行性能。

弹簧损坏：往复式压缩机气阀结构设计时，为能够最大程度降低在实际运行过程中弹簧受到的损害，会选择耐磨性能更佳的弹簧。但是，在应用中弹簧出现磨损的情况仍然无法避免。导致弹簧磨损的原因主要包括弹簧和阀片间相互作用和自身材料质量两方面。

漏气：往复式压缩机的主要作用是输送或者加压气体，因此需要确保设备的密封性。当设备出现漏气问题，将对设备的运行效率产生影响。漏气故障的发生主要是由气阀阀座和压缩机整体密封问题所导致的，同时当阀片、弹簧受损，也将造成往复式压缩机出现漏气问题。

现阶段，判断气阀故障的主要方式为借助振动方式判断实际情况。之后，观察气阀片冲击力的变化和气阀片损坏情况，进而对气阀故障进行判断。在对实际故障进行诊断时，还需要综合多种因素开展全面分析探讨，最后诊断往复式压缩机气阀片吸气变化、温度、气阀片运行变化以及压气机油压，结合气阀泄漏判断方式，才能做出准确判断。目前，对于气阀状态监测，首先是基于阀盖的温度监测，通过开展周期性检查，对阀盖表面温度进行记录，绘制图表。同时，借助相关仪器监测设备的运行参数，例如压力、温度等，按照记录温度情况，掌握、分析气阀的运行情况，并实施气阀使用寿命预测，来合理规划检修时间。其次，对气阀运行进行声音监测，通过借助专业的听诊工具，监听阀片运动声响，和同级同名气阀运行声响比较，便能够判断出气阀运行状态是否良好，对于存在异常的气阀，可以根据实际存在问题采取相应措施加以处理。最后，当往复式压缩机的气阀存在泄漏故障时，会导致压力、温度、流量等参数发生变化，可以对工艺参数变化情况进行分析，这样便能够判断出哪级气阀存在问题，甚至可以明确哪个气阀存在故障。

导致往复式压缩机气阀失效的因素较多，主要表现在以下方面：第一，介质杂质较多或者外部杂质掺入。往复式压缩机运行过程中所产生的高压气流，将带动固体杂质冲击气阀的零部件，而随着时间的推移，造成零部件的受损，或者大量杂质夹藏于密封面，导致气阀失效。第二，介质带液。当介质带液或压缩机的气液分离器发生故障，将导致气阀受到液击，因为长期受超荷载冲击，最终导致气阀失效，主要表现为往复式压缩机运行过程中伴随异响。第三，气缸存在过多油润滑。部分往复式压缩机液压传递介质时，会注入润滑油，如果注入的润滑油过多，将导致大量润滑油积蓄于气阀内，产生黏滞，造成气阀出现延缓开启或者闭合，最终导致气阀断裂。第四，工况变化。往复式压缩机各气阀，都是按照特定工况需求加以设计，当工况存在较大波动或者长期存在实际工况和设计值偏差，会因为长时间异常工作而失效。第五，频繁开停压缩机。当压缩机放置一段时间后，润滑油或者介质携带液体积蓄将导致气缸和阀门受到腐蚀，如果在冷车状况下启动，没有释放气缸积液，清洗气阀，将产生油黏滞、液击状况。

b. 活塞环故障。活塞环也是往复式压缩机易损坏的部件之一，其作用是阻止气体外泄，与气缸形成压缩容积。活塞环常见故障有：活塞环断裂、活塞环胀死、失去弹性、不能自由膨胀。当活塞环发生故障时，其故障表现包括：本级排气温度过高、本级排气压力过低和压缩机排气量降低。

c. 活塞杆故障。往复式压缩机的活塞杆断裂事故也比较常见。活塞杆断裂不仅损坏活塞和气缸，而且会导致压缩机其他零件发生连锁性的破坏，使易燃、易爆或有毒气体向外泄漏，引发人员伤亡、生产装置毁坏等一系列严重事故，因此在操作中必须予以高度重视。

活塞杆发生断裂的地方，绝大多数是在活塞杆与十字头的连接处。活塞杆的螺纹牙型圆角半径小，应力集中会很严重，或退刀槽和螺纹表面的粗糙度达不到要求，容易产生表面裂纹，在循环载荷下，就容易断裂，所以对大型压缩机活塞杆螺纹需用滚压加工来消除应力集中。活塞杆的材质、热处理问题（存在粗晶和塑性不符合要求）或加工质量问题（活塞杆跳动量过大），使活塞杆在往复运动时容易疲劳损坏。

d. 曲轴故障。曲轴是压缩机中传递动力的重要部件。由于承受较大的交变载荷和摩擦磨损，所以对疲劳强度和耐磨性要求较高。曲轴的断裂，将使曲轴箱、连杆、十字头或活塞等发生一系列连锁性破坏。曲轴故障多数为发生在拐臂处的断裂，因为最严重的应力集中点是轴颈与曲拐过渡圆，该处最容易发生疲劳断裂。如果过渡圆角不圆，表面粗糙，则易产生裂纹进而断裂。除此之外，因紧急停车产生的剧烈冲击、安装不正确（气缸轴与曲轴轴线不垂直，使曲轴承受附加弯矩）、轴瓦在曲轴上装配不良等其他原因，也会导致曲轴磨损加大，直至报废。

e. 活塞故障。活塞发生故障主要包括活塞卡住和撞裂。活塞卡住的主要原因是润滑油质量低劣，摩擦发热量大将导致集中阻力增大；在过热状态下，突然的强烈冷却会使气缸急剧收缩，导致活塞被卡住或咬住。活塞撞裂主要原因是气缸带液（压缩机吸入气体太潮湿，被压缩的气体会有水分析出，发生气缸“水击”）或气缸内掉入螺母、气阀碎片等坚硬物（在活塞往复运动时，可撞裂活塞）。当然活塞材质不良、铸件质量低劣、强度达不到要求也会使活塞破裂。

f. 运行状态监测和分析：针对故障情况，设置压缩机在线状态监测系统，有助于提升压缩机的故障诊断能力，实现压缩机设备预测性维护，进而减少非计划停机造成的损失，保证压缩机安全且连续运行。

为了解决及时性和机组过多的问题，在线监控系统一般采用分布式体系结构开展监测。这就需要多台计算机在监测过程中同时工作，分别达到数据采集管理和监测机械设备的作用。因此，在线监测系统主要由现场数据采集、数据采集工作站以及监控分析站三部分组成（在线监控系统的整体结构框图如图 2-41）。故障在线监控系统具有多种功能，包括：（ⅰ）实时采集、处理、分析压缩机的运行状态参数，真实地反映压缩机的运行状态，保证系统的正常工作，防止意外事故的发生；（ⅱ）采用 VVVF 变压变频控制系统，可以使系统在节能的状况下最优运行；（ⅲ）监控电机、阀门及其他伺服元件的工作状态，并对故障进行及时的显示和报警（传感器测点布置见表 2-4 所列）；（ⅳ）监测系统控制对象的温度、压力等参数，进行数据的存储与处理、查询及故障追忆；（ⅴ）预测系统状态变化趋势，预报未来的运行趋势，预警将要发生的故障，并给出故障预处理方法及措施。

在线监测系统的应用取得了良好的效果。基于可靠、真实的设备运行数据，实现当前设备运行状态的判断和未来状态的预测，能有效减少非计划停机次数，保障设备的连续生产。通过对设备状态的判断和预测，能有效避免设备故障引起的连锁反应，大幅降低了安全事故风险的发生概率。将事故后的抢修转变为预测性维修，可降低非计划停机造成的损失，进而减少维修费用，节约运维成本。但是，相关的监测技术仍存在很多的不足之处，有必要继续开展研究。

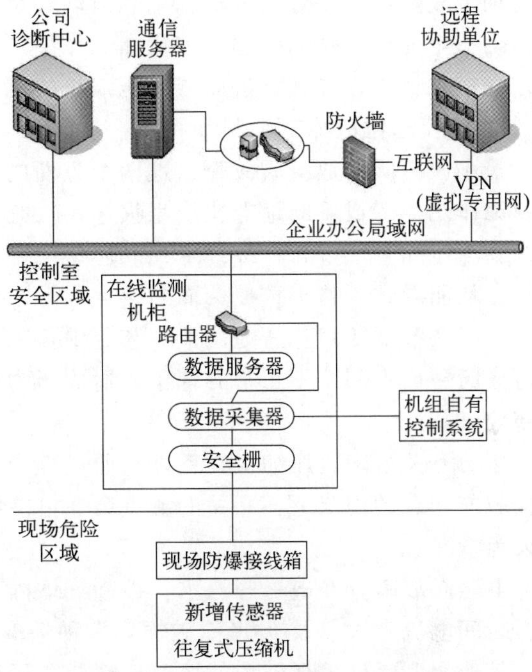

图 2-41　在线状态监测系统结构示意图

表 2-4　传感器测点布置

测点名称	安装部位	安装位置	传感器名称
键相	曲轴	飞轮	键相传感器
壳体振动	壳体	曲轴箱水平(对置)	速度传感器
十字头冲击	十字头	十字头壳体中间正上方	加速度传感器
气缸振动	气缸	缸头顶部中间	加速度传感器
活塞杆沉降、偏移	活塞杆	中体活塞杆位置	电涡流传感器
气阀温度	气阀	气阀表面	热电阻

② 回转式压缩机主要故障

a. 主机部位故障。

主机漏油：在压缩机长时间不间断的工作情形下，因为主机机头的温度长期较高而导致油封老化，从而使主机部分位置产生漏油的现象。

轴承和齿轮磨损过度：在压缩机运转的过程中，如果不能进行定期的保养、及时地更换润滑油，润滑油和冷却剂的工作性能就会降低。如果主机的轴承和齿轮等部位在长期的运转过程中，始终保持在高温状态，会由于过热加剧磨损，如果不能及时处理，还可能将部件损坏，产生断齿的现象，最终导致压缩机无法正常工作。

主机机头内转子磨损：如果压缩机长期在室外工作，在空气过滤器和油品过滤器失效的情形下，空气中的微小颗粒会进入到主机机头内，造成机头内的转子磨损。在磨损严重时，转子运转会不平衡，不仅会导致压缩机的压缩效果不佳，还会直接损坏压缩机，影响正常工作。

转轴裂纹：在设备进行启动的过程中，转轴所承受的压力比较大，如果螺杆压缩机运转超过使用寿命，转轴有可能出现裂纹。及时地检测并确认裂纹现象，能够有效避免因裂纹扩大造成转轴突然断裂。

轴承故障：轴承分为滚动轴承和滑动轴承两种。当轴承磨损严重、超时工作、受到腐蚀等，会产生变形，从而引起压缩机在工作中产生异常的振动。振动幅度如果超过了正常的范围，会使主机工作异常，进而减少压缩机的工作寿命，或者导致其他部位受到损坏。

b. 气控部位故障。

最小压力阀和放空阀故障：这两个方面的故障主要由几种因素造成。一是油水对密封圈的腐蚀作用，造成不断地老化产生损坏；二是滤芯保养不够及时，无法达到过滤的要求，导致杂物与压缩空气混合，最终卡死阀芯；三是在长期的工作过程中最小压力阀会频繁启动和停止，从而导致弹簧工作疲劳而断裂。

压力调节器故障：压力调节器装置中，工作最为频繁的是弹簧部分，不及时进行检修，易造成断裂或者回位不正常的现象，造成压力调节不到位，使杂物不断进入油气混合物中，堵塞放气孔。

压力开关故障：压缩机在室外作业过程中，如果作业现场环境较差，在压力开关频繁进行加载或卸载的情况下，开关的触点会在电能的作用下产生氧化，造成触点接触不好、电压过大等情况。

电磁阀故障：在电磁阀遇水、控制气体内存在杂质、油水腐蚀等的作用下，容易导致短路、瞬间电流过大以及O形圈破损等多种情况，从而导致电磁阀无法正常工作。

其他小型元件出现破损的情况：螺杆式压缩机是一种精密的工装设备，如果工作环境较差或者保养不到位，可能会导致一些小型元件受损，最终致使机器无法正常工作。

c. 运行状态监测和分析。

计算机辅助系统监测：在实际运行过程中，可以采取计算机技术对其压缩机运转状态加强监测。一个完整的监测系统主要由硬件设备和软件设备两部分组成，硬件设备主要是负责压缩机在运转过程中的数据采集和传输，而软件设备则是通过数据对设备的运行进行实时的诊断，以便确认设备在运行过程中出现的问题，从而进行及时的预防。采用计算机辅助技术进行监测，多是在一些大型设备和重要的工作流程过程中使用，而随着其技术的推广和综合成本的不断下降，其应用范围将逐渐得以扩展，最终代替人工监测的手段。

对声音和振动情况进行检测：在日常工作过程中，作业人员也要随时注意监听压缩机的声音，并监控压缩机的振动情况。在主机运行过程中，如果相关的部位发生磨损，就会使声音和振动幅度产生异常，应及时地发现问题，并进行停机检查，将故障带来的损失降低到最低程度，避免事态扩大。

对温度进行监测：在工作过程中，主机温度能否保持在规定的限值之内，是确保压缩机正常运转的关键。如果压缩机长期处于高速运转下，受相关因素的影响，各个部位会发生一定程度的磨损，在声音和振动情况不正常的情况下，也会使机头的温度发生变化。如果温度差异较大，可能会造成压力比达不到作业要求，甚至出现自动停机的情况。

2.3.3 节能降耗

党的二十大报告中明确了到2035年我国发展的总体目标，其中之一是“广泛形成绿色生产生活方式，碳排放达峰后稳中有降，生态环境根本好转，美丽中国目标基本实现”。在能耗日益增长的今天，以及实现“双碳”目标的迫切要求下，压缩机正在朝着节能环保的方向发展。实现容积式压缩机和泵的节能降耗，不但能够充分优化资源配置，而且能够降低生产运行成本，实现生产效率的提升。为此，应对容积式压缩机和泵的节能降耗工作予以充分关注，了解其能耗增加的原因，运用具体的节能降耗技术，切实提高能耗节约的效果。

(1) 往复式压缩机的节能降耗

① 运行能耗计算　为提高往复式压缩机的综合运行效率，满足节能减排发展要求，需要对往复式压缩机运行状态进行分析，对各项运行参数进行优化，提高运行效率。其中，往复式压缩机指示功，即设备在运行循环中压缩气体所消耗的总功，以 L_i 表示，单位时间内消耗的指示功即指示功率，以 N_i 表示。在计算设备运行压缩过程指示功时，可通过公式

$$L_i = p_s V_h \lambda_V \frac{k}{k-1}\left[\left(\frac{p_d}{p_s}\right)^{\frac{k-1}{k}} - 1\right] \tag{2-27}$$

计算指示功率可通过计算公式

$$N_i = 1.634 n p_s V_h \lambda_V \frac{k}{k-1}\{[\varepsilon(1+\sigma)]^{\frac{k}{k-1}} - 1\} \tag{2-28}$$

式中　p_s——气缸吸气压力，$kgf/cm^2$❶；

p_d——气缸排气压力，kgf/cm^2；

V_h——气缸行程容积，m^3；

λ_V——容积系数，为气缸工作容积利用率降低程度；

k——气体绝热指数；

ε——压力比，为气缸排气压力与吸气压力比值；

σ——压力损失，%；

n——压缩机运转速度，r/min。

根据往复式压缩机指示功率计算机公式可知，在压缩机气缸尺寸和转速不变时，压力比、气体性质以及压力损失便会对压缩机指示功率产生影响，是节能降耗设计的优化要点。

② 能耗增加的成因分析　在往复式压缩机的运行过程中，因气体特性的影响会增加能耗。因为气体通过气阀、管道时会致使轴承压力变大，导致压缩机的能耗增大，同时还会影响其热导率。通常来说，气体性质构成重点体现在其绝热指数上，如果该气体指数越高，那么其节能降耗的效果也就越好（如表 2-5）。此外，在一定程度上，往复式压缩机的能耗还会受到气体成分的影响，对于混合气体而言，其组分变化会引起气体压缩因子改变，影响容积系数 λ_V，使所需最佳行程容积和气缸尺寸偏离原设计值，当压缩因子（压缩系数）增大时，指示功率的计算值会相应增大。大部分情况下，气体摩尔质量越高，其密度也会越大，相应的往复式压缩机的能耗也会有所增加（如表 2-5）。气体密度也有相应的影响，阻力损失 Δp 和气体密度 ρ 的关系式如下

表 2-5　不同组分的气体对压缩机性能参数的影响表

性能参数	气体 1	气体 2	气体 3
摩尔质量/($g \cdot mol^{-1}$)	16.966	20.257	21.099
气体相对密度	0.586	0.699	0.728
绝热指数	1.298	1.257	1.247
压缩系数	0.998	0.997	0.996
排气温度/℃	113.3	105.8	104
排气量/($10^4 \cdot m^3 \cdot d^{-1}$)	81.45	81.36	81.31
压缩机功率/kW	1273.65	1255.5	1251.01

❶ $1kgf/cm^2 = 0.098MPa$。

$$\Delta p=\zeta v^2\rho/2 \tag{2-29}$$

式中，ζ 为阻力系数；v^2 为气体流速。由上式可知，改变混合气的组分会引起气体密度的改变，气体密度大的气体阻力损失大，缸内实际压力比变大，指示功率变大，指示效率变低，压缩系数变小，排气量降低。

压缩机在实际运行过程中，其生产运行参数值会越来越大，从而对能耗产生影响。这主要是由于受到进气温度（图 2-42）和进（排）气压力（图 2-43、图 2-44）因素的影响，如果在具体操作过程中空气温度上升，那么其排气量就会相应减少。同时，操作效率也随之下降。通过对相关数据资料进行研究可知，当压力升高到一定值时，排气量就会相应降低，功率也越来越低。

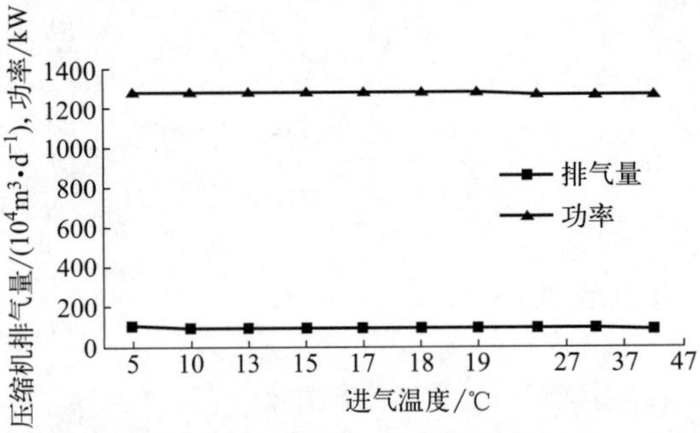

图 2-42 进气温度对压缩机排气量和功率的影响示意图

（6 个气缸，直径为 229mm，活塞行程为 152.4mm，入口压力为 1.0MPa，出口压力为 2.5MPa，进气温度从 5℃增加至 42℃）

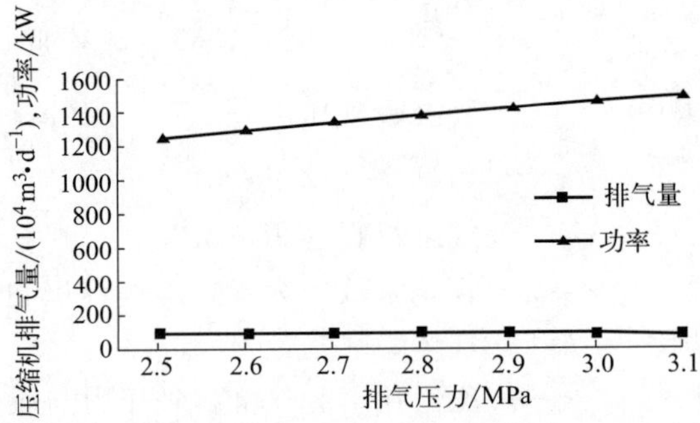

图 2-43 排气压力对压缩机排气量和功率的影响示意图

（缸直径为 229mm，活塞行程为 152.4mm，入口压力为 1.0MPa 不变，出口压力从 2.5MPa 升高到 3.1MPa）

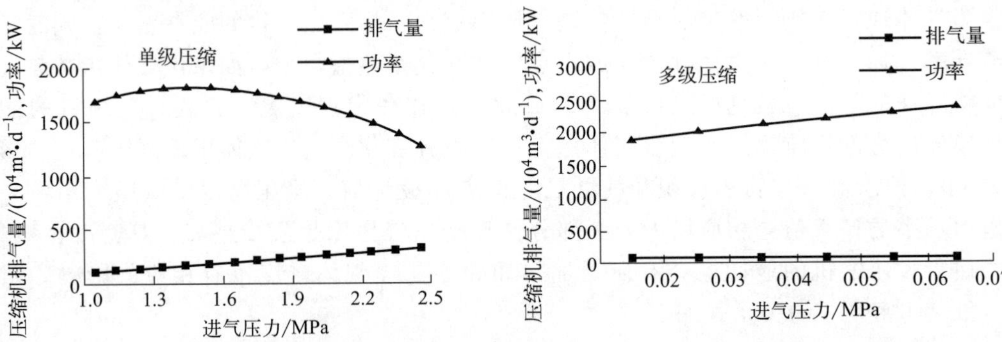

图 2-44 单级和多级压缩机的进气压力对压缩机排气量和功率的影响示意图

（4 个气缸，直径为 317.5mm，活塞行程为 152.4mm，出口压力为 3.0MPa 固定不变）

在往复式压缩机工作实施热交换过程中，热导率也会影响能耗。在一个导热系统中，该值越大，那么气体加热系数也就越高，排气量会有所下降。而且，由于压缩系数间存在着差别，在各类气体中也会有不同的表现。气体组分越小，其压缩系数也就越大；在相同气缸直径以及气体压力下，气体的压缩系数越大，压缩机功率以及排气量也会越大。

③ 节能降耗技术研究 对于往复式压缩机的运行来讲，如何有效地实现节能降耗是急需解决的问题。在一定程度上，科学合理使用压缩机也可以提升节能效果，有效降低能源的消耗。在实际操作过程中，难免会受到某些问题和因素的影响而致使其实际运行时产生热量

过多，这就需要对压缩机结构进行优化，以使热量有所减少，从而实现节能目标。

a. 优化压缩机冷却器性能。在压缩机的实际运行过程中，为了有效处理相关故障问题，需要将冷却器的观察口打开。一旦冷却器外壁高度大于正常值，则表明该冷却系统已经发生故障。与此同时，做好设备的清洗工作也有利于降低能耗。要想有效地降低能源消耗，就需要进一步提升冷却器的工作效率。另外，还可以从冷水机组的效率着手进行提升，通过适当地添加循环水系统检测，并落实日常的维护工作，以确保水得以充分冷却，对水压变化情况进行及时关注，保证水位得以控制在一定值内，且需保证冷却液处于流动状态。此外，为了确保冷却器得以发挥其应有的价值和作用，实现冷却效果，还需要定期清除杂质，保持内部清洁，气体与冷管组有效接触才能更好地保证。但是，如果冷水机内杂质过多，为了避免冷水机内结垢，可以使用酸洗的方法进行清洗，并定期做好测试工作。

b. 降低压缩机气缸温度。温度会对压力造成影响，可以适当地对温度进行控制来实现降耗的目的。温度每上升一定值时，压缩机功率便会出现相应的降低，可以将其温度控制在一定范围内以有效地控制能源消耗。另外，在气体的压缩过程中，可以为气缸提供一定的空间进行适当的散热，同样也可以达到降低能耗的目的。需要尽可能规避气缸润滑与冷却方面出现故障，以免受大摩擦力的影响而致使气缸温度大幅度上升，并最终导致能耗不断增大。因此，相应的目标要确定好，并对设计作出及时有效的调整。同时，还需在进气阀上添加一定的润滑剂，这样可以使气缸温度得到有效的降低，以实现对能耗的控制。

c. 确保气体质量。气体中带有水会导致压缩摩擦增大，增大能源损耗。如果气体内部存在较多灰尘且得不到及时有效的清除，还会致使沟槽内灰尘增多，进而致使气体的运行受到影响。因此，确保气体的纯度和质量十分必要。这就需要对气体实施严格的检测工作，全面落实好过滤、控制以及测量，保证其纯度和质量完全达到相关要求，方可进入压缩机内并实施压缩。为了确保气体质量，对气体各项指标进行严格控制十分重要。如对于过滤器需定期做好排干处理，一旦过滤器前后压力差超出一定范围，应对其展开及时有效的清理，如有必要还需对其滤芯进行更换，以确保其具有良好的过滤效果。另外，还需做好气体水含量的实时有效检测，保证水露点不超过－60℃。并对干燥塔和分子筛做好定期的维护与更换，从而保证气体处于干燥状态。最后，在设计与安装压缩机过程中，在确保工艺需求得到满足的前提下，需尽可能确保吸气管短且直，尽可能减小安装阀门以及弯头的数量，如非必要则不进行弯头与阀门的安装，降低局部压力的损失以及管道沿程的损失。

d. 及时调整压缩机气缸间隙量。由于往复式压缩机气缸间隙，可以滞留一定的水蒸气，使其可以很好地保护气缸，同时对气缸也具有一定的气垫保护作用，以使气缸中活塞避免与气缸端盖发生碰撞。但如果压缩机在运行时，气缸的间隙量过大，就会使气缸吸气时，间隙内气体压力过大而出现膨胀，并占据较大容积，进而致使气缸吸入气量较少，影响压缩机生产效能，最终导致能耗过大。如果气缸间隙量过小，不但不能达到节约能源的效果，反而会使压缩机的能耗增加，严重的还可能使压缩机发生损坏。因此，应当严格把握气缸间隙量，及时对其作出调整，以达到节能降耗目标。如可以适当引入相关气量调节控制系统，且该系统可以对进气阀开关时间进行有效控制，实现对间隙余量的调节。通常来说，应当调节压缩机气缸余隙为气缸局部体积的3%～8%。如果往复式压缩机气缸直径偏小，且压力较大，就需要合理增加其余隙容积，一般控制在气缸工作局部体积的5%～12%。然而，想要有效地把控调节气缸余隙的“度”，可以通过合理使用往复式压缩机气量调节系统进行处理。运用气量调节控制系统，对进气阀的开关时间可以进行有效把控，以实现调节余隙气量的作用。同时，实际调节范围较大，可以由 0～100%实施连续调节。除此之外，利用此系统自带的电液控制系统，按照余隙气缸活塞的输入信号，让活塞发生直线位移，可以达到伺服控制各级余隙容积变化的目的，调节工作的准确性可以大大提高，并且也有利于实现往复式压缩机能量消耗的减少。

e. 强化压缩机检修质量。要想进一步强化压缩机的检修工作，及时地更换压缩机运行较为频繁的气阀、活塞环和填料等十分重要，避免由于密封性能下降而导致的压缩机能耗上升的情况出现。在对气阀进行安装时，排气阀和进气阀位置需准确安装，并注重气阀阀片的升程调节。在具体的阀片升程调节过程中，如果没有调节装置，则需车削加工阀片升高限制器；如果有调节装置的，则需进行气阀内间距垫片厚度调节。对于活塞环的检修，需及时有效地测量气缸缸径，一旦出现较大差异，则需对其进行及时有效的处理。在具体的填料装配时，需确保各密封件得以正确地安装，各端面需确保研磨贴合好。同时，还需保证填料冷却水道、润滑油孔道顺畅，以确保填料正常运作。

(2) 螺杆压缩机高能效设计

① 螺杆压缩机概述　1878 年德国人 H. Krigar 最早提出了螺杆压缩机的原理，但直到 1935 年，A. Lysholm 通过改进转子的型线，提出了更精确的方法制作转子，才奠定螺杆压缩机高效型线技术。因此，螺杆压缩机发展历史很短。自 20 世纪 60 年代起，SRM 公司推出了 SRMA 型线，Atlas 公司推出了 Atlas 型线，新推出的型线由对称齿形发展为不对称齿形，将容积效率提高 10%以上。在我国，螺杆压缩机的相关研究在 1965 年才进行，在 1985 年开始分别引进英国 Holroyd 公司的 2AC 和 5AC 螺杆铣床才得以批量生产，从 20 世纪 90 年代至今在提高加工精度、性能以及节能减排等方面开展了进一步技术研究。经过多年的发展，目前我国已拥有几百家企业生产组装螺杆压缩机，其中拥有生产许可证的企业达到了 200 多家。

相比于其他类型压缩机，螺杆压缩机具有结构简单、转速高、运行稳定、占用空间小且使用方便等一系列优点。在螺杆压缩机的市场发展方面，一些国外老牌重点螺杆压缩机企业占据较大的市场份额。在我国，压缩机的用电占比很高，可达到全国发电总量 8%以上。例如，1 台容积流量为 $20m^3/min$、额定排气压力为 0.8MPa 的螺杆空压机，每小时用电量约 150kW·h，仅 1 台机器每年的电费就高达近百万元。因此，如果在现有基础上，每台压缩机的能耗降低 5%，全国总发电量将减少近 0.4%。从以上数据可以看出，提高螺杆压缩机的能效具有重要意义，高能效设计理念与技术，将成为未来压缩机制造企业争夺市场的主要手段。

② 影响螺杆压缩机能效的因素　有很多因素影响螺杆压缩机的能效，重点概括起来为螺杆压缩机的几何参数、工况参数、系统的结构形式、驱动形式等 4 个方面。

a. 几何参数。螺杆压缩机的核心部件是一对相互啮合的螺杆转子，所以转子啮合状况决定了螺杆压缩机的运行性能以及工作效率。转子的啮合状况又是由螺杆转子型线直接决定的，因此一对高性能的螺杆转子的设计，除了对加工精度有很高的要求外，更重要的是设计出优良的转子型线。

螺杆压缩机几何参数包括型线的设计及优化，是影响螺杆压缩机能效的重要因素，许多学者通过优化设计型线和相关几何参数来提高螺杆压缩机的能效。针对具有相同中心距、外径、内径以及转子长度的 4/6 齿转子的压缩机，采用减小中心距的转子型线的 4/5 齿转子，计算阴阳转子齿间面积公式为

$$A_{01}=\sum_{1}^{i}\frac{1}{2}\int_{t_i}^{t_{i+1}}[\dot{y}_{1i}x_{1i}-\dot{x}_{1i}x_{1i}]$$

$$A_{02}=\sum_{1}^{i}\frac{1}{2}\int_{t_i}^{t_{i+1}}[\dot{y}_{2i}x_{2i}-\dot{x}_{2i}x_{2i}]$$

式中，A_{01}，A_{02} 为阴、阳转子的齿间面积；x 为坐标值；$\dot{y}$，$\dot{x}$ 为坐标平均值；t 为区间。

优化型线的阳转子齿间面积分别提高 16.6%、5.9%和 6.9%，由于中心距减小，阴转子的尺寸减小，阴转子的齿间面积也相应减小了 10.9%、3.4%以及 9.5%。经过计算，优化后的型线和转子结构也显著减小了齿顶间隙面积、接触线长度以及泄漏三角形面积，在提高螺杆压缩机效率的同时，可以节省加工材料的成本，如图 2-45 所示。

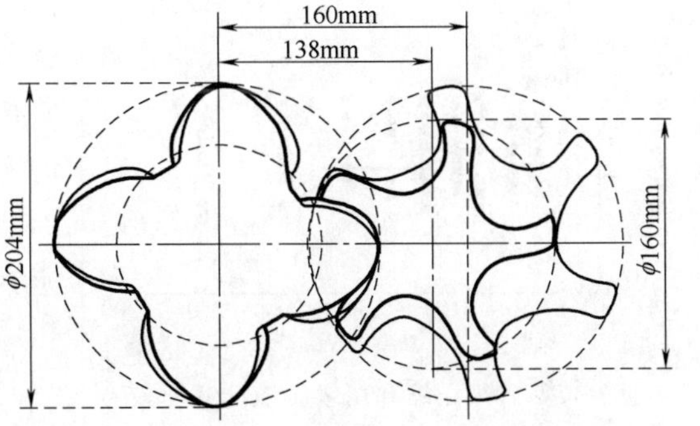

图 2-45　4/6 齿与 4/5 齿型线对比

除了螺杆转子的优化设计，也需要深入研究外转子型线深度、压缩转角与型线坐标参数的关系及转子几何形状对内啮合转子间功率传递的影响等。其他几何参数（如齿条产生的轮廓）以及这些参数对喷油螺杆压缩机机械功率损耗的影响等，都需要进行深入研究，来确定实现显著提高压缩机性能和效率的方法与设计。

b. 工况参数。除了几何参数的设计及优化外，螺杆压缩机的喷油量、转速、排气压力、吸气参数、温度等工况参数也会影响螺杆压缩机的能效。

螺杆压缩机发展的突破性技术是喷油，如图 2-46 所示技术可以显著提高螺杆压缩机的性能，其总体效果取决于工作流体的质量、流量、喷油位置和喷油温度等因素。但是，这些变量对机器性能的定量影响规律还没有得到充分的研究。研究人员对外径为 98mm，喷嘴尺寸为 2、3、4mm 的多孔喷嘴空压机进行了试验，试验在排放压力为 0.65、0.85、1.05、1.25MPa，转子转速为 3000、4000、5000 r/min 的条件下进行。结果显示，对于较低的排气压力（0.65MPa 和 0.85MPa），功耗随着油流量的增加而增加。同时，在较高的排气压力（1.05MPa 和 1.25MPa）下，随着油流量的增加，功耗降低。研究结果表明，对于在特定设计条件下运行的压缩机，应该确定最佳的喷油量。虽然对关于喷油位置、喷油分布和油流量对双螺杆制冷压缩机压力脉动的影响进行了一些研究，但是还不够深入。通过研究喷油螺杆压缩机内部的流动特性和喷油分布，确定最佳的喷油分布，也是重要的研究方向。喷油技术虽然是目前提高螺杆压缩机能效较为成熟的技术，但过量的油会导致摩擦和动量损失，从而增加了功率消耗。因此，改变螺杆压缩机的转速、排气压力、吸气参数、温度等工况参数，可以提高压缩机的能效，相关的研究仍在深入中。

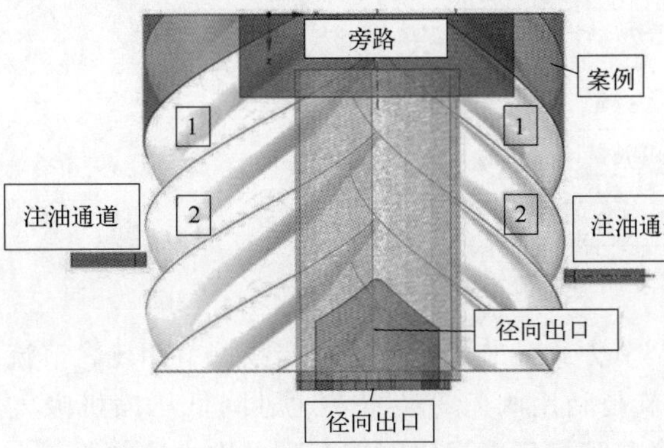

图 2-46　应用喷油技术的压缩机模型

c. 系统的结构形式。针对大功率一级能效螺杆压缩机的研发，为了降低螺杆压缩机运行的耗电量、减小比功率、提升能效水平，螺杆压缩机的系统结构优化必不可少。传统的单级螺杆压缩机是采用一次压缩，随着现代技术的发展，两级乃至多级压缩的螺杆压缩机逐渐进入市场。多级压缩相对单级压缩，有明显的节能优势。近年来，国内企业开始尝试将两级压缩技术应用于螺杆空压机，两级压缩的节能优势也得以体现。已经有两级永磁螺杆空压机、低温工况的半封闭两级变频螺杆式制冷压缩机等形式的压缩机得到了报道，采用两级压缩的这些压缩机，不仅可以让压缩机的压缩过程更长，实现压缩机的油气的充分混合，还能降低每一级的压比以及减少内外泄漏，实现压缩机效率的提高，提升压缩机的性能，如图 2-47 所示。但是，绝热效率、能效比等相关的研究仍然较少，仍需不断开展。

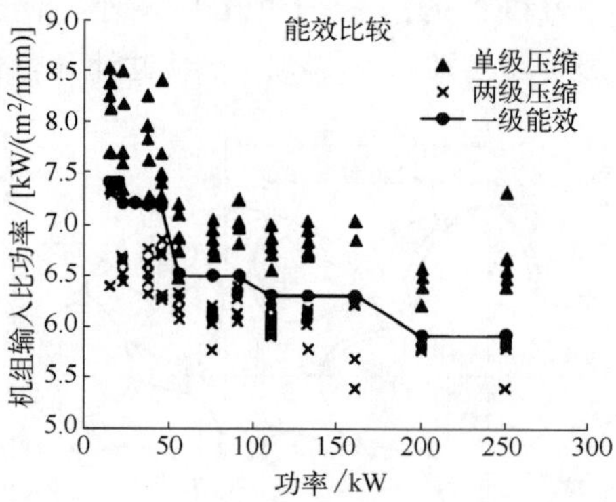

图 2-47　单级压缩和两级压缩能效比较

d. 驱动形式。近些年来，关于螺杆压缩机的能效方面的研究，占较大比重的是新的驱动形式和技术方面的研究。例如，采用变频调节、节流调节等不同调节方式，或者热水回收、热风回收等余热回收方案，以实现螺杆压缩机节能运行。

如今，螺杆压缩机行业中发展较为成熟的技术是变频技术。在分析空压机结构、工作原理以及耗能原因的基础上，已有研究详细介绍了空压机变频调速系统的设计原理和方法（图 2-48），对 2 台带有变频调速系统的 DLG280 型空压机进行能耗计算。结果表明，空压机采用变频调速系统，不仅能提高运行效率，还能降低压缩机的能耗。但是，有关变频技术及其应用，仍需要深入研究。

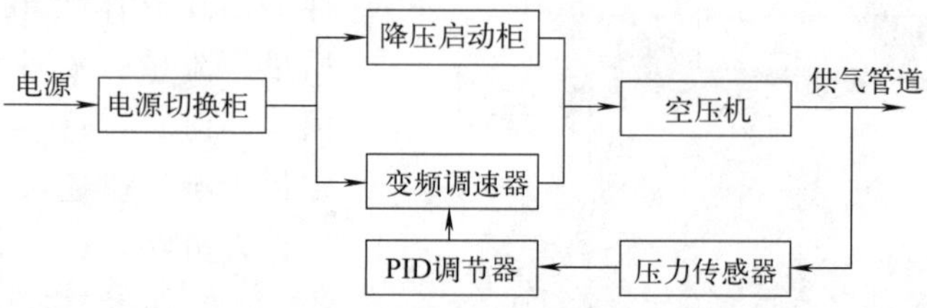

图 2-48　空压机变频闭环调节控制系统组成原理

螺杆压缩机除变频调节外的另一种气体调节方式是节流调节，与变频调节相比，节流调节系统结构简单，占地少，成本低。节流调节是利用阀门等装置，通过降低压缩机吸气压力，实现气量调节的一种方式，由于气体流量与吸气压力成比例，有时也称为比例调节。此外，节流调节不会改变转子的齿顶速度，甚至在某些情况下可以保证更高的效率。通过理论推导分析吸气压力对非固定容积比和固定容积比压缩机压缩功率的影响。螺杆压缩机的压缩功率为

$$P_{ad-s}=\frac{k}{k-1}p_sQ_V\left[\left(\frac{p_f}{p_s}\right)^{\frac{k-1}{k}}-1\right]+\frac{Q_V}{\varepsilon_V}(p_d-p_f) \tag{2-30}$$

式中　P_{ad-s}——螺杆压缩机压缩功率；

k——气体绝热指数；

p_s——吸气压力；

Q_V——理论容积流量；

p_f——压缩终了压力；

ε_V——内容积比；

p_d——排气压力。

方程的第一部分为吸气压力至压缩终了时的绝热功率；第二部分为压缩终了至排气压力时，由于压力差造成的额外功率。

终了压力与内容积比的关系如下

$$p_f = p_s \varepsilon_V^k \tag{2-31}$$

根据式（2-30）和式（2-31）对压缩机的吸气压力进行求导，结果如下

$$\frac{dP_{ad-s}}{dp_s} = \frac{Q_V}{k-1}(\varepsilon_V^{k-1} - k) \tag{2-32}$$

通过式（2-32）可以判断压缩功率 P_{ad-s} 与吸气压力 p_s 之间存在单调关系。同样，令 $\frac{dP_{ad-s}}{dp_s}=0$，由于 $Q_V>0$，且 $1 \leqslant k \leqslant 1.6$，可得如下关系

$$\varepsilon_V^{k-1} - k = 0 \tag{2-33}$$

根据上述关系，可求得

$$\varepsilon_{V-1} = k^{1/(k-1)} \tag{2-34}$$

式中 ε_{V-1}——可节流节能的最小内容积比。

显然 ε_{V-1} 只与气体的绝热指数 k 有关，而与工况无关。

由此可知，无油螺杆压缩机的节流应分以下 3 种情况（如图 2-49）。

当 $\varepsilon_V > \varepsilon_{V-1}$，压缩功率 P_{ad-s} 随吸气压力 p_s 的降低单调递减，此时压缩机的节能操作可通过节流实现，并且 ε_V 离 ε_{V-1} 越大，节能效果越明显；当 $\varepsilon_V = \varepsilon_{V-1}$，压缩功率 P_{ad-s} 随吸气压力 p_s 的降低保持不变，此时节流对压缩机的功率没有影响；当 $\varepsilon_V < \varepsilon_{V-1}$，压缩功率 P_{ad-s} 随吸气压力 p_s 的降低单调递增，此时节流反而引起压缩机功耗的增加，并且 ε_V 离 ε_{V-1} 越小，耗能效果越明显。

上述不同类型压缩机节流调节适用条件的提出，为节流调节工艺在无油螺杆压缩机中的应用提供了理论依据。

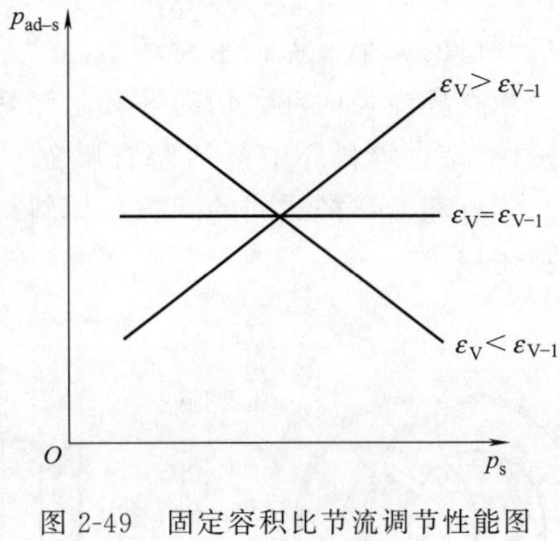

图 2-49 固定容积比节流调节性能图

2.3.4 密封

（1）密封概述

大多数往复压缩机是利用活塞在气缸中的周期性运动来改变气缸中的容积，产生压力和气体输送。保持气体稳定的关键在于密封。在机械密封中，气阀、活塞环和填料环是 3 个主要密封部件。通过气阀，可以实现膨胀、吸气、压缩和排气 4 个过程，其效率直接关系到气体传输、能量损失以及往复压缩机的持续可靠性。活塞环用来密封气缸中的高压气体，防止气体从活塞和气缸间的间隙泄漏。填料环用于密封活塞杆，可以防止气体中的高压气体沿着活塞杆的方向泄漏。通常上述 3 种密封材料由聚四氟乙烯（PTFE）、聚醚醚酮（PEEK）及其复合材料制成。在往复压缩机密封的过程中，不可避免地会产生摩擦和磨损，过度的磨损

会导致严重的气体泄漏。近年来，往复压缩机密封件的摩擦和磨损逐渐得到了人们的关注，并获得了大量的研究成果。

气阀结构中阀片是往复压缩机中易损的部分，是阀座通道的打开和关闭元件。传统的阀片主要由金属材料制成，如图 2-50 所示。近年来，随着非金属材料技术的不断进步，阀片主要由 PEEK 制成，该材料具有耐冲击性好、对杂质不敏感、耐油性优异、自润滑性能优异和运行噪声低等优点，但机械损坏和气体的腐蚀可引起这类气阀的损坏。

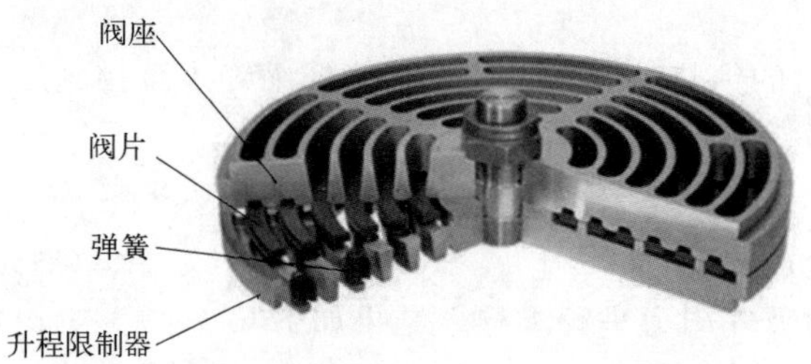

图 2-50 压缩机气阀结构图

用于密封和接触气缸壁的活塞环是安装在活塞上的部件，如图 2-51 所示，其主要作用是密封活塞与气缸之间的气体，避免其通过活塞进入机体中，造成机器失效。活塞环的工作原理是依靠多个活塞环形成的曲折通道，对流经活塞环的废气产生涡流阻塞作用，当发生较小泄漏时，会产生较大的阻力降，从而实现密封。气体从高压侧通过活塞环和活塞环凹槽之间的轴向间隙进入活塞环凹槽，同时空气压力径向向外施加在活塞环上，从而产生密封效果；由于在一般情况下，压缩机工作时的平均工作温度是高于室温的，应根据不同材料的膨胀系数计算切口开口的大小，保证密封环不会“胀死”在环槽里面。

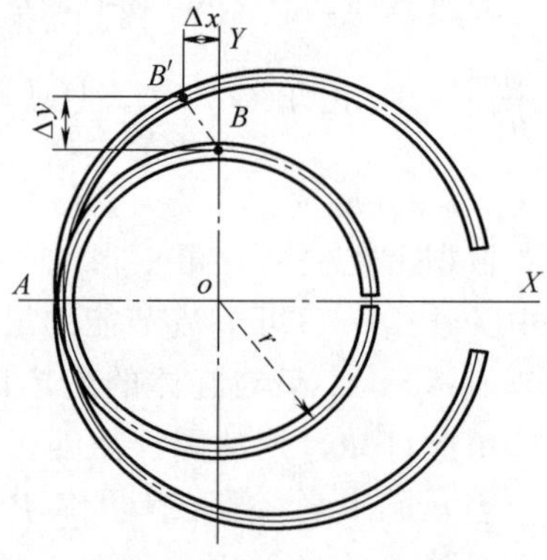

图 2-51 活塞环自由状态与闭合工作状态示意图

填料环由径向环、切向环和阻流环组成（如图 2-52 所示）。在整个填料环中与活塞杆接触的具体位置，用填料密封气缸和活塞杆之间的间隙，填料可以防止气体泄漏到活塞杆上。安装时，径向环必须处于高压侧。

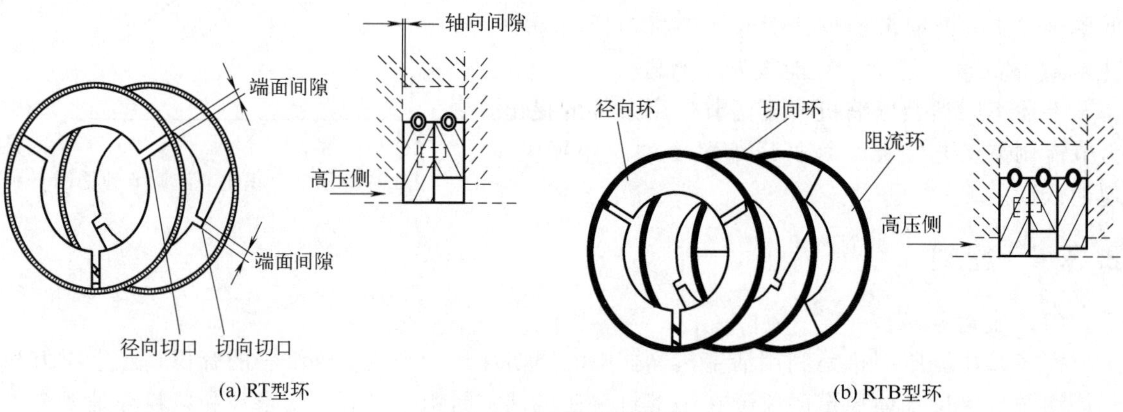

图 2-52 填料密封元件

（2）密封材料

① PEEK 及其复合材料　PEEK（聚醚醚酮）主要由氧-对亚苯基-氧-羰-对亚苯基作为构成单位，它是部分结晶的热塑性特殊塑料，具有出色的自润滑性和低摩擦系数，同时在各种压力、温度和相对粗糙的接触表面条件下，均具有出色的耐磨性。PEEK 可用于恶劣的环

境，例如非润滑、高温、潮湿和腐蚀环境。为了进一步提高 PEEK 的性能，可通过添加多种纤维形成复合材料，其中碳纤维（CF）和玻璃纤维（GF）居多。

a. CF 填充改性 PEEK。作为一种新型的纤维材料，碳纤维（CF）不仅具有低密度、高强度和高模量，而且由具有良好的耐热性和化学稳定性的纤维材料制成。由于 90%以上的组合物是碳，因此碳纤维也具有一定程度的润滑性和低摩擦系数。通过改变碳纤维长度、含量等，可用来增强 PEEK 的性能，以满足实际的需求。

b. GF 填充改性 PEEK。玻璃纤维（GF）是一种无机非金属材料，具有绝缘性好、耐热性强、耐腐蚀性及耐冲击性能和压缩性能好、机械强度高的优点。玻璃纤维的缺点是硬度低和耐磨性差。然而，GF 与 PEEK 结合容易，在与 PEEK 混合后，可以具有更高的耐热性和更低的收缩率。

c. PEEK＋其他复合材料。在 PEEK 中混入 PTFE 后组成新的复合材料，随着 PTFE 含量的逐渐增加，复合材料的摩擦系数逐渐降低，但磨损率会随着含量的增加，呈现先降低后增加的趋势。当填充 10%至 20%的 PTFE 时，复合材料的摩擦性能最佳。通过填充石墨、MoS_2 和 PTFE 来共同改性 PEEK 复合材料，材料的摩擦系数和磨损率都会随着载荷的增加而减小。当负载较低时，复合材料表现为磨料磨损；当负载高时，则表现为黏合剂磨损和磨料磨损的混合形式。然而，PEEK 与其他复合材料的相关研究仍然较少。

② PTFE 及其复合材料　PTFE（聚四氟乙烯）具有结晶度较高、相对分子质量较大、分子无支链和自润性良好等性能特点，凭借其独特的螺旋分子结构和外围致密的“氟代”保护层结构，具有了独特的性质，如低摩擦系数、出色的化学稳定性。此外，PTFE 也是一种出色的固体润滑材料。为了进一步提高 PTFE 的性能，人们添加了多种纤维以形成复合材料，碳纤维（CF）和玻璃纤维（GF）占多数。

a. CF 填充改性 PTFE。CF 常用来增强 PTFE，能有效克制 PTFE 的不足之处。然而，CF 和 PTFE 基体之间的亲和性差，界面黏合强度低，从而降低了复合材料的性能。为了提高 CF 与 PTFE 基体之间的界面结合力，必须对 CF 进行适当的表面处理。

b. GF 填充改性 PTFE。GF 填充 PTFE 极大地提高了复合材料的稳定性，降低了材料的收缩率，蠕变也相应地减小，在密封件方面得到了广泛的应用。在性能方面，主要取决于 GF 纤维的材质和 GF 的形态、尺寸、含量、分布状态以及 GF 与基体的界面连接情况等因素。

c. PTFE＋其他复合材料。有研究制备了低含量鳞片石墨＋PTFE 复合材料。研究发现，在高载荷下，填充 5%（质量分数）石墨时，复合材料的摩擦系数和磨损量都最小。载荷为 0.8MPa、转速为 80r/min 时，与纯 PTFE 相比，摩擦系数和体积磨损率分别降低了 19.7%和 84.25%。随着石墨含量的增加，磨损机理逐渐从磨料磨损变为黏着磨损，而当石墨的质量分数为 10%时，复合材料容易产生轻微疲劳磨损。

近年来，往复压缩机工业对产品的纯度、压力和效率的要求越来越高，企业对往复压缩机的密封件的性能要求也随之提高。做出高强度、高耐热和低摩擦的密封件，能进一步提高压缩机的使用寿命、减少压缩气体泄漏和润滑油产生的污染。在提高使用寿命、降低成本、节约能源、降低噪声、清洁气体和提高操作安全性方面，无油润滑活塞环的优势越来越明显。为此，迫切需要开发高性能、廉价、无污染的新材料，并开发新型结构。当今 PTFE 和 PEEK 复合材料已经成为主流材料，而如何改性复合材料，提高密封件的使用寿命，已成为了热门课题。目前，小型压缩机已经基本满足国内大多数行业的要求，但大型往复压缩机还有所欠缺，因为大型往复压缩机正朝着大容量、高压力、能耗少等方向发展，需要研制出适应变工况条件的新型气阀，使气阀寿命大大提高。近年来，在引进、消化、吸收和再创新方面，我国压缩机行业取得了突破，但与国外先进水平相比还存在一定差距，需要开展新的结构形式及应用于大容量压缩机等技术的研究。

2.3.5 润滑

零件间的相对运动是任何机械设备的正常运转都少不了的，而在零件的接触表面会产生阻碍相对运动的摩擦力。摩擦使运动副接触表面产生损耗而造成磨损，随着时间的不断推移，因为几何尺寸的变化，零部件就会失去设计所规定的功能，发生失效。磨损造成的失效，已成为机械零部件的三种主要破坏形式之一。作为机械运动中不可避免的现象，摩擦是不能完全消除的，只能尽量减小。为了降低摩擦副间的摩擦阻力、减小磨损程度并带走多余的热量，向相对运动表面间加入第三种物质使两表面分开即为润滑，加入摩擦表面之间的物质就是润滑剂。采用合理的润滑方式，能节约宝贵的能源，提高机械设备运行的可靠性、安全性，从而延长机器寿命，减少设备维护费用，减轻环境污染。国内外的专家和学者对润滑领域已进行了深入而系统的研究，相关研究主要围绕润滑方法和润滑剂这两个方面开展。

根据润滑剂的不同形态，润滑方法可分为稀油润滑、干油润滑、固体润滑和气体润滑。传统的用于压缩机的润滑油有多种类型，包括石油基矿物油、合成烃、多元醇酯（polyol esters，POE)、聚烷基乙二醇（polyalkylene glycol，PAG)、聚硅氧烷、全氟聚醚（perfluoropolyether，PFPE）和其他有机化合物，每一种润滑油都有一种或多种优点。为了满足各种应用过程的需要，一个好的润滑油需要具有各种各样的性能，如低波动性以降低用户的风险和消费，在寒冷气候下更好的低温流动性和操作性，较高的黏度指数来确保润滑膜在高温下足够厚并避免干摩擦，在 EHD（弹性流体动力润滑）和边界润滑条件下更强的界面吸附性能以利于降低摩擦系数，在边界润滑条件下更高的反应活性和润滑膜生成能力，更高的热和氧化稳定性以延缓润滑油的退化和延长使用寿命，低腐蚀性并与相关材料兼容，环境友好且能保护人类和环境以实现可持续发展。

(1) 水润滑

按照是否喷油，双螺杆空压机分为喷油双螺杆空压机和无油双螺杆空压机，而无油双螺杆空压机又可分为干式无油型和喷水无油型。喷水无油双螺杆空压机与喷油双螺杆空压机和干式无油双螺杆空压机相比，效率更高且经济可行，是提供无油压缩空气的优良选择。水润滑双螺杆空压机示意图见图 2-53。

随着对喷水双螺杆机械的关注度提高，国内外学者对该设备的工作特性的研究逐步深入。仿真喷注不同液体时双螺杆压缩机的性能变化、应用于汽车燃料电池系统的喷水双螺杆空压机性能的研究等，已经取得了优异的成果。喷水技术的发展和应用，使得双螺杆水蒸气压缩机可以实现更高的压比和饱和温升，在机械蒸气压缩（mechanical vapor compression，MVC）系统中得到了广泛的应用。由于能够提供 100% 无油的洁净空气，水润滑双螺杆空压机引起了更为广泛的关注。水润滑双螺杆空压机的显著特点是采用了水润滑滑动轴承来支承转子的径向力载荷和轴向力载荷，空压机内部只有水和空气两种流体。

进行热力性能试验研究、p-V 图试验研究和泄漏分析发现，由于水的黏度低、密封效果差，为了实现充足的间隙密封，需在压缩过程中喷入大量的水。水润滑双螺杆空压机转子腔内存在干空气-水蒸气-液态水三相流体，大量水的存在将严重影响工作过程的传热传质特

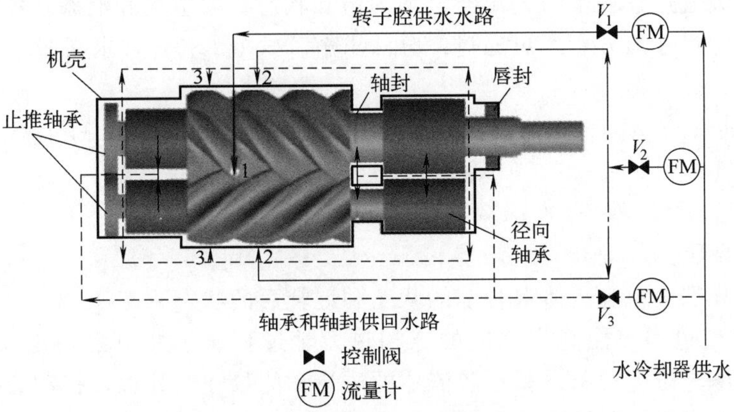

图 2-53 水润滑双螺杆空压机示意图

1—转子腔供水水路；2—轴承和轴封供水水路；3—轴承和轴封供回水路

性。传热传质是影响螺杆压缩机工作过程的关键因素之一，主要影响螺杆压缩机中的工质温度，从而影响压缩机指示功率。关于水润滑双螺杆空压机的研究，主要集中在工业界。在深入的理论支撑方面，水润滑双螺杆空压机的内部工作特性、工作过程模型，以及干空气-水蒸气-液态水三相流体的传热传质特性得到了研究，但关于水润滑双螺杆空压机的研究仍需不断深入。

① 控制方程　水润滑双螺杆空压机的控制容积模型如图 2-54 所示。控制容积中存在干空气-水蒸气-液态水三相流体，在研究泄漏和与液态水的传热传质特性时，干空气和水蒸气作为一个整体（即湿空气）进行处理；而分别以液膜和液滴两种形式存在的液态水，具有同样的物性参数，但分别计算与湿空气的传热传质量。此外，在电机驱动下旋转转子，对控制容积内的各流体做功 W。为方便表示，所有符号中，下标 a、v、l 分别代表干空气、水蒸气和液态水，而 g 代表湿空气。

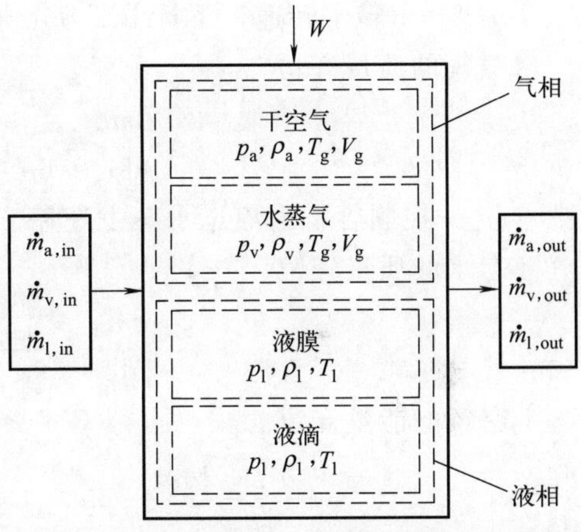

图 2-54 水润滑双螺杆空压机的控制容积模型

在空压机的控制容积中，由于大量的水被喷入，必须考虑水占据控制容积的影响

$$V_c = V_g + V_l \tag{2-35}$$

式中 V_c——控制容积体积；

V_g——控制容积内湿空气所占体积；

V_l——控制容积内液态水所占体积。

② 吸气过程　对于开发的水润滑双螺杆空压机，由于大量的水喷入腔内，在吸气口处，除了进气过滤器外，还安装有进气阀用于防止水从吸气口飞溅出来。由于进气阀的安装，吸气口的流通面积不可避免地减小了，在高速运行下由于节流损失造成的压降会严重影响空压机的性能，尤其是对于小容量高转速的空压机，因此，在试验过程中实际测量了空压机内吸气腔的压力，并假设吸气过程为等压过程，且吸气压力为测得的空压机吸气腔内压力。

在吸气过程中，有大量的轴承回水进入控制容积。假设吸气过程中水和空气之间传热传质足够充分，即吸气过程各个时刻湿空气均为饱和状态，湿空气和液态水的温度、压力都相等，混合前后的能量守恒方程式可通过二分法求解［式（2-36）］，求得吸气过程各流体的统一温度。

$$m_a h_{a,1} + m_a d_1 h_{v,1} + m_l h_{l,1} = m_a h_{a,2} + m_a d_2 h_{v,2} + [m_l - m_a(d_2 - d_1)] h_{l,2} \tag{2-36}$$

式中　m——质量；

h——比焓；

d——含湿量。

下标 1 和 2 分别表示各流体混合前的状态和混合后的状态。

③ 压缩和排气过程　控制容积内的三相热力学过程属于开口系稳定流动，取干空气、水蒸气和液态水作为研究对象，基于各流体的质量和能量守恒方程，控制容积中的各流体的质量和内能，可表述成随阳转子转角变化的微分方程，水蒸气的能量守恒因水蒸气和干空气的温度一致而可省略，各基本控制方程如下。

干空气的质量守恒

$$\frac{dm_a}{d\phi} = \frac{1}{6n}(\dot{m}_{a,in} - \dot{m}_{a,out}) \tag{2-37}$$

式中　ϕ——阳转子转角；

n——阳转子转速，下标 in、out 分别代表漏入和漏出。

水蒸气的质量守恒

$$\frac{dm_v}{d\phi} = \frac{1}{6n}(\dot{m}_{v,in} - \dot{m}_{v,out} + \dot{m}_e) \tag{2-38}$$

式中　$\dot{m}_e$—控制容积内液态水蒸发速率。

液态水的质量守恒

$$\frac{dm_l}{d\phi} = \frac{1}{6n}(\dot{m}_{l,in} - \dot{m}_{l,out} - \dot{m}_e) \tag{2-39}$$

干空气的能量守恒

$$\frac{d(m_a u_a)}{d\phi} = \frac{1}{6n}(\dot{m}_{a,in} h_{a,in} - \dot{m}_{a,out} h_{a,out} - Q_a) - p_a \frac{dV_g}{d\phi} \tag{2-40}$$

式中　u_a——干空气比内能；

Q_a——干空气与液态水换热速率；

p_a——干空气压力。

液态水的能量守恒

$$\frac{d(m_l u_l)}{d\phi} = \frac{1}{6n}(\dot{m}_{l,in} h_{l,in} - \dot{m}_{l,out} h_{l,out} + Q_l) \tag{2-41}$$

式中　Q_l——液态水显热换热速率。

④ 传质模型　当液态水被喷入控制容积后，将从控制容积中的湿空气中吸收热量。因此，液态水的温度将升高，而湿空气温度的升高速度将被减慢。根据假设，液态水和湿空气之间热量的传递是分别由湿空气与液膜和液滴之间的热对流引起的，则

$$Q = Q_{film} + Q_{drop} \tag{2-42}$$

式中　Q_{film}——湿空气与液膜之间的换热速率；

Q_{drop}——湿空气与液滴之间的换热速率。

湿空气和液态水之间存在两种换热方式，将导致两方面的结果：一方面显热换热使得液态水本身温度升高，另一方面潜热换热使得液态水蒸发为水蒸气，则

$$Q=Q_l+Q_e \tag{2-43}$$

式中　Q_e——液态水蒸发换热速率。

根据式（2-42）、式（2-43）可求得液态水的显热换热速率为

$$Q_l=Q_{film}+Q_{drop}-Q_e \tag{2-44}$$

当求得湿空气与液态水的总换热速率后，可根据下式求得干空气的换热速率

$$Q_a=Q\frac{c_{p,a}}{c_{p,a}+dc_{p,v}} \tag{2-45}$$

式中　$c_{p,a}$——湿空气中干空气的定压比热容；

$c_{p,v}$——湿空气中水蒸气的定压比热容。

对流传质过程与对流传热问题相似，在相同的定解条件下，可以得到形式完全一致的结果。因此，液态水蒸发量也分为湿空气与液膜和液滴之间的对流传质，且其求解方程的形式分别与相应的对流传热方程一致，只需要引入与努塞尔数 Nu 对应的舍伍德数 Sh 和与普朗特数 Pr 对应的施密特数 Sc 即可。

螺杆空压机阴、阳转子形成的齿间容积呈螺旋状，计算湿空气与液膜之间的传热传质速率，可采用螺旋管换热公式。等效的螺旋管的直径为转子齿顶圆半径与齿根圆半径的差值 r_0-r_1，螺旋半径为 $(r_0+r_1)/2$，对于阴、阳转子两侧需要分别进行计算然后求和，每个转子控制容积中湿空气与液膜之间的传质速率可表示为

$$\begin{cases}\dot{m}_{e,film}=\zeta_{film}A_{film}(\rho_{vs}-\rho_v)\\ \zeta_{film}=\dfrac{Sh_{film}D_m}{r_0-r_1}\\ Sh_{film}=0.023Re_{film}^{0.8}Sc_g^{0.3}c_r\\ c_r=1+1.77\dfrac{2(r_0-r_1)}{r_0+r_1}\end{cases} \tag{2-46}$$

式中　ζ_{film}——湿空气和液膜表面传质系数；

A_{film}——湿空气和液膜换热面积，采用齿间容积内表面积代替；

ρ_{vs}——饱和水蒸气密度；

ρ_v——控制容积内水蒸气密度；

D_m——水蒸气质扩散系数；

c_r——螺旋管修正系数。

式（2-46）中，难点在于确定湿空气相对于液膜的速度，从而确定雷诺数。对于通过等效螺旋管的气体流动，驱动力不是压差，而是控制容积的减小。因此，可以想象在等效螺旋管中存在一个活塞推动气体，其表面积等于控制容积的端面面积。因此，与水膜有关的气体速度等于活塞的速度，则湿空气与水膜相对速度和雷诺数可由式（2-47）表示。

$$\begin{cases}Re_{film}=\dfrac{\rho_v v_{g,film}(r_0-r_1)}{\mu_g}\\ v_{g,film}=\left|\dfrac{1}{A_{end}}\times\dfrac{\partial V_c}{\partial t}\right|\end{cases} \tag{2-47}$$

式中　$v_{g,film}$——湿空气相对于液膜的速度；

A_{end}——控制容积的端面面积；

μ_g——湿空气的动力黏度。

液滴的蒸发速率为

$$\begin{cases} \dot{m}_{e,drop}=\zeta_{drop}A_{drop}(\rho_{vs}-\rho_v) \\ \zeta_{drop}=\dfrac{Sh_{drop}D_m}{d_{32}} \\ Sh_{drop}=2+0.6Re_{drop}^{0.5}Sc_g^{0.33} \\ A_{drop}=\pi d_{32}^2\dfrac{6\xi m_1}{\rho_1\pi d_{32}^3}=\dfrac{6\xi m_1}{\rho_1 d_{32}} \end{cases} \tag{2-48}$$

式中 d_{32}——液滴的索特平均直径；

ζ_{drop}——压力降系数；

ξ——雾化比，即控制容积中的液滴质量与液态水质量之比。

对于式（2-48）中 Re_{drop} 的计算，湿空气和液滴的速度需要确定。可根据喷水量 $q_{V,inj}$ 和喷水孔面积 A_{inj} 计算液滴的速度 v_{drop}，忽略喷射锥角的影响，其方向垂直于转子轴，则

$$v_{drop}=\frac{q_{V,inj}}{A_{inj}} \tag{2-49}$$

湿空气速度 v_g 可视为沿转子轴线方向，等于控制容积沿转子轴线方向的运动速度。因此，可以表示为

$$v_g=\omega r_0\frac{L_{rotor}}{2\pi r_0\dfrac{\theta_{wrap}}{360}}=\frac{0.6\omega L_{rotor}}{\pi} \tag{2-50}$$

式中 L_{rotor}——转子长度；

ω——角速度；

θ_{wrap}——阳转子扭转角。

因此，湿空气和液滴的相对速度以及雷诺数可根据下式求得

$$\begin{cases} Re_{drop}=\dfrac{\rho_v v_{g,drop}d_{32}}{\mu_g} \\ v_{g,drop}=|v_{dorp}-v_g|=\sqrt{v_{drop}^2+v_g^2} \end{cases} \tag{2-51}$$

式（2-46）和式（2-48）中，水蒸气的质扩散系数 D_m 可由式（2-52）得到。

$$D_m=0.0754\frac{101325}{p_{1,s}}\left(\frac{T_1}{273.15}\right)^{1.75} \tag{2-52}$$

式中 $p_{1,s}$——液态水温度对应的饱和水蒸气压力；

T_1——液态水温度。

施密特数可通过式（2-53）求解。

$$Sc_g=\frac{\mu_g}{\rho_g D_m} \tag{2-53}$$

液态水的总蒸发速率为液膜和液滴蒸发速率之和

$$\dot{m}_e=\dot{m}_{e,film}+\dot{m}_{e,drop} \tag{2-54}$$

当求得液态水的总蒸发速率后，蒸发换热速率即可由式（2-55）求解。

$$Q_e = \dot{m}_e r_1 \tag{2-55}$$

式中　r_1——液态水的汽化潜热。

⑤ 方程求解　水润滑双螺杆空压机工作过程模拟计算的具体步骤如下。

a. 输入转子几何特性参数和运行参数；

b. 给工作过程中变化的各流体物性参数赋初值零，采用龙格-库塔法求解无泄漏、无传热传质的质量和能量守恒方程。

c. 以上一步计算得到的各流体物性参数作为初值，采用龙格-库塔法求解包含泄漏方程和传热传质方程的质量和能量守恒方程，迭代计算，直至满足压力收敛准则，即

$$\left|\frac{\sum(p_{g,i+1}-p_{g,i})}{\sum p_{g,i+1}}\right| \leqslant 10^{-6} \tag{2-56}$$

d. 计算收敛后，输出最后一次计算的各流体物性参数的变化数据。

(2) 离子液体润滑

研究发现，[C_6C_1im]-[BF_4] 和 [C_6C_2im] [BF_4] 这两种离子液体在各种摩擦系统中都具有良好的润滑性能，而与航空润滑油 X-1P 和航空润滑油 PFPE 相比，它们具有更低的摩擦系数、更低的磨损量和更高的承载能力。此外，这两种离子液体具有优良的低温流动性（凝固点低于－55℃），并能承受 320℃的高温。因此，离子液体润滑剂引起了人们的广泛研究兴趣。目前，已对 400 多种离子液体在各种摩擦系统中进行了摩擦性能的研究，图 2-55 为常见离子液体的阳离子和阴离子结构。

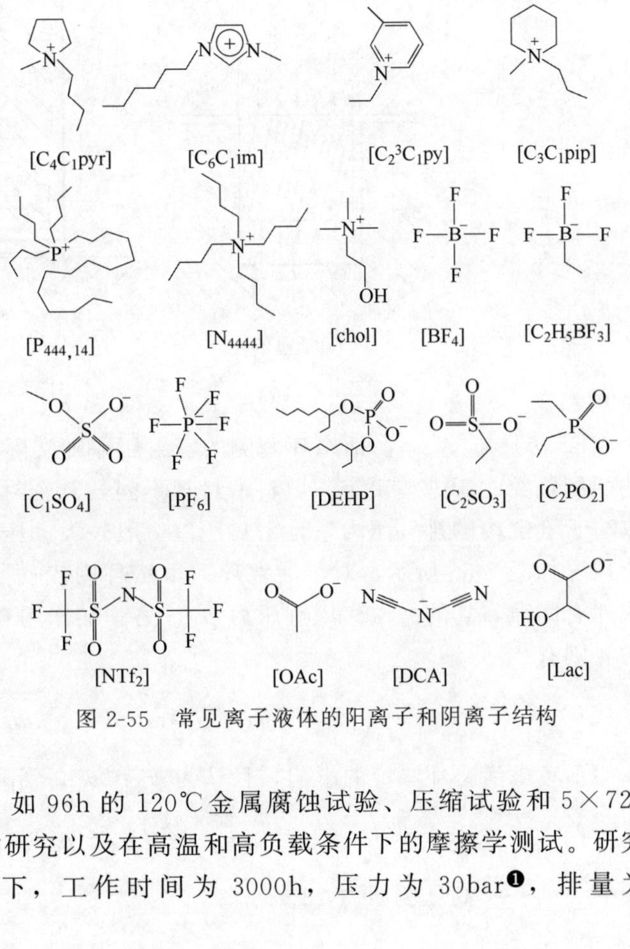

图 2-55　常见离子液体的阳离子和阴离子结构

离子液体具有优异的性能，在一些应用场景中要优于传统的润滑剂。因此，在压缩机润滑方面得到了研究和发展。例如，在氧气压缩机中作为润滑液，得到了应用和研究。高压纯氧与传统润滑油具有极高的反应活性，为防止爆炸，迷宫式活塞氧气压缩机需要以无油方式工作，这不仅比普通压缩机贵，而且由于缺乏润滑，磨损也更高，密封效果不如油封，从而导致压缩效率较低。使用离子液体作为纯氧压缩机的润滑剂，通过对筛查出的离子液体进行一系列性能测试，如 96h 的 120℃金属腐蚀试验、压缩试验和 5×72h 高温高压纯氧反应测试、氧气溶解度的研究以及在高温和高负载条件下的摩擦学测试。研究表明，纯氧压缩机在离子液体润滑下，工作时间为 3000h，压力为 30bar❶，排量为

❶　1bar＝0.1MPa。

200Nm³/h❶，而温度、压力和废气监测证明，用离子液体润滑纯氧压缩机安全可靠。然而，将离子液体作为润滑剂的研究仍然较少，需要继续加大投入，促进离子液体的实际应用。

(3) 无油润滑

石油、化工、医药、食品及航空航天等部门，对气质要求严格，压缩机的使用都趋向采用无油润滑技术，并且对其使用寿命的要求越来越高。一般而言，压缩气体中所含的油，主要来源于润滑活塞环与缸或缸套间、填料密封元件和活塞杆间的摩擦所需的润滑油，所以无油润滑材料成为制约压缩机性能提升的关键，而压缩机无油润滑的实现，关键在于如何在无油润滑的状态下，保证活塞环和填料密封的使用寿命。实现压缩机无油润滑的核心在于活塞环和填料函密封部位，而影响活塞环和填料密封的关键因素包括自润滑材料、密封压差、冷却条件、密封结构及活塞平均速度。

① 关键因素分析

a. 自润滑材料。密封元件的性能及可靠性由自润滑材料的质量直接决定，同时要求材料的摩擦系数要小，具有一定的刚度、强度、耐磨性和耐温性，以满足实际使用要求。常用的自润滑材料有聚四氟乙烯（PTFE）、聚酰亚胺（PI）、聚苯硫醚（PPS）及聚醚醚酮（PEEK）等。

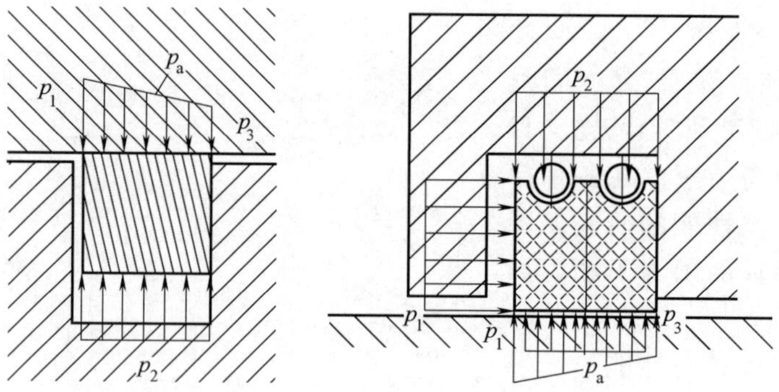

(a) 活塞环　　(b) 填料环

图 2-56　密封元件受力分析

b. 密封压差 Δp。活塞环两侧的密封压差随实际工况不同而不同，主要由活塞环所分隔的两侧气腔的压力差决定。填料密封却不同，其密封的一侧通常是大气状态，所承受的压差取决于气缸内的排气压力，且密封压差一般较大。压缩机工作过程中，活塞环与填料环的受力情况如图 2-56 所示，对于活塞环，虽然环内表面紧贴在气缸或缸套内壁上，但二者之间依然有间隙，它的一端作用有压力 p_1，另一端作用有压力 p_3，假设压力沿环高是直线分布的，则有

$$\frac{1}{2}(p_1+p_3)\pi d_o h + p_a \pi d_o h = p_2 \pi d_i h \tag{2-57}$$

不考虑活塞环厚度的影响，且认为 $p_2 \approx p_1$，活塞环与气缸或缸套之间的比压 p_a 为

$$p_a=\frac{1}{2}(p_1-p_3)=\frac{1}{2}\Delta p \tag{2-58}$$

式中　p_1——高压侧压力，Pa；

❶ Nm³/h 单位中 Nm³ 为标准立方米。

p_3——低压侧压力，Pa；

p_2——环槽内压力，Pa；

p_a——比压，Pa；

d_i——活塞环内径，m；

d_o——活塞环外径，m；

h——活塞环高度，m；

Δp——密封压差，Pa。

同理，填料环与活塞杆表面间的比压 p_a 为

$$p_a=\frac{1}{2}(p_1-p_3)=\frac{1}{2}\Delta p \tag{2-59}$$

压缩机工作过程中，摩擦副（活塞环与气缸或缸套，填料环与活塞杆）间的摩擦力 F 可由下式计算：

$$F=\mu p_a A \tag{2-60}$$

式中 F——摩擦力，N；

μ——摩擦系数；

A——接触面积，m^2。

压缩机一个工作周期内产生的摩擦热 Q 可由下式计算：

$$Q=2FS \tag{2-61}$$

式中 Q——摩擦热，J；

S——行程，m。

由式（2-57）至式（2-61）可知，工作过程中摩擦副间的比压 p_a 随着密封压差 Δp 增加而增大，而摩擦热与摩擦力成正比，摩擦力正比于比压，所以密封压差越大生成的摩擦热量越多。

c. 冷却条件。温度是影响活塞环及填料密封元件寿命的最重要因素，所以导出摩擦热是关键，若不能及时导出摩擦热，则摩擦部位温度将急速上升，从而引起密封元件冷流失效。气缸一般均设有冷却水套，活塞环散热条件相对较好，所以其使用寿命主要取决于自润滑材料的性能。而填料密封即使有冷却措施，大多数也只是在填料盒上通冷却水，摩擦面不能直接冷却（也有少数在活塞杆内通冷却液），散热效果差。因此，在压缩机无油润滑实现时，填料密封的工作环境更为恶劣，问题更加突出。在无油设计中，应改善密封元件间压差分布不均的情况，以降低各组组件尤其是前几组填料密封元件的密封压差，从源头上减少摩擦热；同时对填料密封的冷却结构进行改进，使冷却通道尽量靠近摩擦部位，提高冷却效果，从而保证工作温度不超标，延长填料密封使用寿命，提高可靠性。

d. 密封结构。在中低压压缩机中，填料环的受力情况与活塞环相同，即压差分布不均匀，靠近气缸侧的一组填料环承受大部分压差，寿命最短，当密封能力逐步降低后，由下一组填料环承受主要负荷，以此类推。对于高压压缩机，其填料密封的工作压差极高（如循环气压缩机，将承担 32MPa 的密封压差），在较长时间内，无法由靠近气缸侧的填料环组单独承担主要负荷，而是气体不断地往下一组泄漏，当下一套填料腔中的气体压力逐步升高后，则第一套填料环前、后的压力差就很小，这套填料环就基本上得到“解放”，以此类推，直至最后一套填料环的腔中压力逐步升高后，它的后面就是大气压力，这套填料环的负荷无法再往后转移，将工作在很高的压力差下，一直维持到它大量磨损，密封失效，再由它的前面

一套填料环来顶替它的工作。

e. 活塞平均速度。活塞的平均速度由转速 n 和行程 S 决定

$$v_m = \frac{nS}{30} \tag{2-62}$$

式中 v_m——活塞平均速度，m/s；

n——转速，r/min。

活塞的平均速度 v_m 不宜过大。v_m 反映了活塞环及填料密封的磨损情况，当摩擦表面所受作用力大小相同时，v_m 值越高，则在单位时间内受摩擦的距离越长，磨损越严重且产生更多的摩擦热，相同条件下，温升越大。此外，压力和速度的乘积 pv 值是自润滑材料工作条件的标志。每一种材料都有其本身的极限 pv 值和许用 pv 值。在一定范围内，pv 值与磨损成正比关系，超过此范围，磨损就陡然增加，直至烧毁。对于无油润滑压缩机，应合理选择转速和行程，使活塞的平均速度控制在 3.5m/s 以下。

② 自润滑材料研究 PTFE 是最常用的自润滑材料，但其具有“冷流”特性，冷流是指塑料在高温高压条件下变软，流入低压侧的缝隙中形成飞边的现象，所以在实际应用中，常通过添加不同组分来改善 PTFE 的性能，以达到使用要求。采用无油润滑的某氨氢气压缩机高压段气缸，使用 FH-1A 金属塑料的活塞环，在 31MPa 的高压下工作寿命达到了 4000h。FH-1A 是在烧结形成的多孔铜粉层中浸渍 PTFE 材料，使之既具有 PTFE 摩擦系数低的优点，又具有金属材料传热性能好、热膨胀系数小、热强度好的优点。此外，碳纤维增强复合材料不仅力学性能优良，而且结构设计灵活，可以很好地克服 PTFE 冷流的缺点。但是，碳纤维增强复合材料性脆，抗冲击性和高温抗氧化性差，而且原材料和制作成本较高。

PI 具有优异的耐高温性能，玻璃化转变温度可达 385℃。在 PTFE 烧结过程中，无物理化学变化，非常适合填充增强 PTE 材料，制备的固体自润滑材料具有抗蠕变性强、热膨胀系数低、硬度高等特点。采用 PTFE/ACF（活性碳纤维）二元添加剂填充 PI，PI 的摩擦系数明显地降低了，可在各种苛刻环境如高温、高压下运作；采用金属粉末冶金法制备的 PI 填充 PTFE 复合材料，PI 可显著提高 PTFE 的综合性能，复合材料摩擦时表现出黏附的舌状磨损，具有良好的耐磨损性能，而当 PI 质量分数为 15%时，PTFE/PI 复合材料的综合性能最优，满足无油润滑压缩机用活塞环要求。

PPS 分子主链中的苯环和硫醚键赋予了 PPS 优良的耐高温、耐腐蚀、耐辐射和阻燃等性能，而且 PPS 具有均衡的物理力学性能和极好的尺寸稳定性，热变形温度一般大于 260℃，可长期在 200～240℃下使用，在耐高温型聚合物基摩擦复合材料领域，具有广泛的应用前景。利用 PPS 与 PTFE 良好的相容性和协同效应，PTFE 的成型性、尺寸稳定性、抗蠕变性、压缩强度能有效提升，已用于制备汽车发动机的活塞环等。

PEEK 是一种由聚芳醚酮重复单元构成的结晶性耐高温工程塑料，作为一种新型工程材料，其在材料强度、韧性、耐磨性、耐腐蚀性等方面具有得天独厚的优势，制件的抗蠕变性能和尺寸稳定性优异，可长期使用温度在 240℃以上，广泛应用于高端制造业等领域。将碳纤维、二硫化钼等填料与 PEEK 和 PTFE 混合体系复合，固体润滑材料导热和摩擦学性能可有效改善，改善其在无油、高温、高负载、腐蚀等严酷环境下的使用性能。目前，一些研究以 PEEK 为基体、玻璃纤维为增强材料，配合纳米 SiO_2、PTFE 等，制备出 PEEK 基耐磨复合材料，满足在高铁制动系统等领域的使用，将其应用于压缩机领域。

固体润滑材料的强度、硬度和热稳定性可通过多元聚合物复合和纳米改性等技术进行有效提升，该技术也可降低固体润滑材料的摩擦系数，实现复合材料在较宽温度范围内的自润滑性能。探索新型复合材料制备方法和工艺、新型固化交联技术和纳米技术，将成为高性能减摩材料的研究方向；纳米材料的摩擦学机理与应用开发，已成为摩擦学研究的热点；新型金属陶瓷基自润滑材料、仿生摩擦材料正逐渐成为固体自润滑材料的研究方向。然而，在自润滑机理研究与模型构建等方面还有大量的工作需要开展，例如构建应用数据库，为耐磨自润滑的材料选择提供数据支持等。对自润滑材料的深入研究，将极大地推动我国机械制造业及相关产业的发展。

2.4　技术进展及未来发展趋势

在容积式压缩机的新结构形式前景方面，科研人员认为主流的机型仍以往复、螺杆等为主，而且产销量均在持续增加。各类机型可适用于不同的应用场合，但也在不断拓展容量和工况范围，应用领域已出现交错重叠。各类容积式压缩机都针对替代工质进行了专门开发，在部件设计、润滑油选型、材料兼容、电气安全等方面，能满足各种工质更替的要求。压缩机变频驱动的发展趋势也非常明显，具有高效、连续等优点，而机械调节容量的方式将逐渐被取代。技术开发方面，容积式压缩机在继续追求提高机组 COP（性能系数）等热力性能的同时，也转向了提高可靠性和降低生产成本等方面，减振降噪也已成为热点之一。产品设计方面，绝大多数容积式压缩机产品设计是针对具体的应用场合与工况范围开展的，对压缩机进行了专门设计，在细分市场和新的应用场合已形成了有竞争力的特色产品，电信基站、穿戴设备、新能源汽车等正成为新兴领域。

2.4.1　结构设计与制造

2.4.1.1　往复式压缩机流量无级调控

目前，有多种可用于改变单个往复压缩机单元负载和容量的控制方法：排气管线旁路回流调节、气缸旁路回流调节、间歇启停调节、变转速调节、变余隙容积调节、进气阀回流调节、气缸卸载调节。这些方法的原理以及存在的问题见表 2-6。

表 2-6　现有压缩机流量调节方式存在的问题

种类	调节方式的原理	调节方式的实现	调节方式的缺点或目前存在问题
排气管线旁路回流调节	采用旁通管路将排气管路和进气管路连通，使排气管路中的部分高压气体经过设计的旁通管路和旁通阀门返回至低压进气管路	一般在压缩机排气端增加旁路分支管路连接至某一级的低压进气管路，并在管路上加装节流阀，通过阀门开度实现对排气量的调节	该调节方式的缺点是压缩机依旧满负荷运行，在排气量减少时未能使装置能耗降低，压缩机低效率运行；大量的高压气体回流至进气管线容易引起管线振动和进气温度升高
气缸旁路回流调节	气缸缸头端由卸载旁路连接到进气管路上，缸头侧多余气体在低压状态经由缸头旁路回流至进气管路	在缸头端增设旁路连接气缸和进气管路，并通过气动执行器控制其通断，实现气缸内多余气体的回流	该调节方式的缺点为只能调节压缩机气缸的一侧，需要毫秒级快速高频响应的气动执行器，实际的节能调节范围为60%～100%
间歇启停调节	通过控制压缩机间歇性启动和停止，调节压缩机排气量	通过工艺量（压力）控制器控制压缩机启停，工艺量达到限值后压缩机停机；工艺量达到另一限值时，压缩机重新启动运行	该调节方式下，压缩机排出的气体波动大，频繁启停电机产生较大的电流冲击；一般用于驱动电动机功率较小的制冷或空调压缩机

续表

种类	调节方式的原理	调节方式的实现	调节方式的缺点或目前存在问题
变转速调节	通过降低压缩机驱动机的转速，改变单位时间内压缩机的工作循环次数，相应减小压缩机排气量	在压缩机电机端增设变频器，由变频器改变压缩机的转速，实现排气量调节	机体容易产生振动，容易造成压缩机的供油量不足，运动部件磨损增加，不能够长时间在低负荷下工作，变频调节时对电网的冲击较大，一般用于驱动电动机功率较小的或者驱动机为内燃机或汽轮机的压缩机，不适用于中低速压缩机
变余隙容积调节	在压缩机缸头增加个附加的容积腔，附加容积腔的活塞可以向外或向内移动，改变压缩机的余隙容积，相应改变压缩机的吸气量	在每个气缸盖侧缸头加装附加活塞缸及相应的容积调节装置部件，通过向外或向内移动附加缸活塞，改变余隙容积，直到机组的流量完全符合要求	该调节方式的缺点为只能调节压缩机一侧气缸，调节范围有限且改变了双作用压缩机的受力平衡状态，导致反向角减小；人为增加了余隙容积，导致排气温度升高；由于各种因素的限制，实际的节能调节范围为80%～100%
进气阀回流调节	在吸气过程结束活塞开始反向运动后，继续保持进气阀开启一定的时间，使得吸入气缸的气体又部分回流到了进气腔中，减少了压缩机循环中被压缩气体的量	通过在每个进气阀上加装卸荷执行机构，驱动进气阀延迟关闭，使得在部分压缩机行程中气缸多余气体实现回流，只压缩剩余气量气体	该方式能实现气量0～100%范围的连续调节，但该方式需要执行机构能够实现毫秒级快速准确响应和每秒5～10次的高频动作，且每个进气阀上均需安装一个执行机构，使其结构复杂、数量多；另外，气体的回流会产生压力损失和气流波动
气缸卸载调节	将气缸上所有进气阀全部顶开并始终保持顶开状态，使该气缸完全卸载不排气；对于多个气缸的压缩机，通过控制卸载的气缸数量实现机组气量的调节	通过外在的执行机构顶开进气阀，使压缩机气缸吸入的全部气体经进气阀返回到进气管路	该方式的缺点是只能够进行0%、25%、50%、75%、100%的阶梯气量调节，同时长时间顶开进气阀容易造成吸气温度过高；易造成机组受力不平衡，导致烧瓦现象

近年来，进气阀延迟关闭的无级流量调节技术已成为研究热点。进气阀延迟关闭调节可以实现排气量0～100%的连续无级调节，机组的耗能随着排气量成比例地减少，在低负荷下可最大限度地降低机组能耗。但精确控制进气阀的运动及使其可靠运行仍是关键问题，需要高精度和高可靠性的执行机构和相应的控制技术才能实现。往复压缩机气阀数量多，导致所需的执行机构数量多，造成整体系统结构复杂且投资大。为了保证调节系统的可靠性，元件之间的碰撞和磨损也必须考虑。上述这些因素制约了进气阀延迟关闭技术的研发和推广。往复压缩机上最常用的低负荷高能耗运行调节方式亟待改善，开发高效、经济、流量调节范围广、工况适应能力强的流量调节技术具有重要意义。流量调节装置及其系统应在能实现宽流量范围节能调节的前提下，做到结构简单、拆装维护方便，且系统使用操作方便、投资成本小、能耗低、满足大于压缩机检修周期的可靠平稳运行。

综合上述分析，往复压缩机种类多，数量大，是流程工业的核心装备。同时，往复压缩机也是巨大的耗能动力装备；而目前工业压缩机存在运行效率低，特别是在低负荷状态下，压缩机效率进一步大幅度降低，造成大量能量被浪费。进气阀延迟关闭气量调节技术发挥了很好的节能效果，但核心技术都被国外掌握着，我国的进气阀延迟关闭节能型气量调节技术还有很大的研究和提升空间，并将最终实现有效节能、低成本、宽范围、高可靠性、高灵活性的压缩机流量调节，保证压缩机在非额定设计流量工况下，动力学和热力学循环特性最优，以及设计并优化流量调节系统，满足工业级现场各种类型的压缩机设备应用需求。

(1) 变流量工况下气阀动力学和压缩腔热力学循环特性的研究进展

往复压缩机是由活塞往复运动并配合进排气阀间歇性的启闭完成气体的流动和能量转换，压缩机的热力学循环是压缩机内部流动、活塞运动和气阀动力学行为共同作用下的一系列传递热量并做功的复杂热力学过程的集合。目前，比较成熟的压缩机热力学模型是由进气腔、排气腔以及压缩腔三个控制容积和通过进气阀和排气阀的质量传递组成。控制容积的边界为气缸壁、气缸盖和活塞端面，质量传递以压缩机气缸内气体为控制对象，采用体积连续性（质量守恒）方程表示。通过气阀的流体流动和气阀的启闭运动相互耦合，气阀在气体冲击下产生变形（簧片阀和网状阀）或者发生整体运动（环状阀），而这种变形和移动反过来又影响了流体的流动，这种流固耦合作用使得气阀部分的计算变得十分复杂。

压缩机的变流量无级调节是通过在进气阀上增加顶开装置，进而实现主动控制气阀密闭元件的启闭来实现气体的回流；而在变流量工况下，气阀的动态特性更加复杂。进气阀调节装置会改变阀门撞击升程限制器和阀座的冲击速度，影响阀片的疲劳寿命。因此，无级流量控制状态中进气阀的动态特性研究是十分必要的。

活塞式压缩机在采用进气阀部分行程顶开来调节气量时，缸内气体经历了变质量气体压缩过程，压缩机整个热力学循环过程发生了变化。要实现气量的精确控制，必须明确流体流量与负载的瞬时定量匹配关系，但压缩机流量是随着外部或内部参数和特征变化的，同时在低于额定流量工况下压缩机及原动机的运行性能也受到流量控制系统的参数影响。因此，各类工况下，往复压缩机气阀运动规律和热力学循环特性得到了广泛研究。一直以来，是通过气阀吹气实验来获得气阀的流量系数参考值的，再根据经验值确定实际机组气阀的流量系数。获得流量系数后，由流量系数和气阀通流面积建立描述通过气阀的气体流动过程方程。将簧片阀或环状阀简化为单自由度的弹簧-质量-阻尼系统，并建立描述气阀运动的动力学方程，联合两个方程而构成完整的与时刻和曲轴转角相关的气阀运动模型。压缩机内部状态的变化，传统上被假设是准静态、等熵变化，也就是热力学状态（压强、温度、密度）在气缸内部是均匀的，只是时间的函数。因此，气阀动力学和压缩机热力学循环特性的研究，采用了在时间域上将气阀模型和压缩腔内部传递热量并做功的热力学过程方程联合求解仿真的方式。将压缩机作为一组部件，进行一维和三维建模分析是目前最可行的仿真方法。

在一维建模仿真方面，许多学者以热力学第一定律为基础建立模型。当活塞运动速度小于声速且运动平稳时，气缸中气体状态可以描述为准静态变化的正则扰动。因此，多数中低速压缩机采用了等熵、准静态方程描述活塞推动下压缩腔内部气体状态的变化。实际的压缩机工作循环中，压缩腔内部气体状态分布和变化往往是不均匀的，特别是在气阀进出口，不均匀程度最为明显。当阀门开启时，会产生一个稀疏波，在压缩室中来回传播且与排气阀相互作用；而在压缩过程中，压力分布在气缸内几乎是均匀的。热力学第二定律也被用于分析往复式压缩机的性能。有研究指出非理想状态能量损耗速率表现为摩擦损失、不可逆传热、流体节流和不可逆流体混合，这些研究完善了压缩机轴功率的确定与量化。通过一维建模对压缩机满气量工况下流体的流动特性和压缩机热力循环过程进行了分析，在压缩机变流量负荷调节工况下，根据气体回流变流量调节的原理，在压缩行程的一部分行程中保持进气阀开启，在压缩机吸气过程结束后，并没有按照常规流程立即开始压缩过程，而是经历了一段特定时长的回流过程。活塞回程过程推动气体回流时，气体通过进气阀的反向流动会在阀片上产生动压力，气体进行回流过程中阀片上的动压力与回流状态气体的密度、阀的流量系数、通过阀的气体速度和气阀卸载装置的结构和响应特性等因素相关，目前对于变流量工况下的相关研究相对较少。随着CFD和FEA（有限元分析）技术的发展，也有研究开始采用三维（3D）建模分析方式，对小型冰箱往复式压缩机性能进行研究，特别是在对阀片的动态响应分析方面。但是，由于求解三维模型特别是大型压缩机模型的计算量大、计算时间长，这种3D模型方法不是一种可行实用的方法，仍然费时且昂贵。全三维模拟不能满足研究人员对可用性和短计算时间的要求，大多数往复压缩机在不同工况下的动态性能数值模拟，仍然采用一维模拟。总之，根据所需的详细程度和所关注的方面，应合理采用不同的仿真模型或方法。

(2) 往复压缩机气量调节方法及其研究进展

国外最早在1972年提出了进气阀回流无级气量调节的概念，其基本原理是通过改造进气阀，将进气阀由被动启闭改为主动启闭。主要通过一种液压卸载活塞和柱塞向下运动保持进气阀开启，之后柱塞停在阀门流道内并阻止进气阀关闭，从而使气体回流；当液压力释放后，阀门两侧的压力差和弹簧推动柱塞和活塞向上运动，气阀关闭，卸载活塞和柱塞的上下运动则通过液压油通断供给来实现。因此，要通过进气阀回流方法调节压缩机排气量，首先要实现液压卸载活塞和柱塞端的液压油通断供给，其次是在压缩机循环中计算和控制进气阀的启闭时刻，实现特定排气量的调节。

至今，液压油通断的供给方式主要有旋转式油液分配和往复换向切换供给这两种有效手段。对于旋转式油液分配方式，国外学者首次提出了旋转液压分配器的设计概念。旋转式分配器将独立油泵提供的液压油定时分配给执行器，以实现进气阀的顶开作用，当转子旋转到套管中的端口与转子卸压区相连时，油液泄压会回流，柱塞抬起，气阀关闭。随着研究的深入，套筒式、两级先导式二位三通高速液控换向阀以及采用电控装置和切换阀集成为一体等方式也先后被提出。

在进气阀启闭实现特定气量的调节方法方面，有学者提出了在压缩机压缩行程开始时刻让卸荷装置作用，阻止进气阀关闭，在压缩行程中，按照与压缩行程长度成线性比例计算气体回流的量，通过延迟阀门关闭的某特定比例的压缩行程长度，就能够连续改变压缩机的气缸容量。或者在0°～20°曲柄角度范围内，在气缸和吸气腔达到压力平衡之前，便驱动进气阀开启，并选择一个完整的活塞单向冲程周期尺度，将气量百分率作为无量纲比例时间，计算出相对冲程相对于压缩机活塞的总冲程的比例位置，确定出特定气量所对应的进气阀延迟关闭时间。也有学者提出了基于压缩机加载循环与空载循环占空比的压缩机排气量无级调节方法，如果驱动装置动作，则进气阀在整个压缩机工作周期中被开启，该周期气缸空载排气量为零；如果驱动装置不动作，则进气阀正常启闭，该周期气缸满载。通过在一个设定的控制周期内改变加载循环所占的比重，来适应流量的需要，采用的是加载循环的脉宽调制策略。有研究基于机构实际的响应时间和信号间隔时间，更为精确地计算了占空比，通过调整进气阀被顶开的压缩机工作循环个数和压缩机正常循环个数比，达到了任意比例控制压缩机排气量的效果。也有直接将往复压缩机气阀设计成旋转式结构的，旋转阀片以阀片扇面与阀片扇孔相互间隔，上座和底座以上座扇形孔与底座扇形孔相互对准，构成了阀座扇形流道。阀片扇面转动至阀座扇形流道位置时，气阀关闭，阀片扇孔转动至阀座扇形流道位置时，气阀则开启。通过旋转阀片实现进气阀流道的开启和关闭，实现了进气回流的调节。

(3) 往复压缩机气量无级调节系统设计和关键参数优化匹配研究进展

目前，国外已有Hoerbiger（贺尔碧格）、Cozzani（柯赞尼）、Dresser-Rand（德莱赛兰）等公司开发出了基于进气阀回流调节原理的气量无级调节系统。其中，Hoerbiger公司研发的 HydroCOM 系统是目前应用最广泛的压缩机气量无级调节系统，其系统基本组成如图 2-57 所示。通过集成电液换向阀、电气驱动芯片和执行柱塞的执行机构完成进气阀调节，其中电气驱动芯片由 48V 直流电源供电，在控制室和现场之间，通过总线完成控制信号的传输和反馈。HydroCOM 系统从 20 世纪末研制成功到现在，在全世界已经成功安装了上千套，在我国石油石化企业也有上百套的应用。

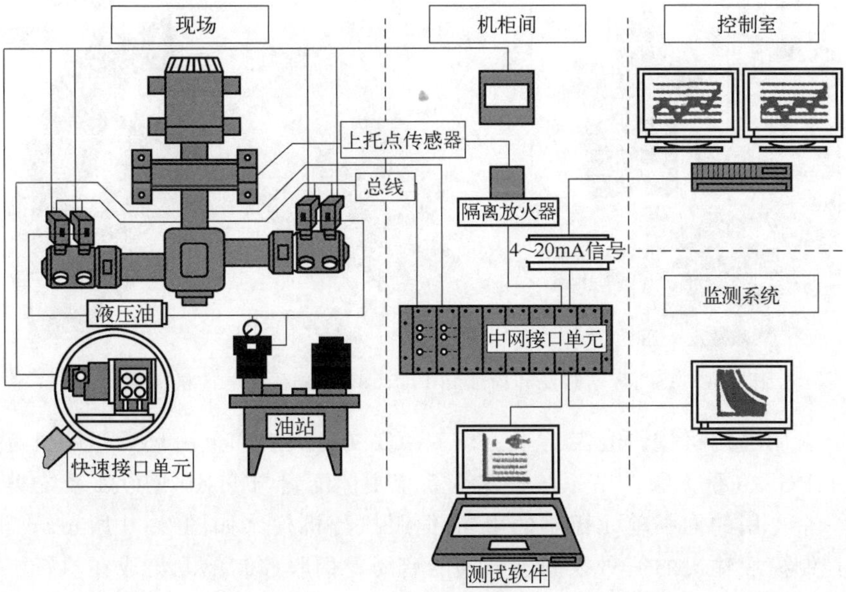

图 2-57 贺尔碧格公司的 HydroCOM 气量无级调节系统基本组成

基于电磁驱动原理，Cozzani 公司设计了一套 Flux-to-Flow 流量调节系统，主要部件为单独安装在每个气阀上的电磁执行器，如图 2-58 所示。电子机械执行器由两块磁铁和一个两端是两个弹簧的金属片构成。所有的电子机械执行器由一个包含了系统控制单元和执行器控制单元的电控柜统一供电和驱动控制，电控板上装有控制执行器和计量控制所需参数的感应器电子单元。

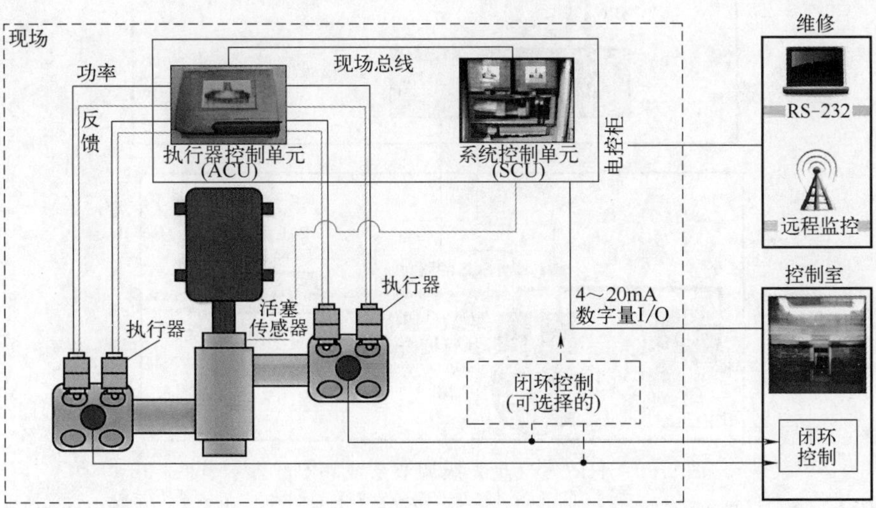

图 2-58 Flux-to-Flow 系统的基本配置图

德莱赛兰（Dresser-Rand）公司开发的ISC（无限步进控制系统）是一种与蘑菇阀配套使用的进气阀卸荷系统，如图2-59所示。该系统采用PLC（可编程逻辑控制器）作为主控制器，用来计算压缩机的气量负荷，并转化为伺服脉冲信号，驱动电液伺服阀精确调节蘑菇阀的启闭时间，实现了压缩机气量负荷的无级调节。但是，该系统通常需要和专用蘑菇阀配套使用，适用范围有限。目前，在国内应用推广的相关报道并不多。

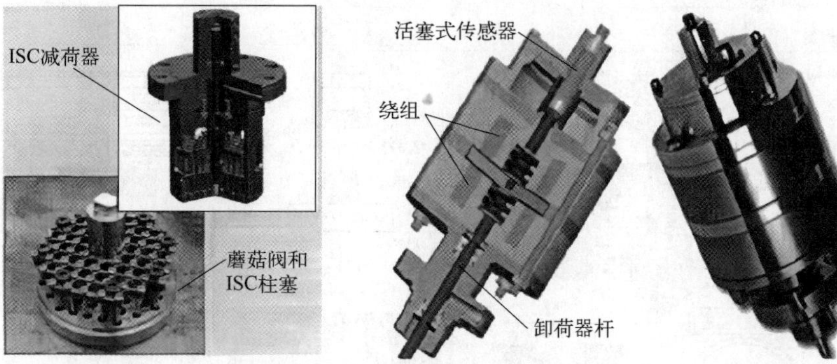

图2-59 ISC蘑菇阀及卸荷器和Flux-to-Flow系统电子机械执行器

近年来，合肥通用机械研究院有限公司、西安交通大学和上海环天压缩机有限公司合作开发了一套HRCS气量无级调节系统，这套系统主体配置与HydroCOM系统类似，每个进气阀上配备一个专用的伺服单元控制的电-液伺服执行机构（如图2-60所示）。电-液伺服执行机构根据控制模块输出的信号控制进气阀的启闭，伺服控制单元集成在执行机构电气室内部（如图2-61所示）。该系统在中国石油天然气股份有限公司辽河石化分公司、中国石油化工股份有限公司洛阳分公司等地方得到了工程化应用，实现了压缩机的节能气量调节。同样，HRCS气量无级调节系统必须配备专用进气调节阀。

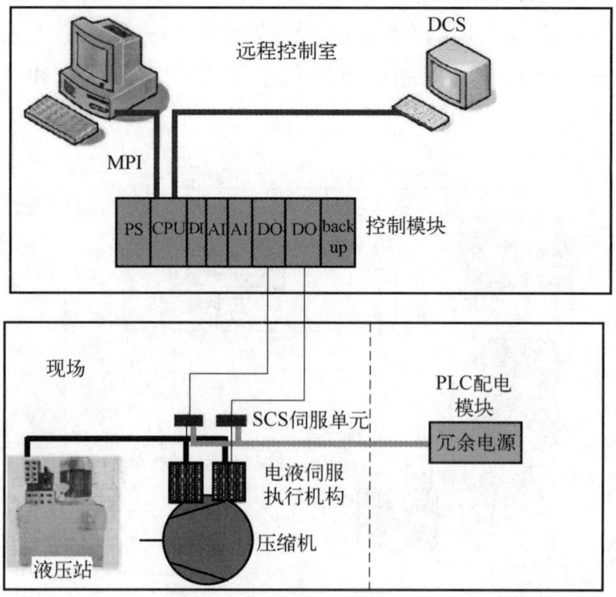

图2-60 HRCS气量无级调节系统基本配置示意图

DCS—分布式控制系统；MPI—多点接口；SCS—顺序控制系统；PS—电源；CPU—中央处理器；DI—数字输入；AI—模拟输入；DO—数字输出；back up—备份

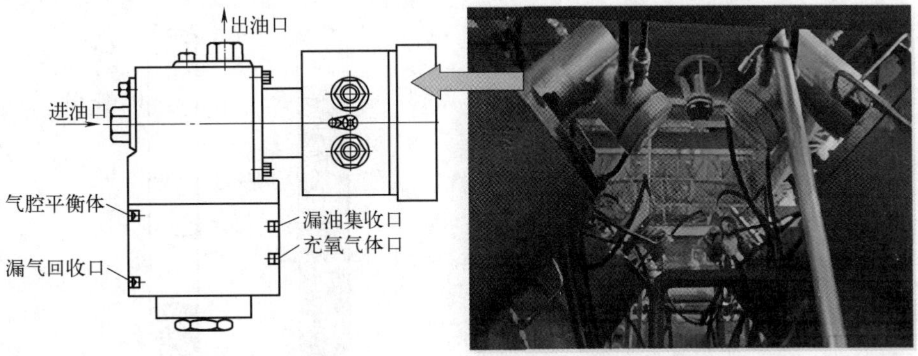

图 2-61　HRCS气量无级调节系统液压执行器组件

综上所述，目前往复压缩机气量无级调节系统工业应用最多的是国外公司研发的系统，可以说处于技术垄断状态，这些系统复杂度高，在我国售价很高；而我国的往复压缩机气量无级调节系统的研发要落后于国外。但是目前，无论是国外的调节系统，还是国产的HRCS系统，均在每个进气阀上独立配套了一个昂贵的电-液伺服执行机构。通常往复压缩机的气阀数量很多，需要的电-液伺服执行机构个数就会多。另外，气量无级调节系统必须配备专用的进气调节阀，其价格也要比常规的进气阀昂贵。因此，系统复杂度高、必须配备专用气阀、备件及维护费用高、采购投资成本高等因素，使得气量节能调节技术只能应用在大型往复压缩机组上，还无法推广到中型以下的压缩机。事实上，中小型压缩机的数量众多，节能需求巨大。将各种电子和机械子系统集成在电-液伺服执行机构中，会导致系统的不可靠，而执行机构又是直接在进气阀上安装的，故障时必须停机，无法直接更换，这也影响了系统的长期可靠性。另一方面，现有的通过控制进气阀运动来调节气量的技术，还存在一些待解决的问题，如较大的额外压力损失（及相应的效率损失）的产生，增大了压缩机气流脉动，导致部分进气阀片断裂而影响其寿命。对于高速压缩机，效率损失和气流脉动程度的增加尤为严重，导致在高转速压缩机以及对波动要求较小的压气站压缩机上，难以应用控制进气阀运动调节气量的技术。因此，往复式压缩机气量无级调节技术仍需要继续研究。

2.4.1.2　液体活塞技术

液体活塞其实并不是一个新概念，其历史可以追溯到1909年推出的用于抽水的内燃机，即汉弗莱泵（Humphrey pump）。汉弗莱泵以阿特金森循环（Atkinson cycle）运行，其效率在5%到10%之间。单叶片斯特林循环（Stirling cycle）是另一种利用液体活塞的抽水泵，与该泵相关的研究主要集中在调整液体活塞柱的振荡频率和设计用于远程环境的可靠运行上。图2-62为液体活塞在压缩和膨胀过程中的运动。液体活塞技术后来常用于压缩空气储能领域。James D. Van de Ven等研究了应用液体活塞的传热理论，并提出了应用于不同场合的液体活塞压缩机传热模型。通过数值模拟，验证了使用液体活塞能使压缩机实现更优异的热力学循环，并能获得更高的压缩效率。Vikram C. Patil等通过实验，探讨了多种强化液体传热的活塞压缩机技术，用实验手段证明了液体活塞技术在效率上具有优越性。

液体活塞可以通过多种方法驱动。在最简单的形式中，液体活塞起着直接将液体压到气动变压器的作用。在变压器布置中，液体活塞作为液压系统的一部分被驱动，在液压系统中，液体活塞腔的进出由阀门控制。为了将液体活塞耦合到旋转轴上（类似于驱动空气压缩机的电机），使用液压泵来产生液体活塞的流量，在两个腔室之间可以切换液压泵的入口和出口，可以通过一个阀门来控制液体活塞。在一种装置中（如图2-63所示），一个液体活塞正在排空，而另一个液体活塞正在填充；在另一种装置中，液体活塞可以耦合到液压泵的每

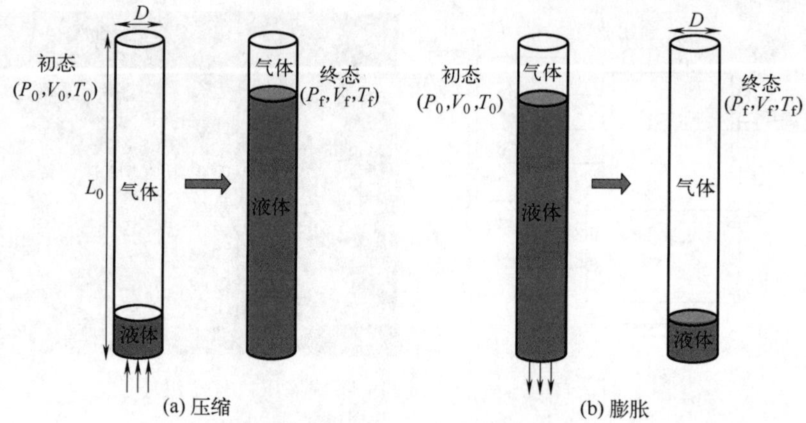

图 2-62 液体活塞在压缩和膨胀过程中的运动

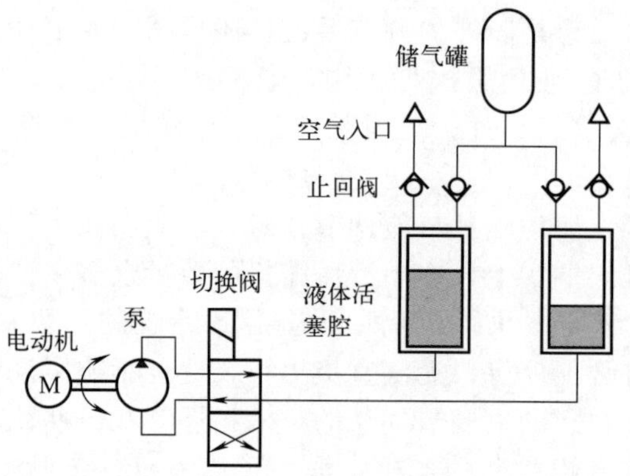

图 2-63 液体活塞压缩机配置 1

个缸，例如径向柱塞单元，其中的缸是固定的（如图 2-64 所示）。

与传统的往复式压缩机相比，液体活塞的概念显示了气体压缩和膨胀效率的显著提高。在液体活塞中，一柱液体被用来压缩固定容积压缩室中的气体，由于液体容积不规则，使用液体活塞可以使压缩室的表面积与体积比最大化，高表面积-体积比有助于在气体压缩过程中获得更高的传热速率，这使得压缩机能接近等温操作，以最小的压缩功实现高效压缩。此外，液体活塞消除了与运动压缩机相关的机械滑动密封，液柱代替这些密封后，消除了气体泄漏，并用黏性流体力代替了滑动摩擦力。

图 2-65 为用于热力建模的液体活塞压缩机典型控制容积。最初，在压缩室中填充较低

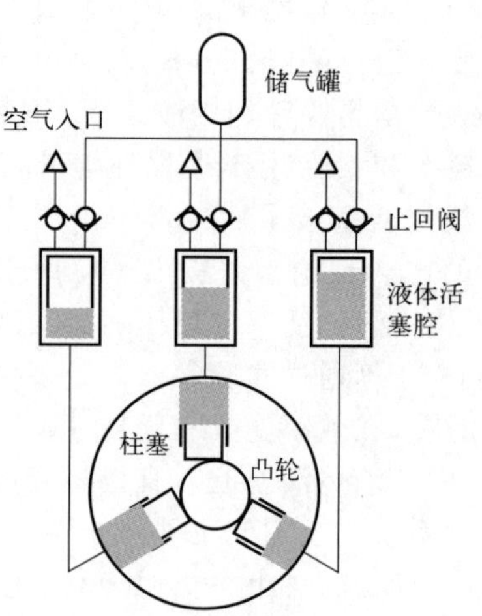

图 2-64 液体活塞压缩机配置 2

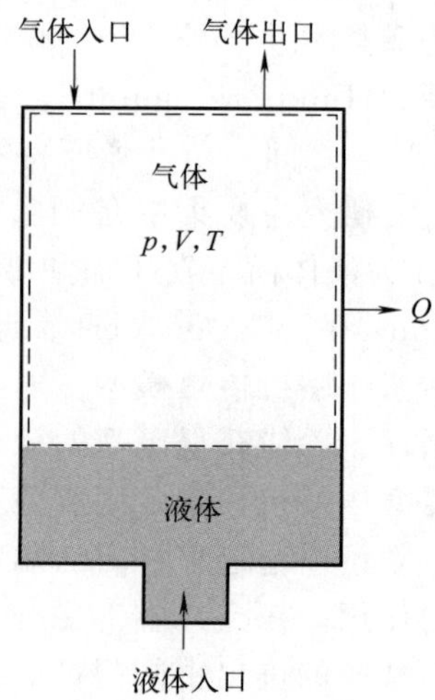

图 2-65 液体活塞式压缩机的控制容积
（“---”线框内表示控制容积）

压力的气体。然后，利用高压液体对压缩室内的低压气体进行压缩做功。在压缩过程中，随着液柱向顶部移动，气体的体积减小，导致气体的压力和温度升高。由于温度梯度，热量从气体传递到周围环境。最后，当压力达到要求的压力时，允许气体从压缩室中排出。气体的压缩可以按照一个封闭系统从开始到结束的压缩过程进行分析，热力学第一定律适用于控制体积内的气体，忽略动能和势能的变化，有

$$\dot{U}=\dot{Q}-\dot{W}_{\mathrm{comp}} \tag{2-63}$$

$$mc_{\mathrm{V}}\frac{\mathrm{d}T}{\mathrm{d}t}=U_{\mathrm{h}}A(T_{\infty}-T)-p\frac{\mathrm{d}V}{\mathrm{d}t} \tag{2-64}$$

式中　$\dot{U}$——热力学能的变化率；

c_{V}——定容比热容；

$\dot{Q}$——传热速率；

$\dot{W}_{\mathrm{comp}}$——压缩功；

U_{h}——总传热系数；

A——接触面积；

T_{∞}——周围温度；

p——气体压力；

V——气体体积。

利用热回路可以分析液体活塞式压缩机内部的传热，图 2-66 为液体活塞压缩机从气体到周围传热的典型热回路（T 为温度，R 为热阻），从气体到周围环境的热传递经历以下阻力。

① 气体与压缩腔内表面之间的对流热阻为

$$R_{\mathrm{conv,gas}}=\frac{1}{h_{\mathrm{conv,gas}}A_{\mathrm{inner}}} \tag{2-65}$$

式中　$h_{\mathrm{conv,gas}}$——气体与压缩腔内表面之间的对流换热系数；

A_{inner}——压缩腔内与气体接触的内表面积，内表面积包括与气体接触的腔室表面积（顶部和侧面）和与气体接触的移动液体活塞表面积。

② 对于圆柱形压缩室，材料的导热热阻 $R_{\mathrm{cond,solid}}$ 由圆柱形的侧面产生的热阻 $R_{\mathrm{cond,lateral}}$ 和顶部表面产生的热阻 $R_{\mathrm{cond,top}}$ 组成，如图 2-67 所示。由传导引起的总热阻可由式（2-66）给出，圆柱顶部和侧面的热阻由式（2-67）、式（2-68）分别给出。

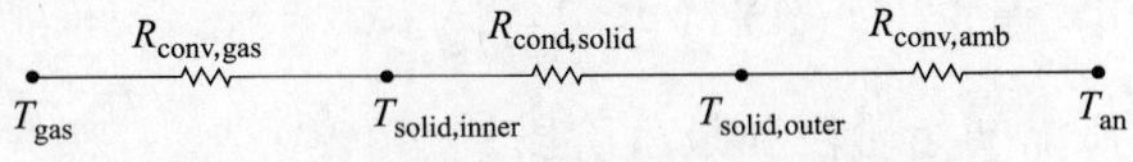

图 2-66　从压缩腔气体到周围环境传热

T_{gas}—气体温度；$T_{\mathrm{solid,inner}}$—固体内部温度；$T_{\mathrm{solid,outer}}$—固体外部温度；T_{an}—环境温度

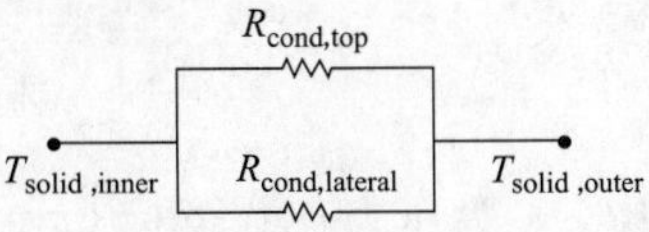

图 2-67　圆柱形压缩室材料导热

$$\frac{1}{R_{\mathrm{cond,solid}}}=\frac{1}{R_{\mathrm{cond,top}}}+\frac{1}{R_{\mathrm{cond,lateral}}} \tag{2-66}$$

$$R_{\mathrm{cond,top}}=\frac{t_{\mathrm{solid}}}{k_{\mathrm{solid}}A_{\mathrm{top}}} \tag{2-67}$$

$$R_{\text{cond,lateral}}=\frac{\ln\left(\frac{r_{\text{outer}}}{r_{\text{inner}}}\right)}{2\pi k_{\text{solid}}L} \tag{2-68}$$

式中　t_{solid}——压缩室材料厚度；

k_{solid}——压缩室材料的热导率；

A_{top}——圆柱形压缩室的顶表面积；

r_{outer}——外半径；

r_{inner}——内半径；

L——压缩室长度。

③ 压缩室外表面与周围环境之间的对流热阻为

$$R_{\text{conv,amb}}=\frac{1}{h_{\text{conv,amb}}A_{\text{outer}}} \tag{2-69}$$

式中　$h_{\text{conv,amb}}$——气体与压缩室外表面之间的对流换热系数；

A_{outer}——压缩室外表面表面积。

在式（2-64）中总传热系数（U_{h}）可以用从气体到周围环境的传热总热阻来计算：

$$R_{\text{total}}=\frac{1}{U_{\text{h}}A}=R_{\text{conv,gas}}+R_{\text{cond,solid}}+R_{\text{conv,amb}} \tag{2-70}$$

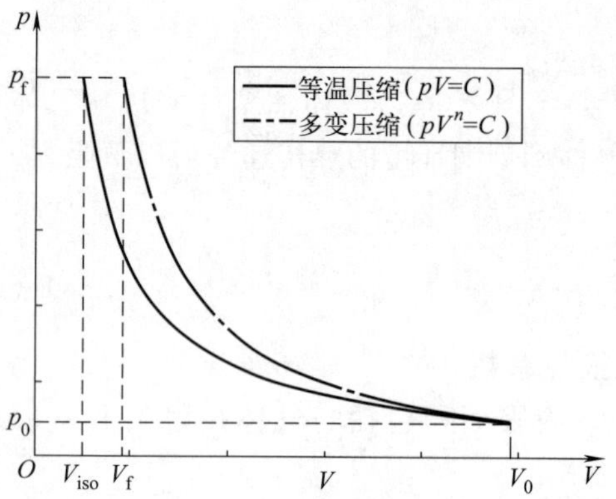

图 2-68　显示等温和多变压缩的压力-体积图

等温压缩过程的压缩功最小。然而，实际的压缩过程是多变的，这需要更高的压缩功。图 2-68 为典型的等温、多变压缩过程的压力-体积（p-V）图，液体活塞压缩机在接近等温条件下运行，此时液体活塞中的 n 明显小于 k（空气=1.4）。因此，对于液体活塞式压缩机，认为等温过程是一个理想的过程，并将实际压缩功与等温压缩功进行比较，以评价效率。p-V 图下的面积给出了压缩功，温度的上升需要冷却空气，这就需要额外的冷却工作，总功是压缩功和冷却功之和。压缩机的等温效率（η_{iso}）定义为等温压缩所需的功 W_{iso} 与实际压缩功 W_{act} 的比值：

$$\eta_{\text{iso}}=\frac{W_{\text{iso}}}{W_{\text{act}}}=\frac{mRT_0\left(\ln\varepsilon-1+\frac{1}{\varepsilon}\right)}{\int_{V_0}^{V_{\text{f}}}(p-p_0)\mathrm{d}V+p_0(\varepsilon-1)\left(V_{\text{f}}-\frac{V_0}{\varepsilon}\right)} \tag{2-71}$$

式中，ε 为压力比；下标 0 和 f 分别表示压缩初始阶段和最后阶段。

实际压缩过程可以用以下关系来描述为多变过程：

$$pV^n=p_0V_0^n \tag{2-72}$$

式中，n 为多变指数，表征压缩过程中的传热，$n=1$ 表示等温压缩，而 $n=k$ 表示绝热压缩，k 为气体的绝热指数。将式（2-72）代入式（2-71），得到等温压缩效率：

$$\eta_{\text{iso}}=\frac{\ln\varepsilon-1+\frac{1}{\varepsilon}}{\frac{\varepsilon^{\left(\frac{n-1}{n}\right)}-1}{n-1}+\varepsilon^{-\frac{1}{n}}-1+(\varepsilon-1)\left(\varepsilon^{-\frac{1}{n}}-\frac{1}{\varepsilon}\right)} \tag{2-73}$$

2.4.2 新装备与特种装备

在企业以及科研组织对传统压缩机改进的同时，新兴领域也在不断地出现，新型压缩机的研发也是研究的重点。目前，我国虽然取得了一些突破，但与世界先进技术相比，仍有差距，需要继续不断地投入和探究，实现更大的突破和进展。

（1）超高压压缩机

英国帝国化学工业公司在1933年首先提出高压法制备聚乙烯。第二次世界大战后，低密度聚乙烯（LDPE）的工业需求迅猛增加，为了提供LDPE生产所需的高压，超高压压缩机成为了低密度聚乙烯的核心动力设备（如图2-69）。

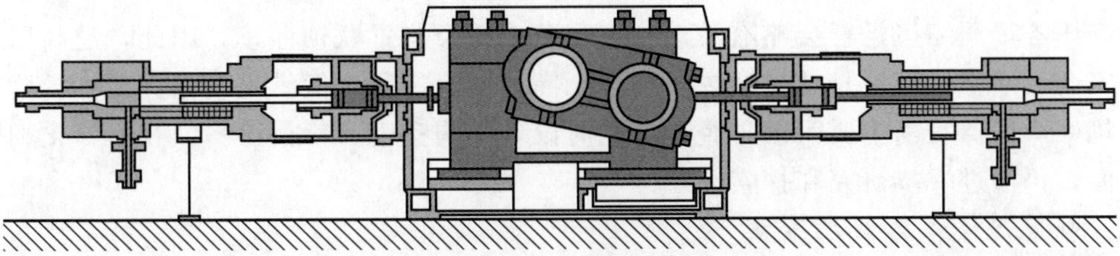

图2-69 超高压乙烯压缩机示意图

超高压压缩机是指排气压力超过100MPa的工艺压缩机，在LDPE装置中，超高压往复压缩机的作用是将工艺介质乙烯从25～30MPa压缩至250～310MPa。超高压往复压缩机的结构十分复杂，其组成部分主要包括机身、传动部件、气阀、密封组件、填料组件、气缸油润滑系统、曲轴箱润滑系统、冷却系统及气路系统等。以C1202为例，该超高压压缩机采用往复柱塞式压缩机，型号K10，分两段压缩，一共有10个缸，一段有4个缸，二段有6个缸，结构如图2-70所示。10个缸水平布置在曲轴箱两侧，一边5个分别由电机直连带动；与主机配套提供电机、润滑系统、气缸冷却系统以及保护压缩机安全运行的控制联锁系统，气缸的润滑系统采用TOTAL Orites DS270X的润滑剂；二次压缩机出口压力达到了300MPa（G）。目前，这种超高压力往复活塞式压缩机的设计制造及安装，仅瑞士的Burckhardt Compression（布克哈德压缩机）和意大利的GE Oil & Gas Nuovo Pignone两家公司有经验和成功使用的业绩。至于国内，目前运行的高压聚乙烯装置共计24台（截至2019年），全部为这两家设备厂家生产的二次压缩机，而布克哈德压缩机的市场份额约70%。二次压缩机设计、制造、安装采用的标准是制造厂的标准，主电机功率为23500 kW，K10型压缩机相关技术参数如表2-7所示。

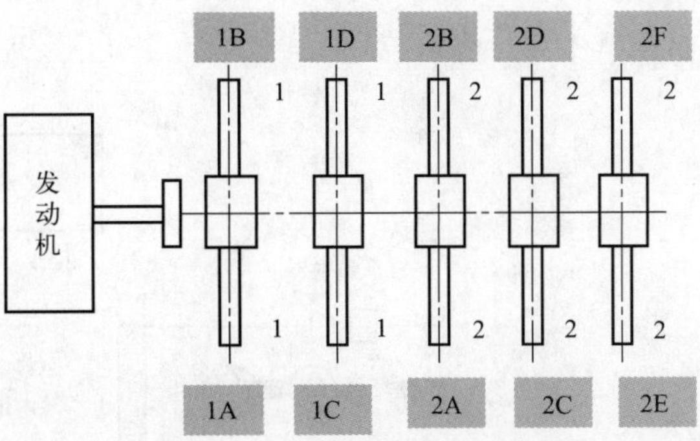

图2-70 压缩机结构示意图

表2-7 超高压压缩机相关技术参数

压缩机型式	K10	
	一次	二次
功率/kW	23500	
设计负荷/(t/h)	117	117

续表

压缩机型式	K10	
	一次	二次
入口压力/MPa	28.5	110
入口温度/℃	40	40
出口温度/℃	100	100
出口压力/MPa	120	300
冲程/mm	440	440
气缸数量/个	4	6

超高压压缩机由于出口压力可达300MPa，压缩机本身承受着相当大的作用力，尤其是压缩机的运动机构。此外，由于生产时高温、高压的特点，装置联锁点多，联锁保护等级高。超高压乙烯压缩机运行会略有波动，容易造成整个装置联锁停车，因此，超高压乙烯压缩机的安全、平稳运行，是维持装置长周期、高效益生产所必须满足的条件之一。鉴于超高压压缩机生产厂商目前主要为国外企业，同时设备结构精密，价格昂贵，在国产化和设备故障等方面，仍需进一步研究和探索。

(2) 新能源汽车车载压缩机

氢能源汽车是新能源汽车的重要组成部分，其生命力的强弱与其动力系统的性能直接相关。氢能源汽车采用氢气作为动力能源，在燃料电池系统里与氧气发生化学反应产生电，经过 DC/DC（direct current/direct current，直流电升压转换器）电压处理之后，由三相高压电驱动电机带动汽车行驶。燃料电池系统原理图如图 2-71 所示。氢气与氧气发生化学反应，只产生热量、水和电，不会产生任何形式的碳化物，可以实现零排放，因此，几乎不会对环境产生污染。氢能源汽车除了环保以外，还具有加氢时间短、续航里程可控、地域局限性小以及氢气来源广等优势。

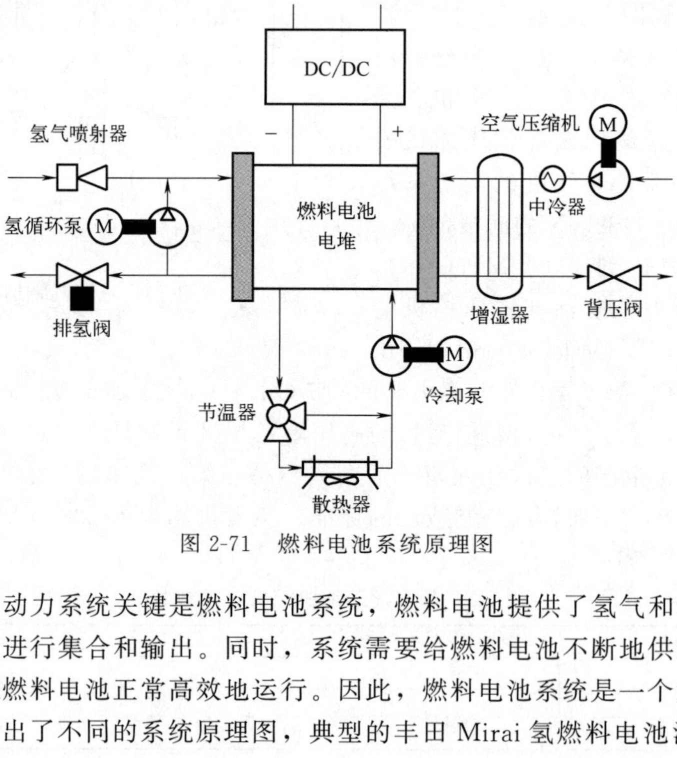

图 2-71 燃料电池系统原理图

氢能源汽车的动力系统关键是燃料电池系统，燃料电池提供了氢气和氧气进行化学反应的场所，并把电流进行集合和输出。同时，系统需要给燃料电池不断地供给氢气和氧气，进行冷却，从而保证燃料电池正常高效地运行。因此，燃料电池系统是一个复杂的电流发生系统，不同厂家会给出了不同的系统原理图，典型的丰田 Mirai 氢燃料电池汽车零部件位置图如图 2-72 所示。为了保证燃料电池的正常高效运行，这一系统设计了 4 条回路，分别是氢气路、空气路、冷却水路和电路。其中涉及压缩机使用的是空气路，来提供满足压力要求的空气。目前，有双螺杆压缩机和罗茨压缩机等容积式压缩机在氢能源汽车上使用。

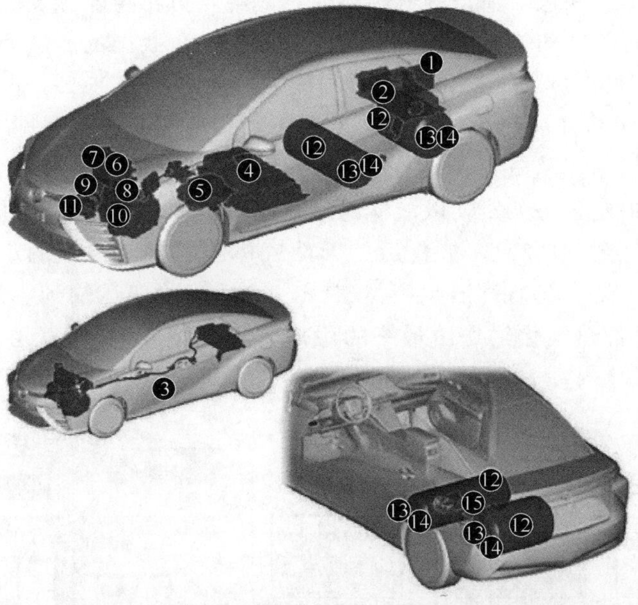

图 2-72　丰田 Mirai 氢燃料电池汽车零部件位置图

1—低压 12V 蓄电池；2—动力蓄电池；3—燃料电池堆；4—燃料电池升压转换器；5—带转换器的逆变器；6—DC-DC 逆变器；7—燃料电池冷却水泵；8—燃料电池空压机；9—带电机的变速器；10—电动空调压缩机；11—蓄电池；12—氢气罐阀；13—氢气罐温度传感器；14—氢气罐调节阀；15—高压氢气管路

目前，全球各大主流的汽车制造公司都已经开始在新能源汽车领域进行布局，而随着研究的不断深入，在某些关键性能指标上（如动力性能、可靠性能以及环境适应性能等），已经基本达到了传统内燃机汽车的水平。随着燃料电池汽车技术的进一步深入发展并逐步走向成熟，一些关键技术难点（如燃料电池发动机的功率密度、低温冷启动能力等），也有了相对完善的解决方案。目前，制约燃料电池汽车发展的因素主要包括燃料电池稳定性问题、贵金属成本及催化剂中毒问题、氢供给困难等技术性问题。作为氢燃料电池的关键附件系统的空气压缩机和氢气循环泵等，我国目前已有产品供应，并且正在不断完善和发展中，以支持车用燃料电池的广泛应用，见表 2-8。

表 2-8　燃料电池的附件系统国内外对比

关键附件	国外现状	中国现状
空气压缩机	20 世纪初，美国在其能源部（DOE）等政府部门的支持下开始了对燃料电池专用压缩机的研发。美国能源部（DOE）支持了 Honeywell 等企业。瑞典 OPCON 对多种压缩机进行比较开发，OPCON 的双螺杆压缩机以及 Honeywell 的离心式压缩机是两款较为经典的产品，且均已达到产品级的水平，并已应用于多款燃料电池系统	在中国（2022 年之后），除了广东的企业外，其他地区也有企业和科研机构涉足燃料电池专用空气压缩机的研发。一些企业已经开始进行产品级别的开发，并且在电机及其控制器的集成设计和优化方面取得了一定的成果
氢气循环泵	美国公司开发出氢气循环泵，可用于不同的燃料电池汽车；美国的阿贡国家实验室（ANL），开发了氢循环泵混合循环系统和氢气引射装置；其他公司和科研机构也对燃料电池发动机用的氢气循环装置进行了研发和生产	在中国，目前已经有企业开始进行氢气循环泵的研发和生产。一些企业借鉴国外的先进技术和经验，开展大流量氢气再循环泵及其驱动电机的研发工作，已经在技术储备和产品开发方面取得了一定的成绩

(3) BOG压缩机

随着世界经济和人类文明的不断发展，石油危机的冲击和环境污染问题将变得日益严重，世界能源格局正逐渐向低碳型转变。世界各国正迫切地寻求清洁高效的替代能源，天然气作为一种优质、高效、绿色、清洁的低碳能源，能够与可再生能源发展形成良性互补，已经受到了很多国家的青睐。作为世界上最大的能源消费国，我国的能源消费量和能源消费增长已经占到全球的24%和34%。2018年，中国天然气消费增长18%，占到全球天然气消费净增长的22%。对于天然气消费量的增加，已极大地促进了天然气运输行业的发展。但天然气资源的分布极不均衡，从气源地输送到用户，主要通过管道运输和海上运输这两种方式。其中，海上运输主要是将天然气以液体的形式进行运输。天然气经过脱水、脱硫、脱汞等预处理后，将其液化至－162℃，液化后的天然气体积将变为原来的1/600，便可实现良好的储存与运输。液化天然气通过液化天然气（LNG）运输船运输到各地的LNG接收站，在LNG接收站又通过加热气化输送给最终的用户（如图2-73）。与管道运输相比，海上运输具有不易受地理因素影响、分散性广、供应灵活、市场容量大的优势。

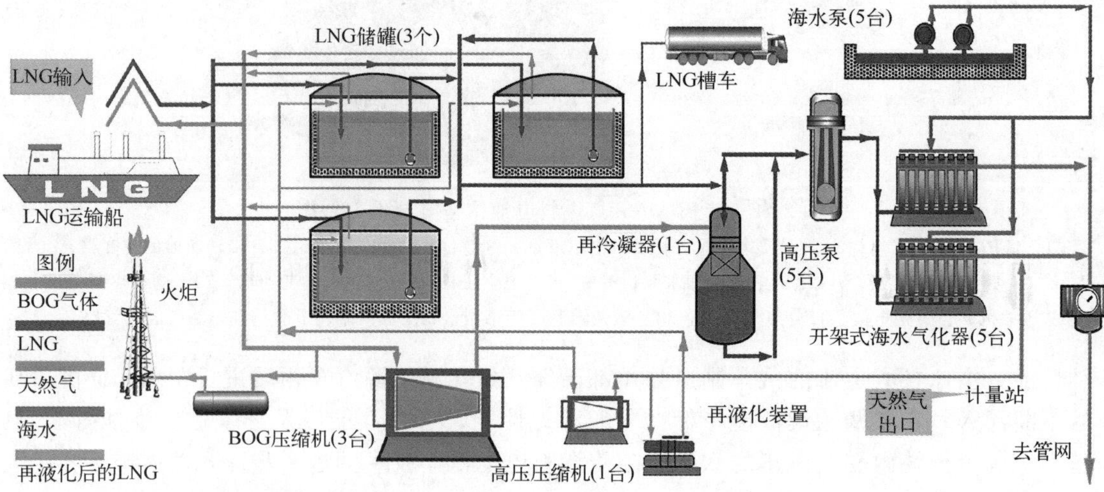

图2-73 LNG接收站工艺原则流程简图

LNG接收站作为连接气源与用户的重要桥梁，具有接收、储备、再汽化和输送天然气的功能。LNG接收站接收船上的LNG，将其储存在LNG储罐中。再从储罐输送到汽化器中进行加热汽化，最后输送给用户。由此可见，LNG接收站既是海上运输液化天然气的终端，又是陆上天然气使用的气源，是液化天然气产业链中最重要的部分。但是，LNG在常压下的温度过低，不可避免地会受热气化，产生大量的蒸发气（boil-off gas，BOG）。在LNG接收站中，BOG的产生主要是由以下因素造成的：

① LNG的储罐和管道等其他设备的材料达不到绝对的隔热，所以在运行过程中很容易受到外界温度的影响，导致储罐中的LNG受热气化产生蒸发气。

② LNG接收站中的泵、压缩机等设备由于其机械效率不可能达到100%，因此在运行过程中会产生大量热量，LNG吸收这些设备产生的热量也会产生大量的蒸发气。

③ 在LNG接收站进行卸料时，船上的LNG进入储罐。LNG储罐的液位升高，气相空间被输入的LNG液相占据而产生的体积置换，使得部分LNG发生闪蒸而产生大量的闪蒸气。

④ 为了避免在卸料时产生大量的 BOG，在非卸料时要保证管道处于低温状态。用于冷循环的 LNG 通过低压 LNG 泵进入管道后，又重新返回 LNG 储罐。循环中的 LNG 不仅会在管道中吸收热量，还会吸收低压 LNG 泵做功产生的热量，这些热量会被带进 LNG 储罐，进而产生大量的蒸发气。

⑤ LNG 接收站通常建在临海地区，外界天气的变化也会造成 LNG 储罐中产生大量的蒸发气。

BOG 的存在，会导致 LNG 储罐中的温度升高，进而导致储罐的压力升高。当储罐压力超过安全压力后，高压就会破坏储罐的结构，对储罐系统的维护和正常的生产运行造成威胁。为了保证 LNG 接收站的生产安全，当压力超过安全压力后，系统的安全阀将打开，使 BOG 直接排入大气中。对 BOG 放空，虽然能够快速地降低 LNG 储罐压力，避免安全事故的发生。但是，BOG 放空的处理方式会对 LNG 接收站造成直接的经济损失。BOG 是由大量甲烷和少量氮气组成的，而甲烷的全球增温潜能值（GWP）是二氧化碳的 25 倍，将其直接排入大气会造成严重的环境污染。BOG 的温度一般在 −120℃左右，远低于环境温度，将其直接排放到大气中还会造成严重的冷污染。因此，大多数 LNG 接收站通常将产生的 BOG 输送到火炬中进行燃烧，相比于直接排放，虽然能够一定程度上降低温室效应影响，降低对环境造成的污染，但是，直接将 BOG 进行燃烧，也会对 LNG 接收站造成严重的经济损失。为了减少 LNG 接收站能源的浪费，降低经济损失，同时也为了更好地保护环境，对 LNG 接收过程中产生的 BOG 进行合理的回收和利用十分必要。

可以将 BOG 的处理工艺分为 BOG 的回收和 BOG 的利用。其中，BOG 的回收工艺主要将产生的 BOG 经过处理后输送给用户，包括 BOG 直接压缩工艺（图 2-74）与 BOG 再冷凝工艺（图 2-75）。BOG 直接压缩工艺是将 LNG 储罐中产生的 BOG，经过 BOG 压缩机直接加压到管网压力，然后进行外输，对应的工艺流程如图 2-74 所示。BOG 直接压缩工艺设备少、流程简单，但该工艺需要高压压缩机，设备费用高、能耗高，适用于用户需求量较小的调峰型接收站或卫星站。

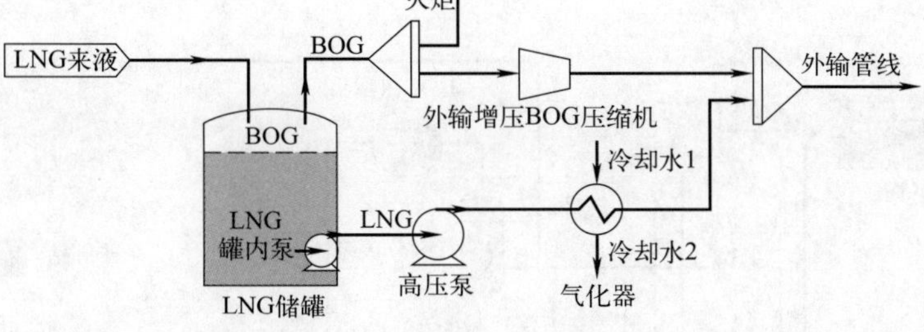

图 2-74　BOG 直接压缩工艺

BOG 再冷凝系统指的是利用 LNG 的冷量将 BOG 进行冷凝回收，主要是通过泵将其加压至管网压力。BOG 再冷凝系统对应的系统流程如图 2-75 所示。LNG 储罐产生的 BOG 经过压缩机加压后，与经过 LNG 泵加压的过冷 LNG 在再冷凝器中进行接触式换热，将 BOG 冷凝成液体，在冷凝器出口的 LNG 进入高压 LNG 泵中加压至管网压力，然后通过海水气化器加热再气化，最后输送给用户。

BOG 直接压缩工艺与再冷凝工艺的主要区别在于压缩机的不同，液化天然气的外输压力一般在 6～9MPa。直接压缩工艺中压缩机的功耗大，再冷凝工艺则主要是采用泵将 LNG

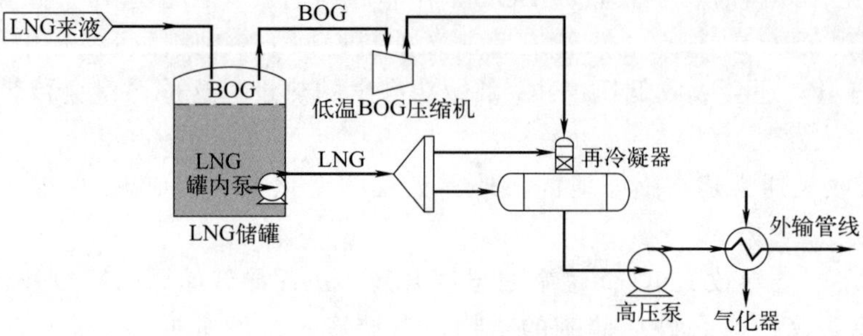

图 2-75　BOG 再冷凝工艺

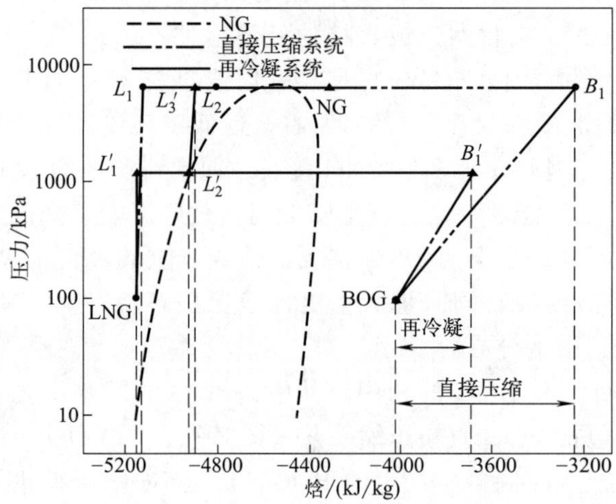

图 2-76　BOG 直接压缩工艺与再冷凝工艺的 p-h 对比图

加压至管网压力。从图 2-76 直接压缩工艺与再冷凝工艺的 p-h 对比也可以明显看出，BOG 再冷凝系统的能耗远低于 BOG 直接压缩系统。虽然 BOG 再冷凝工艺的能耗低于直接压缩工艺，但仍然是一个高耗能过程。因此，目前国内外的研究人员也主要针对 BOG 再冷凝系统进行改进与优化。

BOG 压缩机是 LNG 接收站的关键装备之一，如图 2-77 所示，该压缩机对闪蒸气进行压缩处理，可维持储罐内压力的恒定。BOG 压缩机的进气温度一般为 110～190K，也被称为 BOG 低温压缩机。当蒸发气体没有经过预热而直接进入压缩机的腔体时，吸入的温度可以低至 110～170K。在这样低的温度之下，润滑油会发生凝固，从而起不到润滑效果，所以 BOG 压缩机是无润滑油的。与常温相比，材料在低温

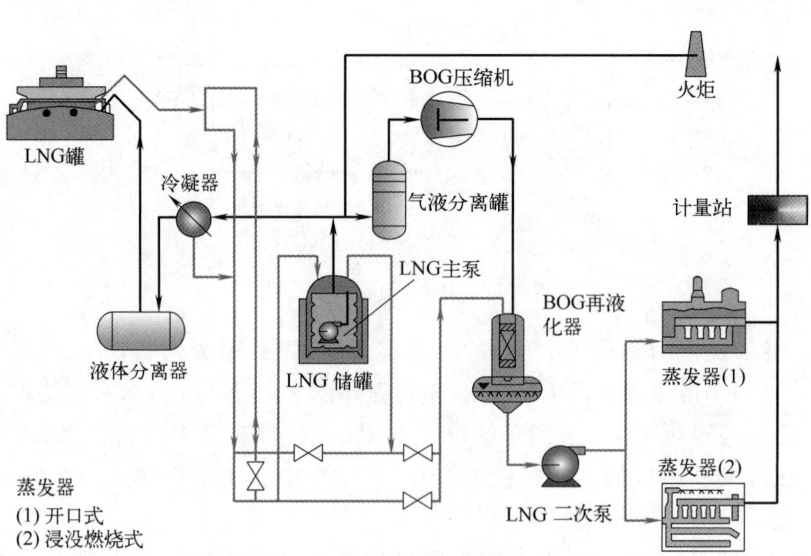

图 2-77　BOG 压缩机在工程流程中的位置图

状况下会产生截然不同的特征，BOG压缩机由于进气温度低（−163℃），会导致气缸壁的应力和温度场的分布具有较大的差异性，因此气缸部分采用奥氏体不锈钢，整体进行铸造，该气缸具有低的热弹性系数和低的杨氏模量，在低温下具有很好的特征性质。奥氏体不锈钢和普通材料相比，价格较高，整个BOG压缩机采用奥氏体不锈钢，会大大增加制造成本。在气缸壁和下部机身之间加入隔冷结构，能够有效保冷，防止冷量向机身的其他部位进行传导，这使机身之外的部件可以采用普通材料进行铸造，节约了成本。

如今，由于国内BOG压缩机的研究制造才刚刚开始，能够加以利用的经验和资料较少。国内现有的BOG压缩机以进口为主，BOG低温压缩机的国产化具有十分重要的意义。目前，大多数LNG接收站使用的BOG压缩机分别为离心式BOG压缩机和往复式BOG压缩机。往复式BOG压缩机包含机身、中体、传动结构、工作部件、润滑系统、冷却系统等几个部分，其中机身是一个整体的概念，中体起到了承上启下的作用，传动结构起到连接的作用，将动力进行传递，工作部件包含了吸气腔、压缩腔、排气腔，以及在这些腔体之内的活塞和填料部分，润滑系统对转动部件的摩擦起到润滑作用，压缩过程中会产生温度的变化，因此在往复式压缩机中还需要有一个冷却系统，保证压缩机的正常运行。除此之外，往复式压缩机还存在一个气路系统，当超过了安全运行的最大压力时，上部气阀可以进行顶开处理，进行一定的调节。由于LNG的BOG产生量受环境温度和外界接触条件的影响较大，所以产生的BOG的量是不确定的，需应对不同的情况，这就需要压缩机能够变工况运行。往复式压缩机不善于在变工况条件下运行，因此具有多种负荷调节方法，而且批量制造生产成本低，在解决变工况的问题时，可采取多台并联进行操作。所以，在实际生产中，BOG压缩机大多数选用往复式。往复式BOG压缩机还可以进行细分，国际上常用的类型分为卧式对称平衡型和立式迷宫型，表2-9列出其优缺点。

表2-9 对称平衡型和立式迷宫型往复式压缩机的对比

项目	卧式对称平衡型	立式迷宫型
不平衡力	易实现平衡	不易实现平衡
重心	重心高	重心较低
气缸材料	铸铁	奥氏体不锈钢
磨损部位	活塞环、支撑环、钢衬、环槽	气缸内无磨损，填料环与活塞杆有摩擦
效率	滑动磨损量小，泄漏损失量小	活塞与气缸之间存在间隙，造成泄漏
维护	易于进行养护维修	活塞与气缸之间调节存在一定困难
污染状况	有一定污染	无污染

从表2-9中对比可以看到，由于卧式对称平衡型的低温压缩机气缸材料使用的是铸铁，铸铁在低温下的性能表现较差。因此，气缸的这些部件如活塞环、支撑环等会产生冷脆，导致可靠性大大降低。而迷宫式密封达到了气缸内无磨损的要求，大大提高了低温压缩机运行的可靠性，在压缩过程中也不会产生任何的污染。

可以预见，在清洁能源和“双碳”目标的大背景下，我国的LNG行业的发展速度将会越来越快。作为LNG运输过程的一个重要机械，BOG低温压缩机从开始至今，一直是一个研究的热点问题，受到国内学者的青睐。又由于国内相关技术不成熟，低温压缩机仍主要靠进口。但近几年来，我国工业技术得到了不断发展，低温压缩机正在慢慢实现国产化。不过，在BOG低温压缩机的研发和研究方面，仍然有很多问题需要解决，有很多技术需要突破。

(4) 氢气压缩机

当今世界，人类正面临着巨大的能源和环境问题的双重挑战。氢能作为一种零排放、无污染、可再生、高能量密度的绿色能源，被认为是解决能源与环境问题的重要途径之一。在氢能的众多应用领域中，氢燃料电池汽车或将成为氢能产业的首要突破口和重要出路，目前已成为新能源汽车的技术路线之一，也是我国未来汽车工业重要的发展战略方向。截至2023年底，我国已建成加氢站数量为420座，已运营加氢站265座，投用比例为63%。同时，我国在建及进入招标阶段的加氢站数量达到80座。因此，发展安全、成熟、可靠、稳定、高效的高压加氢站装备，是氢燃料电池汽车产业发展的前提和基础。

根据氢气来源的不同，加氢站可分为站外供氢加氢站和站内直接制氢加氢站。根据氢气状态的不同，分为高压氢气加氢站和液氢加氢站。根据存储地点的不同，分为固定式加氢站和移动式加氢站。根据加注方式的不同，分为单级加注加氢站和多级加注加氢站。根据制氢方式的不同，又可分为天然气重整制氢加氢站、电解水制氢加氢站、甲醇重整制氢加氢站等。

随着我国加氢产业的进一步深入以及70MPa加氢站的不断推广，低成本、高排压、大排量已成为加氢站氢气压缩机（氢压机）的未来发展方向，高压下的安全稳定性与高排气量成为加氢产业发展的趋势，这都对氢压机性能提出了更高要求。目前，加氢站在用的压缩机类型包括往复活塞压缩机、液驱活塞压缩机和隔膜压缩机三种传统机型，以及近年来国外新出现的离子压缩机，如图2-78所示。

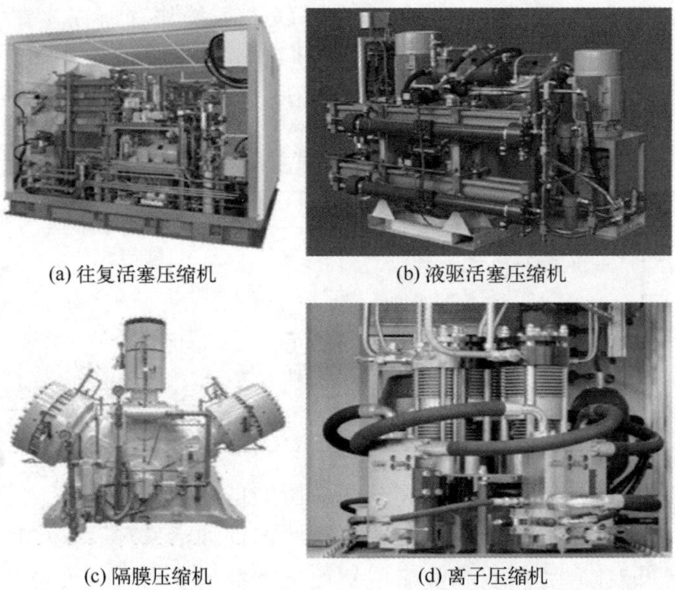

(a) 往复活塞压缩机　(b) 液驱活塞压缩机

(c) 隔膜压缩机　(d) 离子压缩机

图 2-78　各类氢气压缩机

(5) 液体活塞氢气压缩机

① 概述　液体压缩机作为一种容积式设备，特别适用于氢气的压缩。通过使用液体直接将气体进行压缩，可以实现在没有机械滑动密封的情况下工作。因此，被广泛认为是一种能够确保准等温过程下实现的廉价压缩方式。而实际应用中，液体和气体是一起被压缩的。但是，由于液体有更高的密度和更高的热容量，压缩产生的热量可以被液体和压缩室周围的壁有效地吸收。此外，通过液体本身进行热管理，意味着不需要使用外部热交换器，从而降

低了整个系统的成本。因此，与其他机械压缩机相比，液体压缩方式具有显著的效率优势，其效率均大于 83%。

将氢气限制在一个封闭的空间里，由一个移动的活塞直接压缩，而该活塞又是液体，便是液体活塞氢气压缩机。更具体地说，一柱液体在气缸中来回移动，压缩进入气缸头部的氢气。在大多数应用中，液体运动是由连接到两个气缸的泵驱动的，压缩步骤紧跟在膨胀步骤之后，如图 2-79 所示。

通过对往复液体活塞式气体压缩机单次压缩行程的模拟，可以预测压缩机对液体、壁面和周围环境的传热，从而估算出系统的压力和温度。图 2-80 为压缩腔的横截面视图，并描述了其组件和各部件之间的热传导机制。如图所示，假设在每个时间步长，液体和气体的性质均匀分布，壁面离散为 n 个位置节点，节点系统可以用“i”作为下标来定义，表示发生传热的节点，在每个时间步长中，确定与液体和气体接触的节点数，可估计出每个位置节点的壁温。最后，利用 EES 软件，根据氢气的性质，将其视为真实的气体和水来建立模型，水和氢的所有性质都是根据估计的温度和压力，在每个时间步长上计算出来的。

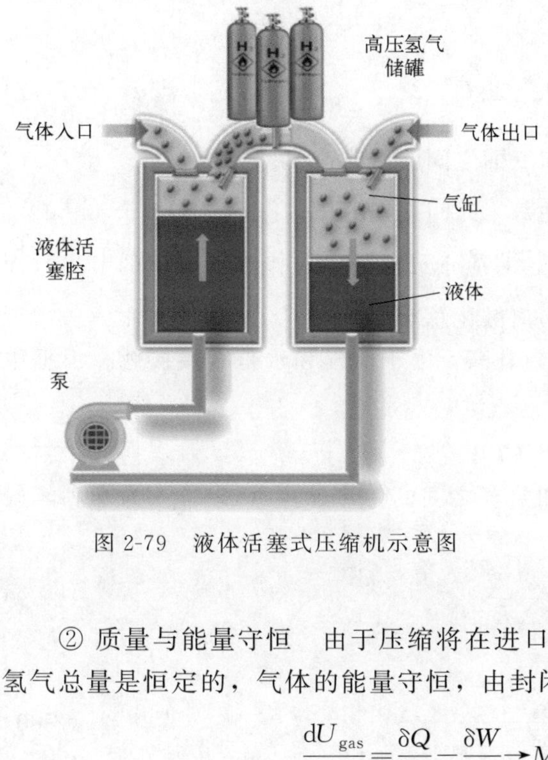

图 2-79　液体活塞式压缩机示意图

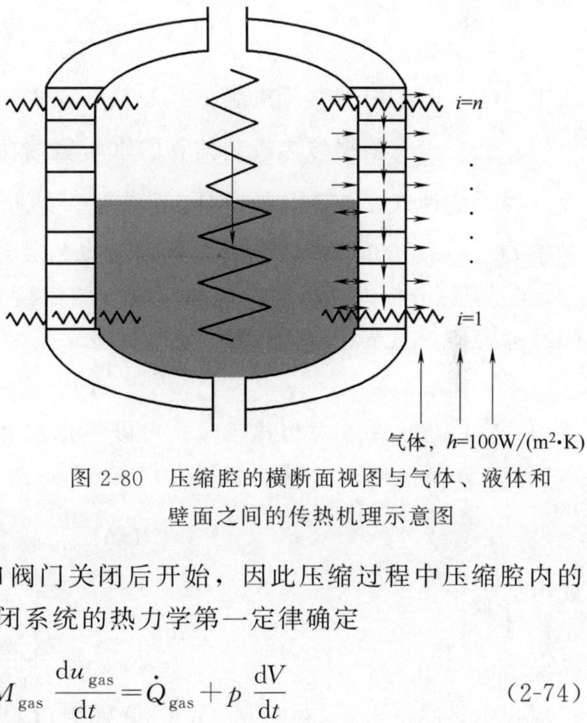

图 2-80　压缩腔的横断面视图与气体、液体和壁面之间的传热机理示意图

② 质量与能量守恒　由于压缩将在进口阀门关闭后开始，因此压缩过程中压缩腔内的氢气总量是恒定的，气体的能量守恒，由封闭系统的热力学第一定律确定

$$\frac{\mathrm{d}U_{\text{gas}}}{\mathrm{d}t}=\frac{\delta Q}{\delta t}-\frac{\delta W}{\delta t}\rightarrow M_{\text{gas}}\frac{\mathrm{d}u_{\text{gas}}}{\mathrm{d}t}=\dot{Q}_{\text{gas}}+p\frac{\mathrm{d}V}{\mathrm{d}t} \tag{2-74}$$

式中　M_{gas}——压缩腔内氢气的总质量；

$\frac{\mathrm{d}u_{\text{gas}}}{\mathrm{d}t}$——氢气内能的变化；

$\dot{Q}_{\text{gas}}$——氢气和壁面以及氢气和水之间的总传热速率；

$p\frac{\mathrm{d}V}{\mathrm{d}t}$——水在气体侧压缩氢气时做功的速率。

由于水被泵入压缩腔，液体采用开放系统的能量方程。液体的能量方程为

$$\frac{dU_{liq}}{dt}=\frac{\delta Q}{\delta t}-\frac{\delta W}{\delta t}-\frac{dH_{in}}{dt}\rightarrow\frac{d}{dx}(M_{liq}u_{liq})=\dot{Q}_{liq}-p\frac{dV}{dt}+\frac{d}{dx}\sum(\dot{m}_{liq}h_{in}) \tag{2-75}$$

式中 $\frac{dH_{in}}{dt}$——水进入压缩腔的焓流（enthalpy flow）；水进入压缩腔的焓值（h_{in}）是根据泵的等熵效率（isentropic efficiency）进行估算的，假设进水条件为 298K 和 1.013bar，泵的等熵效率为 0.7；

$\dot{Q}_{liq}$——水与壁面、水与氢之间的总传热速率；

u_{liq}——液体内能；

$\dot{m}_{liq}$——液体单位时间内质量；

M_{liq}——水的质量，可以根据恒定的质量流量来计算：

$$\frac{dM_{liq}}{dt}=\sum\dot{m}_{liq}\rightarrow M_{liq}-M_{liq0}=\int_0^t\dot{m}_{liq}dt \tag{2-76}$$

式中，M_{liq0} 为 $t=0$s 时，压缩腔内的初始水质量。

$\dot{Q}_{gas}$ 和 $\dot{Q}_{liq}$ 计算如下：

$$\dot{Q}_{gas/liq}=\sum_{i=m}^{i=n}\pm\dot{Q}_{w,i}\pm\dot{Q}_{interface} \tag{2-77}$$

式中 $\dot{Q}_{w,i}$——根据对流机制估算的氢气或水与壁面之间的传热速率；

$\dot{Q}_{interface}$——根据传热机制估算的水与氢气在每个时间步间的传热速率。

为了估计式（2-77）中的 $\dot{Q}_{liq}$，m 为 1 到 n，对应于最后的水直接接触壁面的节点；而对于 $\dot{Q}_{gas}$，m 为氢气与水直接接触的节点，n 为离散化总次数。

③ 传热分析　在压缩过程中，氢气的温度会升高，由于氢气和水是直接接触，根据牛顿冷却定律，热量会直接从氢气转移到水：

$$\dot{Q}_{interface}=UA_{interface}(T_{liq}-T_{gas}) \tag{2-78}$$

式中 $UA_{interface}$——总传热系数，可以根据水和氢气之间的传热计算（$\sum R_{total}$ 为水和氢气之间的总阻力）：

$$UA_{interface}=\frac{1}{\sum R_{total}} \tag{2-79}$$

式中

$$\sum R_{total}=\frac{L_{liq}}{K_{liq}A}+\frac{L_{gas}}{K_{gas}A} \tag{2-80}$$

式中，L_{liq}、L_{gas} 和 K_{liq}、K_{gas} 分别为水和氢气在每个时间步长的轴向厚度和热导率；A 为压缩腔的横截面面积。

此外，由于氢气与压缩机壁面的温差，热量开始通过对流进入容器壁面，其中一部分热量会被水吸收，其余的热量会转移到周围环境。根据与腔室底部的距离、气体的传热系数、壁面阻力和外部冷却总量的不同，水可以从壁面吸收热量或向壁面传递热量。从液体或气体通过壁面传递的热量为

$$\dot{Q}_{w,i}=UA_{w,i}(T_{w,i}-T_{gas/liq}) \tag{2-81}$$

式中 $T_{w,i}$——节点 i 处的壁面温度；

$UA_{w,i}$——根据气侧或液侧和壁的总阻力来计算得到的总传热系数（$\sum R_{total\,w,i}$ 为气侧或液侧和壁的总阻力）：

$$UA_{w,i}=\frac{1}{\sum R_{total\,w,i}} \tag{2-82}$$

$$\sum R_{total\,w,i}=\frac{1}{h_i(\pi DL_i)}+\frac{\ln\left(\dfrac{\frac{D}{2}+\frac{t_w}{2}}{\frac{D}{2}}\right)}{2\pi L_i K_w} \tag{2-83}$$

式中　L_i——两节点间距离，$L_i=L/n$，其中 L 等于活塞的总长度；

t_w——壁厚；

n——总节点数；

D——活塞直径；

K_w——分别为壁面热导率；

h_i——对流气体或液体的换热系数。

壁面的能量平衡被用来估计壁面的温度，以及在每个位置节点和时间步长下从气体侧向水或周围传递的热量：

$$-\dot{Q}_{w,i+1}+\dot{Q}_{axial,i+1}-\dot{Q}_{axial,i}+\dot{Q}_{sur,i+1}=0\ (i=2,\cdots,n-1) \tag{2-84}$$

式中　$\dot{Q}_{axial,i}$——传递到壁面内部的轴向热导率和径向对流传热速率；

$\dot{Q}_{sur,i}$——传递到周围环境的轴向热导率和径向对流传热速率。

相应的计算为

$$\dot{Q}_{axial,i}=K_w A_w(T_{w,i+1}-T_{w,i})/L_i \tag{2-85}$$

$$\dot{Q}_{sur,i}=UA_{air}(T_{amb}-T_{w,i}) \tag{2-86}$$

式中　A_w——壁面截面积；

T_{amb}——环境温度与壁面之间的总传热系数；

UA_{air}——出口流量与壁面之间的总传热系数。UA_{air} 可以由下式得到：

$$UA_{air}=\frac{1}{\sum R_{t,i}} \tag{2-87}$$

$$\sum R_{t,i}=\frac{1}{h_{sur}\pi(D+2t_w)L_i}+\frac{\ln\left(\dfrac{\frac{D}{2}+t_w}{\frac{D}{2}+\frac{t_w}{2}}\right)}{2\pi L_i K_w} \tag{2-88}$$

式中　h_{sur}——周围环境的对流传热系数；

$\sum R_{t,i}$——出口流量与壁面间的总阻力。

估算水和氢气的传热系数的第一步是确定由雷诺数（Re）定义的流动状态，由于泵的体积流量是恒定的，所以液柱的速度是根据活塞的行程恒定来计算的；

$$Re=\frac{\rho_{liq/gas}vD}{\mu_{liq/gas}} \tag{2-89}$$

$$V=\frac{\dot{v}}{A} \tag{2-90}$$

式中 $\rho_{liq/gas}$——水和氢气的密度；

$\mu_{liq/gas}$——水和氢气的黏度；

v——流体流速；

$\dot{v}$——体积流量。

假设氢气和水在活塞上的速度是恒定的，这对于预测气体的体积运动是一个较好的估算。然而，实际上这个过程会在整个行程结束时衰减。但是，在估算工作气体的对流传热系数 h 方面，相当多的研究表明，所有的方程都遵循：

$$Nu = ARe^{a}Pr^{b}\frac{\mu^{c}}{\mu_{0}} \tag{2-91}$$

$$h = \frac{Nuk}{D} \tag{2-92}$$

式中 Nu——流体的努塞尔数；

Pr——流体的普朗特数；

k——流体的热导率；

μ——流体的黏度；

μ_0——流体在进口工况下的黏度；

a，b，c——不同流动条件下的系数，具体取值由流动状态决定；

D——流体在进口工况下的活塞直径。

(6) 离子液体氢气压缩机

① 概述 离子液体压缩机的基本特征是使用某种离子液体代替活塞直接与被压缩工质进行接触而完成压缩过程。虽然液体活塞技术已经过多年的发展，但对于离子液体压缩机，世界各压缩机厂商及研发机构尚处于试验推广阶段，目前国际上并未形成统一制式与标准，故各厂商推出的离子液体压缩机制式略有不同。有一种离子液体压缩机的结构如图 2-81 所示，该压缩机放弃了传统往复式压缩机的曲柄连杆结构，使用液体泵驱动，直接将液体泵入压缩腔而对气体进行压缩，压缩过程结束后再将液体送回液压系统。德国的 Linde 公司近年来推出了一款用于 90MPa 加氢站的离子液体压缩机，其结构如图 2-82 所示，采用液压系统推动气缸内的固体活塞运动，固体活塞上部注入了离子液体，将活塞和被压缩的气体分隔开。这一设计将压缩系统与驱动系统通过固体活塞分隔开来。液压驱动系统中凸轮转动，依次驱动液压油进出气缸，液压油通过推动固体活塞进而驱动离子液体压缩气体，实现压缩机的进气、压缩、排气、膨胀过程。日本松下公司推出的离子液体压缩机则最大程度上保留了传统往复式压缩机的结构，在使用固体活塞的基础上，仍以曲柄连杆机构作为压缩机的驱动机构，其结构示意图如图 2-83 所示。

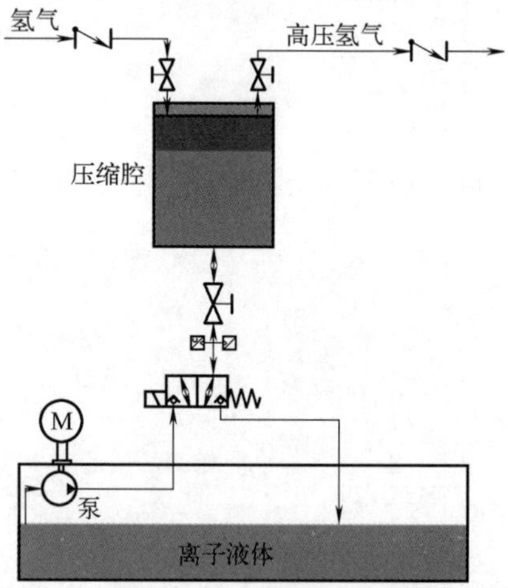

图 2-81 某种离子液体压缩机结构示意图

离子液体压缩机在一定程度上兼具了传统活塞压缩机、隔膜压缩机、液压驱动活塞压缩机的综合优势。首先，离子液体压缩机本质上与活塞机十分相似，故可以达到相对高的转速与使用大缸径，实现大排量及高压力，并对加氢站频繁变化的工况具有良好的适应能力。其

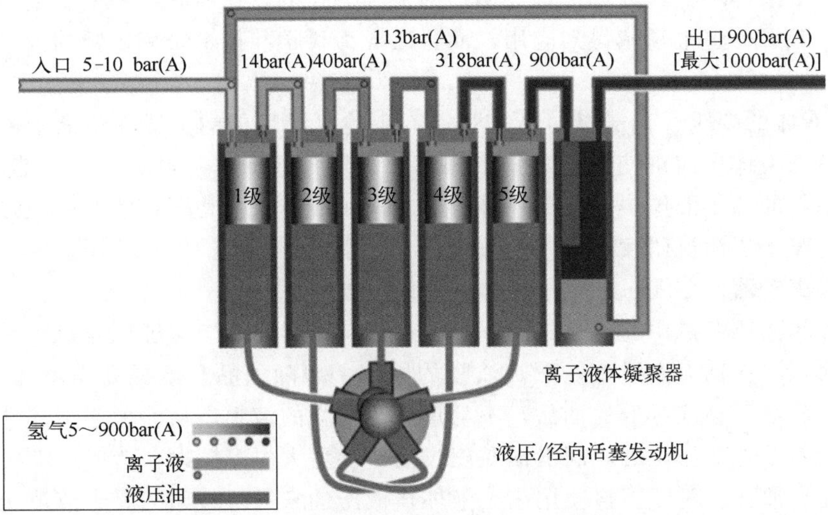

图 2-82　Linde 离子液体压缩机示意图（A 代表绝对压力）

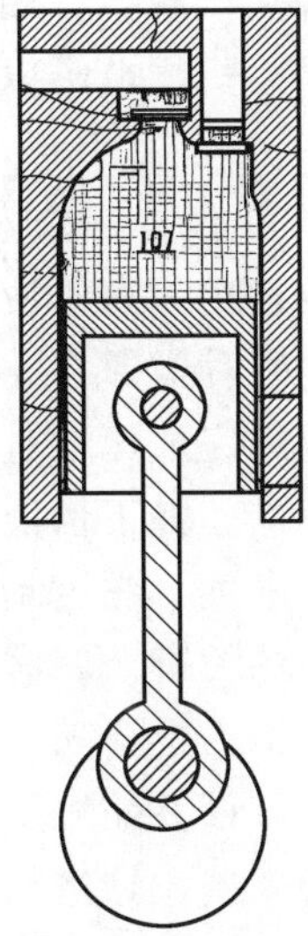

图 2-83　松下离子液体压缩机示意图

次，离子液体在气缸中除了作为压缩气体的介质，还具有密封与润滑的功能，解决了高压下传统活塞机润滑与密封的难题，离子液体因其蒸气压极低也不会污染氢气。同时，由于离子液体的存在，可以提升压缩系统的散热效率，实现近似等温的压缩过程，降低了压缩机排气温度而提高了热效率（据 Linde 公司宣称，离子液体压缩机与一般活塞压缩机相比，压缩单位质量氢气的能耗可降低 40%左右）。气缸中的离子液体在压缩过程中能够改变边界，可进入并填充阀腔通道等空间，大幅度减小了气缸的相对余隙，大大提高了气缸的容积利用率，能实现更大的单级压力比。当然，离子液体压缩机因其构成特点及工作方式，系统构成会非常复杂，需要大量的液压阀件进行油路的切换，其机电执行机构要远比传统压缩机复杂，这使其在长期使用可靠性方面存在一定的隐患。当然，离子液体压缩机是一种新出现的设备，其安全性、可靠性、稳定性、耐久性、对下游质子交换膜燃料电池的影响等涉及长期使用效果的特性，还需要市场和用户进行长期而耐心的观察和验证。

② 离子液体概要　离子液体通常是由有机阳离子和无机或有机阴离子构成的盐类，其在室温或室温附近呈液体状态。与传统熔融盐相比（例如熔点为 800℃的氯化钠），离子液体可以在室温下保持液态，其液程可以宽至－96～300℃，而熔点降低的原因是其具有特殊的离子组成。组成离子液体的阳离子通常有咪唑盐离子、季鏻盐离子、季铵盐离子和吡咯盐离子等，通常体积较大且不对称；阴离子有卤素离子、无机酸离子（四氟硼酸根、六氟磷酸根等）以及一些新型有机阴离子（如磷酸酯离子）等，体积较小。这些阴阳离子的组合会降低晶格能，进而形成结构松散的离子化合物，使离子液体熔点大大降低。相比于传统有机溶剂，离子液体具有许多独特的优良性质，如良好的物理化学稳定性、高阻燃性、高电化学性、较低的压缩性、可忽略的挥发性、优越的润滑性、对许多无机物和有机物优异的溶解能力以及通过修饰或调变阴阳离子结构或种类实现的极大的结构可设计与调节性等。离子液体的研究可追溯至 1914 年，Paul Walden 合成了第一种具有室温熔点且遇水不稳定的有机盐硝酸乙基铵。1992 年，Wilkes 和 Zaworotko 报道了第一种在空气和水存在下都能稳定存在的离子液体 1-乙基-3-甲基咪唑阳离子。自此，离子液体的研究得到不断发展，目前已有数

百种离子液体。如今，离子液体不仅作为化工行业中的溶剂和催化剂，在能源、环境、生物医学、机械电子以及航空航天等多个领域得到应用，而且已成为科学和技术研究领域的前沿之一。

③ 液体活塞对离子液体的要求　离子液体压缩机具有上述优异性能的关键在于离子液体的使用，离子液体在离子液体压缩机使用中承担了压缩、润滑、冷却、密封等多种功能。如何在种类繁多、功能各异的离子液体中，找到一种合适的离子液体来代替固体活塞，最终高效地完成压缩过程，是离子压缩机研发过程中的重要任务。借助压缩机油以及液压油的相关标准，如下性能指标在离子液体压缩机的离子液体选用时需要考虑。

黏度：黏度是离子液体在压缩机中起到良好的润滑、冷却与密封作用，保证压缩机正常运转的关键。就润滑油而言，在动力润滑条件下，油膜的厚度一般随油品黏度提高而增加，但摩擦力也会随之增加。而对于黏度过低的油品，不易形成足够强的液膜，从而加速了部件磨损，最终缩短了机器的使用寿命。反之，润滑油黏度过高，会增大内摩擦力，造成压缩机比功率增大，增加了功耗和油耗。对于直接使用离子液体作液压油来进行传动的离子液体压缩机，黏度还会直接关系到液压系统液体泄漏、摩擦损失、启动难和系统效率低等问题。对于黏度较低的流体，容易从内部密封中泄漏，造成体积效率的损失；黏度过高的液体，则很难通过软管、配件和阀门，又造成了机械效率的损失。因此，离子液体的黏度选择至关重要。由于离子液体出色的结构可设计与调节性，黏度范围分布较广［如［BMIM］［Cl］（1-丁基-3-甲基咪唑氯化盐）（过冷）可高至 40.89Pa・s，［EMIM］$Cl\text{-}AlCl_3$（1-乙基-3-甲基咪唑氯盐与氯化铝混合物）可低至 14 mPa・s］。因此，作为固体活塞的替代品，参照压缩机油以及液压油相关标准（如 GB/T 12691—2021《空气压缩机油》标准中给出 32、46、68、100、150、220 等六种黏度等级，对应运动黏度在 28.8～242mm^2/s 之间），可以规定离子液体合适的黏度范围。

熔点：在室温下，离子液体保持液态是其最基本的特征，故离子液体熔点一般较低，范围在 0～60℃之间，部分离子液体熔点可低至－96℃，其液程宽达到了 400℃。离子液体压缩机要求离子液体在整个工作过程的压力和温度下都保持液态，而考虑到高压氢气压缩机的工作温度范围一般为 20～200℃。因此，离子液体的熔点要小于压缩机进气温度（20℃），同时沸点要大于 200℃。

热稳定性：离子液体压缩机中离子液体工作在高温高压的环境下，这就要求离子液体应具有良好的热稳定性，在工作温度范围内（20～200℃）不发生分解。基于现有的研究，离子液体的热稳定性较好，大部分离子液体的热分解温度在 300℃以上，基本能够满足氢气压缩机的需求。但目前对物质热稳定性的评定方法多为短期测量，热分解温度一般在快速加热下得到。对于需要在压缩机中长期服役的离子液体，还需考虑长期热稳定性，以满足压缩机持续稳定运行的要求。

化学稳定性：保证所选离子液体的化学稳定性，对于在实际操作条件下长期稳定运行同样十分重要。在选择离子液体压缩机所用离子液体时，要确保离子液体在高温高压下不与氢气、气缸材料以及离子液体中的杂质进行反应。例如，一些离子液体遇水极易发生水解。一般，$[Tf_2N]^-$（双三氟甲基磺酰亚胺根离子）、$[CH_3SO_3]^-$（甲基磺酸根离子）等阴离子组成的离子液体水解稳定性较高，而甲醇磺酸、乙醇、四氟硼酸与六氟磷酸根阴离子的水解稳定性则较差。其中，六氟磷酸根在有水分的情况下将分解为 HPO_2F_2、H_2PO_3F、H_3PO_4 以及具有强腐蚀性的 HF，容易导致机械部件损伤，因此应避免使用六氟磷酸根离子以及有类似性质的离子液体作为固体活塞的替代品。

溶解度与蒸气压：高压氢气压缩过程对氢气纯度的要求极高，离子液体直接与被压缩工质接触，为了防止两者出现相互掺混，要求离子液体具有低氢溶解度与低蒸气压。目前对氢气在咪唑基离子液体中的溶解度已有广泛的研究。相比二氧化碳、甲烷、乙烷、氧气、一氧化碳、氮气等气体，氢气在咪唑基离子液体中的溶解度最低，在 450kPa 和 15MPa 的条件下，氢气溶解 1-乙基-3-甲基咪唑双三氟甲基磺酰亚胺（[EMIM][Tf_2N]）中的摩尔分数为 6%。此外，压力与温度也会影响氢气在离子液体中的溶解度。对于离子液体压缩机，在高温高压的工作环境（90MPa 与 200℃），目前尚未有相关温度压力下氢气溶解度的实验数据，也没有成熟的离子液体与氢气溶解度预测方程，还需进一步调查与研究。离子液体没有显著的蒸气压，阴阳离子依靠库仑力键合，相比其他普通离子化合物，室温离子液体阴阳离子间的库仑力较弱，但仍远远大于一般分子溶剂中分子间的作用力。因此，即使在较高的温度下，离子液体也不易挥发。例如，离子液体［EMIM］［Tf_2N］在 509K 时，其饱和蒸气压为 0.223Pa，而［C_5mim］［BF_4］（1-戊基-3-甲基咪唑四氟硼酸盐）在 553K 时的饱和蒸气压相对较大，也仅有 32.78Pa。

疏水性：水是离子液体最重要的杂质之一，疏水性离子液体也会从大气中吸收水分，且离子液体的物理和化学性质会随着含水量的增加而改变。例如，黏度会随着含水量的增加而降低，有水存在的情况下，一些离子液体（如 1-乙基-3-甲基咪唑硫酸乙烷）则会发生分解。有研究表明，随离子液体亲水性的增加，热稳定性会降低。水还会影响合金与离子液体接触时的腐蚀性。所以，在选择离子液体时，要尽量选择疏水性的离子液体，保证服役中的离子液体性能稳定，使离子液体压缩机可以长期稳定地运行。

摩擦性能：离子液体压缩机较常采用氢气压缩机的一个显著优势是用离子液体取代了润滑油，从而降低了氢气污染的风险。为了实现润滑减摩的功能，离子液体必须拥有优异的摩擦性能。从目前的研究来看，离子液体是极有潜力的传统润滑油的替代品。有研究者在 2001 年首先发现离子液体对于多种摩擦副都有良好的润滑性能，可以用作润滑油；之后的研究表明，相比于传统润滑剂液体石蜡，咪唑基离子液体具有更好的减阻与承载能力；也有研究表明，与传统矿油型润滑油相比，几种磷基离子液体具有更好的摩擦性能。但是，离子液体的摩擦学性能与阴阳离子的结构以及摩擦副类型有关。

习题

1. 往复式压缩机的理论循环与实际循环的差异是什么？
2. 容积式压缩机的发展趋势是什么？

第3章 透平式压缩机与泵

3.1 分类

透平式流体机械即具有叶片的动力式流体机械，其共同特点是装有叶片的转子做高速旋转运动，流体（气体或液体）流经叶片之间通道时，叶片与流体之间产生力的相互作用，借以实现能量转化。

透平机械可以按能量转化方向类型分为原动机和工作机。原动机可以将流体的能量（热能、势能或动能）转化为机械能，通过主轴带动发电机或其他工作机，主要包括汽轮机、燃气轮机、透平膨胀机、水轮机和风力机等；工作机则是由电动机或其他原动机拖动，将机械能转换为流体的能量，即提高流体的压力，主要包括通风机、透平式压缩机、离心泵和轴流泵等。

从工作过程上来看，工作机和原动机完全相反，但其在原理和结构上实际上是基本相同的。在实际工作过程中，透平机械的工质可以是气体，例如蒸汽、燃气、空气、其他气体或混合气体，也可以是液体，如水、油或其他液体。

本章主要介绍透平式流体机械中的透平式压缩机和泵。

3.1.1 透平式压缩机

透平式压缩机是在通风机的基础上发展起来，并在此基础上被广泛应用于各种工艺过程中输送空气和各种气体，提高其所输送气体压力的流体机械。作为一种叶片式旋转机械，透平式压缩机的基本工作原理是利用叶片和气体的相互作用来提高气体的压力和动能，并利用扩压器使气体减速，将动能转变为压力能。在整体的压缩过程中，气体的流动过程是连续的。

按照气体的主要运动方向不同，透平式压缩机可以分为以下三种：

① 离心式压缩机　即气体在压缩机内主要沿径向流动的透平式压缩机。离心式压缩机的用途相当广泛，例如在石油化学行业中，合成氨化肥生产中的氮氢气体离心式压缩机，以及炼油过程中、天然气输送过程中等所使用的各类压缩机等。在动力工程中，离心式压缩机

主要用于小功率的燃气轮机、内燃机增压以及动力风源等。离心式压缩机见图 3-1。

② 轴流式压缩机　即气体在压缩机内主要沿轴向流动的透平式压缩机。与离心式压缩机相比，由于气体在压缩机中的流动不是沿半径方向，而是沿轴向，所以轴流式压缩机的最大特点是单位面积的气体通流能力大，且在相同输送气体量的前提条件下径向尺寸小，特别适用于要求大流量的场合。另外，轴流式压缩机还具有结构简单、运行维护方便等优点。但该类压缩机存在着叶片型线复杂、制造工艺要求高、稳定工况区较窄、在定转速下流量调节范围小等方面的缺陷。多级轴流式压缩机见图 3-2。

图 3-1　离心式压缩机

图 3-2　多级轴流式压缩机

③ 轴流离心组合式压缩机　即在轴流式压缩机的高压段配以离心式段，形成的透平式压缩机。

3.1.2　透平式泵

透平式泵，也称为叶片式泵，是依靠泵内做高速旋转的叶轮将能量传递给液体，从而实现液体输送的机器，主要包括离心泵、轴流泵、旋涡泵等。

① 离心泵　工作时利用叶轮旋转而使液体发生离心运动的泵。泵在启动前，必须提前使泵壳和吸液管内充满液体，然后才可以启动电机，使泵轴带动叶轮和液体做高速旋转运动，液体发生离心运动，被甩向叶轮外缘，经蜗形泵壳的流道流入离心泵的压出管路。离心泵实物图见图 3-3。

图 3-3　离心泵实物图

离心泵可应用于电力、冶金、煤炭、建材等行业输送含有固体颗粒的浆体，如火电厂水力除灰、冶金选矿厂矿浆输送、洗煤厂煤浆及重介输送等。离心泵工作时，泵需要放在陆地上，吸水管放在水中，还需要灌泵启动。泥浆泵和液下离心泵由于受到结构的限制，工作时电机需要放在水面之上，泵放入水中，因此必须固定，否则可能会出现电机掉到水中导致报废的事件。在工程实际中，离心泵由于长轴长度一般固定，所以泵安装使用较麻烦，应用的场合受到很多限制。

② 轴流泵　依靠旋转叶轮的叶片对液体产生的作用力使液体沿轴线方向输送的泵，分有立式、卧式、斜式及贯流式数种。轴流泵主要适用于低扬程、大流量的场合，如灌溉、排

图 3-4 轴流泵实物图

涝、船坞排水、运河船闸的水位调节，或用作电厂大型循环水泵。扬程较高的轴流泵（必要时制成双级）可供浅水船舶的喷水推进之用。轴流泵实物图见图 3-4。

③ 旋涡泵 特指叶轮为外缘部分带有许多小叶片的整体轮盘，且液体在叶片和泵体流道中反复做旋涡运动的泵。旋涡泵虽属于叶片式机械的范畴，但其工作过程、结构以及特性曲线的形状等与离心泵和其他类型泵都不太相同。

3.2 典型的结构与功能

3.2.1 离心式压缩机的结构与功能

离心式压缩机的结构图如图 3-5 所示。高压的离心式压缩机由多级组成，为了减少后级的压缩功，还需要中间冷却。其结构主要可分为转子和定子两大部分：

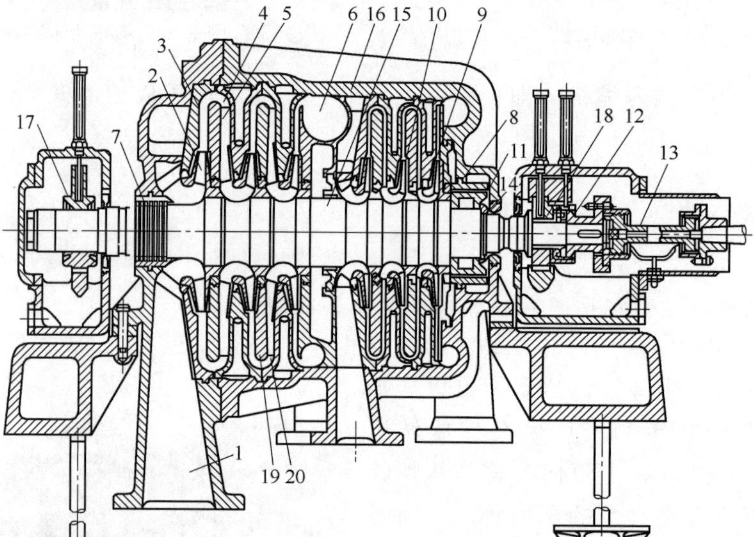

图 3-5 离心式压缩机结构图

1—进气室；2—叶轮；3—扩压器；4—弯道；5—回流器；6—蜗室；7,8—密封；9—隔板密封；10—轮盖密封；11—平衡盘；12—推力盘；13—联轴器；14—卡环；15—主轴；16—机壳；17—轴承；18—推力轴承；19—隔板；20—导流叶片

① 转子 由主轴、叶轮、平衡盘、推力盘、联轴器等主要部件组成；

② 定子 由机壳、扩压器、弯道、回流器和蜗室等组成。

在讨论压缩机的相关理论中，常常按照气体流动路线的前后顺序将压缩机分成若干级。所谓的级就是由一个叶轮和与之相配合的固定元件构成的基本单元。图 3-6 所示即为压缩机中间的级，它具体包括叶轮（0—0～2—2）、扩压器（3—3～4—4）、弯道（4—4～5—5）和回流器（5—5～6—6）几个元件；压缩机每段进气口处的级称为首级，除了上述元件外它还应该包括进气室，而在压缩机每段排气口处的级称为末级，它没有弯道和回流器，而代之以排气室。对一个压缩机来说，每级都必须有叶轮，由于级在段中所处的位置不同而有不同的固定元件相配合。一个压缩段可以有一个级也可以有许多级。

离心式压缩机的主要通流元件包括以下所述内容：

① 进气室 也被称为吸气室，是在每段第一级入口都设有的结构，可以将气体从进气管均匀地引入叶轮进行压缩。图 3-7 即为压缩机首级叶轮和进气室。

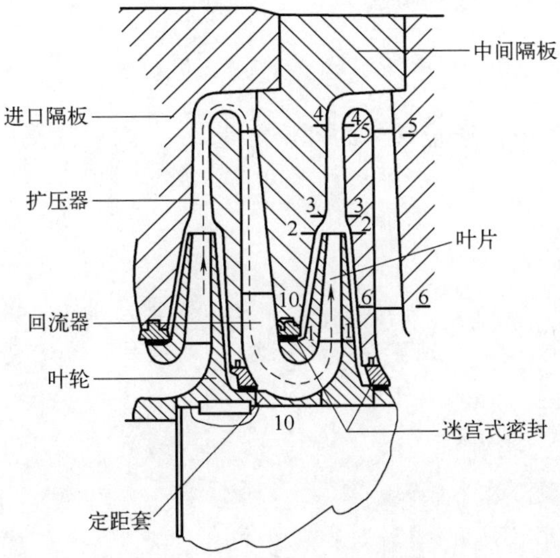

图 3-6 压缩机的中间级

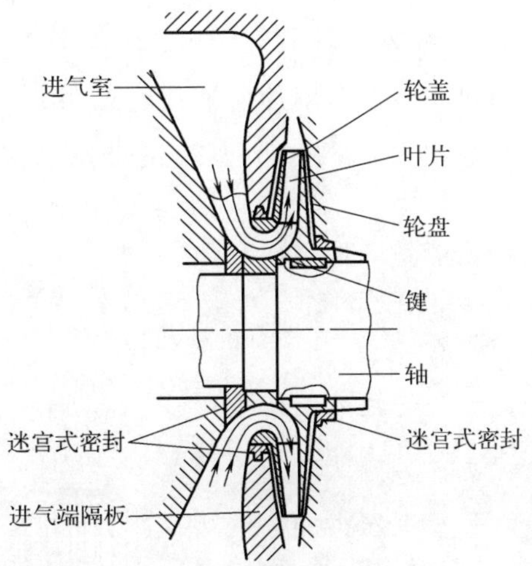

图 3-7 压缩机首级叶轮和进气室

② 叶轮 又称工作轮，是压缩机中最重要的元件之一。叶轮工作时随轴高速旋转，气体在其中受旋转离心力和扩压流动的作用，压力和速度都被提高。从能量转换观点来看，压缩机中叶轮是将机械能传递给气体，以提高气体能量的唯一元件。

③ 扩压器 气体从叶轮流出时，具有很大的流动速度，为了将这部分的动能充分地转变为势能，以提高气体的压力，紧接叶轮设置了扩压器。一般扩压器有无叶扩压器和叶片扩压器，无叶扩压器有前、后隔板组成的通道，而叶片扩压器则在前、后隔板之间设置了叶片。无论何种扩压器，随着直径的增大，通流面积都会增加，使气流速度逐渐减慢，压力得到提高。

④ 弯道与回流器 即为了把从扩压器流出来的气体引导到下一级去继续压缩，使气流拐弯的弯道，和把气流均匀地引入下一级叶轮入口的回流器。弯道是由隔板和气缸组成的通道，回流器则由两块隔板和装在隔板之间的叶片组成。

⑤ 蜗室 其主要作用是把从扩压器或叶轮（在没有扩压器时）出来的气体汇集起来，并引出压缩机外。在大多数的情况下，由于蜗室外径逐渐增大，通流面积也逐渐增大，因此还可以起到一定的扩压作用。

离心式压缩机的基本方程包括以下部分。

（1）欧拉方程

离心式压缩机中的流动十分复杂，属于三维的周期性非定常流动，故使用基本方程时一般采用如下简化：假设流动沿流道的每一个截面气动参数相同，并用平均值表示，即用一维流动来处理，同时认为平均后气体的流动是定常流动。

根据动量矩定理可以得到叶轮机械的欧拉方程，它表示叶轮的机械能变成气体的能量，如果按每单位质量的气体能量（用 l_{th} 表示，称为单位质量气体的理论能量）计算，为

$$l_{th}=C_{2u}u_2-C_{1u}u_1 \tag{3-1}$$

式中 C_u，u——气体绝对速度的轴向分量和叶轮的周向牵连速度，下标 1 和 2 分别表示进气口、出气口。

利用速度三角形可以得到欧拉方程的另一种形式（W、C 分别为相对速度和绝对速度）

$$l_{th}=\frac{u_2^2-u_1^2}{2}+\frac{W_2^2-W_1^2}{2}+\frac{C_2^2-C_1^2}{2} \tag{3-2}$$

（2）能量方程

将每单位质量气体所消耗的总功 l_{tot}，定义为单位质量气体的理论能量 l_{th}、内漏气损失 l_1 和轮组损失 l_{df} 组成，其表达式为

$$l_{tot}=l_{th}+l_1+l_{df}$$

根据能量守恒定律有

$$l_{th}\pm q_0=c_V(T_2-T_1)+\left(\frac{p_2}{\rho_2}-\frac{p_1}{\rho_1}\right)+\frac{C_2^2-C_1^2}{2} \tag{3-3}$$

式中 q_0——输入的热量；

c_VT——内能；

$\frac{p}{\rho}$——压力能；

$\frac{C^2}{2}$——动能。

公式（3-3）左边可解释为：气体获得的理论能量 l_{th} 加上外界传入的热量等于压缩机内气体的内能、压力能和动能的增加之和。可以把内漏气损失和轮组损失看成是传入到气体内部的热量 q_0，因为损失 l_1 和 l_{df} 转化成热量会使机内气体的温度升高。则由

$$\begin{cases} l_1+l_{df}=q_0 \\ l_{tot}=q_0+l_{th} \end{cases} \tag{3-4}$$

可得

$$l_{tot}=c_p(T_2-T_1)+\frac{C_2^2-C_1^2}{2}=h_2-h_1+\frac{C_2^2-C_1^2}{2} \tag{3-5}$$

即压缩机所做的总功等于气体的焓增和动能的增加。

（3）伯努利方程

对可压缩的气体，压缩机中的伯努利方程可以表示为

$$l_{th}=\int_1^2\frac{dp}{\rho}+\frac{C_2^2-C_1^2}{2}+l_{hyd} \tag{3-6}$$

式中，l_{hyd} 为压缩机中从进口 1 到出口 2 之间的流动损失能量，积分项 $\int_1^2\frac{dp}{\rho}$ 表示压缩机压缩过程的压缩功，与变化的过程有关。式（3-6）可以由热力学第一定律和能量方程式得出。热力学第一定律的微分形式为

$$du=dq-p\,dv \tag{3-7}$$

即系统能量的增加等于传入的热量与压缩功之和，其中 v 为比体积，积分式（3-7）得到

$$q=h_2-h_1-\int_1^2\frac{\mathrm{d}p}{\rho} \tag{3-8}$$

其中

$$q=q_0+l_{hyd} \tag{3-9}$$

式中　l_{hyd}——流动损失能量；

h_1，h_2——进口和出口的焓。

式（3-8）、式（3-9）与式（3-4）、式（3-5）结合可以得到式（3-6），将式（3-6）与式（3-2）比较，可得

$$\frac{u_2^2-u_1^2}{2}+\frac{W_2^2-W_1^2}{2}=\int_1^2\frac{\mathrm{d}p}{\rho}+l_{hyd} \tag{3-10}$$

式中，$\int_1^2\frac{\mathrm{d}p}{\rho}$ 为压缩功，表示提高压强所做功，与叶轮通道进出口动能的减少 $\frac{W_2^2-W_1^2}{2}$ 和离心力所做的功 $\frac{u_2^2-u_1^2}{2}$ 有关，并减去流动损失部分。压缩功还与叶轮中的气体变化过程有关。

在等温过程中，用 l_{is} 表示压缩功，方程为

$$l_{is}=\int_1^2\frac{\mathrm{d}p}{\rho}=-\int_1^2\frac{RT_1}{v}\mathrm{d}v=RT_1\ln\frac{V_1}{V_2}=RT_1\ln\frac{p_2}{p_1} \tag{3-11}$$

式中，V_1，V_2 为初始体积和最终体积。

在绝热过程中，对于完全绝热过程 $q_0=0$，$l_{hyd}=0$。其过程方程为

$$\frac{p}{\rho^k}=常数 \qquad 或 \qquad \frac{T}{p^{\frac{k-1}{k}}}=常数$$

绝热过程的压缩功 l_{ad} 为

$$l_{ad}=\int_1^2\frac{\mathrm{d}p}{\rho}=\frac{k}{k-1}RT_1\left[\left(\frac{p_2}{p_1}\right)^{\frac{k-1}{k}}-1\right]=c_p(T_2-T_1) \tag{3-12}$$

在多变过程中的压缩功 l_{pol} 可表示为

$$l_{pol}=\frac{n}{n-1}RT_1\left[\left(\frac{p_2}{p_1}\right)^{\frac{n-1}{n}}-1\right]=\frac{n}{n-1}R(T_2-T_1) \tag{3-13}$$

式中，n 为多变指数。

（4）压缩机的效率表达式

因压缩机中存在多种压缩过程的缘故，可以将其表示为各类效率的形式，包括多变效率 η_{pol}、绝热效率 η_{ad}、等温效率 η_{is} 和流动效率 η_{hyd}。

① 多变效率 η_{pol}　多变效率即多变压缩功与总功之比，为

$$\eta_{pol}=\frac{l_{pol}}{l_{tot}} \tag{3-14a}$$

$$l_{pol}=\frac{n}{n-1}RT_1\left[\left(\frac{p_2}{p_1}\right)^{\frac{n-1}{n}}-1\right]=\frac{n}{n-1}R(T_2-T_1)$$

$$l_{tot}=(1+\beta_1+\beta_{df})l_{th}=c_p(T_2-T_1)+\frac{C_2^2-C_1^2}{2}$$

式中，β_1 为入口动能系数；β_{df} 为压缩机的磨损系数。

多变效率 η_{pol} 为

$$\eta_{pol}=\frac{\frac{n}{n-1}RT_1\left[\left(\frac{p_2}{p_1}\right)^{\frac{n-1}{n}}-1\right]}{(1+\beta_1+\beta_{df})l_{th}}=\frac{\frac{n}{n-1}R(T_2-T_1)}{\frac{k}{k-1}R(T_2-T_1)+\frac{C_2^2-C_1^2}{2}} \tag{3-14b}$$

如果忽略 l_{tot} 中的动能变化，则可以得到

$$\eta_{pol}\approx\frac{\frac{n}{n-1}}{\frac{k}{k-1}} \tag{3-14c}$$

② 绝热效率 η_{ad}　绝热效率定义如下

$$\eta_{ad}=\frac{l_{ad}}{l_{tot}}=\frac{\frac{k}{k-1}RT_1\left[\left(\frac{p_2}{p_1}\right)^{\frac{k-1}{k}}-1\right]}{c_p(T_2-T_1)+\frac{C_2^2-C_1^2}{2}}=\frac{\frac{k}{k-1}R(T_2'-T_1)}{\frac{k}{k-1}R(T_2-T_1)+\frac{C_2^2-C_1^2}{2}} \tag{3-15a}$$

如果忽略动能变化则得到 η_{ad}^* 滞止绝热效率

$$\eta_{ad}\approx\frac{T_2'-T_1}{T_2-T_1} \tag{3-15b}$$

$$\eta_{ad}^*=\frac{l_{ad}^*}{l_{tot}}=\frac{\frac{k}{k-1}RT_1\left[\left(\frac{p_2}{p_1}\right)^{\frac{k-1}{k}}-1\right]+\frac{C_2^2-C_1^2}{2}}{c_p(T_2-T_1)+\frac{C_2^2-C_1^2}{2}} \tag{3-16a}$$

$$\eta_{ad}^*=\frac{\left(\frac{p_2^*}{p_1^*}\right)^{\frac{k-1}{k}}-1}{\left(\frac{p_2^*}{p_1^*}\right)^{\frac{k-1}{k\eta_{pol}}}-1}=\frac{T_2'^*-T_1^*}{T_2^*-T_1^*} \tag{3-16b}$$

式中，l_{ad}^* 为滞止压缩功，T_1^* 为进口处滞止温度，T_2^* 为出口处滞止温度。

则接下来可以得到

$$\begin{cases}\frac{T_2}{T_1}=\left(\frac{p_2}{p_1}\right)^{\frac{n}{n-1}},\frac{T_2^*}{T_1^*}=\left(\frac{p_2^*}{p_1^*}\right)^{\frac{n}{n-1}}\\ \frac{T_2'}{T_1}=\left(\frac{p_2}{p_1}\right)^{\frac{k}{k-1}},\frac{T_2'^*}{T_1^*}=\left(\frac{p_2^*}{p_1^*}\right)^{\frac{k}{k-1}}\end{cases} \tag{3-17}$$

③ 等温效率 η_{is} 和流动效率 η_{hyd}　可以将等温效率 η_{is} 表示为

$$\eta_{is}=\frac{l_{is}}{l_{tot}} \tag{3-18}$$

流动效率 η_{hyd} 表示为

$$\eta_{hyd}=\frac{l_{pol}}{l_{th}}=(1+\beta_1+\beta_{df})\eta_{pol} \tag{3-19}$$

3.2.2 轴流式压缩机的结构与功能

轴流式压缩机的具体结构与离心式压缩机一样，主要分为转子和定子两个部分。以我国自行设计生产的 Z3250-46 轴流式压缩机为例，对其流通部分进行介绍，如图 3-8 所示。

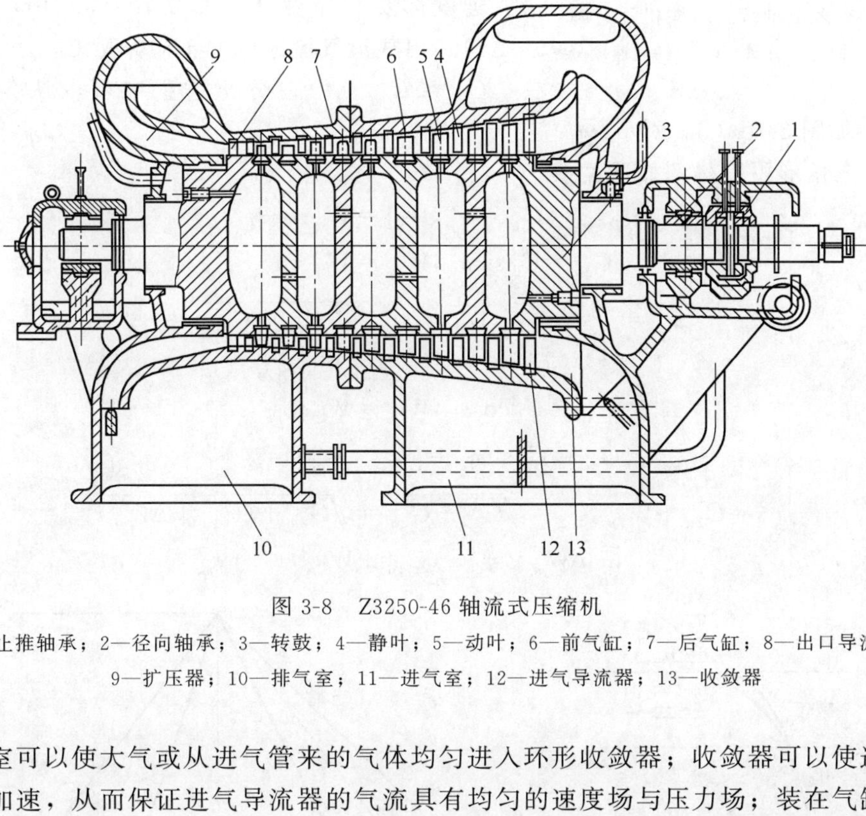

图 3-8 Z3250-46 轴流式压缩机

1—止推轴承；2—径向轴承；3—转鼓；4—静叶；5—动叶；6—前气缸；7—后气缸；8—出口导流器；9—扩压器；10—排气室；11—进气室；12—进气导流器；13—收敛器

进气室可以使大气或从进气管来的气体均匀进入环形收敛器；收敛器可以使进气室中的气流适当加速，从而保证进气导流器的气流具有均匀的速度场与压力场；装在气缸上的均布叶片组成进气导流器，可使气流以一定速度和方向进入第一级动叶；装在转鼓（由轮盘焊接而成）上的叶片组成动叶，是轴流式压缩机对气体做功的唯一元件。将每一列动叶与其后面的静叶组合在一起就形成了轴流式压缩机的级，而该压缩机共有九级。静叶（导流器）的作用有包括将从动叶出来的气体动能尽量转换成压力能，使气流按照一定的方向和速度进入下一级继续进行压缩；出口导流器可使末级导流器出来的气流沿叶高均变为轴向流动，以避免气流在扩压器中由于旋绕运动而增加损失，降低效率；扩压器使从出口导流器出来的气流均匀地减速，进一步提高气体的压力。

下面介绍轴流式压缩机的基本原理。

(1) 基元级速度三角形

图 3-9 所示为多级轴流式压缩机，它由进口导向器、工作轮（R）和整流器（S）组成。图 3-10 所示为基元级速度三角形。

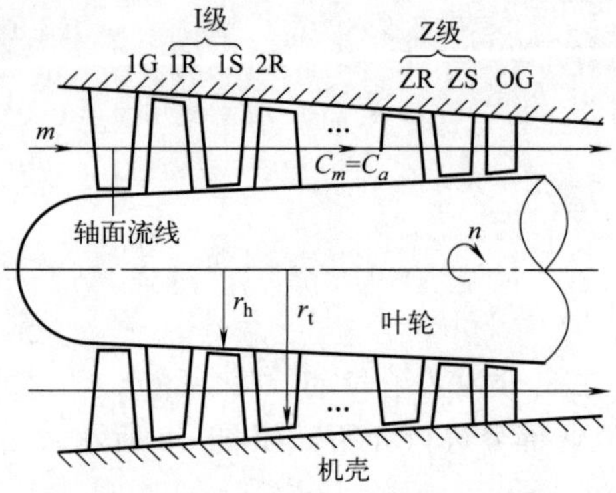

图 3-9 多级轴流式压缩机示意图

C_m—子午面速度分量；C_a—轴向速度分量

多级轴流式压缩机的第一级通常装有导向器，可以改变气流进入叶轮的流动方向，产生正预旋或反预旋。气流角 $\alpha_1<90°$，$C_1>C_{1a}$，$C_{1u}>0$ 时为正预旋，$C_{1u}<0$（与 u 的方向相反）时为反预旋。

在气流流经压缩机后，压强和密度将会逐渐增大。由连续方程可知，当叶片高度不变时，轴向分速度会降低。如果轴向分速度不变，叶片高度就要减小，故实际设计中，叶片高度和轴向分速度都要有所变化。图 3-10（a）中，叶轮进气口、出气口气流速度的轴向分量 C_{1a} 和 C_{2a} 不同，$C_{2a}<C_{1a}$。但在分析过程中可以认为 $u_1=u_2$，$C_{1a}=C_{2a}$，如图 3-10（b）所示。

由速度三角形可以得到如下关系

$$\begin{cases} C_{1u}=C_1\cos\alpha_1, W_{1u}=W_1\cos\beta_1 \\ C_{1a}=C_1\sin\alpha_1, W_{1a}=W_1\sin\beta_1 \\ u_1=C_{1u}+W_{1u}, W_1=\sqrt{C_{1a}^2+(u_1-C_{1u})^2} \end{cases} \tag{3-20}$$

以及

$$\begin{cases} C_{2u}=C_2\cos\alpha_2, W_{2u}=W_2\cos\beta_2 \\ C_{2a}=C_2\sin\alpha_2=W_{2a}=W_2\sin\beta_2 \\ u_2=C_{2u}+W_{2u}, C_2=\sqrt{C_{2a}^2+C_{2u}^2}=\sqrt{C_{2a}^2+(C_{1u}+\Delta W_u)^2} \end{cases} \tag{3-21}$$

$$\Delta W_u=u_1-(C_{1u}+W_{2u}) \tag{3-22}$$

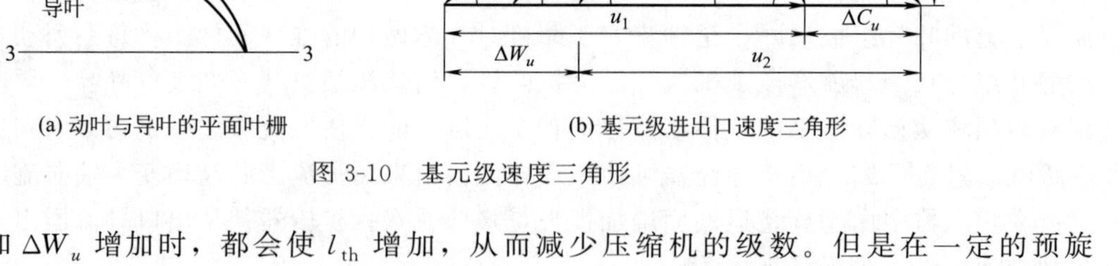

图 3-10 基元级速度三角形

当 u 和 ΔW_u 增加时，都会使 l_{th} 增加，从而减少压缩机的级数。但是在一定的预旋 C_{1u} 之下，C_{1a} 和 u 的增大会带来 W_1 的增大，C_{2a} 和 ΔW_u 的增加使 C_2 增大，W_1 和 C_2 增大到接近声速时，压缩机叶栅通道内就会出现激波，它将导致亚声速叶栅的流动损失剧增。因此 C_a、u 和 ΔW_u 三者受到一定的限制。为了避免 W_1 过高，可采用正预旋使 W_1 降至声速以下。

(2) 基元级中的气体压缩过程

图 3-11 所示为基元级中气流热力过程的焓熵图，1—2 为动叶栅中的压缩过程，2—3 为静叶栅中的扩压过程，连接点 1—2—3 的线表示气体流经基元级时，实际静止状态参数的变化过程；而 1—2I 和 2—3I′则分别表示动叶栅和静叶栅中的等熵压缩过程，连接点 1^*—2^*—3^* 的线则代表气体滞止状态的变化过程；而基元级中的等熵压缩过程线为 1—2I—3I。

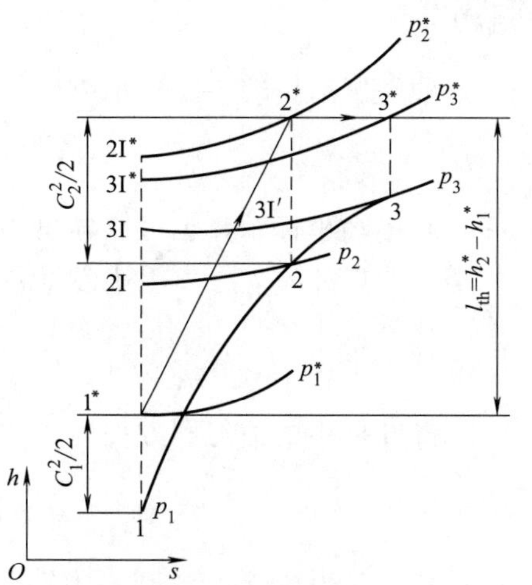

图 3-11　气体流经基元级时的焓熵图

动叶栅中的等熵压缩功为

$$l_{1ad}=\int_1^{2I}\frac{dp}{\rho}=c_p(T_{2I}-T_1)=\frac{k}{k-1}RT_1\left[\left(\frac{p_2}{p_1}\right)^{\frac{k-1}{k}}-1\right] \tag{3-23}$$

考虑进口速度 C_1 时的滞止等熵压缩功为

$$l_{1ad}^*=\int_{1^*}^{2I^*}\frac{dp}{\rho}=c_p(T_{2I}^*-T_1^*)=\frac{k}{k-1}RT_1^*\left[\left(\frac{p_2^*}{p_1^*}\right)^{\frac{k-1}{k}}-1\right] \tag{3-24}$$

在静叶栅中的等熵功为

$$l_{2ad}=\int_2^{3I'}\frac{dp}{\rho}=c_p(T_{3I'}-T_2)=\frac{k}{k-1}RT_2\left[\left(\frac{p_3}{p_2}\right)^{\frac{k-1}{k}}-1\right] \tag{3-25}$$

以及

$$l_{2ad}^*=\frac{k}{k-1}RT_2\left[\left(\frac{p_3^*}{p_2}\right)^{\frac{k-1}{k}}-1\right] \tag{3-26}$$

整个基元级中的等熵压缩功为

$$l_{ad}=\int_1^{3I}\frac{dp}{\rho}=c_p(T_{3I}-T_1)=\frac{k}{k-1}RT_1\left[\left(\frac{p_3}{p_1}\right)^{\frac{k-1}{k}}-1\right]=\frac{k}{k-1}RT_1(\varepsilon^{\frac{k-1}{k}}-1) \tag{3-27}$$

式中，ε 为压力比，$\varepsilon=p_3/p_1$。

由于出口绝对速度 C_3 与 C_1 差别很小，可以认为 $l_{ad}^*\approx l_{ad}$。同时 $T_{3I'}-T_2>T_{3I}-T_{2I}$，故 $l_{ad}<l_{1ad}+l_{2ad}$，$l_{ad}^*=l_{1ad}^*+l_{2ad}^*$。

实际气体压缩过程为伴随流动损失的多变过程，用多变压缩功 l_{1pol}、l_{2pol} 表示为

$$l_{1pol}=\int_1^2\frac{dp}{\rho}=\frac{n}{n-1}R(T_2-T_1)=\frac{n}{n-1}RT_1\left[\left(\frac{p_2}{p_1}\right)^{\frac{n-1}{n}}-1\right]$$

$$l_{2pol}=\int_2^3\frac{dp}{\rho}=\frac{n}{n-1}R(T_3-T_2)=\frac{n}{n-1}RT_2\left[\left(\frac{p_3}{p_2}\right)^{\frac{n-1}{n}}-1\right] \tag{3-28}$$

$$l_{pol}=\int_1^3\frac{dp}{\rho}=\frac{n}{n-1}R(T_3-T_1)=\frac{n}{n-1}RT_1\left[\left(\frac{p_3}{p_1}\right)^{\frac{n-1}{n}}-1\right]$$

对于多变过程有

$$l_{pol}=\int_1^3\frac{dp}{\rho}=\int_1^2\frac{dp}{\rho}+\int_2^3\frac{dp}{\rho}=l_{1pol}+l_{2pol} \tag{3-29}$$

令 $\Delta l_r=l_{pol}-l_{ad}$ 为热阻功，代表实际流动过程中流动损失转化为热量后对气体的额外

加热。

同离心式压缩机一样，可以得到动叶栅中的伯努利方程式为

$$l_{\mathrm{th}}=\int_{1}^{2}\frac{\mathrm{d}p}{\rho}+\frac{C_{2}^{2}-C_{1}^{2}}{2}+l_{\mathrm{r1}}=l_{\mathrm{1pol}}+\frac{C_{2}^{2}-C_{1}^{2}}{2}+l_{\mathrm{r1}} \tag{3-30}$$

利用动坐标系，也可以导出相对流动的伯努利方程，由于 $u_1=u_2$，叶轮处于相对静止状态，所以此时 $l_{\mathrm{th}}=0$，就会得到

$$\frac{W_{1}^{2}-W_{2}^{2}}{2}=\int_{1}^{2}\frac{\mathrm{d}p}{\rho}+l_{\mathrm{r1}} \tag{3-31}$$

静叶栅中的伯努利方程为

$$\frac{C_{2}^{2}-C_{3}^{2}}{2}=\int_{2}^{3}\frac{\mathrm{d}p}{\rho}+l_{\mathrm{r2}} \tag{3-32}$$

式（3-30）～式（3-32）中 l_{r1} 和 l_{r2} 分别为动叶栅和静叶栅中的流动损失。则压缩机基元级中的理论功为

$$l_{\mathrm{th}}=\int_{1}^{3}\frac{\mathrm{d}p}{\rho}+\frac{C_{3}^{2}-C_{1}^{2}}{2}+l_{\mathrm{r}} \tag{3-33}$$

式中，$l_{\mathrm{r}}=l_{\mathrm{r1}}+l_{\mathrm{r2}}$。

对于基元级可以认为 $C_3\approx C_1$，故

$$l_{\mathrm{th}}=\frac{W_{1}^{2}-W_{2}^{2}}{2}+\frac{C_{2}^{2}-C_{3}^{2}}{2}=\frac{W_{1}^{2}-W_{2}^{2}}{2}+\frac{C_{2}^{2}-C_{1}^{2}}{2} \tag{3-34}$$

压缩机工作级可看作是由无限多的基元级组成的，则级上的等熵压缩功为

$$l_{\mathrm{ads}}=\int_{\mathrm{h}}^{\mathrm{t}}l_{\mathrm{ad}}\frac{\mathrm{d}m}{m} \tag{3-35}$$

式中，$\mathrm{d}m$ 为流过基元级的质量流量；h 和 t 分别表示轮毂和轮缘（叶根和叶尖）。在压缩机中，由于轴盘摩擦损失较少，实际压缩功为

$$l_{\mathrm{pols}}=\int_{\mathrm{h}}^{\mathrm{t}}l_{\mathrm{pol}}\frac{\mathrm{d}m}{m} \tag{3-36}$$

压缩机所消耗的功率为

$$P_{\mathrm{c}}=\sum_{i=1}^{n}l_{\mathrm{pols},i}\,\Delta m=ml_{\mathrm{pols}} \tag{3-37}$$

式中，i 为沿叶片高度方向所选取的基元级个数；m 为压缩机中的质量流量。

轴流式压缩机叶轮的反作用度 Ω 与轴流式通风机一样，由下式表达

$$\Omega=\frac{\int_{1}^{2}\frac{\mathrm{d}p}{\rho}+l_{\mathrm{r1}}}{l_{\mathrm{th}}} \tag{3-38}$$

即

$$\Omega=1-\frac{C_{2u}^{2}+C_{2a}^{2}-C_{1u}^{2}-C_{2a}^{2}}{2l_{\mathrm{th}}} \tag{3-39}$$

当 $C_{1a}\approx C_{2a}$ 时有

$$\Omega=1-\frac{C_{1u}}{u}-\frac{\Delta C_{u}}{2u}=1-\frac{C_{1u}}{u}-\frac{\Delta W_{u}}{2u} \tag{3-40}$$

由式（3-40）可见，增加进口正预旋 C_{1u} 将使 Ω 下降。

3.2.3　离心泵的结构与功能

图 3-12 为单级单吸式离心泵总体结构简图。从图中可以看出，离心泵包括蜗形的泵壳和装于泵轴上旋转的叶轮，蜗形泵壳的吸液口与吸液管相连接，排液口通过阀门与排液管相连接。

离心泵的叶轮一般是由两个圆形盖板组成，盖板之间有若干片弯曲的叶片，叶片之间的槽道为液体的流道，如图 3-13 所示。叶轮前盖板中心位置有一个圆孔，即叶轮的进液口，它装在泵壳的吸液口内，与离心泵吸液管相通。离心泵在启动前，先用液体灌满泵壳和吸液管道，然后启动电机，使叶轮和液体做高速旋转运动，液体受到离心力作用被甩出叶轮，经蜗形泵壳中的流道而进入离心泵的出口管道，再排入管网中。与此同时，离心泵叶轮中心处由于液体被甩出而形成真空区，吸液池中的液体便在内外压差作用下，沿吸液管连续进入叶轮吸液口，又受到高速转动的叶轮的作用，液体被甩出叶轮而汇入出口管道，如此循环，就实现了离心泵连续输送液体的目的。

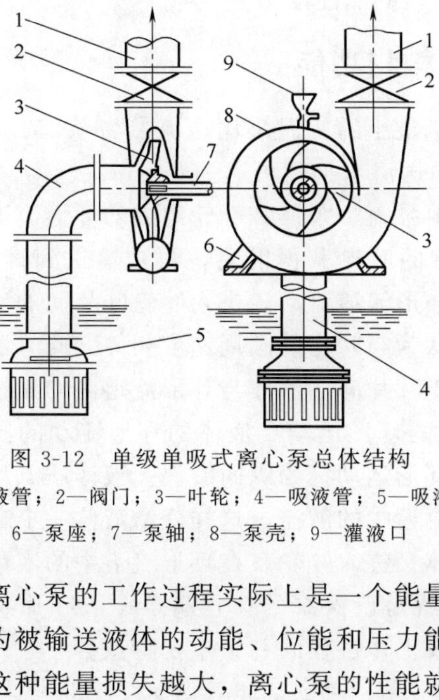

图 3-12　单级单吸式离心泵总体结构
1—排液管；2—阀门；3—叶轮；4—吸液管；5—吸液口；6—泵座；7—泵轴；8—泵壳；9—灌液口

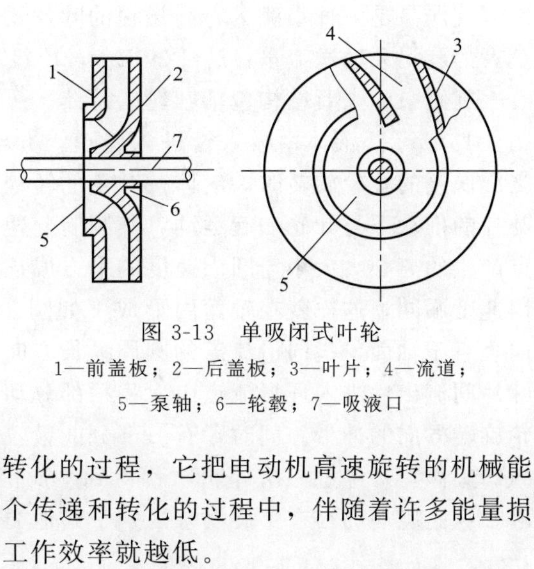

图 3-13　单吸闭式叶轮
1—前盖板；2—后盖板；3—叶片；4—流道；5—泵轴；6—轮毂；7—吸液口

离心泵的工作过程实际上是一个能量传递和转化的过程，它把电动机高速旋转的机械能转化为被输送液体的动能、位能和压力能。在这个传递和转化的过程中，伴随着许多能量损失，这种能量损失越大，离心泵的性能就越差，工作效率就越低。

离心泵的工作原理与容积泵完全不同。容积泵是靠工作容积由大变小将液体强行排挤出去，而离心泵是靠离心力将液体从叶轮中抛出去。离心泵的流量和扬程之间有相互对应的关系，因此可以用安装在泵出液管路上的阀门来调节流量。但是对于容积泵，一般不允许用这种方法来调节流量，调小排液管路上的阀门，不仅起不到调节流量的作用，反而会使泵因排压过大而发生事故。但在离心泵工作过程中，即使完全关闭排液管路上的阀门，在短时间内一般也不会引起事故。

3.2.4　轴流泵的结构与功能

轴流泵是一种低扬程、大流量的叶片式泵。图 3-14 所示为轴流泵的一般结构，其过流部分由吸入管（1）、叶轮（2）、导叶（3）、弯管（4）和排出管（5）组成。当轴流泵工作

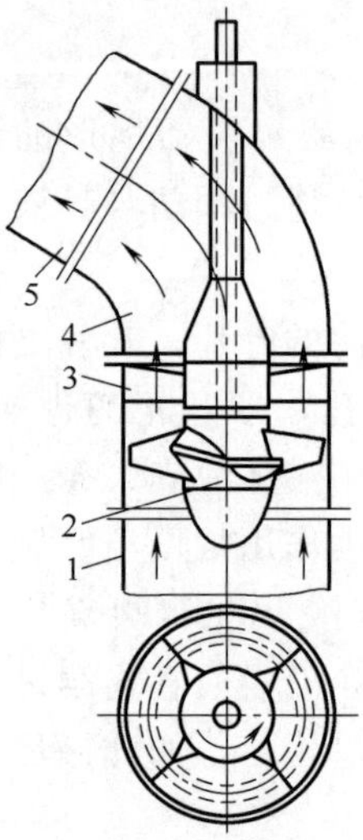

图 3-14 轴流泵结构简图

1—吸入管；2—叶轮；3—导叶；4—弯管；5—排出管

时，液体沿吸入管进入叶轮并获得能量，然后通过导叶和弯管排出。轴流泵是利用叶片对绕流液体产生升力而输出液体的。

根据叶轮上叶片的安置角度是否可调，轴流泵分为固定叶片式轴流泵和可调叶片式轴流泵两类。轴流泵的工作特点是流量大，单级扬程低，可用作热电站中的循环水泵、油田用供水泵或化工行业的蒸发循环泵。为了提高泵的扬程，轴流泵可以做成多级。多级轴流泵可以用作油田钻井泥浆泵，大大减轻泵重，显著改善工作性能。此外，轴流涡轮无杆抽油机就是利用了多级轴流泵的工作原理开发的采油设备。

与离心泵相比，轴流泵的优点是外形尺寸小、占地面积小、结构较简单、重量轻、制造成本低及可调叶片式轴流泵扩大了高效工作区等；其缺点是吸入高度小，一般低于 2m，由于抗汽蚀性能低，一般轴流泵的工作叶轮装在被输送液体的低液面以下，以便在叶轮进口处造成一定的灌注压力。

3.2.5 旋涡泵的结构与功能

旋涡泵是一种小流量、高扬程的叶片式泵。流量最小的旋涡泵输送流量为 0.05L/s，流量大的旋涡泵输送流量可达 12.5L/s，单级旋涡泵输送清水扬程可达 300m。

旋涡泵的主要结构包括叶轮、泵体、泵盖以及由泵盖、泵体和叶轮组成的环形流道，如图 3-15 所示。液体由吸入管进入流道，并经过旋转的叶轮获得能量，再被输送到排出管。当旋涡泵的叶轮旋转时，液体按叶轮的转动方向沿环形流道流动。进入叶轮叶片间的液体在叶片的推动下与叶轮一起运动，其圆周分速度可以认为与叶轮的圆周速度相等。此时液体质点产生的离心力大小与圆周速度的平方成正比。由于叶片间的液体与环形流道内的液体的圆周速度不同，这样就在轴面内形成了如图 3-16 所示的环形运动。液体的环形流动的向量方向垂直于轴面，指向沿流道的圆周纵长方向，这一环形运动称为纵向旋涡。液体质点从叶轮叶片间流出后进入环形流道中，将一部分动量传给流道中的液流，这样就给液体一个顺着叶轮旋转方向的冲量。同时，有一部分能量较低的液体又进入叶轮。在环形流道中的液体依靠纵向旋涡，每经过一次叶轮，就得到一次能量，这就是旋涡泵的扬程高于一般叶片泵的原因。纵向旋涡的存在是旋涡泵区别于其他类型叶片泵工作过程的一个重要特点。

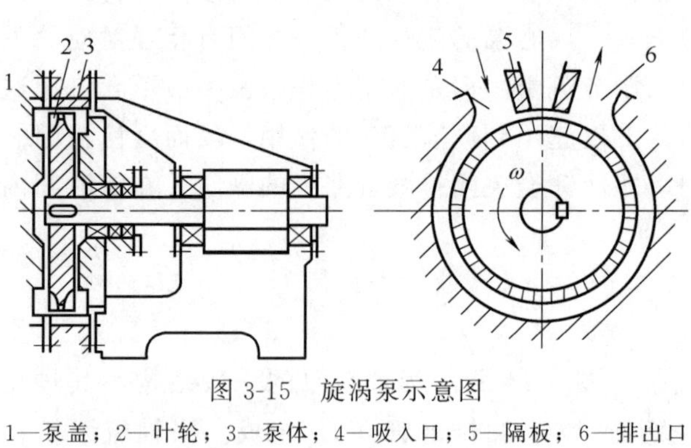

图 3-15 旋涡泵示意图

1—泵盖；2—叶轮；3—泵体；4—吸入口；5—隔板；6—排出口

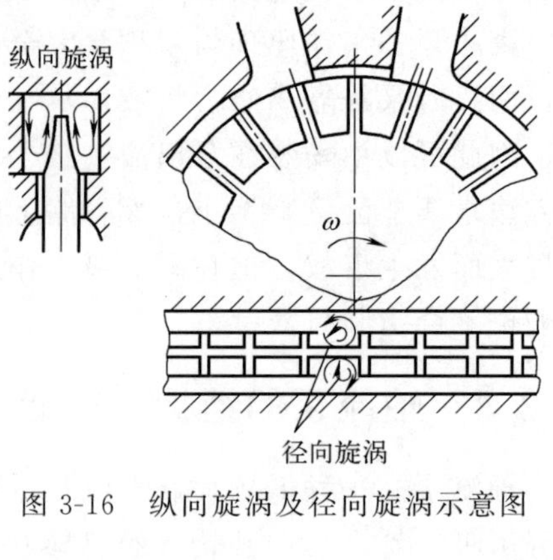

图 3-16 纵向旋涡及径向旋涡示意图

除纵向旋涡外，在叶轮叶片的进口边，液流的冲角很大，使液体产生脱流，脱离叶片表面并形成旋涡。这种旋涡的向量方向与叶片的进口边是平行的，即与叶片径向方向相平行，所以称为径向旋涡。在一般旋涡泵中，当泵的工况为这种情形时，径向旋涡传递能量作用小，可以忽略不计。纵向旋涡的大小直接与环形流道内液体的速度有关，也就是与流量有关。随着流量的增加，纵向旋涡减小。当环形流道内液体的速度接近于叶轮的圆周速度时，由于流道内和叶轮叶片间液体的离心力相同，不会产生纵向旋涡。而当流量越小，则液体在叶轮内的圆周速度和在环形流道内的圆周速度相差越大，离心力相差也越大，纵向旋涡也随之变大，压头也越高。图 3-17 和图 3-18 为旋涡泵性能曲线及实例。由两图可见，流量减小时，压头就增加（Q 为流量，H 为扬程，η 为效率，P 为功率）。

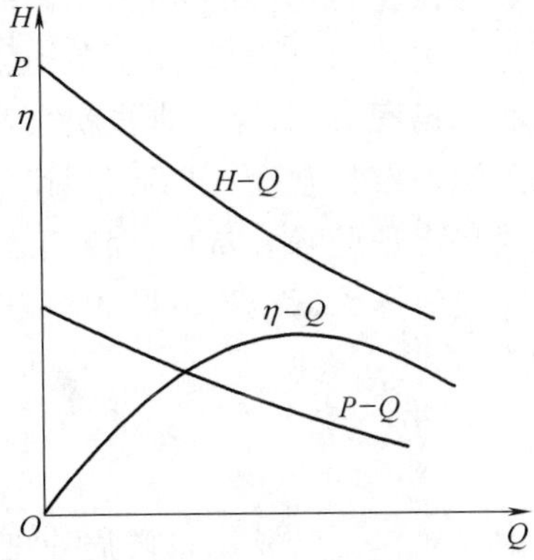

图 3-17　旋涡泵性能曲线

旋涡泵和其他类型泵相比，其优点是结构简单，制造方便，体积小，重量轻，扬程高，比同尺寸、同转速的离心泵要高 2～4 倍，陡降式 H-Q 性能曲线，对系统中压力波动不敏感，有自吸能力，或借助于简单装置来实现自吸，某些旋涡泵可实现气液混输。旋涡泵的缺点是效率较低，最高不超过 50%，大多数在 20%～40%之间；抗汽蚀性能较差，适合抽送纯净的液体介质，黏度不能太大，限制在 $1.14\times10^{-4}\,m^2/s$。

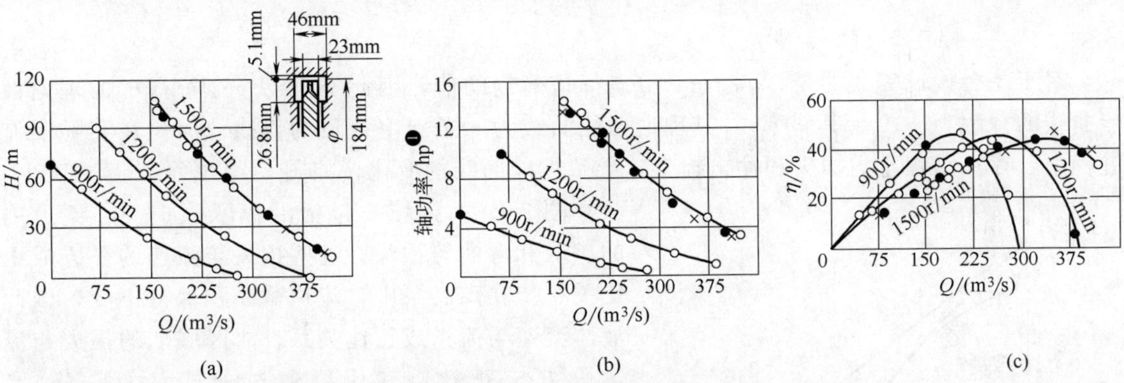

图 3-18　旋涡泵性能曲线示例

3.3　离心泵的工作特性

3.3.1　离心泵驼峰曲线

（1）性能曲线分析及产生驼峰的原因

低比转速离心泵在运行过程中扬程-流量曲线会出现先升高后降低的现象，这种曲线被称作驼峰性能曲线。低比转速离心泵一般指比转速介于 20～80 之间的离心泵。这种离心泵

❶ hp 为英制马力，1hp＝0.746kW。

具有流量小、扬程高的特点，导致其产生特殊的水力特性：工作效率一般较低；运行在小流量区间时性能曲线易出现驼峰等不稳定现象。驼峰曲线出现的原因主要是离心泵叶轮与压水室等部件几何参数的取值限制，使小流量工况下的水力损失增加，扬程降低过多。例如，为了提高低比转速离心泵的工作效率，一般会增大离心泵叶轮叶片出口角，以减小叶轮的圆盘摩擦损失，但是出口角的增大会导致理论扬程-流量曲线变平坦，一旦小流量区损失较大，离心泵扬程-流量特性曲线就会产生驼峰。另外，在工业生产中，受到系统中其他运行机组的限制，泵经常会在偏离设计工况点的区域工作，当低比转速离心泵运行流量太小时，性能曲线将出现驼峰，从而导致其运行不稳定甚至停机，对工业生产造成损失。

当液体无旋地进入叶轮（进口圆周速度为 0）且叶片数为无穷多时，泵的理论扬程计算公式为

$$H_{t,\infty}=\frac{u_2^2}{g}-\frac{u_2}{g}\times\frac{\cot\beta_2}{F_2}Q \tag{3-41}$$

式中　u_2——叶轮出口圆周速度；

β_2——叶轮叶片出口安装角（小于 90°）；

F_2——叶轮有效出口面积；

Q——泵的实际体积流量。

当叶轮为有限叶片数时，理论扬程计算公式为

$$H_t=\frac{H_{t,\infty}}{1+P}=\frac{1}{1+P}\left(\frac{u_2^2}{g}-\frac{u_2}{g}\times\frac{\cot\beta_2}{F_2}Q\right) \tag{3-42}$$

式中　P——修正系数，为常数。

对于一台设计完成的泵，u_2、β_2、F_2 都是确定的值，因此 $H_t=B-AQ$（B 为理论性能曲线的截距，$-A$ 为其斜率），其理论性能曲线为一条斜率为负的直线。但是在实际工作过程中，存在沿程水力损失和冲击损失，导致性能曲线的变化，如图 3-19 所示。

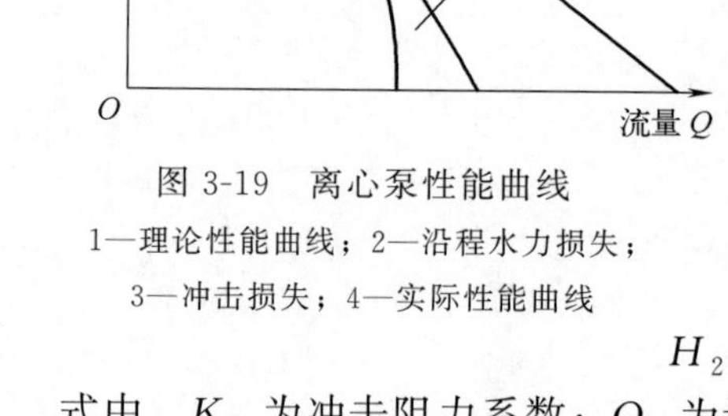

图 3-19　离心泵性能曲线

1—理论性能曲线；2—沿程水力损失；3—冲击损失；4—实际性能曲线

图 3-19 中区域 2 包括沿程摩擦损失、流道内的扩散和弯曲等损失，这些损失与流速的平方成正比关系。在离心泵中，流道截面积保持不变，因此液体流速与流量成正比关系，故区域 2 的损失与流量平方成正比，其值可通过公式计算：$H_1=K_1Q^2$，K_1 为阻力系数。区域 3 为叶轮以及压水室等部件的冲击损失，当泵在设计工况点运行时，由于液体流动的状态与设计一致，故冲击损失很小，接近于零。在流量偏离设计流量时，由于液体流动的状态偏离设计点，故冲击损失逐渐增大。其值可通过公式计算，为

$$H_2=K_2(Q-Q_0)^2$$

式中，K_2 为冲击阻力系数；Q_0 为设计工况流量。

另外，泵的容积损失也会影响性能曲线，但一般情况下泵的泄漏量很小，造成的容积损失量也比较小。因此，泵的容积损失对扬程-流量曲线的形状影响不大。

通过上述分析可知，泵的实际性能曲线的形状主要由泵的理论性能曲线、过流部件沿程水力损失、冲击损失的大小来决定。当离心泵的性能曲线出现驼峰时，曲线将存在一个极大

值，即泵的最大扬程 H_{max} 大于关死点扬程 H_0（流量等于零时的扬程）。当泵的最大扬程与流量等于零的扬程相等时，性能曲线就不会出现驼峰。也就是说当关死点处扬程高于其他任何流量点处的扬程时，离心泵就可以满足稳定性要求。实际关死点扬程等于理论性能曲线的零流量扬程减去零流量处的冲击损失，因此泵理论性能曲线斜率绝对值对性能曲线的稳定性有着至关重要的影响。当斜率绝对值较大时，理论性能曲线的零流量扬程就会较高，性能曲线不易产生驼峰。

（2）驼峰判据及影响驼峰的因素

通过上面的分析，泵的实际性能曲线可以用以下公式来表示

$$\begin{aligned}H&=\frac{H_{t,\infty}}{1+P}-K_1Q^2-K_2(Q-Q_0)^2\\&=\frac{1}{1+P}\left(\frac{u_2^2}{g}-\frac{u_2}{g}\times\frac{\cot\beta_2}{F_2}Q\right)-K_1Q^2-K_2(Q-Q_0)^2\end{aligned}\tag{3-43}$$

当泵的性能曲线有驼峰时，曲线存在极大值点，有 $\mathrm{d}Q/\mathrm{d}H=0(Q>0)$，即

$$0=-\frac{1}{1+P}\times\frac{u_2}{g}\times\frac{\cot\beta_2}{F_2}-2K_1Q-2K_2Q+2K_2Q_0$$

整理得

$$Q=\frac{2K_2Q_0-\dfrac{1}{1+P}\times\dfrac{u_2}{g}\times\dfrac{\cot\beta_2}{F_2}}{2(K_1+K_2)}\tag{3-44}$$

此时，流量 Q 为扬程最高时的流量点。当 Q 越大，性能曲线驼峰越严重；当 Q 越小，性能曲线驼峰越不严重。$Q=0$ 时性能曲线刚好无驼峰，处于临界状态，即

$$Q=\frac{2K_2Q_0-\dfrac{1}{1+P}\times\dfrac{u_2}{g}\times\dfrac{\cot\beta_2}{F_2}}{2(K_1+K_2)}=0\Rightarrow\frac{1}{1+P}\times\frac{u_2}{g}\times\frac{\cot\beta_2}{F_2}=2K_2Q_0\tag{3-45}$$

可以看出 $\frac{1}{1+P}\times\frac{u_2}{g}\times\frac{\cot\beta_2}{F_2}$ 为泵理论性能曲线的斜率绝对值，临界状态下斜率 $A_0=2K_2Q_0$。

当泵设计完成后，K_2 为常数，$2K_2Q_0$ 也为常数，泵理论性能曲线存在一个决定曲线稳定性的临界斜率绝对值。因此，泵的理论性能曲线斜率绝对值大小与泵的性能曲线形状有着非常重要的关系。此斜率绝对值越大，性能曲线越陡，越具有稳定的性能曲线。此斜率绝对值越小，性能曲线越易产生驼峰。当此斜率绝对值等于 $2K_2Q_0$ 时，是性能曲线是否有驼峰的分界点，$A_0=2K_2Q_0$ 也就是性能曲线是否会产生驼峰的判据。当 $A\geqslant A_0$ 时，性能曲线具有稳定的性能曲线形状，当 $A<A_0$ 时，性能曲线具有不稳定的性能曲线形状。因此减小或消除驼峰的一个基本原则是增大理论性能曲线的斜率绝对值，离心泵的几何参数往往也是通过影响斜率绝对值来影响泵的实际性能曲线。

① 叶片出口角 β_2 对驼峰的影响　离心泵因采用后弯式叶形，所以 $\beta_2<90°$。这种后弯式叶片理论扬程 H_t 随流量 Q 的增加而减小，且 β_2 越小，理论扬程曲线下降越快，则泵的实际扬程曲线越不易产生驼峰，如图 3-20 所示。从图 3-20 可以看出，随着 β_2 的减小，H-Q 曲线逐渐下降变陡，驼峰逐渐消失，一般 β_2 取 25°～35°。在其他参数合适时扬程曲线基本上无驼峰出现。

② 叶片出口宽度对驼峰的影响　叶片有效面积的计算公式为 $F_2=\pi D_2 b_2 X_2$，其中 D_2 为叶轮外径，b_2 为叶片出口宽度，X_2 为叶轮出口排挤系数。可以看到叶片出口宽度越小，叶片有效面积就越小，使得理论扬程曲线斜率绝对值增大，有利于消除驼峰，如图 3-21 所示。但 b_2 减小会使泵的性能下降，铸造也比较困难，故低比转速泵中应该综合考虑效率确定 b_2。

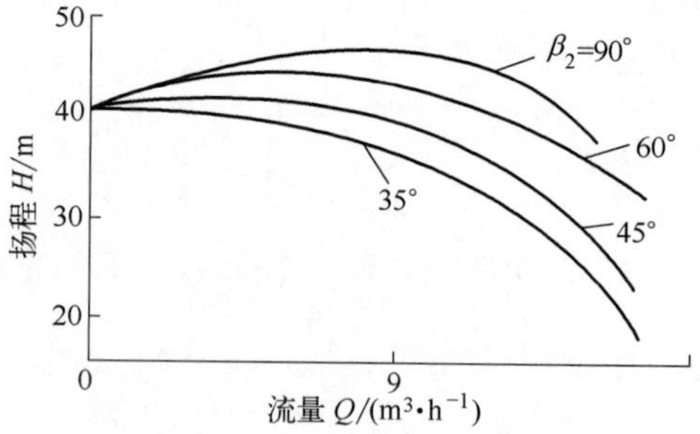

图 3-20　β_2 对性能曲线的影响

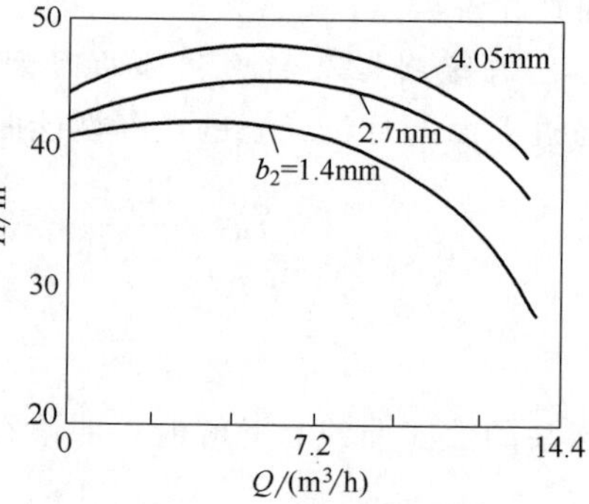

图 3-21　b_2 对性能曲线的影响

3.3.2　喘振

(1) 喘振的成因

喘振 (surge) 是透平式压缩机（叶片式压缩机）在流量减少到一定程度时所发生的一种非正常工况下的振动。气流在叶片上产生的旋转脱离现象与喘振发生密不可分。气流在叶片上的脱离发生在运行点偏离设计工况时，当压缩机在设计工况下运行时，气流的进气角基本上等于工作轮叶片的进口几何角，气流能够顺利地进入流道工作，一般不出现附面层脱离现象，损失小。当流量大于设计流量时，气流的轴向速度增加，冲击角减小并变为负值。此时，气流被引导到工作轮叶片的非工作表面，在工作表面上发生气流脱离。但是，大流量下压缩机的稳定性一般不会遭到破坏，一方面由于气流在弯曲通道中的惯性作用，脱离现象的扩张在一定程度上会受到限制，另一方面流量的增大会减小流道的扩压度，也会限制脱离现象的扩张。反之，当压缩机运行在小于设计工况点的流量范围时，气流轴向速度减小，冲击角增大。此时气流被引导至叶片的工作面，使非工作面上出现脱离现象而且容易扩张开来。随着流量减小到某一临界值时，气体脱离现象会扩张到流道内的大部分区域，流动损失大大增加，导致出口气体压力突然下降，管道内压力反而高于出口压力，于是被输送介质倒流回机内，引发强烈振动。

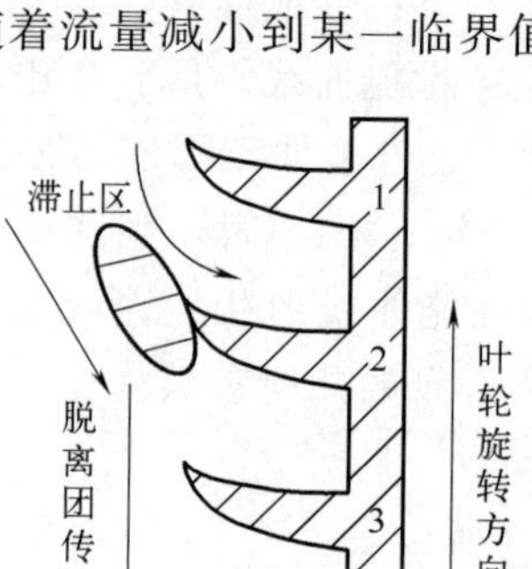

图 3-22　旋转脱离示意图

如图 3-22 所示，当叶片 2 的叶背上最先出现气流脱离，而且严重影响到其他流道内的流量时，形成对气流的阻滞作用，在进口处形成减速流区，把多余的流量挤向相邻的叶片 1 和叶片 3 处，使流向叶片 3 的气流冲击角增大，流向叶片 1 的冲击角减小。结果在叶片 3 的叶背上产生气流脱离区，而改善了叶片 1 上的气流脱离。而叶片 3 上的气流脱离又改善了叶片 2 上的脱离，而促成叶片 4 上的脱离。如此类推，脱离团就会相对于叶片排，向图示的下方传播。由于工作轮中脱离团相对于叶片的移动传播速度小于转子旋转的圆周速度，所以从绝对坐标系来观察，脱离团以一定的旋转速度向转子转动的方向移动。这种现象即称为“旋转脱离”。

轻度的旋转脱离并不会引发压缩机的喘振，当流道内出现严重的旋转脱离导致级性能明显恶化时喘振才会发生，这种严重的旋转脱离现象称为“旋转失速”。根据失速的强烈程度，又可以分为渐进失速和突变失速两种。当级中流量逐渐减小至偏离设计值时，脱离团开始出现在叶片通道中，所占据的面积逐渐增大，团数也逐渐增多。因此，压比也逐渐减小，表现在性能曲线上，即为工作点由 A 点移向 B 点，构成一条平滑且连续的曲线，如图 3-23（a）所示，称这种失速为“渐进失速”。另一种失速变化得很快，当流量减小至某临界值后，脱离团会突然大面积出现在叶片通道中，这时级性能突然明显恶化，出现两条断裂的性能曲线，如图 3-23（b）所示，称这种失速为“突变失速”。突变失速是导致离心式压缩机喘振的内部原因。当离心式压缩机在小流量工况下运行引起突变型失速时，叶轮无法通过旋转来提高气体压力，导致压缩机出口压力明显下降。如果此时管网容量较大，反应不灵敏，管网压力并不会马上降低。管网压力大于压缩机出口压力，导致管网气体倒流，直至管网压力小于压缩机出口压力，此时压缩机又开始向管网压气。在这种情况下，就会出现离心式压缩机的气体流量和出口压力周期性低频率、大幅度地波动，引起机器强烈的振动，即为压缩机的喘振现象。

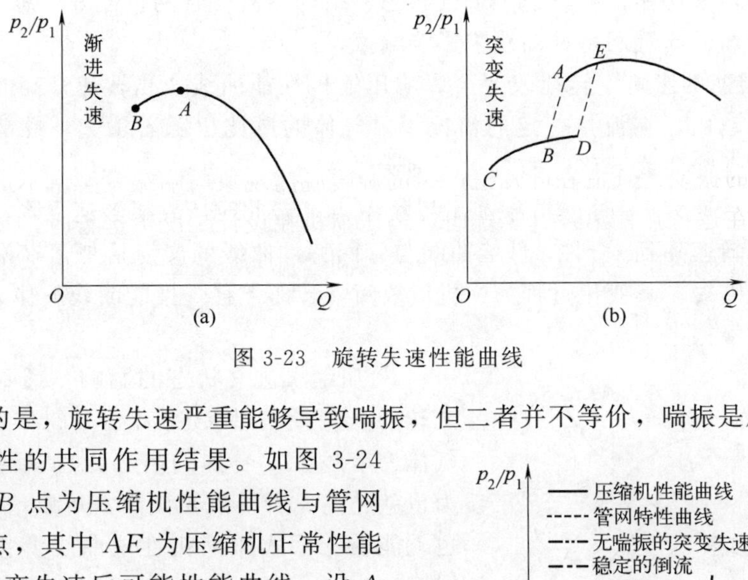

图 3-23　旋转失速性能曲线

需要注意的是，旋转失速严重能够导致喘振，但二者并不等价，喘振是压缩机内部流动情况与管网特性的共同作用结果。如图 3-24 所示，A 点和 B 点为压缩机性能曲线与管网特性曲线的交点，其中 AE 为压缩机正常性能曲线，CB 为突变失速后可能性能曲线。设 A 点为压缩机临界稳定工作点，B 点是失速后一个可能的稳定工作点。当压缩机在 A 点工作时，稍微减小流量就会引起压缩机的旋转失速，导致压缩机排气压力突然降低，但如果管网的容量非常小，管网的压力能够迅速降低以适应出口压力的变化，则工作点移至平衡点 B，此时喘振不会发生。如果管网容量很大，压力变化很慢，则气体会在压差作用下形成倒流，工作点由 A 点移至 D 点（如点画线所示）。实际管网的容量是有限的，开始可能出现倒流，而当管网的压力不断降低后，叶片流道内的脱离区可能缩小，叶栅瞬时恢复正常工况，

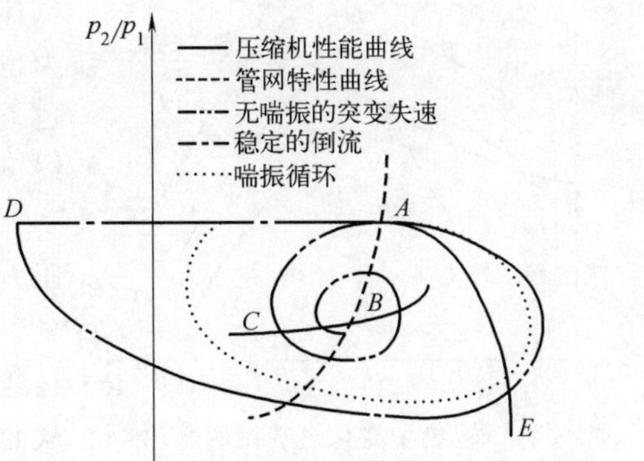

图 3-24　喘振循环图

因此压缩机的排气压力突然升高，然后很快到达稳定运行工作点 A，如果引起失速的原因未消除，又会重复上述现象，出现压缩机排气压力和流量大幅度波动，这样就形成了喘振。

（2）喘振的判定

由于压缩机喘振的危害较大，岗位人员应能及时判断，压缩机的喘振一般可从以下几个方面判别：

① 听测压缩机出口管路气流的噪声。当压缩机接近喘振工况时，排气管道中会发生周期性时高时低“呼哧呼哧”的噪声。当进入喘振工况时，噪声增大，甚至出现爆音。

② 观测压缩机出口压力和进口流量的变化。喘振时，会出现周期性的、大幅度的脉动，从而引起测量仪表指针大幅度地摆动。

③ 观测压缩机的机体和轴承的振动情况。喘振时，机体、轴承的振动振幅显著增大，机组发生强烈的振动。

④ 查看压缩机电机电流，发生喘振时电机电流会瞬间急剧上升。

（3）影响喘振的因素

当离心式压缩机的联合运行工作点进入喘振线（不同工况下的临界喘振点连成的线）左侧时，会造成压缩机的喘振。实际运行中，影响喘振的因素往往不是单一的，而是很多因素综合作用的结果，如压缩机的转速、进气状态、结构参数、管网特性等，总的来说就是通过影响压缩机性能曲线与管网特性曲线来影响喘振。

① 压缩机转速的影响　转速改变会影响压缩机性能曲线。当转速升高时，压缩机叶轮对气体做的功就越大，在流量一定的情况下，气体的压比也随着增大，性能曲线上移。反之，转速下降，性能曲线下移，如图 3-25 所示。

当压缩机的转速为 n_3 时，联合运行点为 A 点。若此时压缩机转速下降，则其性能曲线向下平移，直到转速降到 n_1 时，性能曲线与管网特性曲线的交点恰好落在喘振线上，这时压缩机就会发生喘振。其变化过程为：机组故障→转速下移→性能曲线下移→压比和流量变小→工作点进入喘振区。

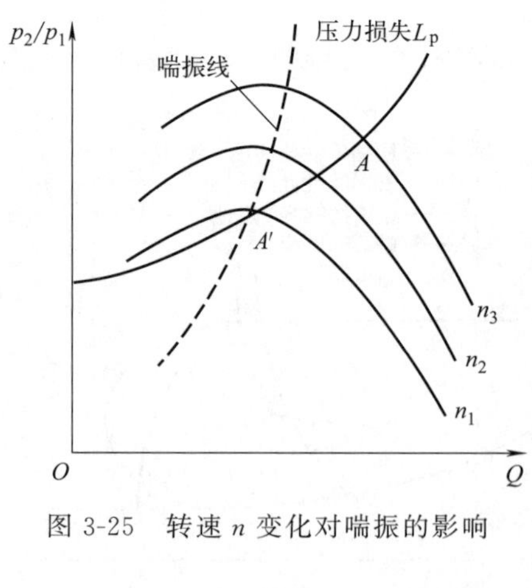

图 3-25　转速 n 变化对喘振的影响

② 压缩机进气状态的影响　透平式压缩机高速旋转的叶轮使气体受到离心力的作用而产生压力。气体密度越大，受到的离心力也就越大，提升的压力也就越高。所以只要该因素可以增加气体的密度，也就能使透平式压缩机性能曲线上移；反之，则曲线下移。

工业生产中，压缩机性能曲线会受到进气温度、压力、气体组分变化的影响，如图 3-26 所示。当进气分子量变小、进气压力降低、进气温度降低时，都会导致气体的密度降低。该变化反映在性能曲线上，即从曲线 L_1→曲线 L_2，工作点从 A 点左移到 A'点，当 A'恰好落在喘振线上时压缩机就会发生喘振。

③ 管网特性的影响　当管网阻力增大时（如管网阀门关小），或者后部设备的操作压力升高时，都会使管网压力变大，流量逐渐减小，特性曲线变陡，一旦其到达喘振线，就会引起喘振。如图 3-27 所示，当工作点由 A 变化到 A'时，喘振就会发生。其变化过程为：后部设备的操作压力提高→管网特性曲线上移→压缩机流量减小→工作点进入喘振区。

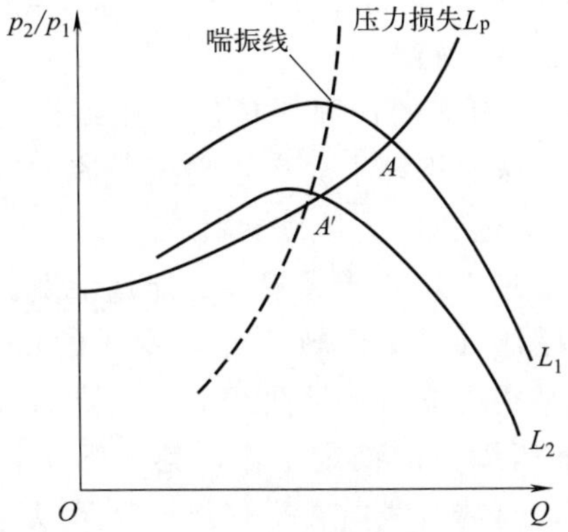

图 3-26　进气状态对喘振的影响

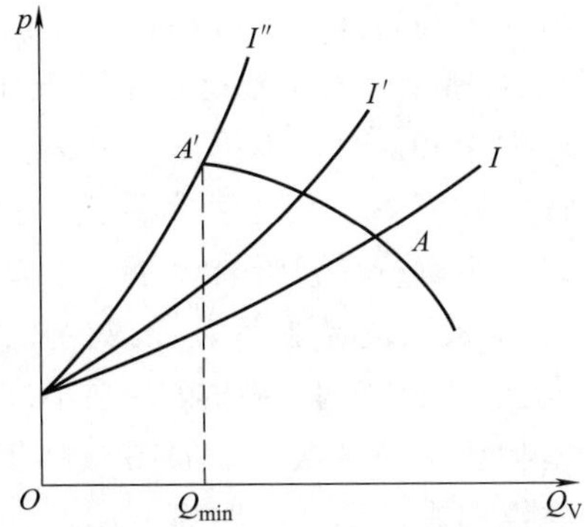

图 3-27　管网特性对喘振的影响

④ 结构参数对喘振的影响

入口导叶开度对喘振的影响：透平式压缩机性能曲线会随着入口导叶开度的变化而发生变化，根据欧拉方程，可知叶轮对单位气体所做的理论功 h 为 $h=U_2C_{2U}-U_1C_{1U}$，其中，U_1 和 U_2 分别为气体在叶轮入口和出口处的圆周速度，C_{1U} 和 C_{2U} 分别为气体在叶轮入口和出口处绝对速度的圆周分速度。当改变入口导叶的开度时，气体进入叶轮的角度将发生变化，则 C_{1U} 将随之变化，此时叶轮对气体做的功也将改变，从而改变了压缩机的性能曲线。若增大 C_{1U}（$C_{1U}>0$ 时为正预旋），则 h 就减小，性能曲线跟着下移。试验表明：随着导叶预旋角由负增大到正，压缩机性能曲线将向左下方移动。

叶轮结构对喘振的影响：叶轮是透平式压缩机中唯一做功的元件，且气体在叶轮上产生旋转脱离，它的结构直接影响了压缩机的喘振流量。实验表明，叶轮结构参数中的出口安装角对压缩机的性能曲线有着至关重要的影响。压缩机各级的叶轮出口安装角变小，则性能曲线向上移动，抗喘振性能提高。另外，叶轮叶道设计的合理性也影响着压缩机的喘振性能。在流量一定的情况下，设计得不好的叶道，其边界层分离损失会很大，此时即使叶轮出口安装角很小，压缩机性能曲线也不会上移。

扩压器结构对喘振的影响：离心式压缩机中另一个重要的元件，就是扩压器。扩压器的型式在一定程度上影响了稳定运行工况范围的大小。离心式压缩机中扩压器可分为无叶扩压器和叶片扩压器。对于无叶扩压器，通过对某一台小型离心式压缩机中的不稳定流动进行测量，得出无叶扩压器半径比对压缩机性能有较大影响：半径比小，性能曲线下移，压缩机容易喘振。对于叶片扩压器，当叶片扩压器进口安装角减小时，压缩机性能曲线将大幅度近似平移地向小流量区移动，其最高效率和能量头基本不变，抗喘振性能变好。因此，通过减小扩压器的进口安装角，可有效地提高压缩机的运行效率，同时增强抗喘振性能。

综合以上的影响因素，本质上是通过影响压缩机的入口流量来影响喘振。所以，工业上所用的防喘振控制系统一般只对压缩机入口流量的变化进行控制。

（4）喘振控制方法

从喘振机理分析可知，只要保证压缩机入口流量大于临界入口流量，系统就会工作在稳定区，不会发生喘振。为了使压缩机的气体流量保持在临界吸入流量以上，在压缩机负荷下降时，须将部分出口气体放空或使其通过出口旁路返回到入口，保证系统工作在稳定区。目前工业生产中采用两种不同的防喘振控制方案：固定极限流量法与可变极限流量法。

① 固定极限流量法 这种防喘振控制方案是使压缩机的流量始终保持大于某个固定值，该固定值为最高转速下的临界流量，从而避免进入喘振区运行。

图 3-28 所示的 Q_P 就是正常情况下可以达到最高转速下的极限流量。当压缩机的入口流量始终大于 Q_P 时，不论压缩机运行在哪种转速下，压缩机都不会产生喘振。该方法的优点是设计方案简单，系统可靠性高，投资少，适用于固定转速的压缩机控制。但在变转速时，如果机组运行在较低转速下，入口流量的安全裕度过大，会造成较大的能量浪费。

② 可变极限流量法 为了减少压缩机的能量消耗，对于工作转速经常变化的压缩机，采用可变极限流量法控制方案。在不同的转速下，透平式压缩机特性曲线的最高点轨迹近似于一条抛物线，即喘振线，如图 3-29 所示。为了保证压缩机的稳定工作，其实际工作点应该从最高点向右平移一定距离。因此，喘振控制线应该由喘振线向右平移得出，可以写出防喘振保护曲线公式

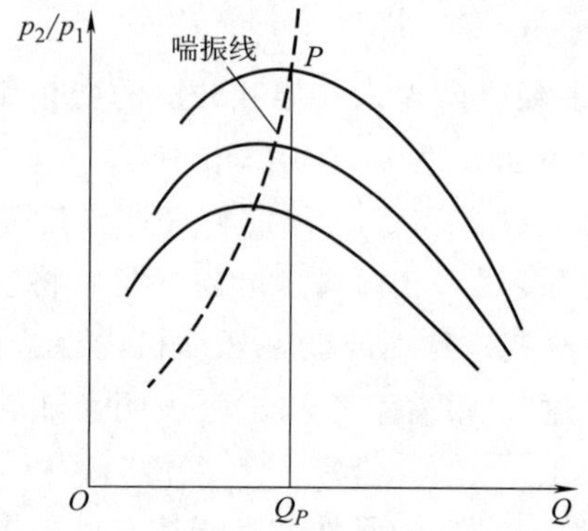

图 3-28 固定极限流量法防喘振控制特性曲线图

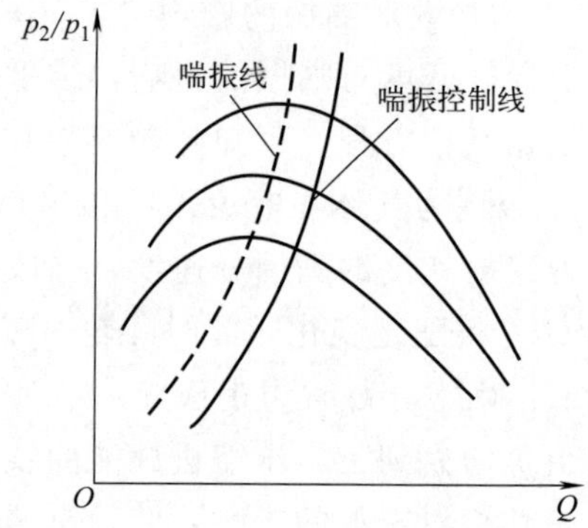

图 3-29 可变极限流量法防喘振控制特性曲线图

$$\frac{p_2}{p_1}=b+a\ \frac{Q_1^2}{T_1} \tag{3-46}$$

式中 p_2——出口压力；

p_1——入口压力；

T_1——入口温度；

Q_1——压缩机入口流量；

a，b——系数。

如果 p_2/p_1 大于 $b+aQ_1^2/T_1$，工况是安全工况；如果 p_2/p_1 小于 $b+aQ_1^2/T_1$，将会出现不稳定现象。

假如在压缩机的吸入口测量流量 Q_1，测得出压缩机入口段流量孔板压差 Δp_1，Δp_1 与 Q_1 的关系是

$$Q_1=K_1\sqrt{\frac{\Delta p_1}{\gamma_1}}\text{，其中 }\gamma_1=\frac{p_1 M}{ZRT_1}$$

$$Q_1^2=K_1^2\ \frac{\Delta p_1 ZRT_1}{p_1 M}=\frac{K_1^2\Delta p_1 T_1}{\gamma p_1}\text{，其中 }\gamma=\frac{M}{ZR} \tag{3-47}$$

式中 p_1——压缩机的入口压力，绝对压力；

M——气体相对分子质量；

Z——压缩系数；

R——气体常数；

γ_1——气体重度；

γ——常数；

T_1——压缩机入口温度，绝对温度；

K_1——孔板流量系数。

将上式代入防喘振保护曲线公式，得

$$\Delta p_1 \geqslant \frac{\gamma}{aK_1^2}(p_2 - bp_1) \tag{3-48}$$

该式为可变极限防喘振控制公式。式中，a，b 为系数。

③ 通用性能曲线控制法　一般情况下以上两种控制方法可以满足绝大多数情况下的压缩机防喘振控制要求，但当压缩机的工艺气体温度、相对分子质量、进气压力等参数发生改变时，压缩机原有的性能曲线及喘振线也会随之发生变化。此时传统的控制方法不能完全补偿进气温度、相对分子质量、进气压力，需要采用通用性能曲线控制法。通用性能曲线不会因为气体的进气温度、进气压力、相对分子质量等工艺参数的改变使喘振线发生变化，因此在工艺参数经常发生波动的场合采用通用性能曲线对防喘振进行控制。

根据相似原理，即若透平式压缩机工作在不同转速或工艺气体温度和压力变化下时，还能保持工况相似（马赫数 Ma、流量系数 φ、绝热指数 k 值均不变），那么压缩机的压比与效率保持不变。忽略绝热指数 K 值变化时，马赫数相等条件为 $\dfrac{n}{\sqrt{RT_1}} = \dfrac{n'}{\sqrt{R'T_1'}}$，其中 n 和 n' 为压缩机转速；流量系数相等条件为 $\dfrac{Q_1}{\sqrt{RT_1}} = \dfrac{Q_1'}{\sqrt{R'T_1'}}$。

对于同一台压缩机，在气体参数变化时，要使压缩机生产效率与压比保持不变，只需保证 $\dfrac{n}{\sqrt{RT_1}}$ 与 $\dfrac{Q_1}{\sqrt{RT_1}}$ 不变。采用组合参数 $\dfrac{p_1}{p_2} = f\left(\dfrac{Q_1}{\sqrt{RT_1}}, \dfrac{n}{\sqrt{RT_1}}\right)$ 绘制的性能曲线与常规性能曲线相比，不受进气条件的影响，具有通用特性，如图 3-30 所示。

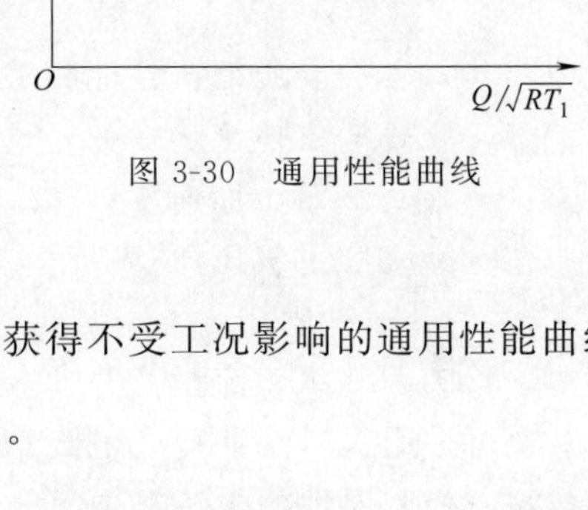

图 3-30　通用性能曲线

通用曲线中参数 $\dfrac{Q_1}{\sqrt{RT_1}}$ 难以测量，通常需要转换 $\dfrac{Q_1}{\sqrt{RT_1}} = K\sqrt{\dfrac{\Delta p_1}{R\rho_1 T_1}} = K\dfrac{\Delta p_1}{p_1}$，$\rho_1$ 为入口处气体密度，Δp_1 为压缩机入口段流量孔板的压差，通用性能曲线的横坐标也可用 $K\dfrac{\Delta p_1}{p_1}$ 表示。只需测量 p_1、p_2、Δp_1 即可获得不受工况影响的通用性能曲线及喘振线。把喘振线向右平移一定裕量即可得到防喘振线。

(5) 现代喘振控制系统设计

① 固定极限流量法防喘振控制系统　固定极限流量防喘振控制系统见图 3-31，图中的流量控制器是以 $Q_P + S$（S 为安全裕度；Q_P 为正常可以达到最高转速下的喘振流量）作为

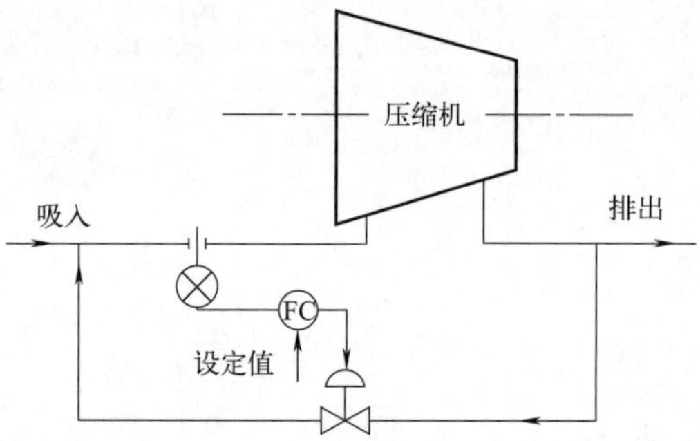

图 3-31 固定极限流量法控制系统

其设定值的防喘振控制器。压缩机正常工作时，控制器的测量值大于设定值。回流阀是气关阀，输出达最大值时阀门关闭；当压缩机吸入量小于设定值时，回流阀打开，压缩机出口气体经回流阀返回至压缩机入口，气量又增大到大于 Q_P+S 值，这样就避免了喘振的发生。

这种方法使压缩机的入口流量始终控制在大于某一固定值 Q_P+S 上，又称为单参数法，可以避免压缩机进入喘振区运行。不论压缩机后续系统所需气量是多少，由于防喘振阀的作用，使压缩机入口流量始终大于喘振流量，从而保证压缩机正常工作。国内引进的大化肥装置中美荷型、日本东洋型的空压机、天然气压缩机、合成气压缩机、氨压缩机和二氧化碳压缩机以及法国型的空压机组等，均采用这种控制系统。

② 可变极限流量法防喘振控制系统　可变极限流量法防喘振控制系统见图 3-32，图中流量控制器的设定值为 $M'(p_2-ap_1)$，当测量值大于设定值时，旁路控制阀始终关闭；当测量值小于设定值时，控制器开启控制阀到一定位置，把一部分出口气体回流到入口，从而增大压缩机的入口流量，故能防止喘振出现，确保压缩机的运行安全。

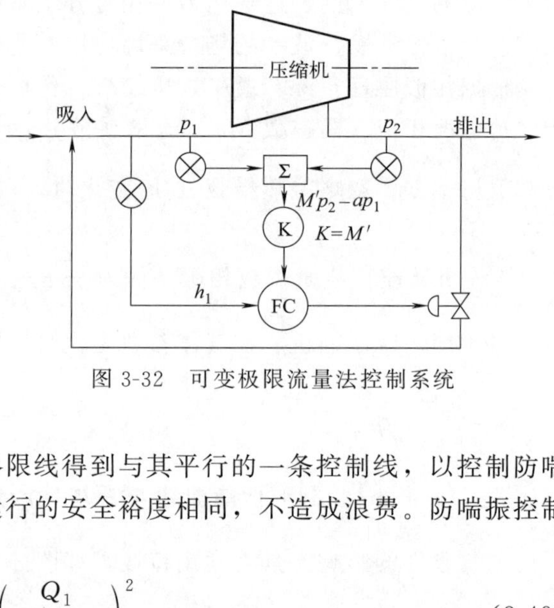

图 3-32 可变极限流量法控制系统

为减少压缩机的能量损耗，在压缩机负荷可能经常波动需采用变转速调节的场合，可采用可变极限流量法防喘振控制方案。由于压缩机转速变动时，喘振点的变化轨迹（喘振界限线）大致是一条二次抛物线，为防止喘振发生，考虑安全裕度，可以按喘振界限线得到与其平行的一条控制线，以控制防喘振阀的启闭，从而在不同的转速下使压缩机运行的安全裕度相同，不造成浪费。防喘振控制线方程可表示为

$$\frac{p_2}{p_1}=a+b\left(\frac{Q_1}{\sqrt{kgRT}}\right)^2 \tag{3-49}$$

式中　a，b——与压缩机性能相关的参数；

k——气体绝热指数；

g——重力加速度；

p_1——进气压力；

p_2——排气压力；

Q_1——入口流量。

也可采用入口流量 Q_1 及排气压力 p_2 两个参数来作为控制防喘振阀启闭的参数，称为参数法。控制原理如图 3-33 所示，PLC 控制器 3 将流量传感器 1 测出的入口流量 Q_1 与压力传感器 2 测出的排气压力 p_2 进行比较，当 $Q_1^2\leqslant\frac{kgRT}{b}\left(\frac{p_2}{p_1}-a\right)$时，控制防喘振阀 4 适当

打开，使部分气体返回压缩机入口，从而保证压缩机在防喘振控制线的右侧范围内安全运行。

③ 通用性能曲线法防喘振控制系统　通用性能曲线法防喘振控制系统见图 3-34，压缩机入口流量与进、排气压力信号进入 PLC 控制模块完成处理与控制。在正常工艺条件下，根据此时压缩机压比，通过防喘振控制线求出入口防喘振流量设定点，与实际入口流量进行比较，从而调整防喘振阀的开度，防止喘振的发生。

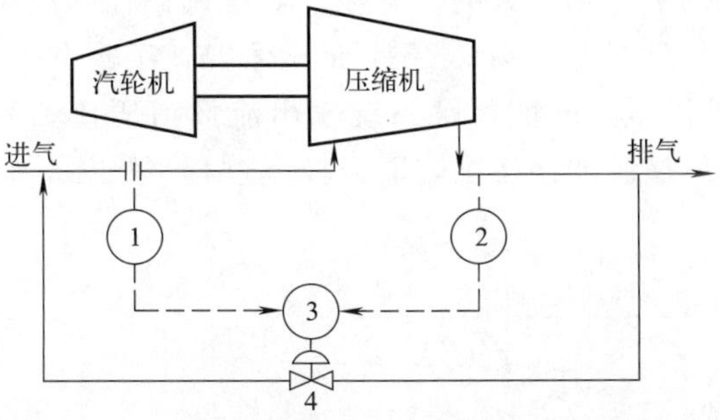

图 3-33　可变极限流量法防喘振控制原理图

1—流量传感器；2—压力传感器；
3—PLC 控制器；4—防喘振阀

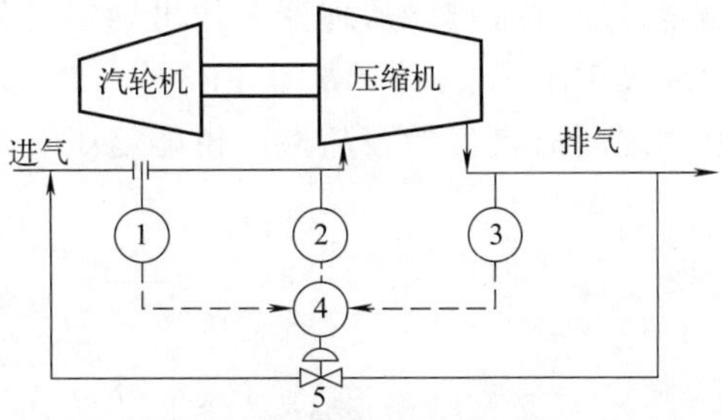

图 3-34　通用性能曲线法防喘振控制原理图

1—入口流量压差传感器；2—进气压力传感器；
3—排气压力传感器；4—PLC 控制器；5—防喘振阀

④ 防喘振自动控制方案　比例-积分-微分（PID）控制是最早发展起来的控制策略之一，由于其具有算法简单、鲁棒性好和可靠性高等优点，被广泛应用于工业过程控制中。PID 控制适合于可建立精确数学模型的确定性控制系统，但实际的工业过程控制系统中存在很多非线性或时变不确定因素，使得 PID 控制器的参数整定过程十分烦琐，控制效果也往往因此受影响。传统的 PID 控制虽然能够满足机组变转速调节的要求，但是在防喘振控制方面的效果不是太好。近些年来，随着现代控制理论和计算机技术的飞速发展，智能化的模糊控制逐步应用于防喘振控制中。模糊控制器不需要掌握控制对象的精确数学模型，而是根据人工控制规则组织控制决策表，再由控制决策表决定控制量的大小。这种控制方法对于存在滞后或随机干扰、参数未知等系统具有良好的控制效果。

模糊控制实质上是一种非线性控制，从属于智能控制的范畴。模糊控制是一种采用模糊逻辑来进行控制的算法，其最大特征是根据相关领域专家的控制经验和知识生成相关变量的控制规则，然后去控制系统。因此模糊控制特别适用于数学模型未知的复杂系统的控制。模糊控制把传感器输入信号模糊化，并用此模糊输入去适配生成的控制规则，完成模糊逻辑推理，最后将模糊输出量进行清晰化处理，变为模拟量或数字量后送给执行器去控制被控对象。模糊控制系统基本结构如图 3-35 所示，由图可知模糊控制由三个步骤组成，即模糊化、

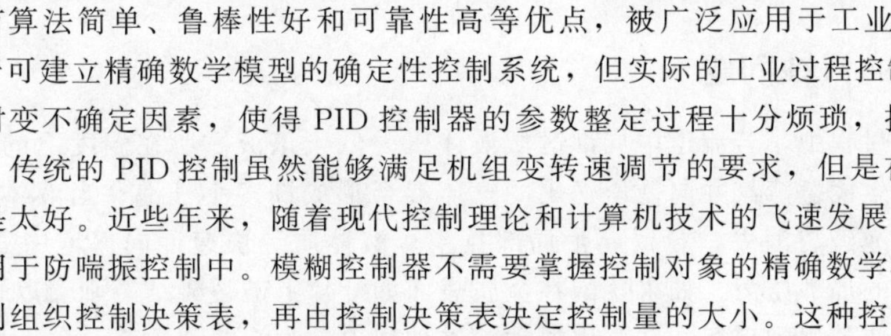

图 3-35　模糊控制系统基本结构框图

模糊推理、清晰化。

在模糊控制系统中，关键的一环是设计和调整模糊控制器。模糊控制器的设计包括以下几项内容：a. 确定模糊控制器的输入变量和输出变量；b. 确定各变量的模糊语言变量取值及相应的隶属函数；c. 建立模糊控制规则或控制算法；d. 确定模糊推理和解模糊化方法。

模糊控制所依据的控制规律是不精确的，其模糊关系的运算法则、输入精确量到模糊量的转换，以及输出模糊量到实际控制量的转换等都带有相当大的任意性。对于模糊控制性能和稳定性，常常难以从理论上作出确定的估计，只能根据实际效果评价其优劣。实验发现，利用模糊 PID 控制器（如图 3-36）来调节压缩机机组，既能保证系统输出流量与压比和系统扰动之间有良好的跟随性，也能使压缩机很快地摆脱喘振工况，而且控制过程平稳。

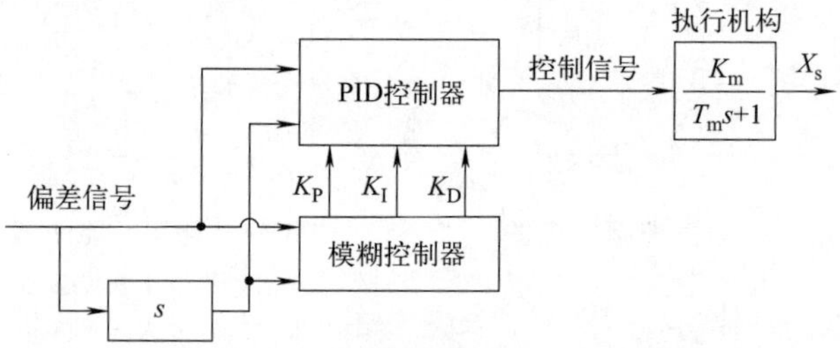

图 3-36 模糊 PID 控制器

K_m—相关系数；X_s—输入信号；s—拉普拉斯变换中的复变量；T_m—时间常数

3.3.3 泵的汽蚀问题

泵在运行过程中，若流道中局部区域液体压力低于该液体所在温度下的饱和蒸气压时，液体会汽化产生大量蒸汽并与低压逸出的气体混合形成许多小气泡。当液体进入高压区时，蒸汽凝结，气泡破裂消失，导致产生局部真空，液体质点快速冲向气泡中心，质点相互碰撞，产生很高的局部压力。如果气泡在金属表面如叶片上破裂凝结，则会以较大的力打击叶片金属表面，使其遭到破坏，并产生振动，这种现象称为汽蚀现象。

3.3.3.1 汽蚀机理

（1）汽蚀核子的理论

实际使用环境中，液体工质不可能完全纯净，流体中存在大量的灰尘等固体杂质。这些杂质会使汽蚀现象与理论分析产生较大的偏差。例如理论上汽化出现在压强低于液体蒸气压处，但杂质的存在会使压力高于液体蒸气压的区域发生汽蚀。但是只有那些能够影响气泡形成、膨胀、溃灭的杂质才会影响汽蚀的产生。因此，人们把在不亲水的杂质微细缝隙中以气囊形式存在的微细气泡称为汽蚀核子。汽蚀核子以几微米的尺度存在，肉眼观察不到。当液体流动到压强较低的区域时，汽蚀核子就从缝隙中析出，并在水动力的作用下迅速膨胀。汽蚀核子较少时，液体可能在低于汽化压强时才发生汽化；汽蚀核子较多时，即使液体压强大于汽化压强，仍有大量的汽蚀核子膨胀，也有可能发生汽蚀。早在 1947 年，海威（Harvey）就提出了汽蚀核子的假设。但是直到 1975 年，才有人用全息照相的方法测定了汽蚀核子的存在，证明汽蚀核子的直径约为 7～10μm。

（2）气泡的平衡和增长

在对汽蚀现象的研究和讨论中，往往是针对单个球形气泡的生长和溃灭。如果单从单个球形气泡出发来说，气泡表面把压强分为气泡外和气泡内两部分，气泡外侧为液体压强 p，气泡内部可设为汽化压强 p_v。于是，在气泡表面张力的作用下的平衡关系是 $p=p_v-2\sigma/R_0$，式中 σ 为表面张力，R_0 为气泡的初始半径。由此可知，液体的表面张力越大，气泡增长所必需的压差 p_v-p 就越大，而气泡崩溃所需的压差却越小。这意味着表面张力加速了崩溃速度，这样气泡崩溃时的冲击力将随着表面张力的增大而增大。

另一方面，假如表面张力 σ 一定，则气泡的溃灭存在一个临界压强，对应的有一个气泡的临界半径。临界半径越小，临界压强的绝对值就越大，这意味着液体周围的压强必须下降到低于汽化压强，以便使汽蚀核子迅速生长。显然，如果汽蚀核子在通过低压区时不足以使之增长到临界尺寸，那么汽蚀就不会发生。可见，汽蚀核子的起始尺寸不同，就将在不同的绝对压力下显示出汽蚀的倾向。由此可知，如果不计汽蚀核子的尺寸和分布，在不同的液体进行试验时得到的结果也将有所差异。

(3) 气泡的生命周期和溃灭

汽蚀核子出现后，首先是连续膨胀增长，直到最大直径为止，然后就很快溃灭到零或者接近于零的尺寸。试验证明当气泡移向高压区时就会发生溃灭，但溃灭之后又马上发生较小尺寸的重新增长，接着又重新溃灭。这种回跃的周期要重复两次，并且有发生第三次回跃的迹象。显然，由于摩擦和传热方面的原因，气泡周期性地回跃和溃灭的过程是逐渐衰弱的，经过几次的回跃和增长之后气泡就完全消失。

(4) 气泡溃灭时产生的压强

气泡溃灭时所产生的压强无法精确地测定，但是其数量级大致可以导致材料受到破坏却是众所周知的事实。许多研究者通过估算得到了不同的结果，张新铭等人利用 Rayleigh-Plesset 动力学方程模拟气泡溃灭过程。结果显示，在液体含气量为 3%时气泡溃灭过程中的最大压力值为 3000MPa 左右，另外在含气量为 1%和 2%时，最大压强分别为 1800MPa 和 2000MPa。Gompf 利用高速相机研究了单个气泡的非对称溃灭过程，发现气泡溃灭时所产生的高速微射流速度达到 4000m/s，且气泡附近的压强高达 6000MPa，得出了气泡的溃灭造成了能量聚焦的结论。可以看到，气泡溃灭产生的压强远远大于一般高强度钢的屈服极限。

(5) 黏性的影响

汽蚀现象产生的原因是气泡的形成、增长和溃灭。气泡增长和溃灭显然与液体的一些物理性质有关，并在很大程度上与黏度有关。黏度较大的液体能够将气泡增长和溃灭的速度缓慢下来。因此，如果液体的黏性很大，而在液体压强低于汽化压强的负压力区停留的时间很短，则由于气泡的体积还来不及增长到足以改变液流结构那样大的尺寸，液流中的汽蚀现象难以发生。事实上，在泵内的液体，因改变了液体动力学特性而使速度分布改变，将可能加大发生汽蚀的危险。

3.3.3.2 汽蚀基本方程式

首先分析离心泵叶轮流道中汽蚀发生的条件。理论上说，液体在叶轮进口处的压力最低，但事实上，由于叶片进口端液体绕流的作用，泵内的最低压力点通常位于叶片进口端稍后的位置且在进口边距轴线最远的半径处，如图 3-37 上的 K_{1t} 点。这是因为 K_{1t} 点处与进口边其他位置处相比，半径和圆周速度均较大，因而相应的相对速度较大，使进口处的绕流压降也相应增大。此外，从轴面图看，前盖板从轴向转为径向的圆角半径与后盖板处相比较小，因而流速大，压力低。因此 K_{1t} 点应该是泵叶轮流道内的最低压力点，如果 K_{1t} 点处

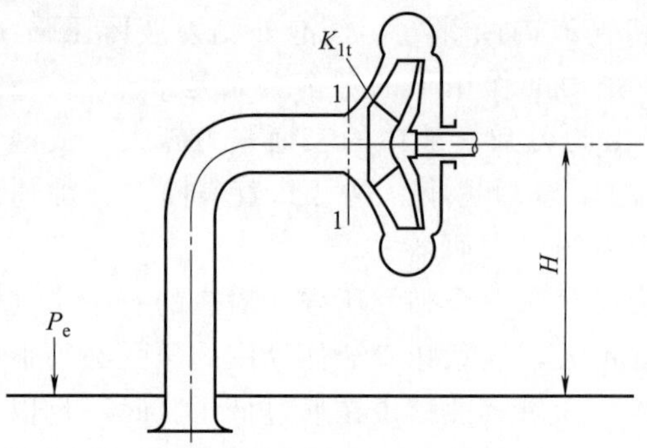

图 3-37 离心泵入口结构图

液体的绝对压强等于汽化压强 p_v，泵内就发生汽蚀，即 $p_{K_{1t}}=p_v$ 是泵发生汽蚀的条件。

设 p_1 为泵进口 1—1 截面处的压强。液体在从 1—1 截面流向 K_{1t} 截面的过程中将发生压降，该压降由下列诸因素造成：该两截面之间的水力损失；因液流转弯而造成的绝对速度的不均匀。

由于 1—1 截面处和叶片进口边前液体平均绝对速度改变（设叶片进口边前平均绝对速度为 v_0，1—1 处平均绝对速度为 v_1），则因速度改变引起的压降为 $(v_0-v_1)/2g$。

液流进入叶轮流道时，因叶片对液流的作用所引起的相对速度的分布不均匀，则因叶片进口相对速度 w_0 的绕流所引起的压降为 $\lambda w_0^2/2g$，其中 λ 为压降系数。

离心泵叶轮进口段的形状是多种多样的，对每个具体情况来说，上述的水力损失和因绝对速度不均匀造成的损失很难予以正确的估算。因此，在计算关系式中常常不直接考虑这些因素，而在最后加以修正。

由此可知，从 1—1 截面到 K_{1t} 截面之间液流的最大压降为

$$\Delta p_{max}/\rho g=(v_0^2-v_1^2)/2g+\lambda w_0^2/2g \tag{3-50}$$

前面指出 K_{1t} 点处的压强在泵的整个流道中是最小的，K_{1t} 截面处的压头为

$$p_{K_{1t}}/\rho g=p_1/\rho g-\Delta p_{max}/\rho g=p_1/\rho g-(v_0^2-v_1^2)/2g+\lambda w_0^2/2g \tag{3-51}$$

考虑到 $p_{K_{1t}}=p_v$ 是汽蚀发生的条件，因此用 p_v 代替 $p_{K_{1t}}$ 并经整理后可得表示汽蚀发生条件的关系式为

$$p_1/\rho g+v_1^2/2g-p_v/\rho g=mv_0^2/2g+\lambda w_0^2/2g \tag{3-52}$$

3.3.3.3 泵的有效汽蚀余量与必需汽蚀余量

泵的允许吸上真空度随着当地的大气压、温度、吸入管的阻力和流速以及液体的性质不同而不同，使用起来不方便。为了弥补这个缺点，引入了能表示泵抗汽蚀性能的参数——汽蚀余量。汽蚀余量又分为有效汽蚀余量和必需汽蚀余量。

(1) 有效汽蚀余量

有效汽蚀余量又称装置的汽蚀余量，指泵吸入口处单位重量液体所具有超过汽化压力（饱和蒸气压力）的富裕量，用 $(NPSH)_a$ 表示。

$$(NPSH)_a=p_1/\rho g+v_1^2/2g-p_v/\rho g \tag{3-53}$$

也有把有效汽蚀余量理解为吸入液面上的压头在克服吸入管路中的流动损失后，并把液流提高一定高度后，所剩余的超过汽化压头的能量。这样的话，有效汽蚀余量 $(NPSH)_a$，还可以用下式表示：

$$(NPSH)_a=p_e/\rho g-H-h_w-p_v/\rho g \tag{3-54}$$

式中，$p_e/\rho g$ 为水泵系统吸入液面上的压头；H 为液流被提到的高度；h_w 为吸入管路中的流动损失。

分析上式，可以得到以下结论：当液面上的压力和液体的汽化压力一定时，有效汽蚀余量随泵的安装高度和吸入管流动损失增加而降低，这就是说有效汽蚀余量只与泵的吸入装置

有关而与泵本身的接口无关；在液面压力和安装高度不变时，吸入管流动阻力随泵的流量增大而增大，从而导致有效汽蚀余量越小，发生汽蚀的可能性增加；液体的温度越高，相应的汽化压力也越大，有效汽蚀余量减小，发生汽蚀的可能性越大。

（2）必需汽蚀余量

必需汽蚀余量又称泵的汽蚀余量，由泵的水力模型和制造质量确定，用 $(\mathrm{NPSH})_r$ 表示。

$$(\mathrm{NPSH})_r = mv_0^2/2g + \lambda w_0^2/2g \tag{3-55}$$

必需汽蚀余量表示液体进入泵后压头下降的程度，它只与叶轮进口处的运动参数有关。除了要考虑热力学因素外，一般说来 $(\mathrm{NPSH})_r$ 值与液体性质无关。$(\mathrm{NPSH})_r$ 值的大小标志着泵抗汽蚀性能的好坏，它的值越小，则泵的抗汽蚀性能越好，要求吸入系统提供的 $(\mathrm{NPSH})_a$ 值越小。换言之，在其他条件都相同的情况下，几何安装高度可以较高。

理论上，汽蚀发生的条件是 $(\mathrm{NPSH})_a = (\mathrm{NPSH})_r$。很明显，随着流量的不同，$(\mathrm{NPSH})_r$ 的值是不同的。目前必需汽蚀余量 $(\mathrm{NPSH})_r$ 还不可能用计算精确得到，需要用试验的方法来得到。在设计水泵时，人们一般把 3% 扬程下降点时的必需汽蚀余量 $(\mathrm{NPSH})_3$ 作为设计的标准，就是使设计的水泵系统满足 $(\mathrm{NPSH})_a > (\mathrm{NPSH})_3$。而对于那些要求较高的场合，如核电厂、军舰等则用汽蚀初生点时的必需汽蚀余量 $(\mathrm{NPSH})_r$ 作为设计的标准，以保证系统不发生汽蚀。

3.3.4 汽蚀问题数值模拟

离心泵发生汽蚀的过程中，气泡从产生、膨胀到溃灭是一个时间非常短的过程，涉及复杂的动态气液两相流动过程。从宏观角度看，气液两相流流场包括气相、液相和气液界面 3 部分。界面的存在是两相流流动的关键特征，对流动特性有很大影响，且流场中的界面在数量上和分布上时刻变化。在等温两相流中，随流动的进行，两相界面的大小和分布状况随着压力的变化而变化。当压力变化较小时，沿流道压降与介质压强相比，数值很小（$\Delta p \ll p$），界面及其分布可以看成是不变的。但在压力变化很大的两相流中，介质压力大小和气液两相界面的变化均很显著，因此流动特性也会随之改变。利用数值模拟手段研究离心泵叶片内的汽蚀情况对提高离心泵的抗汽蚀能力有着重要的意义。

（1）叶轮内汽蚀两相流定常模拟

朱荣生等人在建立气液两相流混合漂移模型控制方程基础上，利用 RNG k-ε 湍流模型和壁面函数法对稳定工况下低比转速离心泵叶轮内部三维黏性流场进行定常计算，并根据计算结果分析其内部汽蚀两相流特征。在设计额定工况下进行计算，各参数为：旋转角速度 2900 r/min，流量为 $32\mathrm{m}^3/\mathrm{h}$，叶片数 6。考虑受各物理量在相邻节点间分布曲线的曲率影响，采用压强连接的隐式修正 SIMPLEC 算法，同时应用二阶迎风差分格式数值离散对流项。

根据前后盖板静压分布图（图 3-38）可以看出，在叶轮内，从进口到出口，静压先降低，到某一最低负压值后，静压又开始上升，直到叶轮出口处达到最大值。叶片背面和工作面的静压分布见图 3-39，由于叶片进口角的影响，静压的最低点位于叶片进口附近，这一小块区域正是通常发生汽蚀的区域。在该区域产生气泡，然后沿着叶片压力又很快升高，在压力的作用下，气泡又产生收缩和溃灭，造成对叶片金属表面的冲击破坏，形成汽蚀坑。从叶片背面、工作面不同位置的静压分布曲线图 3-39（c）可以看到，在沿叶片流动方向上，由进口到出口，叶片背面的静压都低于工作面的静压，在进口处，两面的静压值相差不大，而在出口处，差值约达到 0.25MPa。

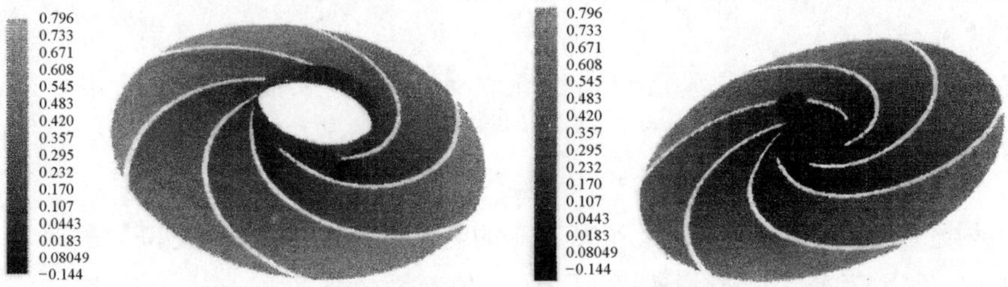

(a) 前盖板　　(b) 后盖板

图 3-38　前后盖板静压分布图（单位：MPa）

(a) 背面(单位：MPa)　　(b) 工作面(单位：MPa)　　(c) 分布曲线

图 3-39　叶片工作面及背面静压分布

从叶片进口处气液两相流分布图［图 3-40（a）］可看到，叶片背面进口附近的低压区有气泡产生，此处气泡相占整个流体的比例极大。随着压力的不断上升，气泡开始破裂，气相所占比例也逐渐降低，形成汽蚀尾迹现象。根据液相体积分数分布图［图 3-40（b）］可以看出，液相所占的体积分数受叶片长度的影响较大，在叶片进口处附近区域，液相占的体积分数很小，得到的是离散的点。而在距离进口较远的区域，液相所占的比例逐渐增大，数据点密度变大，表明此时液体已接近连续。由气相的体积分数分布图［图 3-40（c）］可见，气相所占的体积分数最大区域集中在叶片进口处附近某一区域，在这一区域，气相分数达到最大值。而在沿叶片流道向出口方向，随着与进口处距离的增加，因为压力升高，气相分数突然急剧降低，此时液相在流道空间占很大比例，表现在曲线上存在很少的气相离散点分布。

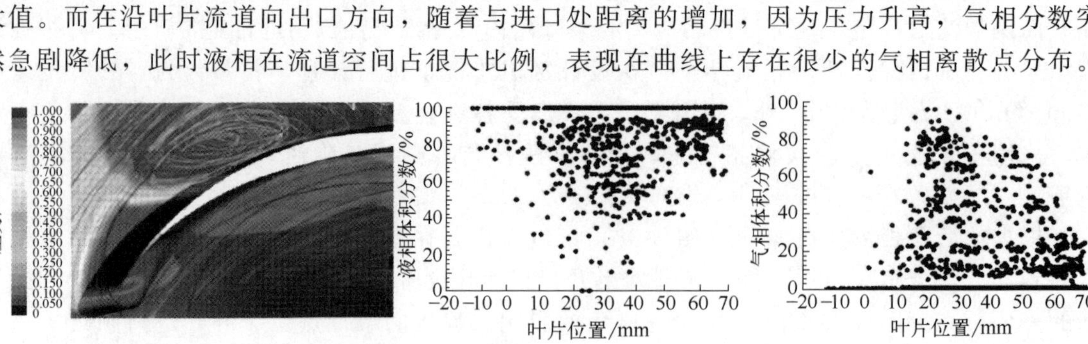

(a)　　(b)　　(c)

图 3-40　叶片进口处的气液两相流分布（a），叶片背面、工作面液相体积分数分布（b）和叶片背面、工作面气相体积分数分布（c）

(2) 叶轮内汽蚀两相流非定常模拟

王秀礼等人利用雷诺时均 N-S 方程（RANS 方程）和 RNG（重整化群）k-ε 两方程及 SIMPLEC 算法，采用全空化模型并考虑水中未溶解气体对空化的影响，对离心泵全流道内的气液两相湍流进行了数值模拟计算，分析了离心泵内部发生汽蚀时的非定常流动的规律。为了监测不同工况下径向力的分布情况和离心泵内部压力脉动，选取如图 3-41 所示的监测点。在叶轮流道内的监测点为Ⅰ、Ⅱ、Ⅲ、Ⅳ，蜗壳与叶轮的交界面附近的监测点为 B、C、D、E，为每隔 90°取一个监测点。所有的点均处在中截面上，上述监测点可完整地实现离心泵发生汽蚀时内流动状态的监测。

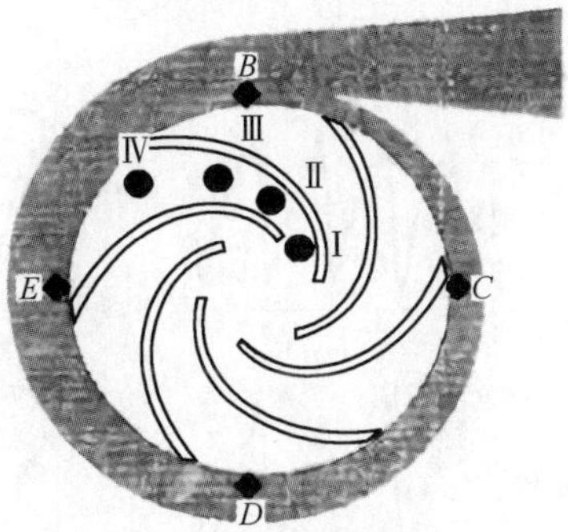

图 3-41　泵内各监测点示意图

图 3-42 为气体体积分数在叶轮流道内的分布情况，由于叶片进口角的影响，当汽蚀初生时气泡只在叶片进口背面一个很小的低压区域内，在该区域产生气泡后沿着叶片的出口方向移动，当达到一定的压力时气泡又产生收缩和溃灭。由于气泡只在叶片进口背面很小的局部区域内产生和破灭，因此不会对叶轮造成汽蚀破坏。随着汽蚀余量 $(NPSH)_a$ 的降低，气泡在叶片表面和叶轮通道内径向截面的分布逐渐增加，并且逐渐由叶片的背面局部低压区域扩展到叶片的工作面、叶轮出口和蜗壳进口位置，从而造成对流道的堵塞，这将影响叶轮内部的能量交换过程，严重时会引起外特性曲线的下降。

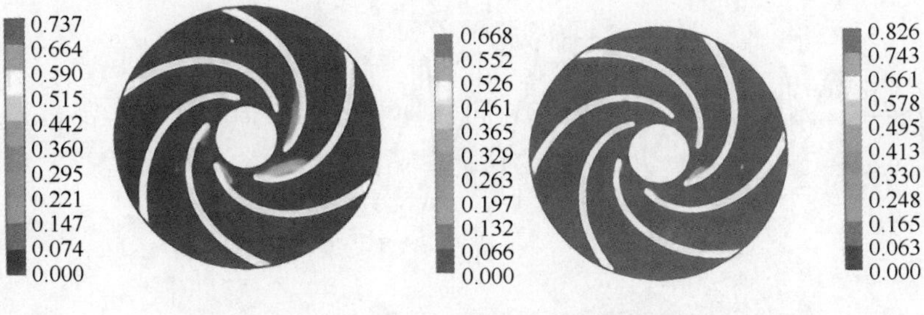

(a)　(b)　(c)

图 3-42　叶轮流道内气体体积分数

(a) $(NPSH)_a$ 为 3.7m；(b) $(NPSH)_a$ 为 2.7m；(c) $(NPSH)_a$ 为 1.7m

图 3-43 为叶轮流道在 4 个周期内的压力脉动时域图，图中 p 为压头，t 为周期。可以看到，在 $(NPSH)_a$ 为 3.7m 时，叶轮流道内各点的压力脉动均值不同，但总体变化趋势近乎相同。当 $(NPSH)_a$ 为 2.7m 时，叶轮流道内的变化趋势略有不同，其原因是受割舌的影响，在不同叶轮流道内汽蚀发生的程度也不一样，与 $(NPSH)_a$ 为 3.7m 时相比，Ⅰ点处的变化趋势有较大不同，而Ⅱ点处的变化趋势略有不同。对比图 3-43 (c) 可知在Ⅰ点处是最容易发生汽蚀的区域，也是气体体积分数较大的区域，因此在叶轮流道内Ⅰ点处的压力脉动变化受汽蚀影响较大，而Ⅱ点处未靠近汽蚀发生区域，因此受到的影响不大。当 $(NPSH)_a$ 为 1.7 m 时，叶轮内部的压力脉动变化趋势及幅值完全不同，特别是在Ⅰ点和Ⅱ点处。从图 3-43 (b) 中可以看出，在Ⅰ点处的第 1 个周期内，压力脉动的幅值从 0.015 逐渐上升到 0.048 后又降到 0.032，变化幅值较小且不规律，后 3 个周期的变化幅值呈不规则变化，这主要是由于在此时间范围内，该点汽蚀程度比较严重而改变了压力脉动的变化；在Ⅱ点处的

第 1 个周期内，压力脉动幅值从 0.13 上升到 0.19 后经历一段上下波动幅值很小的时间后幅值开始降低为 0.156，其最大值小于后 3 个周期的最小值，后 3 个周期出现规律变化，但具体略有不同；Ⅲ点与Ⅳ点第 1 周期的压力脉动变化与后 3 个周期的变化趋势相似，但第 1 周期的最大值小于其他周期的最大值。因此，压力脉动的变化值受气体体积分数的影响随着叶轮径向位置的改变而改变。

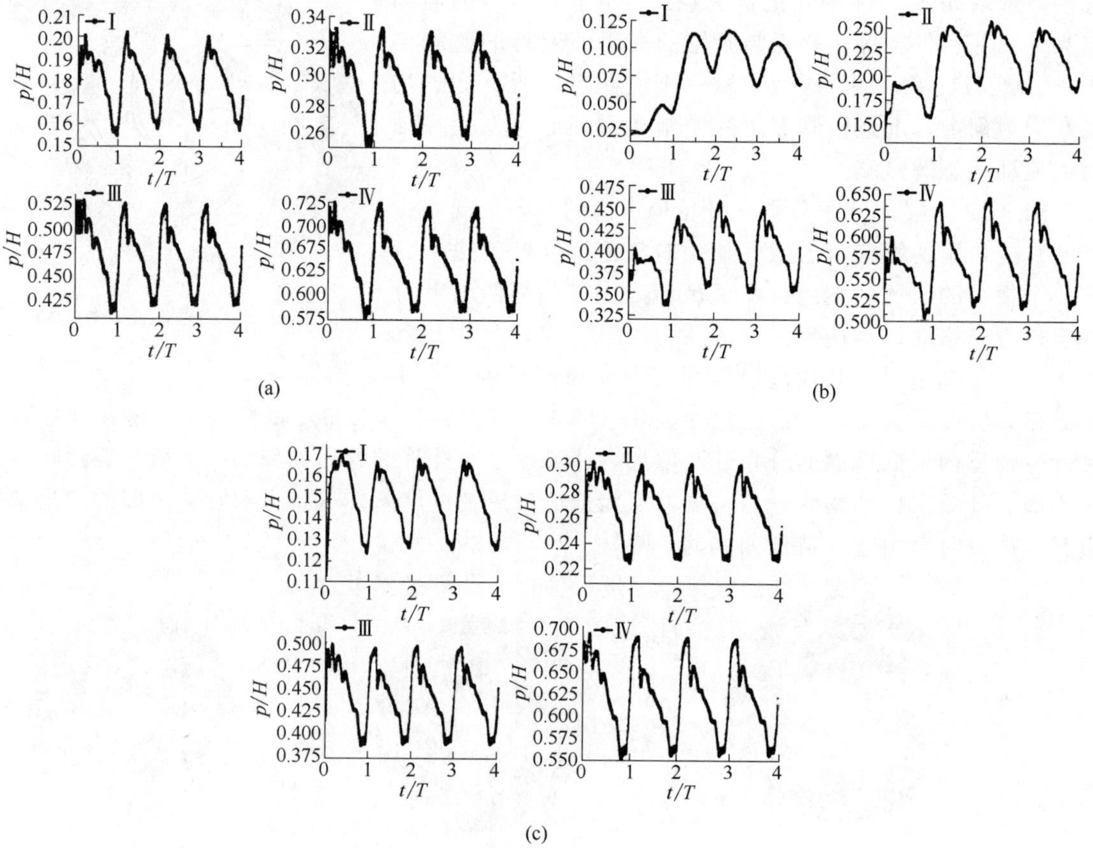

图 3-43　叶轮流道内压力脉动时域图

(a) $(NPSH)_a$ 为 3.7m；(b) $(NPSH)_a$ 为 2.7m；(c) $(NPSH)_a$ 为 1.7m

3.4　技术进展及未来发展趋势

我国透平压缩机的发展是从 20 世纪 60 年代开始的，最初是效仿苏联的方法，而且在此基础上稍做改动，目的是提高钢铁行业的冶炼效率，对技术的要求不是很高。1976 年之后，在国家的政策和财政支持下，透平压缩机行业不断引入国外先进技术，发展十分迅速，而且应用领域也逐渐扩大，能够用于大规模、复杂工艺条件。90 年代中期，流体力学数值计算软件逐步被应用于透平压缩机的设计中，进而加速了我国透平压缩机自主研发技术发展的步伐，也使得我国透平压缩机的应用领域也进一步扩大，在石油精炼、燃气输送、煤化工、制酸、燃气-蒸汽循环发电和空气分离等领域都有广泛的应用。

现如今，随着现代工业的高速发展，透平压缩机的应用场景也在不断地拓宽，其应用工况变得更加复杂，对透平压缩机安全性要求的显著提高。另外，在设计和制造上，还要保证透平压缩机的运行高效节能、降低成本，以提高透平压缩机在市场上的竞争力。

3.4.1 大流量透平压缩机

(1) 设计方法

透平压缩机内部流动受到旋转、曲率以及黏性等许多因素的影响，表现为十分复杂的非定常、有黏性的三维湍流流动。对透平压缩机的实验研究存在周期长、成本高且数据难以测量的问题。因此，透平压缩机的设计研究主要采用CFD数值计算的手段。早期由于计算条件的限制，几何设计和二维气动设计方法是透平压缩机设计的主要方法。在20世纪50年代，吴仲华教授提出了两簇流面理论，自此，透平压缩机的设计逐步向三维气动设计转变。德国国家级宇航院（DFVLR）Krain博士基于准三维气动设计方法，通过计算机辅助设计技术完成了透平压缩机后弯型三元叶轮的设计，并应用激光测试技术对该叶轮内部流场进行了非常详细的测量，Krain叶轮成为许多研究人员验证自己设计方法的研究对象。

透平压缩机叶轮的设计方法可分为两种：正命题设计法与反命题设计法，正命题设计法指在给定透平压缩机叶轮叶片形状的情况下，通过CFD方法计算得到该叶轮的特性曲线及流场，对特性曲线及流场进行分析研究，目的是减小和消除流动分离区、激波损失，并进一步修改叶轮叶片型面，以优化改进叶轮叶片表面载荷分布、速度分布和降低流动损失。通常正命题设计法需要由初始叶型开始，进行多次修改，最终获得比较理想的叶轮叶片造型。反命题设计方法是由给定的叶型表面压力分布等气动参数来反求叶型，物理意义明确，可以针对控制激波强度、减少叶型损失等目标进行优化，计算量相对较小。

① 正命题设计方法 常见透平压缩机正命题设计方法的基本流程包括初始叶型设计、子午面设计和叶片几何形状设计三个步骤，配合一维、二维和三维效果分析的要求，当低维度的分析预测结果达到要求后，进行下一步工作。国外学者利用Bemstein-Bezier曲线和曲面成型的方法对透平压缩机叶轮子午面和叶片进行控制设计，通过改变控制点设计出任意形状的曲线和曲面，但该设计方法的应用比较局限，因为其对设计经验要求十分高。我国的学者提出函数控制加载规律的叶轮三维设计方法，在叶轮设计中引入叶片的载荷分布与叶片角β的变化函数，运用可视化方法确定相对气流角分布的加载规律，并与Bezier多项式曲线构造方法相结合，设计回转面上叶片型线，确定坐标参数。

② 反命题设计方法 在各类反命题设计方法中，以角动量不同分布来控制叶片几何型线的方法应用较广。角动量的分布规律直接决定叶片载荷的大小并影响流动方向、跨盘盖方向的速度分布，而速度分布对叶轮二次流的强度、叶片表面边界层的发展有决定性的影响，必然影响到对叶轮边界层损失、分离损失和二次流损失的控制。因此，合适的角动量分布是设计高性能叶轮的最有效手段之一。

为了研究不同的角动量分布对叶轮内部流场分布及对叶轮性能的影响，席光等人将上述DFVLR的博士（Krain）实验测量的透平压缩机后弯型高亚音速三元叶轮作为设计研究的对象，对其内部流动及气动性能进行计算。在保留子午型线的前提下，改变角动量分布对叶片重新设计，以研究角动量分布对叶轮内部三维流场及总体性能的影响，假定流面上的相对流动是稳定、无黏、绝热的，发展了一种以三维黏性分析为参考准则的实用设计方法。在此基础上，王晓峰等人又探讨了将透平叶轮内部的三维黏性流动求解与试验设计技术以及响应面方法相结合的优化设计方法。响应面方法是试验设计与数理统计相结合的优化方法，在试验测量、经验公式或数值分析的基础上，对指定的设计点集合进行连续的试验，并在设计空间构造测定量的全局逼近，这样便可以全面观察响应变量在设计空间中的变化。在详细探讨响应面优化设计方法的基础上，他们以某工业透平压缩机中间级叶轮为研究对象，采用响应面方法对其进行优化设计，性能有较大改进。

正如上述三元设计方法所述，叶片反命题气动设计方法多采用无黏流动假设，完全考虑黏性流动的设计方法则不多见。20 世纪 80 年代中期，Thompkins 等人提出通过矢通量守恒获得叶片表面网格点的虚拟速度来修正叶型，此方法虽然不涉及流动切向条件而适合应用于黏性流动，但是将反命题作为一个准稳态问题求解将导致结果不准确。在此基础上，Daneshkhah 等对此方法进行了改进，采用精确求解非定常 RANS 方程替代准稳态假设，并修改控制方程来适应网格的变化，从而使此方法完全满足黏性条件。王志恒等人在利用 Daneshkhah 等提出的可用于黏性流动的逆命题设计方法的同时，结合 FLUENT 软件，搭建了一种完全黏性条件下的叶型逆命题设计平台，其特点在于采用动网格技术以适应叶片表面产生的网格变形，并计算验证了该平台的有效性。

(2) 含分流叶片大流量透平压缩机的设计

为减小透平压缩机叶轮进口的冲击损失，降低叶片厚度对进气的阻塞，避免叶轮出口圆周上相邻两叶片间距过大等，目前国内外的高效率透平压缩机叶轮广泛采用了长、短叶片（分流叶片）的形式。刘瑞韬等人运用三维黏性流动数值计算程序 Fine/Turbo 对含分流叶片的透平压缩机级内三维黏性流场进行了数值分析，为该类透平压缩机的优化设计及改进研究打下了基础。在此基础上，刘瑞韬等人又对分流叶片位置对高转速透平压缩机性能的影响进行了研究，重点分析了分流叶片不同起始位置及不同周向位置对压缩机级内三维黏性流场及整级性能的影响。计算结果表明：采用分流叶片在进口处会减少叶片阻塞；不同分流叶片起始位置下长叶片进口流场具有相同的分布规律；分流叶片越短，长叶片压力面无量纲静压载荷越大；当分流叶片长度达到某一数值后，长叶片载荷变化趋于平缓。初雷哲、杜建一等人采用 CFD 软件对微型燃机的透平叶轮进行数值模拟，讨论了叶片数及分流叶片位置对叶轮性能的影响，并进行了流场分析。分析结果表明：叶片数增加使得性能曲线左移，单个叶片载荷减小，损失增加，叶轮效率下降，但是增压效果得到改善；分流叶片位置靠近主叶片压力面时，性能曲线右移，流通能力提高，同时会使分流叶片的载荷增大，当分流叶片位置靠近主叶片吸力面时，情况正好相反。

3.4.2 小流量透平压缩机

杨策等人开发了一套将初步设计、性能优化计算、性能预测、叶片成型和叶轮应力分析包含在内的透平式叶轮辅助设计系统，并用其设计出一种小型高转速透平压缩机，然后对其性能进行了详细的分析研究。杨策等人的研究结果表明：在进口条件和转速相同情况下，后向叶轮压比小于径向叶轮，效率高于径向叶轮，后向叶轮的流量特性曲线的斜率大于径向叶轮的流量特性曲线的斜率，后向叶轮的流量特性更接近轴流压缩机的特性；顶部间隙增大时，透平压缩机压比减小，效率下降；对于小流量的透平压缩机，叶轮进口弯曲对叶轮在设计点的绝热效率影响不大，叶轮出口弯曲对透平压缩机在设计点的绝热效率影响很小；叶轮正弯时存在一个最高效率点，当叶轮正弯度大于或小于这个数值时效率均下降；采用前弯叶轮可以提高压缩机的效率，但会降低压缩机的压比；在较低转速下，前弯叶轮在大部分工作范围内效率高于普通叶轮，在较高转速下，前弯叶轮在全工况范围内效率都高于普通叶轮；

前弯叶轮比普通叶轮有更大的防喘振安全裕度，工作范围更宽广；前弯叶轮改善了出口的气流分离现象，能够减少掺混损失。

但是，上述高转速透平压缩机的流量也为 0.215kg/s，未达到 0.1kg/s 以下小流量的情况。

3.4.3 透平压缩机流场测控

上文提到透平压缩机内部流动十分复杂，因此，在透平压缩机流场测试方面的研究进展缓慢。我国研究人员对透平压缩机的研究主要是通过数值计算来进行，进而开发计算程序或者应用软件。研究人员以国外文献中提及的有详细试验结果的透平压缩机或叶轮（一般多用前文提及的 Krain 叶轮）为研究对象，验证可行性之后，用于自己的研发。20 世纪 60 年代初，激光速度测量学的发展为透平压缩机内部流场的测试技术带来了突破，主要包括激光多普勒测速（LDV）技术和激光双焦点测速（L2FV）技术。国外有学者运用激光双焦点测速仪对压比为 3 的压缩机内部流场进行了研究。Krain 发明了一种三维激光测量方法，用该方法对跨音速透平压缩机的内部流动进行了研究，并利用激光双焦测速仪在转子出口处进行测量，通过与二维流动进行对比，可以发现流体的流动可视作垂直于激光束的二维流动。此外，Krain 还发明了三组件多普勒双焦测速系统，这项技术结合了双焦测速方法和多普勒三维立体测速法：将两个绝对速度仪垂直于激光束放置，第三个组件平行于激光束，运用多普勒原理分析。通过实验证明，三维激光测量方法的测量结果和二维测量方法相差甚远，而且这种三组件多普勒双焦测速系统的精度十分高，所测得的绝对速度精度可达 1%，流动角精度可达到 1°。我国的学者也对透平压缩机内部流场测量技术进行了研究：国内上海交通大学研究人员研究了激光相位多普勒分析（PDA）技术的应用，他们采用 PDA 技术对透平压缩机在小流量工况下叶轮内部的流动进行了测量，对如何在原有适合粒子图像测速仪（PIV）测量的试验台上进行 PDA 测量提出了改进意见，分析了小流量工况下流道内气流速度矢量的变化趋势等流动特性。

3.4.4 高效率叶轮的设计

随着三元黏性流场分析和设计技术领域的发展，叶轮的效率也逐渐提高：中等流量系数的叶轮，在马赫数合适的时候，效率可达到 96%。叶轮的压缩效率还有比较大的提升空间，高效率叶轮的设计有如下几个研究方向。

(1) 流量系数的改进

在制冷系统的压缩机设计时因为有中间过程，加气量很大，大流量系数必不可少，为减小大流量透平压缩机叶轮进口的冲击损失、降低叶片厚度对进气的阻塞、避免叶轮出口圆周上相邻两叶片间距过大等，目前国内外的高效率透平压缩机叶轮广泛采用了分流叶片的形式。

在二氧化碳压缩机设计中，因密度变化大，末段体积流量很小，必须选用小流量系数叶轮，否则会使效率大幅度降低。西安交通大学的研究人员成功研制了大型尿素装置宽工况节能型二氧化碳离心压缩机，这是一种高压小流量化工介质离心压缩机，该技术解决了大型尿素生产中能耗大、设备故障频发的难题，保证了大型尿素装置长期低负荷运行时的节能效果，从源头上降低了尿素的生产成本。

(2) 轮廓尺寸合理化

一般情况是叶轮的轴向跨距尽可能小，叶轮的轮毂比要较大一些。这些都有利于转子的稳定性。特殊情况下如轴流加离心形式的压缩机，轮毂比可能要更大一些，为了和前面的轴流压缩段匹配；对于高压比、小流量的压缩机，为了避免出现气流激振故障，设计时希望叶轮安装处的轴颈尽可能粗一些，也有必要开发一种适合的叶轮。

(3) 工况范围

MTO（甲醇制烯烃）、LNG（液化天然气）和 PDH（丙烷脱氢）用离心压缩机设计时希望高效区宽一些。叶轮是在一定的区间运行的，特别是对多级压缩，即使在一个流量点上运行，也不能保证每个叶轮都在高效点上工作。对工况范围影响最重要的参数是叶片几何形状，特别是叶片进口角度。气流角对叶轮性能有很大影响，叶片安装角应该合理分布，以便在非设计工况点不会产生过大的冲角，能够保持稳定的运行效率，可操作范围得到进一步的改善。

(4) 轻介质、高能头、高效率叶轮的研发

现在石油化工流程上许多压缩机用来输送合成气和天然气等，它们的相对分子质量（大概 17～18）较轻，气体常数值较大，实际工作时叶轮机器马赫数较小，需要适合于低马赫数的高效率叶轮。特别在石油精炼装置中，随着工艺的进步，对压缩机压比要求越来越高，而这时压缩机输送的往往是相对分子质量小于 10 的混合氢气，压力提升较为困难。在叶轮材料强度允许的情况下，必须选用高能头的叶轮。否则，增加过多的叶轮会使转子跨距过长而增加压缩机缸数。因此，必须专门开发轻介质高能头和高效率的叶轮。

(5) 叶轮和扩压器的组合

叶轮和扩压器组合才能完成从机械能到压力能的完美转换。扩压器的设计重要性在叶轮潜力得到充分挖掘后显得越来越重要。后弯叶片叶轮基本级中，压力的升高主要在叶轮中完成，而叶轮的气流受离心力的作用，不易产生边界层的分离，所以流动损失比扩压器中的少一些。压力恢复系数是扩压器设计水平的重要衡量指标，许多气动研发人员都为提高它而努力。

(6) 降低蜗壳损失系数

在齿轮组装式压缩机设计中，排气蜗壳和扩压器一样，对级效率的影响越来越显著。许多气动研发人员正在通过 CFD 和试验相结合的手段，为降低蜗壳的损失系数而努力。

3.4.5 高能头叶轮

当前压缩机市场竞争激烈，压缩机制造商们都在设法降低成本。在同样的设计参数下，减少压缩机叶轮数量进而缩短轴向跨距和减少缸体数目，都对产品的技术竞争力有益处。实现上述目的的有效办法是提高单级压比。高压比离心叶轮过去广泛应用于航空领域，单个叶轮压比可以达到 7～11。由于其内部流动增加了激波损失，开发高压比条件下的高效率叶轮具有挑战性。石油化工行业气体种类繁多，气体物性和压缩机压比关系很大。由于人们习惯于用能量头替代压比来衡量叶轮对气体做功的能力，所以说对于合成气压缩机的研发方向就是提高单级能量头。这些高能头叶轮基本上都是典型的跨音速叶轮，通道内部流动包含复杂的激波结构及激波与边界层的相互作用，常规的设计方法难以满足其设计的需求。目前，许多研发工作都在围绕激波转子压缩技术而展开。

另外，当气体的压力提高较快时，叶轮通道内的逆压梯度会加剧叶轮内部的流动分离，导致叶轮的流动损失增大，流动效率降低。这表明对高能头叶轮而言，高能头和高效率在一定范围内存在制约关系。在 LNG、乙烯生产和煤化工装置中，制冷系统中经常用到丙烯压

缩机。尿素和甲醇生产装置中经常用到二氧化碳压缩机，对这些重介质，即使叶轮的能头不高，也不可避免地会遇到高马赫数问题。为保证良好的效率，必须专门开发。例如在 MTO 工艺流程中的丙烯压缩机，由于第二段进口有加气，因此，客户询价书中要求首段压比接近 2，如果用两级压缩，得不偿失，用一级压缩，就会碰到马赫数高的问题。遇到这种情况，设计师们希望叶轮数据库里有压比接近 2 的高马赫数和高能头叶轮。

3.4.6 进气流场改善

对于高性能离心压缩机的设计，进气位置流场的改善也是非常重要的一个方面。

① 径向进气室　对于模型级的实验很多情况下是在轴向进气条件下进行的，实际上单轴压缩机叶轮的进气大都是径向进气。叶轮进气条件的不同会带来叶轮的工作状态的变化。进气室的设计在最近十年发展得很快，我国的压缩机制造商已经建立了进气实验台开展研究。如图 3-44 所示为沈鼓和西安交通大学联合研制的离心压缩机径向进气室及进口导叶流场测量的实验台，主要用于径向进气室及进口导叶流场测量工作的研究。国外的一些制造商也把它作为一门关键技术来研究。

图 3-44　径向进气室及进口导叶流场测量的实验台

② 弯管导流　对齿轮组装压缩机进口广泛采用弯管的现实，有必要评估弯管导流进气对离心压缩机性能的影响。对离心压缩机进口接入直管和多种不同安装角度的 180°弯管展开实验和数值研究，并对比和分析了实验与数值预测结果。研究结果表明：弯管进气使压缩机性能显著下降，其不同安装角度对压缩机性能的影响有明显差别，且这种影响随流量增加而增大；进气管道的类型及安装方式的不同造成的管道总压损失也不相同；叶轮进口的流场结构受进气管道导流、叶轮转动和下游蜗壳不同周向位置对上游流场扰动的反向传播共同决定，其对应的总压畸变形态改变了叶轮进气条件，导致压缩机性能下降。目前都在研究如何通过导流装置均匀化进气。过去一段时间大多采用固定的导流装置，现在研究可转动导流装置，以求达到不同工况的理想进气条件。

③ 进口可调导叶　叶轮的效率流量曲线一般是抛物线，抛物线的顶点即为最高效率点。压缩机转速固定且在变工况工作时，让叶轮保持在“顶点”工作的最有效办法是进气导叶调节。可以说，进气导叶是压缩机流道中除叶轮以外的第二重要元件，其原理是进气预旋导致进口速度场变化，同时，欧拉功也发生变化。从模型级角度来说，通过改变导叶工作角度能够改变叶轮的性能曲线。虽然叶轮完全相同，也应看作是两个或更多的模型级，这取决于进口导叶的工作角度。需要通过实验来确定进口速度场改变后的新模型级性能曲线。另外，进口可调导叶的设计和安装位置也很重要。

3.4.7 集成压缩机的设计和应用

单轴类压缩机的下一步发展的重要方向是集成式压缩机。首先在电驱机组上实现。随着高速变频电动机和磁力轴承技术的发展，采用高速电机驱动的单轴压缩机已经进入到实质性应用阶段。特别是当高速电机与单轴压缩机合二为一时，同时采用磁力轴承的配置更是使其

图 3-45 HOFIM 型压缩机

具有系统简单、结构紧凑的优势。目前国际知名压缩机制造商均推出了相关机型。如图 3-45 为德国曼透平公司开发的 HOFIM 集成压缩机结构图。

该类型压缩机的优点在于撬装化和无人值守，具体来说，优势有以下几个方面：全封闭式罐装设计，免去了干气密封系统，杜绝了工作气体泄漏的可能，有利于环境保护；高速电机和压缩机的一体化设计，杜绝了齿轮箱传动连接的安全隐患；可变转速的压缩机有效提高了气动性能方面的稳定运转范围；磁力轴承的应用使得转子稳定性的设计更加灵活，并确保了无油化的实现，有利于环境保护，避免由于低温而产生的润滑油冻结。同样，磁力轴承也无须高温而进行维护，体现了卓越的环境适应性，系统更加简单。当然，它也有需要解决的关键问题，例如：高速电机和压缩机磁力轴承的冷却过程借助压缩机输送的部分气体实现，若是气体含酸性或者带液体会给安全运行带来隐患。

习题

1. 透平式压缩机与容积式压缩机相比，它有什么特点？
2. 透平压缩机的种类有哪些？分别有什么用途？
3. 简述泵的汽蚀机理及防止办法？
4. 简述泵的选型步骤。

第4章

化工静设备

化工静设备主要是指部件是静止的机械，即静设备，它们通常用于化学反应、物理变化或能量转换过程。化工静设备的种类繁多，涵盖了从原料处理到产品精制的各个环节。它们包括但不限于反应器、分离器、换热器、蒸馏塔等。这些设备的设计和选择必须基于严格的科学原理和实际的生产需求，以确保生产过程的高效、稳定和安全。化工设备的运行状态直接影响到生产线的连续性和产品的一致性，因此，对设备的实时监控和定期维护是保证生产顺利进行的关键。

在化工生产中，安全始终是首要考虑的因素。化工静设备往往涉及高温、高压、腐蚀性或有毒物料的操作，这些都可能导致严重的安全事故。因此，化工静设备的安全性设计、材料选择、操作规程和应急预案的制定都显得尤为重要。同时，随着环境保护法规的日益严格，化工设备在减少环境污染、提高资源利用效率方面也承担着重要责任。这要求化工静设备不仅要保证生产效率，还要符合节能减排和绿色生产的要求。

4.1 分类

化工静设备按生产工艺过程原理主要分为 4 类：①反应器，如槽、罐、釜等，用于进行化学反应。反应器是化工生产的核心设备，它们设计用于承受高温、高压等苛刻条件，并确保反应的顺利进行。②换热器，用于实现热量的传递，控制化工过程中的温度。换热器在化工生产中用于加热、冷却或热回收，以优化能源利用和生产效率。③分离器，如蒸馏塔、萃取设备等，用于实现不同组分的分离。这些设备在石油炼制、化学品合成等领域中非常重要，用于生产纯净的化学品或提取有价值的成分。④储罐，用于存储原料、中间体或最终产品。储罐在化工生产中用于缓冲生产波动，确保连续供应和稳定生产。

本节介绍几类比较典型的化工设备。

4.1.1 压力容器

压力容器是石油、化工、机械中广泛使用的承压设备，用于盛装气体或液体，并承受一定压力的密闭设备。压力容器的使用范围广，工作条件复杂，不同类型的压力容器结构复杂程度不同，设备功能各异，但总体而言，它的结构是以薄壁圆筒体为主体，并可将其整体拆分为筒体、封头、密封元件、支座、安全附件等。图 4-1 为一台卧式压力容器的总体结构图。

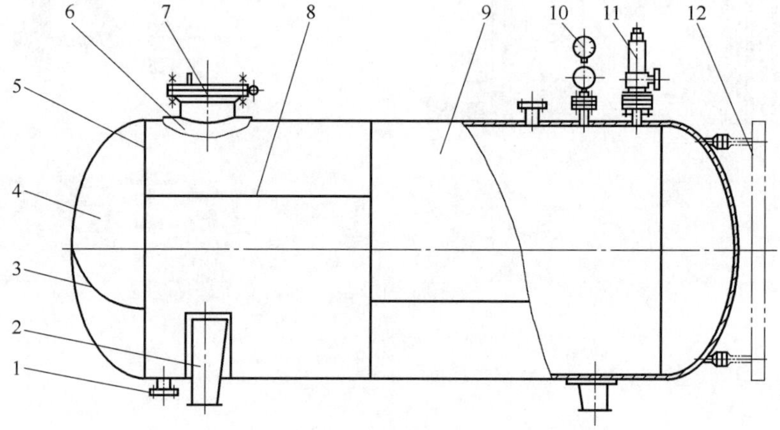

图 4-1 压力容器的总体结构

1—法兰；2—支座；3—封头拼接焊缝；4—封头；5—环焊缝；6—补强圈；7—人孔；8—纵焊缝；9—筒体；10—压力表；11—安全阀；12—液面计

图 4-2 反应压力容器实物图

不同的压力容器发生事故时所造成的危害程度各不相同。危害程度与设计压力、设计温度、介质危害性、材料性能和使用场合等因素有关。危害程度越高，对压力容器的要求也越高。因此，需要对压力容器进行合理分类。按照承压方式，压力容器可分为内压容器和外压容器；根据压力容器在生产工艺过程中的功能，可分为反应压力容器、换热压力容器、分离压力容器、储存压力容器 4 种；根据压力容器使用方式可分为固定式压力容器和移动式压力容器。

反应压力容器（代号 R）主要是用作工质进行物理反应和化学反应的压力容器，如图 4-2 所示，如反应器、反应釜、高压釜、合成塔、煤气发生炉等。

换热压力容器（代号 E）主要是用作工质进行热量交换的压力容器，如图 4-3 所示，如管壳式废热锅炉、热交换器、冷却器、加热器等。

图 4-3 换热压力容器实物图

分离压力容器（代号 S）主要是用作进行流体工质压力平衡和气体净化分离的压力容器，如图 4-4 所示，如分离器、过滤器、干燥塔等。

储存压力容器（代号 C）主要是用作储存和盛装气体、液体、液化气体等介质的压力容器，如图 4-5 所示，如氮气储罐、二氧化碳储罐、液化石油气储罐等。

图 4-6 为固定式压力容器的实物图，为固定在地面上不能移动的压力容器，有固定安装和使用地点，工艺条件和操作人员也较固定。如卧式储罐、球罐等。

移动式压力容器指各种移动装置，如汽车、火车上的压力容器，这种可以搬运的压力容器即为移动式压力容器，诸如汽车槽车、气瓶等，如图 4-7 所示为移动式压力容器的实物图。这类压力容器使用时不仅承受内压或外压载荷，搬运过程中还会受到由于内部介质晃动引起的冲击力以及运输过程带来的外部撞击和振动载荷，因而在结构、使用和安全方面均有其特殊的要求。

图 4-4　分离压力容器实物图

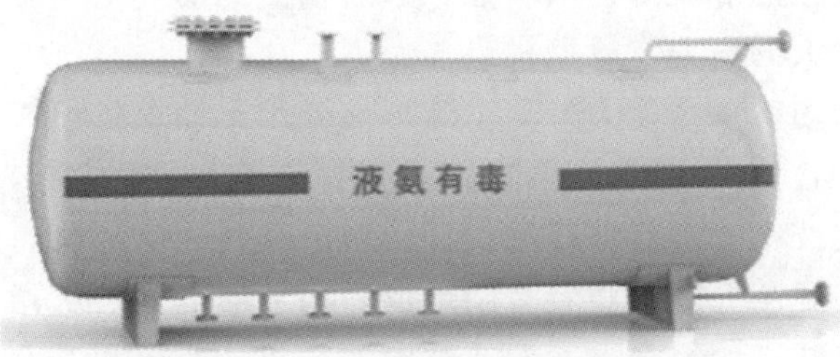

图 4-5　储存压力容器实物图

图 4-6　固定式压力容器实物图

图 4-7　移动式压力容器实物图

4.1.2　储存设备

储存设备主要是贮存石油及各类液态化工制品，是化工、能源等化工装置中的关键部件；在环保、轻工、医药、食品等工业中得到了很好的运用。储存设备是一种典型的薄壳式构造设备，其中以压力容器为主，是石化行业中使用最频繁的贮存装置。例如：用于加氢的高压储罐、液化石油气储罐等，用于固定地点储存介质。根据其几何结构，储存设备一般可分成三大类型：卧式圆筒形储罐、立式储罐、球形储罐。

卧式圆筒形储罐简称卧式储罐（卧罐），如图 4-8 所示。根据安装位置不同，卧式储罐可分为地上卧式储罐与地下卧式储罐。因受运输条件等限制，卧式压力容器通常不大于 100

图 4-8 卧式圆筒形储罐实物图

立方米，最高为150立方米。一般在生产部门或加油站使用。卧式储罐的环形焊缝为搭接，纵向焊缝为对接。地下卧式储罐是一种用于储存液化天然气和液化石油气的介质容器。因其安装位置的特殊性，不仅节省了土地资源、缩短了储罐的安全间隔，还具有较高的防火防爆及防冻能力，避免了外界温度和压力变化对于储罐的影响。

立式储罐是用来存放石油化工原料的重要容器，如图4-9所示，主要用于储存压力不大于0.1MPa的消防水、石油、汽油等常温条件下饱和蒸气压较低的物料。立式储罐在工程中的用途广泛，工艺简单，生产容易，受到各个行业的欢迎。立式圆柱形储罐在工程中最为常见，由于罐壁和罐顶连接方式的不同，可分成盛装原料不和外界接触的固定顶储罐和没有顶盖的浮顶储罐。立式储罐主要承受罐内液体的静压力，随着液体含量的增多，液体对罐底板的静压力逐渐增强，罐底板受到的静水压力最大，所以壁板最厚；上层罐壁板没有受到太大的压力，罐壁板最薄。

球形容器又称球罐，壳体呈球形，受力均匀，承载能力最高。球形储罐用于储存各种气体、液体、液化气体，如图4-10所示。20世纪50年代我国开始制造球罐，自80年代起，我国开始引进特大型球罐，大量吸收国外先进技术，进行球罐的设计、制造和装配，与此同时我国的焊接和检测技术也快速发展。球形储罐从外观形状看有圆球形和椭球形之分；从壳体构造方式看有单层球壳和双层球壳之分；从球壳的组合方案看有橘瓣式、足球瓣式和二者组合的混合式之分；从支承方式看有支柱式支座、筒形或锥形裙式支座之分。

图 4-9 立式平底圆筒形储罐实物图

图 4-10 球形储罐实物图

除此之外，储存设备按照工作温度划分为低温储罐（或称为低温储槽）、常温储罐（<90℃）和高温储罐（90～250℃）；按照材质可划分为非金属储罐、金属储罐和复合材料储罐；按照安装使用的位置可分为地面储罐、地下储罐、半地下储罐等。

4.1.3 换热设备

换热设备是使热量从热介质传递到冷介质的设备，主要用于在两种或两种以上工作介质之间实现热量传递。它是化工、能源、制药、机械等行业中广泛使用的设备，目前，中国换热器产业已超过1000亿元的规模，其中最大的市场是石油化工领域，其市场规模在300亿元以上；电力冶金领域换热器市场规模约200亿元。而在化工厂的设备投资中，换热设备投资约占总投资的30%；在工业炼油厂中，换热设备的投资约占工艺设备投资总额的40%以上。近年来，换热设备在能量利用、新能源利用以及全球污染物治理中得到了广泛的应用。自我国改革开放之后，化工行业蓬勃发展，新结构、新材料换热器（例如石墨换热器、PTFE热交换器等）的产量呈现上升趋势，其设计与研究工作也在大量开展。我国换热器行业在节能增效、提高传热效率等方面的研究取得了显著成绩。

在工业生产中，有不同的换热过程，例如用途不同、工作条件不同或者物料特性不同，因此需要有不同形式和结构的换热设备来满足生产过程需要。按热传递原理或实现传热的方式进行分类，换热设备可分为直接接触式换热器、蓄热式换热器、间壁式换热器、中间载热体式换热器。

直接接触式换热器又称混合式换热器，是两种流体直接接触，彼此混合进行换热的设备，例如冷却塔，如图4-11所示。为了充分换热，增大两种流体的接触面积，工业上经常会在设备中设置填料和栅板，通常采用塔状结构。直接接触式换热器的优点是设备结构简单，换热效率高，单位体积的传热面积大。

蓄热式换热器又称回热式换热器。如图4-12所示，是让两种温度不同的流体交替通过同一块载热体表面，从而实现热量传递的换热器。蓄热式换热器结构紧凑，价格便宜，单位体积传热面大，如回转式空气预热器就是一种蓄热式换热器。

图4-11 直接接触式换热器实物图

图4-12 蓄热式换热器实物图

间壁式换热器又称表面式换热器，是利用一种固体表面将两种介质分开，使其通过壁面交换热量的换热器，如图4-13和图4-14所示。间壁式换热器是工业生产中应用最为广泛的换热器之一，其形式多种多样，如常见的管壳式换热器和板式换热器都属于间壁式换热器。

图4-13 管壳式换热器实物图

图4-14 板式换热器实物图

另外为了满足工艺需求，还有其他形式的间壁式换热器，例如石墨换热器、聚四氟乙烯换热器等特殊材料换热器。我国石墨换热器经过近三十年的发展，已经做到了国际上应用的品种绝大部分都能生产，使用材料也从电极石墨转向化工专用石墨，并出现了一批能够生产较高质量、规格齐全的石墨换热器厂家。

中间载热体式换热器是一种特殊的换热设备，由载热体把两个间壁式换热器连接起来的换热器。载热体在高温流体换热器和低温流体换热器之间循环，在高温流体换热器中吸收热流体的热量，并在低温流体换热器中将热量传递给低温流体，从而实现热源和热接收器之间的热交换，如热管式换热器。它的主要优点在于提高系统的安全性和效率，并且易于维护，但同时也存在复杂性和成本较高的缺点。它适用于需要隔离热源和热接收器的化工、石油和医疗领域的应用场景。

4.1.4 塔设备

塔设备在石化工艺过程中的作用主要是分馏、吸收、汽提、萃取、洗涤、回收、再生、脱水及气体净化和冷却等，在化工、炼油、医药、食品及环境保护等领域具有举足轻重的作用。塔设备应用范围广，使用量大，其投资成本和钢铁用量在化工设备中占有很大比重。塔设备的作用是使气体和液体或两液体两相之间进行充分接触，以达到相互传热的目的，又可以使接触之后的两者相互分离，互不夹带。

塔设备通常是垂直安装，具有很大的尺寸和重量，属于大型化工装置中的大型设备，通常要进行分段加工，就地装配。目前，塔设备的种类很多，为了便于比较和选型，必须对塔设备进行分类。按操作压力分为加压塔、常压塔、减压塔；按单元操作分为精馏塔、反应塔、吸收塔、萃取塔等；按形成相间接触面的方式分为固定相界面塔、流动过程中形成相界面塔；按内件结构分为填料塔、板式塔。目前工业上应用最广泛的是填料塔及板式塔，如图 4-15 所示。

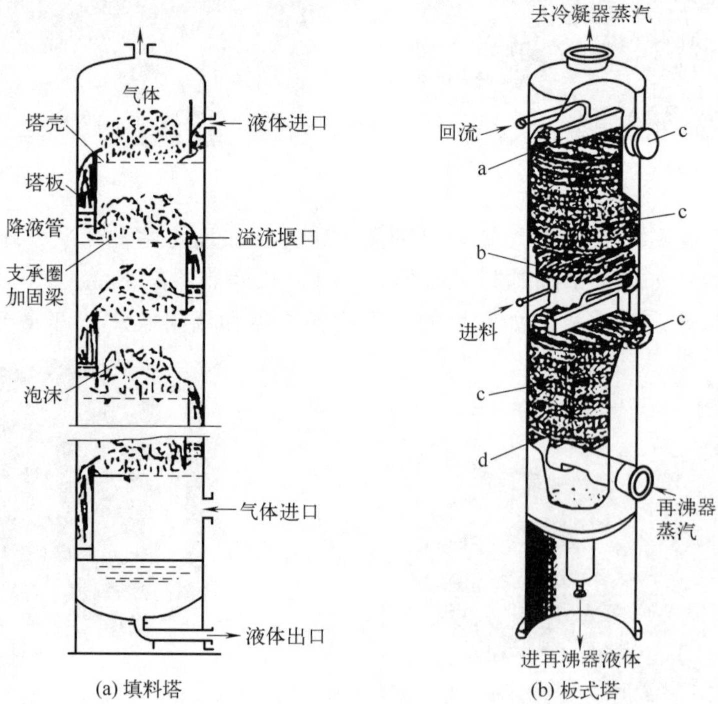

图 4-15 填料塔及板式塔示意图

a—排管式液体分布器；b—液体收集器；c—人孔；d—填料支承装置

其中填料塔属于接触型的气液传质设备，具有运行能力大、压力降小、分离效率高、负荷范围大、持液少等优点，塔内以填料作为气液接触和传质的基本构件，故填料塔不同的种类取决于不同的填料结构。板式塔的塔中以塔板为主体，通过塔板上的液层，使两相间的气相（如气体或蒸汽）与液体紧密地接触，从而实现质量传递，两相组分含量随高度呈阶梯状分布。

4.1.5　工业反应器

反应设备是发生化学反应或生物质变化等过程的场所，是流程性材料产品生产中的核心设备。通过化学反应或生物质变化等将原料加工成产品，是化工、冶金、石油、新能源、医药、食品和轻工等领域的重要生产方式。任何一种流程性材料产品的工艺过程都可概括为：原料预处理、化学反应或生物质变化、反应产物的分离与提纯等。工业反应设备主要有化学反应设备、生物反应设备、电化学反应设备和微反应设备等。从反应设备的分类与特征可以看出，各类反应器的结构形式和工作原理具有许多共性特点，常见的结构形式为机械搅拌式反应器、管式反应器、塔式反应器、固定床反应器、流化床反应器、移动床反应器、电极式反应器和微反应器等。

机械搅拌式反应器既可进行均相反应，又可用在液-液、液-固、气-液等多相中反应，并能进行间歇操作或连续操作。连续操作时，具有很好的通用性，能有效地控制停留时间。机械搅拌反应器具有很大的灵活性，能按照生产需要生产不同品种、不同规格的产品，生产周期长短不一。可在常压、加压、真空下生产，具有很大的控制范围。反应完成后，出料容易，反应器清洗方便，其机械设计非常成熟。

固定床反应器是一种气体流经固定不动的催化剂床层进行催化反应的装置。该反应器具有结构简单、便于控制、操作稳定、易实现大型化和连续化生产等优点，主要用于气固相催化反应，在现代化工和化学反应等方面得到了广泛的应用。固定床反应器的主要类型有三种：轴向绝热式、径向绝热式和列管式。固定床反应器如图 4-16 所示。

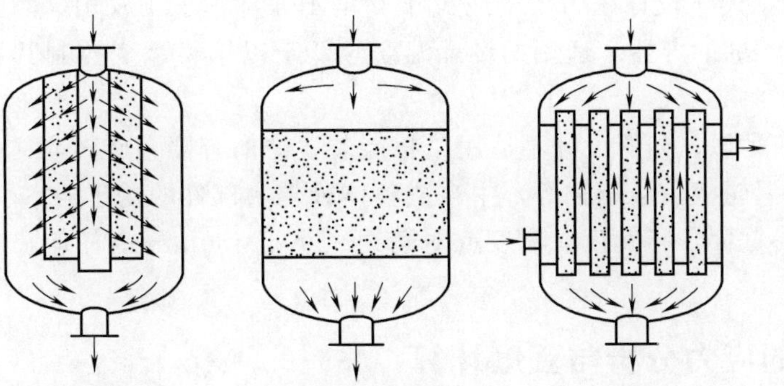

(a) 轴向绝热式　(b) 径向绝热式　(c) 列管式

图 4-16　固定床反应器

固定床反应器的缺点在于床层温度分布不均，固相粒子不动，床层导热性较差，故对放热量大的反应，应增大换热面积，及时将反应热移走，但这样会减少有效空间。若连续加入固体催化剂，则该反应物在固体颗粒连续反应后被连续排出，这种反应器称为移动床反应器。在反应器内，固体颗粒之间基本不会发生相对运动，而是整个颗粒层的移动，因此可以认为是一个移动的固定床反应器。与固定床反应器相比较，移动床反应器具有以下特征：固体和流体的停留时间改变很大，固体和流体的运动与活塞流相近，返混较少。控制固体粒子运动的机械装置较复杂，其床层的传热性能与固定床相近。

流体（气体或液体）以较高的流速通过床层，带动床内的固体颗粒运动，从而使之悬浮在流动的主体流中进行反应，并具有类似流体流动的一些特性的装置称为流化床反应器。在工业上，流化床反应器被广泛地用于催化或非催化的气-固、液-固和气-液-固反应。在反应器中，固体颗粒会被流体吹起呈悬浮状态，可做上下左右剧烈运动和翻动，就像是液体在沸腾，所以流化床反应器也被称为沸腾床反应器。流化床反应器具有传热面积大、传热系数高和传热效果好的优点。流态化较好的流化床，床内各点温度差一般小于 5℃，能有效地预防局部过热。流化床的进料、出料、废渣排放等均能通过气流输送，从而使自动化生产更容易实现。流化床反应器存在反应器内物料返混大、粒子磨损严重等问题，一般需要有回收和集尘装置，内构件比较复杂，操作要求高等。

除此之外，工业反应设备按反应物系的相态分为：均相反应器和多相反应器；按操作方式分为：间歇式反应器、半连续式反应器和连续式反应器；按过程流体力学分为：泡状流型反应器、柱塞流型反应器和全混流型反应器；按过程传热学分为：绝热反应器、等温反应器和非等温非绝热反应器。

4.2 化工设备的强度与稳定性设计

4.2.1 化工设备的设计准则与安全分析

JB 4732《钢制压力容器分析设计标准》是以应力分析设计为基础的钢制压力容器设计标准，提供了以弹性应力分析和塑性失效准则、弹塑性失效准则为基础的设计方法；对选材、制造、检验和验收要求比 GB/T 150.1～150.4—2024《压力容器》（简称 GB/T 150）更为严格，对大型复杂结构压力容器而言分析设计的综合经济性较优。

JB 4732 标准适用于设计压力大于或等于 0.1MPa 且小于 100MPa 的容器，或者真空度大于或等于 0.02MPa 的容器。适用的设计温度应低于以钢材蠕变控制其许用应力强度的相应温度。

和 GB/T 150 类似，分析设计不适用于核能装置中的容器、旋转或往复运动的机械设备（如泵、压缩机、涡轮机、液压缸等）中自成整体或作为部件的受压器室、经常搬运的容器、内直径（对非圆形截面，指宽度、高度或对角线）小于 150mm 的任何长度的容器、直接火焰加热的容器。

4.2.2 设备的应力分析与强度计算

（1）不连续效应

结构尺寸厚度的突变、曲率的突变导致结构刚度的差异，压力、温度等的突变导致应力的突变，这些都称为不连续现象。具体来说，总体结构不连续系指几何形状或材料的不连续，使结构在较大范围内的应力或应变发生变化，对结构总的应力分布与变形产生显著影响。总体结构不连续的实例：封头、法兰、接管、支座等与壳体的连接处，以及不等直径或不等壁厚的壳体连接处等。局部结构不连续指几何形状或材料的不连续，使结构在很小范围内的应力或应变发生变化，对结构总的应力分布与变形无显著影响。不连续效应一般具有自限性和局限性的特点。

(2) 应力分类

分析设计按照应力的产生原因和作用效应对应力进行分类，不同应力类型采用不同的强度准则进行评定。根据应力分布特点，分为薄膜应力和弯曲应力。薄膜应力是沿截面厚度均匀分布的应力成分，它等于沿所考虑截面厚度的应力平均值。弯曲应力是法向应力的变化分量，沿厚度上的变化可以是线性的，也可以是非线性的。其最大值发生在容器的表面处，设计时取最大值。

根据应力的作用效应，分为一次应力，二次应力和峰值应力。一次应力 P 为平衡压力与其他机械载荷所必需的法向应力或剪应力。对理想塑性材料，一次应力所引起的总体塑性流动是非自限的，即当结构内的塑性区扩展到使之变成几何可变的机构时，达到极限状态，即使载荷不再增加，仍产生不可限制的塑性流动，直至破坏。一次应力分为以下三类：

① 一次总体薄膜应力 P_m　指影响范围遍及整个结构的一次薄膜应力。在塑性流动过程之中一次总体薄膜应力不会发生重新分布，它将直接导致结构破坏。例如：各种壳体中平衡内压或分布载荷所引起的薄膜应力。

② 一次局部薄膜应力 P_L　指应力水平大于一次总体薄膜应力，但影响范围仅限于结构局部区域的一次薄膜应力。当结构局部发生塑性流动时，这类应力将重新分布。若不加以限制，则当载荷从结构的某一部分（高应力区）传递到另一部分（低应力区）时，结构会因产生过量塑性变形而导致破坏。总体结构不连续引起的局部薄膜应力，虽具有二次应力的性质，但从方便性与稳妥性方面考虑，仍归入一次局部薄膜应力。

③ 一次弯曲应力 P_b　指平衡压力或其他机械载荷所需的沿截面厚度线性分布的弯曲应力。一次弯曲应力的例子是：平盖中心部位由压力引起的弯曲应力。

二次应力 Q 指为满足外部约束条件或结构自身变形连续要求所需的法向应力或剪应力。二次应力的基本特征是具有自限性，即局部屈服和小量变形就可以使约束条件或变形连续要求得到满足，从而变形不再继续增大。只要不反复加载，二次应力不会导致结构破坏。例如，总体热应力和总体结构不连续处的弯曲应力。

峰值应力 F 为由局部结构不连续或局部热应力影响而引起的附加于一次或二次应力的应力增量。峰值应力的特征是同时具有自限性与局部性，它不会引起明显的变形；其危害性在于可能导致疲劳裂纹或脆性断裂。非高度局部性的应力，如果不引起显著变形者也属于此类。例如，壳体接管连接处由于局部结构不连续所引起的应力增量中沿厚度非线性分布的应力；复合钢板容器中复层的热应力。

常见应力分类如表 4-1 所示。

表 4-1　一些典型情况的应力分类

容器部件	位置	应力的起因	应力的类型	所属种类
圆筒形或球形壳体	远离不连续处的筒体	内压	总体薄膜应力 沿壁厚的应力梯度	P_m Q
		轴向温度梯度	薄膜应力 弯曲应力	Q Q
	和封头或法兰的连接	内压	局部薄膜应力 弯曲应力	P_L Q
任何筒体或封头	沿整个容器的任何截面	外部载荷或力矩，或内压	沿整个截面平均的总体薄膜应力，应力分量垂直于横截面	P_m
		外部载荷或力矩	沿整个截面的弯曲应力，应力分量垂直于横截面	P_m

续表

容器部件	位置	应力的起因	应力的类型	所属种类
任何筒体或封头	在接管或其他开孔的附近	外部载荷或力矩，或内压	局部薄膜应力 弯曲应力 峰值应力(填角或直角)	P_L Q F
	任何位置	壳体和封头间的温差	薄膜应力 弯曲应力	Q Q
碟形封头或锥形封头	顶部	内压	总体薄膜应力 弯曲应力	P_m P_b
	过渡区或与筒体连接处	内压	局部薄膜应力 弯曲应力	P_L Q
平盖	中心区	内压	总体薄膜应力 弯曲应力	P_m P_b
	和筒体连接处	内压	局部薄膜应力 弯曲应力	P_L Q
多孔的封头或筒体	均匀布置的典型管孔带	压力	总体薄膜应力(沿横截面平均) 弯曲应力(沿管孔带的宽度平均，但沿壁厚有应力梯度) 峰值应力	P_m P_b F
	分离的或非典型的孔带	压力	薄膜应力 弯曲应力 峰值应力	Q Q F
接管	垂直于接管轴线的横截面	内压或外部载荷或力矩	总体薄膜应力(可沿整个截面平均)，应力分量与截面垂直	P_m
		外部载荷或力矩	沿接管截面的总体薄膜应力	P_m
	接管壁	内压	总体薄膜应力 局部薄膜应力 弯曲应力 峰值应力	P_m P_b Q F
		膨胀差	薄膜应力 弯曲应力 峰值应力	Q Q F
复层	任意	膨胀差	薄膜应力 弯曲应力	Q Q
任意	任意	径向温度分布	当量线性应力 应力分布的非线性部分	Q F
任意	任意	任意	应力集中(缺口效应)	F

注：1. 必须考虑在直径-厚度比大的容器中发生皱褶或过度变形的可能性。

2. 若周边弯矩是为保持平盖中心处弯曲应力在允许限度内所需要的，则在连接处的弯曲应力可划为 P_b 类；否则，划为 Q 类。

3. 应考虑热应力棘轮的可能性。

(3) *应力强度*

应力强度是指分析设计规范中，给定点处经过分类后的应力按第三强度理论求出的当量强度，规定为最大剪应力的 2 倍。经过应力分类，给定点处每一类应力均有 6 个叠加得到的应力分量，即 3 个正应力和 3 个剪应力，并可求出三向主应力。容器壳体中的三向正应力即三向主应力。评定步骤如下：

① 计算在各种载荷作用下的各应力分量，并根据应力分类的定义将各组应力分量分别归入以下的一类：一次总体薄膜应力 P_m、一次局部薄膜应力 P_L、一次弯曲应力 P_b、二次应力 Q 和峰值应力 F。

② 将各类应力按同种分量分别叠加，得到 P_m 组、P_L 组、P_L+P_b 组、P_L+P_b+Q 组和 P_L+P_b+Q+F 组共五组应力分量，每组六个。

③ 由每组六个应力分量，计算每组的主应力 σ_1、σ_2、σ_3。

④ 对于每组三个主应力，计算主应力差 $\sigma_{12}=\sigma_1-\sigma_2$、$\sigma_{23}=\sigma_2-\sigma_3$、$\sigma_{31}=\sigma_3-\sigma_1$。

⑤ 在每组 σ_{12}、σ_{23}、σ_{31} 中，取绝对值最大者作为该组的应力强度，即可得到：

一次总体薄膜应力强度 S_{I}（由 P_m 算得）；

一次局部薄膜应力强度 S_{II}（由 P_L 算得）；

一次薄膜（总体或局部）加一次弯曲应力强度 S_{III}（由 P_L+P_b 算得）；

一次加二次应力强度 S_{IV}（由 P_L+P_b+Q 算得）；

一次加二次加峰值应力强度 S_{V}（由 P_L+P_b+Q+F 算得）。

⑥ 定义一次总体薄膜应力强度 S_{I} 的许用极限为 KS_m，一次局部薄膜应力强度 S_{II} 的许用极限为 $1.5KS_m$，一次薄膜加一次弯曲应力强度 S_{III} 的许用极限为 $1.5KS_m$，一次加二次应力强度 S_{IV} 的许用极限为 $3KS_m$，一次加二次加峰值应力强度 S_{V} 的许用极限为 $2S_a$。其中，S_m 为许用应力强度，S_a 为许用应力幅值，K 为载荷系数。设计工况下 $K=1$，液压试验工况下 $K=1.25$。

⑦ 峰值应力强度的许用极限取决于导出它的应力差的幅值及其作用次数，由疲劳曲线得到的许用值进行评定。

注意，通过厚壁圆筒应力分析（表 4-2）可以得到如图 4-17 应力分布规律，复杂结构可以通过数值解法得到。为了计算一次应力、二次应力，需要进行应力线性化。

表 4-2　应力分类及应力强度极限值

应力种类	一次应力			二次应力	峰值应力
	总体薄膜	局部薄膜	弯曲		
说明(见表 4-1)	沿实心截面的平均一次应力。不包括不连续和应力集中。仅由机械载荷引起的	沿任意实心截面的平均应力。考虑不连续，不包括应力集中。仅由机械载荷引起的	和离实心截面形心的距离成正比的一次应力分量。不包括不连续和应力集中。仅由机械载荷引起的	为满足结构连续所需要的自平衡应力。发生在结构的不连续处，可以由机械载荷或热膨胀差引起。不包括局部应力集中	(1)因应力集中(缺口)而加到一次或二次应力上的增量。(2)能引起疲劳但不引起容器形状变化的某些热应力
符号	P_m	P_L	P_b	Q	F
应力分量的组合和应力强度的许用极限	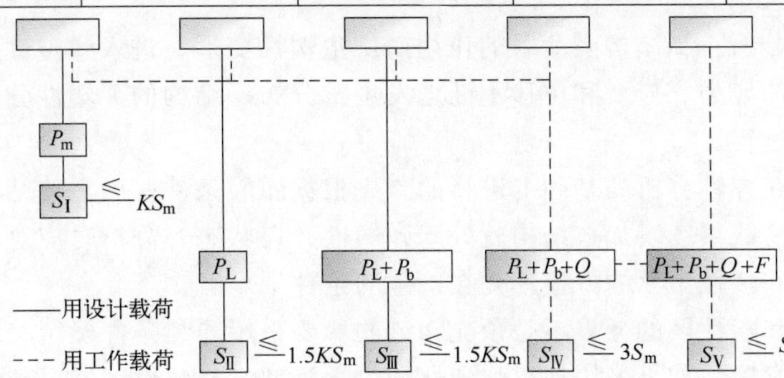				

4.2.3　设备的稳定性设计

（1）塑性分析

塑性分析是一种考虑材料塑性特征（包括发生在结构中的应变硬化和应力再分配）来计

算给定载荷下结构状态的方法（当涉及冲击或其他动力载荷时应变率影响可能是重要的）。

结构塑性分析包括弹塑性分析和塑性极限分析两类。在这两类分析中，都要为结构的材料选用反映材料塑性性质的力学模型。有些力学模型还反映材料的弹性性质，如理想弹塑性模型和硬化弹塑性模型，它们用于结构的弹塑性分析。有的力学模型则不计材料的弹性，如理想刚塑性模型，主要用于结构的塑性极限分析。

塑性变形是不随荷载的卸除而消失的永久变形，它所发生的区域称为塑性区。允许结构中出现一定范围的塑性区，一般其并不会导致结构破坏，反而能更充分地利用结构的材料，并相应地提高结构的承载能力。图 4-18 为塑性变形曲线图。

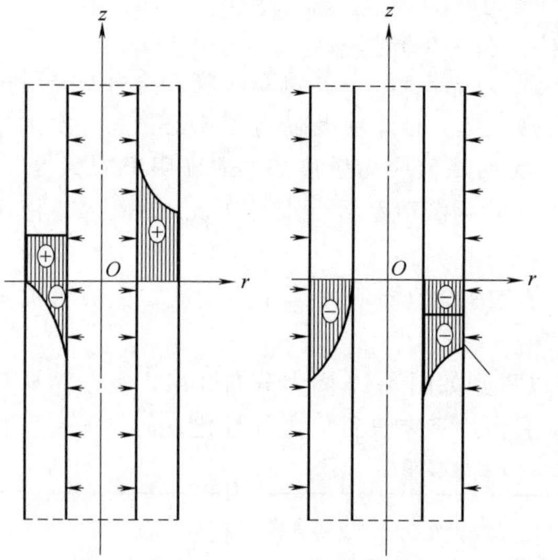

图 4-17 厚壁容器应力规律及线性化

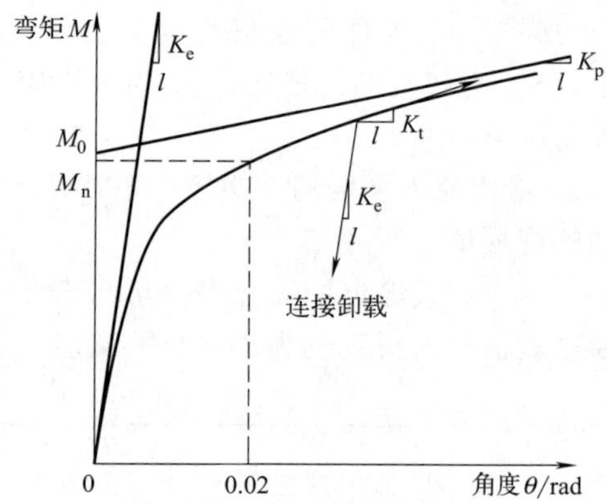

图 4-18 塑性变形曲线图

K_e—修正系数；K_t—特征系数；

K_p—塑性变形率；l—惯性矩

屈服条件是材料或构件产生塑性变形的条件，可用应力或内力的函数表示。它是进行结构塑性分析所必需的。在有些情况下，还要用到塑性本构关系，如塑性全量理论或塑性增量理论的本构关系。

弹塑性分析：当结构受荷载的作用而产生塑性变形，进入弹塑性阶段时，随着塑性区的发展，结构的应力、应变和位移不断地发生重分布，结构的弹塑性分析就是分析这种发展和重分布的全过程。

分析是在弹性分析的基础上进行的。先根据屈服条件，确定使结构开始产生塑性变形的荷载。如果荷载继续增加，结构就处于弹塑性并存状态，分析时应对弹性区和塑性区分别建立弹性力学和塑性力学的方程，并在给定的条件下求解。

弹性区和塑性区的分界不是预先知道的，要采用连续条件确定。结构的塑性区随荷载的增加而不断发展。如果采用理想弹塑性的力学模型，当塑性区发展到一定范围时，结构就达到塑性极限状态。这时荷载不增加而结构的变形可以任意增长，相应的荷载就是塑性极限荷载，可用以度量结构的承载能力。如果在弹塑性阶段卸除全部荷载，结构内还有残余应力和残余应变存在，有时需要对它们进行分析，这也是弹塑性分析的内容。

弹塑性分析虽然考虑全面，但是计算工作量大，而且由于问题的非线性，分析时容易遇到数学上的困难。塑性极限分析对于结构的塑性极限荷载有重大意义，已发展了专门、直接的计算方法。

（2）塑性极限分析

假设材料为理想塑性、结构处于小变形状态时，研究塑性极限状态下的结构特性即为塑性极限分析，是塑性力学的一种分析方法。在极限状态下，结构内的应力与变形若同时满足极限条件、破损机构条件、平衡条件、几何条件，以及给定的边界条件，这样的解即为塑性极限分析的完全解。在塑性极限分析中常采用下限定理与上限定理。

下限定理：在所有与静力容许应力场（满足平衡条件且不违背极限条件的应力场）对应的载荷中，最大的载荷为极限载荷。

上限定理：在所有与机动容许位移场（满足几何可能条件形成破损机构的位移场）对应的载荷中，最小的载荷为极限载荷。

由上、下限定理得到的解分别称为上限解、下限解，当二者相同时即为完全解。

（3）疲劳分析

疲劳设计是指防止结构在交变载荷下发生疲劳失效的设计方法。分高循环疲劳和低循环疲劳两种设计方法。低循环疲劳设计需采用疲劳设计曲线。即首先对结构进行应力分析，将应力按一次应力、二次应力和峰值应力进行分类，再分别对一次应力、一次应力加二次应力按常规强度准则和安定性准则进行强度校核。材料、零件和构件在循环加载下，会在某点或某些点产生局部的永久性损伤，并在一定循环次数后形成裂纹，或使裂纹进一步扩展直到完全断裂。

疲劳破坏是一种损伤积累的过程，因此它的力学特征不同于静力破坏。不同之处主要表现为在循环应力远小于静强度极限（见材料的力学性能）的情况下破坏有可能发生，但不是立刻发生的，而要经历一段时间，甚至很长的时间，疲劳破坏前没有显著的残余变形。

疲劳破坏是在循环应力或循环应变作用下发生的。为了便于研究和分析疲劳问题，国际上对循环应力表示法已作出统一规定。循环应力的每一个周期变化称作一个应力循环。循环应力曲线图见图4-19。

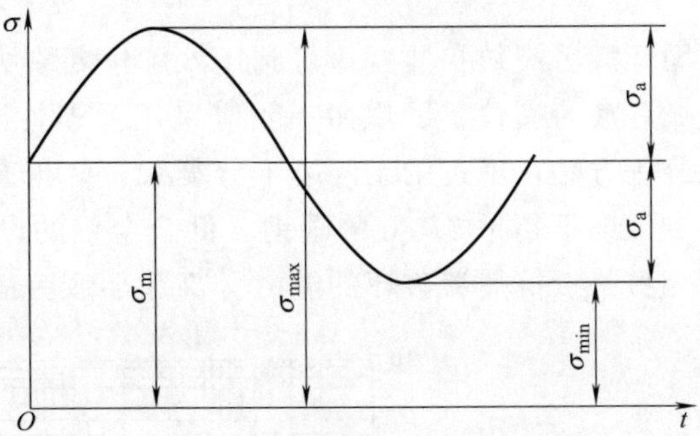

图4-19　循环应力曲线图

σ_a—应力幅；σ_m—平均应力；σ_{max}—最大应力；σ_{min}—最小应力；t—周期；σ—应力

恒幅循环应力由以下各分量表示。

① 最大应力　应力循环中最大代数值的应力，以拉应力为正，压应力为负；

② 最小应力　应力循环中最小代数值的应力，以拉应力为正，压应力为负；

③ 平均应力　最大应力和最小应力的代数平均值；

④ 应力幅　最大应力和最小应力的代数差的一半；

⑤ 应力比　又称循环特征，是最小应力与最大应力的代数比值。

应力比 $R=1$ 代表静载荷；$R=-1$，为循环载荷；$R=0$，代表了脉动载荷。应力循环可以看成两部分应力的组合，一部分是数值等于平均应力的静应力，另一部分是在平均应力上变化的动应力。在正应力、切应力和两个斜向应力分量中，只有两个是独立的。任意给定两个，其余两个就能确定。

用来确定应力循环的一定应力分量称为应力水平。产生疲劳破坏所需的循环次数取决于应力水平的高低，循环次数越大，表示施加的应力水平越低。

在循环加载下，产生疲劳破坏所需应力或应变的循环次数。对零件、构件出现工程裂纹以前的疲劳寿命称为裂纹形成寿命。工程裂纹指宏观可见的或可检的裂纹，其长度无统一规定，一般在0.1～1.0mm范围内。自工程裂纹扩展至完全断裂的疲劳寿命称为裂纹扩展寿命。总寿命为两者之和。因工程裂纹长度远大于金属晶粒尺寸，故可将裂纹作为物体边界，并将其周围材料视作均匀连续介质，应用断裂力学方法研究裂纹扩展规律。由于 S-N（最大应力-载荷破坏循环次数）曲线是根据疲劳试验直到试样断裂得出的，所以对应于 S-N 曲线上某一应力水平的疲劳寿命 N 是总寿命。在疲劳的整个过程中，塑性应变与弹性应变同时存在。当循环加载的应力水平较低时，弹性应变起主导作用；当应力水平逐渐提高，塑性应变达到一定数值时，塑性应变成为疲劳破坏的主导因素。为便于分析研究，常按破坏循环次数的高低将疲劳分为两类：①高循环疲劳（高周疲劳），作用于零件、构件的应力水平较低，破坏循环次数一般高于 10^6 的疲劳，弹簧、传动轴等的疲劳属此类。其特点是：作用于构件上的应力水平较低，应力和应变呈线性关系。②低循环疲劳（低周疲劳），作用于零件、构件的应力水平较高，破坏循环次数一般低于 10^4～10^5 的疲劳，如压力容器、燃气轮机零件等的疲劳。其特点是：作用于构件的应力水平较高，材料处于塑性状态。

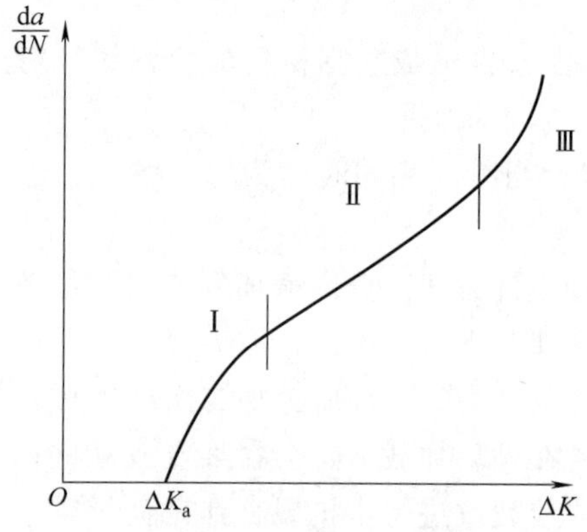

图 4-20 线弹性断裂力学 da/dN（疲劳裂纹扩展速率）曲线

a—裂纹长度；ΔK—每一应力循环的裂纹扩展与应力强度因子变程；ΔK_a—裂纹扩展门槛值

相应地，裂纹扩展也分为高循环和低循环两类。高循环疲劳裂纹扩展规律可利用线弹性断裂力学方法研究（比如图 4-20 所示 da/dN 曲线）；低循环疲劳裂纹扩展规律一般应采用弹塑性断裂力学方法研究如COD（裂纹张开位移）、J积分等方法，不过由于问题十分复杂，尚未有很好的解决方法。

温度不超过375℃的碳钢、低合金钢的设计疲劳曲线如图 4-21 所示。

材料抵抗疲劳破坏的能力。高循环疲劳的裂纹形成阶段的疲劳性能常以 S-N 曲线表征，

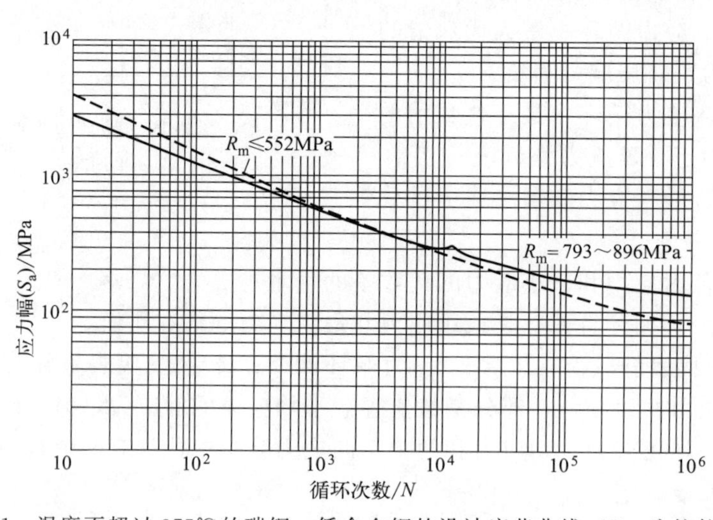

图 4-21 温度不超过375℃的碳钢、低合金钢的设计疲劳曲线（R_m 为抗拉强度）

S 代表应力水平，N 代表疲劳寿命。S-N 曲线需通过试验测定，试验采用小型标准试件或实际构件。若采用小型标准试件，则试件裂纹扩展寿命较短，常以断裂时循环次数作为裂纹形成寿命。

累积损伤理论（Miner 法则）提供了在程序加载或变幅加载下构件寿命估算的方法和依据。累积损伤理论至今虽有数十种，但应用最广的仍属最早提出的线性累积损伤理论，其内容如下：疲劳损伤度可用相应的循环比表示 n_i/N_i，如以 T 表示周期数，则在整个工作期间各级应力水平对构件所造成的损伤度分别为 Tn_i/N_i，当损伤度总和累积至 1（100%）时，构件即发生破坏。

$$D=\sum_{i=1}^{k}D_i=\sum_{i=1}^{k}\frac{n_i}{N_i}$$

式中，N_i 为第 i 级应力水平下，构件发生疲劳破坏的循环次数；n_i 为第 i 级应力水平下，构件实际发生疲劳破坏的循环次数；k 为应力水平的级数；D 为构件的疲劳损伤度。

Miner 法则由 M. A. Miner 和 Palmgren 于 20 世纪 40 年代分别独立提出。这一理论未考虑应力水平先后次序的影响，也未计及过载效应、欠应力（低于疲劳极限的应力）等影响，常常与试验结果相差很大。后续 Masson 等进行了修正，但原计算公式简便、直观，故在估算寿命时仍被广泛采用。

对于裂纹形成寿命的估算，一般采用名义应力法和局部应力应变法。名义应力法在应用累积损伤理论时，依据构件的 S-N 曲线或与构件应力集中系数相同的材料的 S-N 曲线计算损伤度。而局部应力应变法先对缺口根部进行应力应变分析，然后依据无缺口光滑小试件的曲线，计算每一循环的损伤并进行累积，进而给出寿命。另外，用于螺栓或铆钉连接件寿命估算的应力严重系数法，也基于具有应力集中的材料的 S-N 曲线。

估算裂纹扩展寿命，须先求出构件应力强度因子，以得到后加临界裂纹长度。再将帕里斯公式作适当修正后，利用数值积分法，即可求得由初始裂纹扩展至临界裂纹或断裂的寿命。

（4）热棘轮现象

一个经受机械应力或热应力或二者共同的循环作用的构件，会产生逐次递增的非弹性形变现象，这种现象称为热棘轮效应，热棘轮效应即由热应力产生的棘轮效应。热棘轮效应是研究疲劳问题的又一种方法。

（5）材料强度，安全系数

除螺栓外，一般钢材的设计应力强度为下列各值中的最低值：

① 常温下，标准抗拉强度下限值的 1/2.6；

② 常温下，下屈服强度 $R_{eL}(R_{p0.2})$ 的 1/1.5；

③ 设计温度下，下屈服强度 $R_{eL}(R_{p0.2})$ 的 1/11.5。

对用奥氏体不锈钢材制成的部件，根据使用部位，对允许有微量永久变形的部件，可取设计温度下的名义屈服强度 $R_{p0.2}$ 的 90%，但最高不超过常温下名义屈服强度 $R_{p0.2}$ 的 1/1.5。此规定不适用于法兰或其他有微量变形就产生泄漏或故障的情况。

（6）压力试验

① 压力试验说明　容器制成后必须进行压力试验。压力试验的项目和要求应在图样上注明。压力试验一般采用液压试验，试验液体应符合相关要求。对于不适合做液压试验的容

器，例如容器内不允许有微量残留液体，或由于结构原因不能充满液体的容器，可以采用气压试验。对只有底部受静液压作用的高塔，用液压试验或气压试验都不适合的容器，可以采用液压和气压组合试验。组合试验的压力与气压试验相同。

② 组合容器的压力试验　由两个以上受压室组成的组合容器可按下列方法进行压力试验。

a. 按独立操作设计的组合容器的受压室可作单独容器处理，即在邻室无压力的情况下进行压力试验；

b. 按相邻各室的压差设计的容器，对两室共用部件按设计压差的 1.25 倍的压力值并做温度修正后进行压力试验；

c. 共用部件按 b 条进行试验并经检查之后，相邻器室应同时进行液压试验，且应限制受压室之间的压差，使其不超过试验共同部件时采用的压力值。

③ 真空和外压容器压力试验　真空（或部分真空）或外压容器，应以内压进行试验，其试验压力为 $p_t=1.25p$（p 为设计压力）。

④ 气密性试验　储存毒性程度为极度或高度危害介质的容器，即使渗漏微量气体也是不允许的。对此种容器应在压力试验合格后，将安全附件安装齐全，以等于设计压力的试验压力进行气密性试验。气压试验的容器，是否需要再做气密性试验，应在图样上规定。需做气密性试验时，应在图样上注明试验压力和要求。

4.3 化工设备的环境与安全考量

4.3.1 化工设备的环境影响评估

化工设备的环境影响评估是确保化工行业可持续发展的重要环节。随着工业化进程的加快，化工产业作为国民经济的重要组成部分，其发展速度迅猛，但同时也带来了一系列环境问题。化工生产过程中可能会产生废气、废水、废渣等污染物，若未经妥善处理，将对大气、水体、土壤造成严重污染。此外，化工设备的运行还可能产生噪声和振动，对周边生态环境和居民生活产生影响。因此，对化工设备进行环境影响评估，采取有效的预防和控制措施，对于保护环境、促进化工行业的绿色发展具有重要意义。

（1）环境影响评估的重要性

环境影响评估（environmental impact assessment，EIA，简称环评）是指在规划和建设项目实施前，对其可能产生的环境影响进行分析、预测和评估，提出预防或减轻不良环境影响的对策和措施，并进行跟踪监测的方法与制度。化工设备的环评不仅有助于识别和预防潜在的环境问题，还能够促进企业采取更加环保的生产方式，提高资源利用效率，减少污染物排放，从而实现经济效益与环境保护的双赢。

（2）环境影响评估的基本原则

化工设备的环境影响评估应遵循以下基本原则。

全面性原则：评估应全面考虑化工设备可能产生的各种环境影响，包括直接和间接影响，短期和长期影响。

预防性原则：评估应以预防为主，通过科学合理的设计和管理，减少污染物的产生和排放。

公众参与原则：评估过程应公开透明，充分听取公众意见，尊重和保护公众的知情权和参与权。

科学性原则：评估应基于科学的方法和技术，确保评估结果的准确性和可靠性。

合法性原则：评估应遵守国家和地方的环保法律法规，符合环保部门的要求。

(3) 环境影响评估的步骤

化工设备的环境影响评估通常包括以下几个步骤：

项目描述：详细描述化工设备的性质、规模、工艺流程、选址等信息。

现状环境调查：收集和分析评估区域的环境现状数据，包括大气、水体、土壤、生物多样性等。

影响预测和评价：预测化工设备运营对环境可能产生的影响，并对其进行定量或定性评价。

环保措施和监测计划：根据评估结果，提出预防和减轻环境影响的措施，制订环境监测计划。

公众参与：通过公开听证会、问卷调查等方式，征求公众意见，确保评估过程的透明性和公正性。

环境影响报告书编制：整合上述步骤的结果，编制环境影响报告书，提交给相关环保部门审批。

(4) 环境影响评估的关键要点

排放物的多样性与复杂性：化工设备可能产生多种污染物，包括有毒有害物质，需要对每一种污染物进行详细分析。评估时应考虑污染物的种类、数量、浓度、排放方式和排放周期等因素。

噪声与振动影响：评估化工设备运行产生的噪声和振动对周边环境和居民生活的影响。应采用专业的测量和分析方法，评估噪声和振动的强度、频率和持续时间等。

生态系统影响：分析化工设备对当地生态系统的潜在影响，包括生物多样性和自然栖息地。评估时应考虑化工设备的建设和运营对野生动植物、水体生态系统、土壤结构等的影响。

环境风险评估：评估化工设备在发生事故时可能对环境造成的风险，包括泄漏、爆炸等突发事件。应制定应急预案，评估应急措施的有效性。

清洁生产与循环经济：鼓励采用清洁生产技术和循环经济原则，减少污染物的产生和排放。评估时应考虑工艺改进、资源回收利用、废物减量化等措施。

化工设备的环境影响评估是一个系统工程，需要综合考虑多种环境因素，并采取有效的预防和控制措施。通过科学合理的评估，可以最大限度地减少化工设备对环境的负面影响，促进化工行业的可持续发展。同时，环境影响评估也是企业履行社会责任、提升公众形象的重要途径。化工企业应高度重视环境影响评估工作，将其作为企业发展战略的重要组成部分，不断探索和实践更加环保、高效的生产方式。

4.3.2 安全法规、标准与合规性检查

化工设备的安全性是化学工业生产中的关键要素。安全法规、标准的制定与执行，以及合规性检查的实施，对于预防事故、保护人员安全和环境保护起着至关重要的作用。本节将探讨化工设备安全的相关法规、标准，并分析合规性检查的重要性及其实施方法。

(1) 化工设备安全法规及标准

化工设备的安全生产受到国家法律法规的严格规范。这些法规不仅为化工企业提供了安全生产的基本框架，也为行业监管提供了法律依据。

国家法规：《中华人民共和国安全生产法》是国家安全生产的基本法律，它规定了企业在安全生产方面的权利和义务，明确了安全生产的基本要求和目标。该法律强调了企业主要负责人的安全生产责任，要求企业建立健全安全生产责任制，加强安全生产管理，确保生产安全。《危险化学品安全管理条例》则专门针对危险化学品的安全生产作出规定，包括危险化学品的生产、储存、运输、使用和处置等各个环节。该条例要求企业采取有效措施，防止和减少危险化学品事故的发生，保护人员和环境安全。

行业标准：化工行业还制定了一系列的行业标准，以指导企业进行安全生产。例如，《化工过程安全管理导则》（AQ/T 3034—2022）为化工过程安全管理提供了详细的指导，包括风险评估、操作规程、应急响应等内容。《炼油与化工企业设备完整性管理体系要求》（团体标准 T/CPI 68001—2024）提出了设备完整性管理的具体要求，以确保设备安全、可靠运行。

(2) 合规性检查的重要性

合规性检查是企业确保其运营活动符合法律法规、行业标准和内部政策的自我审查过程。通过合规性检查，企业可以识别潜在的法律风险，采取预防措施，避免可能的法律诉讼、罚款或其他制裁；合规性检查有助于企业发现和纠正潜在的安全隐患，预防事故的发生，保障人员和设备的安全；合规性检查有助于确保企业遵守相关法律法规，减少因违法行为而导致的法律后果；良好的合规记录可以提升企业的社会责任感和道德标准，增强公众对企业的信任。

企业应制定合规政策，明确组织的合规目标和要求。同时，企业需要进行风险评估，识别和评估与组织活动相关的法律和监管风险。此外，企业还应对员工进行合规知识和技能的培训，提高他们的法律意识。合规性检查的步骤：确定检查范围，收集相关法律法规和内部政策；通过文件审查、现场检查、员工访谈等方式进行合规性检查；编制合规性检查报告，总结发现的问题和改进建议；根据检查结果采取纠正措施，改进合规管理体系。

化工设备的安全法规、标准与合规性检查对于化工行业的安全生产至关重要。企业应积极建立和维护有效的合规管理体系，不断提高安全生产水平，确保人员和设备的安全，促进企业的可持续发展。同时，良好的合规记录也有助于企业树立良好的社会形象，增强公众信任。通过持续的努力和改进，化工企业可以在确保安全生产的同时，实现经济效益和社会责任的双赢。

4.3.3 事故预防措施与应急响应计划

(1) 事故预防措施

① 设计与建造阶段的安全考虑　在化工设备的设计与建造阶段，应考虑到设备的安全性和可靠性。设计单位应具备相应的资质，并遵循国家和行业的安全标准和规范。例如，应按照 GB/T 37243—2019 的要求进行定量风险评价（QRA），确保外部安全防护距离满足 GB 36894—2018 所规定的个人与社会可容许风险标准。

② 安全管理体系的建立　企业应建立健全的安全管理体系，包括安全生产责任制、合规性管理、信息管理。此外，企业应建立安全生产信息管理制度，确保安全生产信息的及时、准确、完整。

③ 风险管理 企业应制定风险管理制度，通过危害辨识、风险评估、风险控制及风险监控，保证风险处于受控状态。对于重大危险源，应进行辨识、评估、分级、建档、监控，并至少每三年进行一次全面风险分析。

④ 安全教育与培训 企业应对员工进行安全教育和培训，提高员工的安全意识和风险意识。对于新入职员工，应开展公司级、车间级、班组级三级安全教育，并根据岗位技能要求开展岗前培训。

⑤ 定期检查与维护 企业应定期对设备进行检查和维护，确保设备的安全运行。对于关键设备，应实施预防性维修，根据维护计划生成维修维护订单。

(2) 化工设备事故应急响应计划

① 应急预案的制定 企业应制定综合应急预案、专项应急预案、现场处置方案等，并定期进行培训和演练。应急预案应与地方政府、周边社区和企业的预案相互衔接，并按规定报当地政府备案。

② 应急组织与职责 企业应建立应急指挥中心和现场应急指挥部，明确各自的职责和工作流程。应急指挥中心负责全面组织公司突发事件应急处置工作，而现场应急指挥部则负责现场的具体应急指挥工作。

③ 应急资源的准备 企业应确保应急资源的充足性和可用性，包括应急物资、救援队伍、医疗救护等。同时，应与外部救援力量建立合作关系，以便在需要时能够迅速获得支援。

④ 事故报告与信息传递 企业应建立事故报告和信息传递机制，确保在发生事故时能够迅速上报并通知到相关人员。信息上报应包括事故发生的时间、地点、类型、造成的伤亡和影响、已采取的措施等。

⑤ 应急响应的执行 根据事故的严重程度和影响范围，企业应启动相应的应急响应级别，并执行应急预案中的处置措施。应急响应终止后，应及时进行生产恢复及善后处置工作。

⑥ 后期处置与总结 事故应急处置结束后，企业应组织对事故进行调查分析，总结经验教训，并根据调查结果修订和完善应急预案。

通过上述事故预防措施与应急响应计划的实施，化工企业可以有效地预防和减少事故的发生，保障人员安全和环境保护，促进企业的可持续发展。

4.4 现代化工设备的发展趋势

4.4.1 缠绕管换热器

缠绕管换热器凭借其优良的综合性能，在化工、炼油、空分及液化天然气等工业领域中获得了广泛应用。随着强化传热理论和制造技术的发展，更多结构复杂的缠绕管换热器被设计和制造出来，其形式越来越多样化。缠绕管换热器从最初的三大类结构逐步分化，为了适应特殊的工艺，满足不同场合的需求，出现了多种新类型。按照当前的发展趋势，未来缠绕管换热器朝着高温、高压且具有复杂结构的方向发展。

4.4.1.1 缠绕管换热器的结构发展

传统缠绕管换热器大体有 3 种结构：一是单股流缠绕管换热器，二是带有若干小管板结构的多股流缠绕管换热器，三是整体管板式多股流缠绕管换热器。随着强化传热理论和制造技术的不断发展，缠绕管换热器结构呈现多样化，国内厂家开发出了浮头式结构、半浮头式结构、新型多股流结构、真空保温结构、无管板结构和带竖直隔板结构等类型。

(1) 浮头式双管程结构及半浮头式结构

浮头式双管程缠绕管换热器如图 4-22 所示，换热器壳体两端通过法兰分别连接左、右封头，左封头内装 1 个浮头，浮头通过法兰与左管板连接，构成换热器的左管箱，并把管程与壳程流体分开，且浮头可在左侧壳体内滑动；右封头通过法兰夹持住右管板，与壳体固定在一起，并在管箱中设置一块分程隔板，将管程分为双程，在该封头上隔板两侧分别焊接管程进、出口接管。

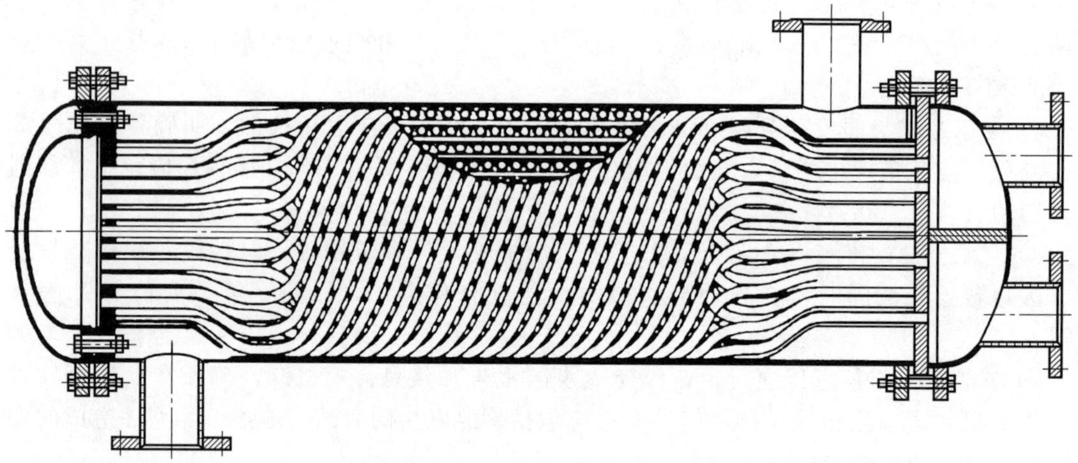

图 4-22 浮头式双管程缠绕管换热器

该结构形式换热器具有以下优点：该换热管束及浮头可从壳体右端抽出，以便进行管外清洗；换热器浮头可在壳体内自由滑动，从而避免管束及壳体内产生较大的热应力；换热器采用双管程结构，可有效提高管内流体流速，从而提高管内对流换热系数；换热管常用螺旋缠绕式结构，可增强换热管内流体流动的湍流度，提高对流换热系数，并增强换热器工作时的稳定性。

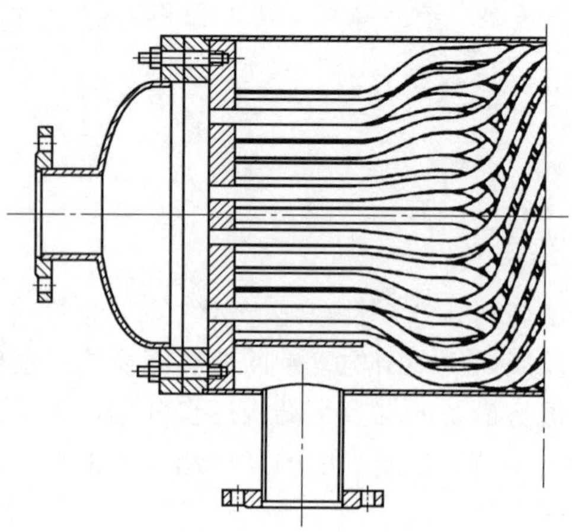

图 4-23 半浮头式换热器的左侧管板与封头连接型式

图 4-23 为一种半浮头式螺旋缠绕管换热器，其主体结构与上述浮头式换热器类似，二者的主要区别：一是半浮头式换热器为单管程结构，管程进出口接管安装在两侧封头上；二是半浮头式换热器的两侧封头都是固定式，但左侧封头直径小于筒体直径；三是半浮头式换热器左侧管板直径小于筒体内径，可在筒体内滑动；四是半浮头式换热器左侧封头通过管箱法兰、筒体内法兰采用沉头螺栓与左侧管板连接。半浮头式换热器较浮头式换热器减少了一个左侧封头及右侧的管箱隔板，使换热器的结构简化，也降低了制造难度和制造成本。

（2）新型多股流结构

多股流结构不仅可以满足多种流体之间的同时换热需求，还能适应不同的工艺流程中复杂的换热工况，具有广泛的适用性。目前针对天然气液化和低温液氮等领域，已开发出适用于不同工艺流程的新型多股流缠绕管换热器，归纳起来主要有两大类结构：单芯体结构、多芯体结构。

① 单芯体结构　目前，由于大型天然气液化系统大多数采用整体换热的方式，使得换热器的体积庞大，在制造、安装及运输过程中比较麻烦，且不易检测，维护困难。张周卫等提出了一种LNG低温液化一级制冷四股流螺旋缠绕管式换热器，如图4-24（a）所示。该结构的主要特征是：支撑圈在中心筒两端分别固定于筒体的上部和下部，在上支撑圈与下支撑圈之间布置螺旋缠绕管束；筒体上部左侧安装流体A出口接管，右侧安装天然气出口接管；筒体最上边的2根接管分别是节流后的流体B和流体C的进口接管；筒体中间的2根接管分别是流体B和流体C的出口接管；筒体下部左侧是流体A进口接管，右侧是天然气进口接管；筒体下部中间左侧安装流体B进口接管，中下部右侧安装流体C进口接管；耳座安装在筒体的中部。

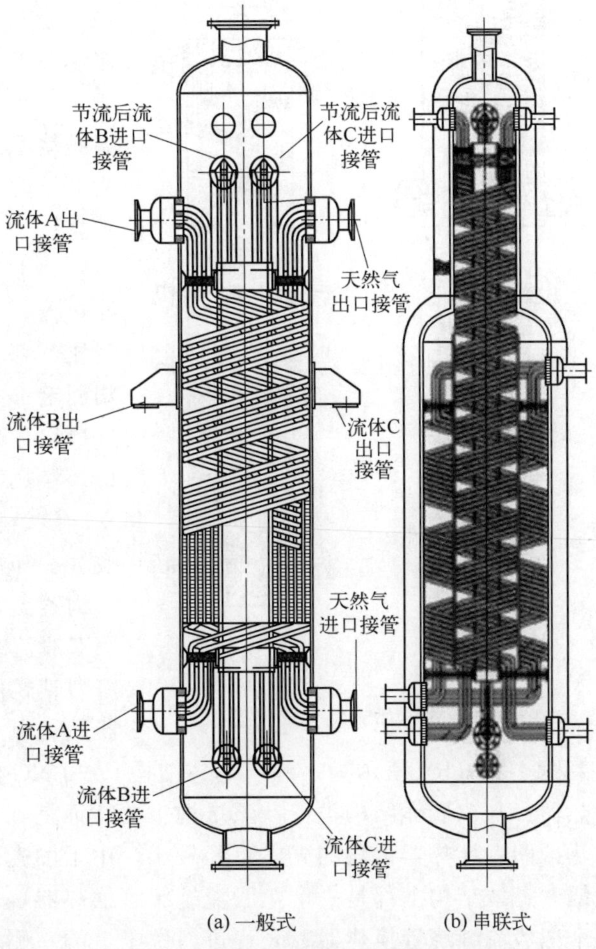

图4-24　单芯体缠绕管式换热器

这种结构根据LNG一级低温液化的特征，可以通过3台螺旋缠绕管换热器分别应对天然气液化时的三段制冷工况。该四股流螺旋缠绕管换热器，通过控制相变制冷流程，进而控制天然气预冷温度及压力，提高换热效率，成功解决了天然气一级的冷却问题，且具有体积较小、换热效率高、伸缩调整功能等优点。

类似的结构还有一种LNG低温液化二级制冷三股流螺旋缠绕管换热器。该三股流结构与上述四股流结构的主要不同之处在于：四股流结构在壳体的上、下端位置均连接有两股缠绕管，而三股流结构在换热器壳体的上、下端位置仅连接有一股缠绕管接管。

张周卫等提出了一种六股流四管束螺旋缠绕管式换热器，该多股流缠绕管换热器以串联的形式将换热器内多股缠绕管管束绕在同一芯体上，如图4-24（b）所示。该结构的主要特征为：该结构分为上下两部分，且上下结构不对称，下部筒体比上部筒体直径较大；换热器上下部分共用一个芯体，下部设有四股管束接口，在换热器的中部设有一出口接管，一股流体经此流出，剩余三股沿芯筒绕至末端由上端接口分别引出。

该结构换热器具有结构紧凑、效率高、换热温差大、自紧收缩调整等功能，能够克服低

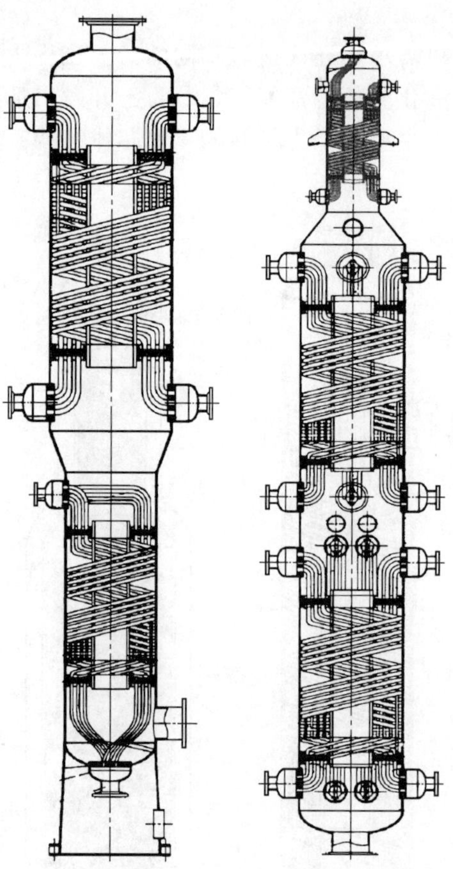

(a) 双芯体　　(b) 三芯体

图 4-25　多芯体缠绕管式换热器

温液氮二级制冷技术难题，提高低温液氮工艺系统的低温回热换热效率，解决高压氮气二级低温回热及净化气预冷问题，为合成氨低温液氮三级制冷装置提供预冷条件。

② 多芯体结构　由于合成氨及低温液氮等领域的工艺复杂、所用设备庞大，张周卫等还提出了多芯体多股流结构的缠绕管换热器。如图 4-25（a）所示为一种具有双芯体结构的未变换气冷却器用低温缠绕管式换热器，该结构主要特征是：换热器分为上下两个换热单元，两单元间的缠绕管部分互相独立；下部的换热单元是一台单股流螺旋缠绕管换热器，上部的换热单元是一台双股流螺旋缠绕管式换热器；上下两单元共用一个筒体，且上部筒体直径比下部大；两换热单元的独立芯体上分别由支撑圈固定；上部双股流缠绕管换热器封头处连接壳程进口，下部单股流缠绕管换热器的下方连接壳程出口；换热器的下封头连接耳座。

该结构用 1 台缠绕管换热器就可满足传统未变换气冷却器的生产工艺，减少了换热器的台数，且结构紧凑，增大了单位体积的换热面积。另外，采用双股流缠绕管式未变换气冷却器替代传统的单股流列管式换热器，换热管热膨胀可自行补偿，换热器易实现大型化。

图 4-25（b）所示为一种三芯体结构——LNG 低温液化混合制液体多股流螺旋缠绕管式换热器。与双芯体结构类似，该结构主要特征是：换热器分为上中下三段，分别作为独立的换热区间；换热器上段的壳体直径较小，中下段壳体直径较大；每段对应各自独立的芯体和缠绕管；该结构上部是一个双股流缠绕管换热器，中部是一个三股流缠绕管换热器，下部是一个四股流缠绕管换热器；壳程进口位于上端左侧，壳程出口位于下端封头处；在筒体直径渐变段及中下两段之间都设置有壳程进口。

③ 真空保温结构　张周卫等提出了一种带真空绝热层的双股流低温螺旋缠绕管式换热器，该结构主要包括：两股螺旋缠绕管束和真空壳体。其结构形式主要特征为：壳体分为内压壳体和外压壳体，上下内封头与管板采用焊接连接，两壳体之间为真空结构，且填充有珠光砂；在上管板处设有一排气管，下管板处设有一排液管；外压壳体底部设有一真空接管；隔板将上下封头分为左右 4 个管箱，对应不同的接管。该形式将整体式真空结构应用于双股流螺旋缠绕管式换热器，先制造芯体等内部构件，再组装内壳并进行检测，检测合格后，制造并安装真空外壳，实现换热器的整体真空绝热过程。

真空低温绝热技术，是当前低温换热技术中控制环境热量对内传热的最佳手段，能够显著改善环境热源通过传导、辐射和对流等途径对换热器内部的传热过程，与传统的用毛细材料绝热的方法相比，性能可以提高一个数量级，克服了真空绝热技术不能与大型缠绕管式换热器相结合的缺点，且保温效果较好。

汪雅红等提出了一种带真空绝热层的单股流低温螺旋缠绕管式换热器，该形式类似于张周卫提出的带真空绝热层双股流低温螺旋缠绕管式换热器，主要包括螺旋缠绕管束和真空壳体，二者区别主要在于前者提出的是两股螺旋缠绕管束，而后者提出的是单股螺旋缠绕管束。

④ 无管板结构　传统的缠绕管换热器采用焊接方式连接管板与换热管，这种方式可以消除换热管对管箱封头与壳体封头之间的应力，但是该设计复杂，制造成本高。市场上普通的缠绕管式换热器只针对单一流体进行换热，不能满足多种流体同时换热需求。为解决传统缠绕管浮头式换热器管板与封头连接设计复杂、制造成本高、换热流体单一的问题，梁淑帼等发明了一种不带浮头管板、多种流体同时换热的缠绕管换热器。该新型缠绕管换热器结构主要包括筒体、上下封头和换热元件。该结构的特征为：上下两封头均设有一流体口，形成流体自上而下或自下而上的流体壳程；换热元件包括至少一组螺旋缠绕管；换热管的两端与流体进出口管焊接，且通过支承结构固定在筒体内；为了使得工艺气和流体在壳程内同时换热，该结构上下封头分别设有一工艺气口。

该结构形式的优势在于：换热管两端分别与流体进出口管固定连接，省去了浮头管板结构，大大降低了制造的难度；管箱筒体上设有工艺气进出口管，可以进行液-液、气-液等不同物态换热，且简单高效；流体进出口管可设置多组，可同时满足不同流体进入管程换热的工艺需求。

⑤ 带竖直隔板结构　陈杰等提出了一种腔体内设置竖直隔板的缠绕管换热器，主要包括壳体、中心筒和换热管。中心筒设置于所述壳体的腔体内，形成环腔，环腔内缠绕换热管。该结构的主要特征是：环腔内设有若干个以竖直的方式布置的金属孔板，换热管穿过金属孔板上的通孔缠绕在中心筒上，层与层之间用垫条隔开；金属孔板的一端焊接在壳体的内壁，另一端焊接在中心筒的外壁，且孔板围绕中心筒呈周向对称布置；金属孔板上方的腔体内有一气液均布器。

这种换热器主要应用于海上天然气浮式平台，与现有的缠绕管式换热器相比，该结构通过在腔体内部竖直设置金属孔板将完整的一个腔体分隔成若干个独立腔体，而各独立腔体内部的液体不会流入其他腔体中，能够保证该腔体的壳侧液体与该腔体的管内液体换热充分，不会因为换热器的倾斜导致原腔体内部换热失效。在海上晃荡工况下，金属隔板的布置能将壳体液膜区的覆盖率提高20%以上，整体换热性能也因此提高1/5。此外，该结构中所有的绕管均需穿过金属孔板固定，金属孔板与中心筒和壳体焊接在一起，能够承受的强度应力较高，能满足海上特殊的工况需求。

4.4.1.2 缠绕管换热器的应用

(1) 缠绕管换热器在低温设备中的应用

在如低温甲醇洗、低温液氮工艺及液化天然气设备中，兰州交通大学张周卫等研发了LNG缠绕管式换热器发明专利技术，对缠绕管式换热器的内部结构及换热器的原理进行了说明，为在低温设备中使用缠绕管式换热器提供了有价值的依据。在天然气气化装置中，采用缠绕管水浴式气化器进行气化，可以有效防止天然气气化装置结冰。Truong等发明了一种应用在液化天然气设备中的缠绕管式换热器，能提高设备内部传热的效率。

(2) 缠绕管换热器在高温领域的应用

除了在深冷以及低温装置中应用缠绕管式换热器，缠绕管式换热器还逐渐被应用于高温领域装置中，例如在熔盐过程中，使用缠绕管式换热器可以加大换热面积。

(3) 缠绕管换热器在高压设备中的应用

缠绕管式换热器中的缠绕管选用的原材料一般为铜、铝或者不锈钢，因此具有较高的强度。由于缠绕管具有较好的补偿性能，因此其可以承受较大的操作压力。目前，应用于高压设备中的缠绕管式换热器最为典型的案例是我国开封空分集团有限公司研发的在空气分离设备中使用的高压缠绕管式换热器。

4.4.1.3 缠绕管换热器的发展趋势

(1) 如何有效防止缠绕管式换热器结垢

随着缠绕管式换热器应用领域不断扩大，在液化天然气、柴油加氢及芳烃等装置中逐渐使用该换热器。但由于这些装置中的介质黏性较大，极易产生污垢，增加热阻，进而对装置中传热系数造成影响，使得装置传热能力降低，从而导致缠绕管式换热器出现内部耗能等问题。同时由于缠绕管式换热器内部结构较为紧凑，当设备内部结垢后，较难清洗，设备维护的难度大大增加。随着现代机械加工技术的进步，应对如何防止缠绕管式换热器结垢进行深入探讨，使该类型换热器可以被广泛应用。

(2) 如何有效防止缠绕管式换热器泄漏

缠绕管式换热器的泄漏问题一般存在于装置内部缠绕管束连接部位以及缠绕管束的损坏部位。目前山东豪迈机械制造有限公司许倍强、卢恩明等研究发明了螺旋缠绕管式换热器，该换热器壳体的两端分别安装有第一壳体封头装置和第二壳体封头装置，可以有效预防缠绕管式换热器内部介质出现混合的问题。

(3) 如何有效防止缠绕管式换热器的振动破坏

缠绕管式换热器的振动会导致缠绕管式换热器缠绕管束之间产生碰撞，甚至造成管束的损坏。因此，需要对缠绕管束不断进行振动实验和分析，探讨如何降低缠绕管式换热器振动所产生的破坏。

(4) 如何有效降低缠绕管式换热器能源消耗

能源的回收再利用可以有效降低换热器内部的能源损耗，因此，可以利用缠绕管式换热器内部的热能加热换热器内部的冷物流，对已消耗的能源进行回收再利用，以达到降低缠绕管式换热器在运转过程中能源消耗的目的。

4.4.2 螺旋折流板换热器

(1) 螺旋折流板换热器的提出

通常在管壳式换热器中加入可以支承管子并改变流动方向的折流板，以保证在合理的沿程压降下提高换热效率，如图 4-26 所示。旧有的弓形折流板换热器通过其特殊的曲状折流板使流体的流动方向与管束相垂直，即直接冲刷管束，从而达到增强换热的目的。然而，折

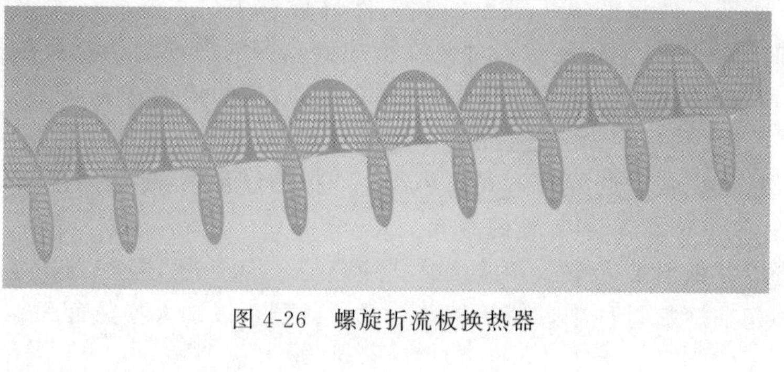

图 4-26 螺旋折流板换热器

流板的安放方式也带来了许多问题。

① 因其安放方式使得流体的流动方向与壳体壁面相垂直，所以会造成流体直接冲刷壳体壁面，从而导致沿程压降过大；

② 特殊的曲状折流板与壳体壁面的衔接处会形成流动滞止死区，从而削弱了换热设备的换热能力；

③ 高质量流速的流体穿过换热管束时，造成的换热管颤动会降低换热设备的使用寿命。

因此，采用老式的弓形折流板换热设备时，需用泵做更多的功来获得较高的换热效率。为了节约材料及能耗，急需对旧有的折流板结构进行改变。为了适应当代化工业设施不断增大的热负荷需求，换热器的安装面积也不断增大。然而，换热器数量增加的同时总沿程压降会随着增大，导致需要消耗更多的泵功。因此，在一些特定场合下，这种方法是无法实现的。比如，在对现有的设施进行改造时，因其空间有限导致不能同时使用过多的换热设备；泵的性能在开始安装时已经确定，无法进行调节。随着人们节能价值观的凸显，对换热设备性能的要求也日益提高，即要求利用低泵功，实现高换热量的目的。而对弓形折流板换热器而言，需产生很高的压降才能达到换热量的期望值。因此，重新调节折流板的布置方式显得尤其重要。

二十世纪六十年代出现了螺旋折流板换热器的新思想，该思想不仅考虑在弓形折流板换热器的结构基础和从折流板布置方式的角度上发生了改变，而且也为了实现有效地降低壳侧流动阻力以及强化传热，进而将螺旋折流板换热器中的折流板特意布置成近似的螺旋面，这也是为了实现换热器中的壳侧流体的连续螺旋状流动。

(2) 螺旋流动对换热器换热的影响

① 螺旋流动的流体，其离心力会对切线速度产生影响，会增大流体外部对流体有作用的压力，而作用在流体内部对流体有影响的压力会减小。流体外部产生的压力会大于内部产生的压力，因而会导致外部的作用力大于内部的作用力，致使流体由外部向内部流动，然而中心的流体会向原来的方向流动，也就是出现我们常说的二次流。由于螺旋流和二次流二者相互作用，湍流强度会因为二者的影响突然变化很大，并且湍流强度会向径向的方向改变，规律地分布在周围，换热系数也会随着一系列的变化而产生变化。流体会在径向周围产生旋转流运动，会以一定规律改变速度方向。可以找出这个规律，得到一个规律周期，不断使纵向上的流体产生剧烈运动，此时换热系数会因为流体的急剧运动而增大。

② 螺旋流动的流体斜向冲刷管束，在重力作用和冲斜管倾斜流体的影响下，会使流体的边界层变得很薄，换热系数也会因为一系列的运动而增强。

③ 在螺旋折流板换热器中，壳侧流体的螺旋流动使得流体从管子的两边因不平衡而分开，并且管子上的边界层会产生螺旋状的流路。这种现象会使普通边界层分离的特点发生改变，导致边界层减薄和边界层的扰动性增大，最终导致传热效率增大。

(3) 螺旋折流板列管式换热器结构分类

目前国内螺旋折流板列管式换热器结构样式繁多，但大体上分成非连续型螺旋折流板结构和连续型螺旋折流板结构两大类。

① 非连续型螺旋折流板换热器　非连续型螺旋折流板换热器为目前国内外螺旋折流板换热器产品的主流类型，称为第一代螺旋折流板换热器产品。其折流板结构是由若干块四分之一壳体横截面的扇形截面平板搭建成一个近似螺旋面，间断状地自壳程进口处向出口处推进。实验表明这种形式的换热器螺旋折流板可以起到引导壳侧部分流体呈近似螺旋流动的效

果，单位压降换热能力相对弓形折流板也有一定数量级的提高。但是扇形折流板是按与壳程轴线的一定角度首尾相接依次摆放的，这会使相邻两块折流板的直边在顶部交错对接处露出一个非常明显的缝隙，致使壳程介质在两块折流板间形成短路漏流区域，有实测结果证明，如果换热器直径超过 1000mm 或换热面积超过 $2000m^2$，由于非连续型螺旋折流板换热器存在短路漏流区域，其换热性能可能还不及采用弓形折流板结构。为了搞清螺旋折流板换热器换热效率不如弓形折流板结构的原因，专家学者对不同直径的壳体、不同角度的螺旋折流板换热器进行了多次模拟试验。普遍认为在非连续型螺旋折流板换热器中，相邻两块折流板连接形成的缺口是主要原因，缺口形成的三角区使大量介质从这一空间短路通过，壳体直径越大短路越严重，因而严重削弱了换热效率。也有专家认为存在三角区不全是坏事，依据为：壳侧流体沿螺旋折流板呈总体螺旋流动时，在离心力作用下流体将向外围流动，中心部分流体将变少，尽管随后产生的径向压差以及外圈路程远、阻力大的状况使流体产生向心的二次流动可部分平衡这样的离心流动。相邻折流板首尾在外圈连接的方案中，壳侧流体通过相邻两组折流板交接处的三角区时的流动方向是使部分流体又返回上一组折流板区域，客观上可以增大中心部分的流速，起到增强中心区域传热的作用。虽然非连续型螺旋折流板换热器仍在发展和探索过程中，但提高螺旋折流板换热器换热效率的主要措施是弥补三角区造成的非连续因素的论点已越来越为国内外专家认可。为了确保壳程换热效率的提高幅度，近年来国内出现了一些新型防短路螺旋折流板管壳式换热器的产品或构思，力图使壳程内介质以理想的螺旋流形式通过壳体。例如，宋小平针对普通螺旋折流板管壳式换热器的弱点，分别将原扇形折流板在两侧直边处同时加宽一排或两排管距宽度，相邻两扇形板的直边以交叉搭式接续，加宽部分重叠，由同一排或两排换热管穿过。他认为扇形折流板在两侧直边处同时加宽 5～10 mm 后，短路现象仍然存在，加宽到一排至二排管距宽度后，壳程内介质可以形成较理想的螺旋流通过壳体，短路现象大为减少，因此，这种交叉重叠搭接方式可以对流经管束的介质起到良好的引导作用，减少两相邻扇形板直边交叉形成三角形空间的短路现象，确保换热效率的提高。同时，由于有同一排或两排换热管穿过相邻两扇形板，强化了管束刚性，避免了象限间分离的趋势，同时有重叠部分的螺旋折流板结构将起到良好的防振效果。

② 连续型螺旋折流板换热器　连续型螺旋折流板换热器是近年来国内外螺旋折流板换热器产品中正在迅速推广的另一大类型，可称为第二代螺旋折流板换热器产品。其结构特点是折流板固定在中心管上自壳体进口向出口推进，其形状更近似于完全螺旋面，使介质在壳体内做到相对连续平稳旋转流动，但折流板不能覆盖壳程的壳体中心区域，需要采取其他辅助结构来弥补换热损失。这类螺旋折流板是环绕中心管形成的，实际上是一种曲面结构，在加工制造时存在很大的难度。即便依托中心管将螺旋折流板加工成平面结构，由于结构方面的原因，产品的设计制造过程也十分复杂，给进一步大型化和推广应用带来不小困难。近年来国内不少高等院校、科研单位和设备制造企业在连续型螺旋折流板改进方面做了很多工作，因为全封闭流道带来的好处是显而易见的。例如，抚顺机械设备制造有限公司推出的双壳程螺旋折流板换热器的产品方案，其出发点是在大直径换热器上选用单壳程螺旋折流板结构，会受到 25°～40°螺旋倾角的限制。由于影响传热系数高低的主要因素是雷诺数 Re，介质的流速对 Re 起到了决定性作用，大直径必然形成较大的流通面积，因此在流量一定的情况下，要想得到适合的流速，就要选择较小的折流间距来保证一定的 Re 值。采用双壳程相当于减小了壳体直径，在保证一定流速的情况下使得折流间距变大，从而得到了较大的螺旋倾角，解决了大直径螺旋折流板换热器螺旋倾角小、传热性能下降的弊端。研究人员认为，

一般换热器的双壳程结构大多应用在双管程换热器上，就是利用一块纵向隔板将壳侧分成双程，管束由管板、分程结构、内螺旋折流板和外螺旋折流板组成，其中分程结构由一个分程筒体和一块环形分隔板组成。管箱分程也是采用了一个与壳侧相同直径的分程筒体，其一端焊接在管箱的端盖上，另一端用 4 个支承板将筒体固定。管程介质首先从管箱接管流入分程筒体内，再流经筒体内所包含的换热管流到另一端管板处，然后返回到筒外的换热管，再流到管箱的分程筒体外，从另一接管流出。壳程介质也是先从壳体接管流入，由于分隔板的阻隔，介质只能进入分程筒体流到另一端管板处，再返回到筒外，流至前端分隔板处，从另一接管流出，最终完成管壳程介质的换热过程。

③ 新型高效螺旋折流板换热器　近年来，杭州某企业推出的一种新型高效螺旋折流板换热器，可称为第三代螺旋折流板换热器产品，是在综合多年来国内外各类螺旋折流板换热器产品优点的基础上，设计的一种新型的可使壳程内介质以真正理想的螺旋流形式高速通过全封闭流道的产品——全封闭流道连续型无中心管螺旋折流板换热器。其主要结构特点：一是增加了起定距板作用的阻流板来阻断三角区漏流，用以改进较大直径非连续型螺旋折流板换热器因漏流造成的热效率下降。二是用定距板代替了目前国内螺旋折流板换热器仍在使用的拉杆和定距管。定距板的存在除了阻断三角区漏流外，更重要的是将整个管束和折流板连成一体，从而大大降低了管束在流体强烈扰动下振动的可能性，同时也大大降低了螺旋折流板换热器的加工制造难度。三是通过安装在扇形折流板边缘的扰流管，或通过在定距板和扇形折流板上开平衡孔来替代目前国内螺旋折流板换热器上设置的扰流环或扰流板，以起到改善壳程介质流型的作用。四是改变了传统垂直弓形板多次 180°折返横向流动方式，减少了窗口区流体大角度折返的压头损失，为介质提高流速提供了可能，提高流速就提高了雷诺数，因此可以大幅度提高膜的传热系数。五是壳程介质的螺旋折流方式使得壳程的横截面出现了一个速度梯度场，这个速度梯度场使每一根换热管都处于换热介质旋涡中，此旋涡使换热管表面层减薄，降低了热阻。六是螺旋通道内高速旋转的介质流有利于冲刷走壳程内的颗粒及沉淀物，特别是消除了结垢严重的死区。七是螺旋折流板通过选择合适的角度，得到均一的可避开了管子激振频率的支承长度，加上多壳程的流向调节可以相当程度地解决管束振动损伤问题。

(4) 螺旋折流板换热器性能分析

① 传热性能的分析　螺旋折流板换热器的传热系数表征了过程中传热能力的大小，为衡量换热器传热性能的主要标准。螺旋折流板换热器和弓形折流板换热器的主要区别在于折流板在螺旋换热器的壳体当中形式不同。弓形折流板一般在壳体内部是垂直于换热管道，这样会让壳程形成折流的唯一通道，其介质在折流通道内部流动过程中，弓形折流板下部会出现一个三角形空间，在螺旋折流板壳体介质当中和管子表面，传热性能是有着极大差别的。在一定程度上因为螺旋折流板结构会使得介质流动极易形成较大的旋涡，而且从管道的中心到 1/3 的方向存在较大的梯度能量，这个梯度能量会导致管道表面出现较大的振动，除此之外，介质的螺旋折流运动会加大壳体内部与管子表面沉淀物的冲洗力度，这样也会减少沉淀物，使膜传热系数变得极为稳定，螺旋折流板换热器能够将热能充分地吸回。

② 抗振性能分析　螺旋折流板换热器壳程和管子轴向角度，有效地降低了流体对于管子的直接冲击力度，这样也能降低流体对管子的冲击力，螺旋折流板的连接支承力也会降低管束的距离，从而让流体以及管子所出现的振动频率不断增大，这样能够有效减小共振效果的出现。所以，螺旋折流板换热器也有一定的抗振能力。

③ 压降的损失分析　弓形折流板主要是垂直在换热管束当中的，能够有效地改变介质流动方向，所产生的压力损失也会不断加大，这也是弓形折流板换热器能量消耗较大以及压力降低的重要原因。螺旋折流板换热器在使用过程中的介质在壳体内部能够连续地进行旋转流动，没有较大的流向变化，所以在壳程介质中的压力也会不断减小。

④ 螺旋折流板换热器的适用范围分析　和弓形折流板换热器相比较，螺旋折流板换热器有着极为特别的优势，其一是具有单一并且弯曲的优点，其二是流道流程相对较长。在流体螺旋型流道当中由于流动离心力的存在，在一定程度上增加了流体的运动，在某种层面上能够及时地冲刷黏合度大的液体在管道上面去形成液体黏膜，这样做对于沉淀型的污染物有着清洁的作用。这种弓形折流板换热器主要是使用在高黏度介质当中，比如在炼油厂中的渣油以及原油中使用较为广泛。

4.4.3 微反应器

(1) 微反应器的简介

传统化工过程设备一般体型巨大，设备占据空间大，制造周期长，造价昂贵，而且设备内的传质、传热效率不高，使得反应速率受到限制，许多精细化工产品（如药物、聚合物）的生产，仍然采用间歇生产工艺进行，过程重复性较差，效率低，生产能力有限，并且造成了资源浪费和环境污染等问题。为了减少在基础研究和工业生产过程中的资源消耗，同时进一步强化反应过程，提高反应转化率和产率，微反应器连续生产工艺逐渐被应用于工业生产过程。

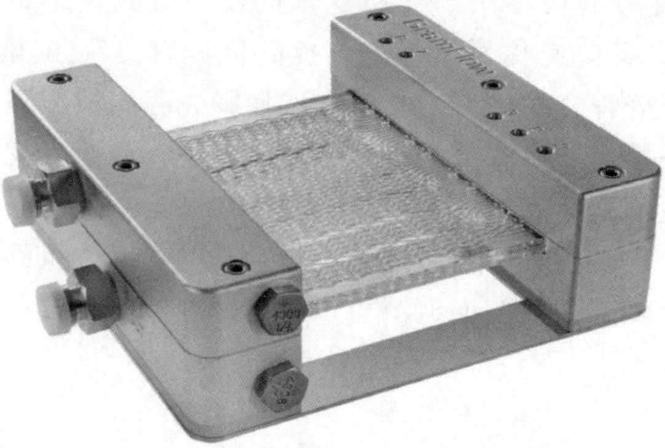

图 4-27　微反应器

微反应器包括微换热器、微混合器以及微控制器，也被称作迷你化工厂，是一类使用微加工技术或者精密加工技术所制造的微型反应器，其特征尺寸一般在微米至毫米级，比表面积可达 $100m^2/m^3$ 以上，用来代替传统的烧瓶等间歇反应器。微反应器通常由一系列排列有序的三维微结构组成，微通道通常被镶嵌在一个平面芯片上，通道长度在几厘米到几十厘米之间，反应器持液量低，用于快速混合物料或者进行化学反应，如图 4-27 所示。

微反应器的特殊性主要源于其较小的反应器体积，主要表现为以下几个特性：

① 快速混合能力　在连续流微反应器中，为了避免产生较高的浓度梯度，通过分子扩散发生混合。

② 较大的比表面积　微反应器多级的微结构便于进行热量传递，使反应器具有快速加热或者降温能力，因此有利于精准控制反应温度。

③ 停留时间　停留时间指的是反应溶剂以及反应物在反应器中经过所需要的时间。停留时间是优化流动化学反应结果的重要参数，尤其是反应涉及不稳定或者短期活性中间体时。停留时间的长短主要由反应器本身决定（比如反应器体积、通道长度等），微反应器可以通过设置进料流量来控制停留时间，以此控制反应程度。

(2) 微反应器的分类

微反应器有多种分类方式，根据混合方式，可分为主动式和被动式两类。其中，主动式整个过程都需要外界提供能量，如磁力搅拌型和电场促进型微反应器等；被动式依赖于分子扩散和混沌运动提供的质量传输现象，如混沌平流微混合器、T/Y 型微混合器等。按操作模式微反应器又可分为间歇式和连续式微反应器，按反应物相态分为液液微反应器、气液微反应器、气液固微反应器等。常见的微反应器有六种类型：微通道反应器、毛细管反应器、多股并流式微反应器、外场强化式微反应器、微孔阵列和膜分散式微反应器、降膜式微反应器。

按照材质不同，微反应器可分为陶瓷基、金属基和高分子基微反应器等。微反应器材质的选择很大程度上取决于其应用需要，主要包括操作条件（压力和温度等）、混合物的物理性质（pH、黏度等）、成本、批量生产能力和制造难易程度等。目前应用较为广泛的主要有玻璃、硅、金属和聚合物等。

随着微反应器的快速发展和广泛应用，微加工技术中常用的材料，如金属、有机聚合物、玻璃和单晶硅等已经无法满足一些特殊反应的需求。陶瓷材料因具有较高的化学稳定性和热稳定性，在高温、高机械强度和重腐蚀等苛刻环境下，具有比金属等传统材料更优越的性能。陶瓷材料制备的微反应器不仅具备微化工技术的优点，还便于催化剂的负载和实现气液固三相反应。陶瓷基微反应器的制备工艺中微结构的成型是核心，然而陶瓷材料脆性较大难以进行机械加工，较强的耐腐蚀性导致刻蚀困难，其固有的特性使这些常规的微成型和微图案加工技术难以直接应用，而且使用传统模压等方式制备陶瓷基微反应器工艺复杂，模具价格高，成型率低。此外，陶瓷基微反应器还存在密封强度差、元件之间连接困难等问题。因此选择和开发适用于陶瓷材料的微加工技术是陶瓷基微反应器能够广泛应用的前提条件。

(3) 微反应器的基本结构

一般来说，微反应技术主要是针对时空特征尺度在数百微米和数百毫秒范围内的微型设备和并行系统中“三传一反”的特征和规律进行研究。微反应技术主要由微热系统、微反应系统、微分离系统、微分析系统、微流控制系统等部分组成，核心是微反应系统。微反应系统是以微反应器为核心，微流泵、微换热器、微流控装置等为辅助的化工系统。核心微反应器一般采用分层次的方法构建，即一个单元由下属单元组成，各单元定义如下：微反应器的最小单元是微结构，一般就是指微通道。在微结构的基础上加上出口、入口、腔室等部件就构成了元件。元件、流体管线、支承体等构成了单元。单元或多个单元与外壳共同构成的器件称为微设备，几个微设备相连构成了微反应器。微反应器的核心部件是其内部微米级的流体通道。按微结构的不同可以将微反应器分为微通道式、多股并流式、毛细管式、微孔阵列式、降膜式和膜分散式等，其中微通道反应器应用最为广泛。微通道反应器对于具有不同动力学特征的反应过程，其整体性能受通道结构、尺度等特征参数的影响而差异显著，因此微通道的结构设计，直接影响到微流体的反应特征时间、停留时间、传质传热特征时间的匹配。一般而言，微反应器的制备过程包括选择制备材料、确定加工工艺、微通道成型、微结构密封连接等步骤。

(4) 微反应器混合机理

以液相反应物为例，传统管道内的混合过程主要依赖于层流和湍流，随着通道尺寸的减小，混合主要趋向于层流。通道的几何尺寸、比表面积以及反应物本身的性质决定了不同的流动状态。由雷诺数 Re 表达式可知，雷诺数会随着微反应器的通道尺寸减小而降低。

微反应器在几何尺寸上表现出微通道较短的物理特征，因此具有较低的雷诺数，主要传质方式是借助于组分瞬间的分子扩散，故流动方式主要以层流为主。根据对流-扩散方程，可以通过增强扩散和加强对流来实现促进微通道内的不同流体组分的混合，受微通道内流速限制，通过加强对流来提升混合效果几乎无法实现，故只能采取增强扩散的措施。有时根据需要通过微通道复杂的几何构造使流体在微通道内出现层流剪切，产生二次流，导致流体的流动截面在不同流向上发生相对运动，出现扭曲或者变形，待混合流体间的界面面积得到增加，层流的厚度得以减小；另一方面，流体形状的改变会产生延伸效应，若流体同时在外场作用下提高流速，延伸效应会进一步增强，流体的厚度会迅速减小，由 Fick（菲克）扩散定律可知，反应物分子需要扩散距离相应降低，反应时间进一步缩短，混合效果得到强化。此外，微反应器在加工时，特意设计内肋型障碍物等以引起湍流混合，或通过一系列或主动或被动的技术来提升混合效果，强化反应过程。

（5）微反应器的性能

微反应器因其独特的微结构，在混合效率和换热效率、放大过程、集成化和连续化、反应时间控制以及安全性方面表现出优异的性能，这些都是提高目标产物的收率、选择性和质量的关键因素。

① 极高的混合效率和换热效率　微反应器特殊的几何结构保证了流体在其中进行单向流动，通道内部的雷诺数较低，主要是层流扩散影响混合效果，局部也会有二次流混合形成，传输现象主要是通过扩散完成。由 Fick（菲克）扩散定律

$$-J_i=\sum_{j-1}^{n}(D_{ij})_k\ \nabla C_j, i=1,2,3,\cdots,n \tag{4-1}$$

式中　J_i——i 组分的扩散通量，$mol\cdot m^{-2}\cdot s^{-1}$；

n——系统中组分的总数；

D_{ij}——参比状态框架 k 下的 Fick 扩散系数，$m^2\cdot s^{-1}$；

∇C_j——j 组分扩散浓度梯度驱动力。

由上式可知，如果将反应从直径为数十厘米的烧瓶改换到微米级别的微反应器通道内进行，可大幅缩短反应时间，大幅提高混合效率，传质传热的驱动力也随之增加，这些均有利于化学反应的高效进行。由于管内层流流动换热中对流传热系数与通道直径成反比，因此微反应器内的液相传热系数比常规换热设备高一个数量级以上。同时，狭窄的微通道提供了微型的反应空间和超大的比表面积，进一步加强了传质传热，保证了整个反应过程几乎在等温条件下完成，有效避免了局部过热现象，能大幅提升产物纯度，这对于精细化工品生产和新材料的合成具有重要意义。另一方面，超大的比表面积也为通道内表面催化剂的负载提供了有利条件。

② 高效的放大过程　作为单独反应系统的微反应器，可以通过简单的平行叠加来实现算术上的数量放大，进而得到可观的产量，避免传统精细化工产业化过程中，实验室的研究结果与大型生产装置结果存在的严重“放大效应”。Toray 公司利用微混合器和微换热器组成的微流系统进行格氏交换反应，相比于单通道反应器，产率、停留时间等相关工艺参数是类似的，经过 24 h 连续化操作后，五氟苯的产率达到了 92%，可得 14.7kg 的产品，每年的产能高达 5 t，仅通过增加了 4 组相同规模的微反应系统就可替代一个 $10^3 m^3$ 的传统反应装置所能实现的工业化产值，投资成本大幅减少，节省了空间，这对实际工业化生产来说具有重大价值。

③ 高度集成化和连续化操作　在化工合成中，往往需要对反应全程做实时分析。通过

微加工技术，将微混合器、分离器、热交换器、加热器、冷却器等微型装置整合到单一芯片上，制成微反应系统，能实现高度集成化和连续化操作。同时该系统为呈模块结构的并行系统，通过应用分散的信息源就可对反应进行更方便的监控，同时还具有便携性好等优点。

④ 精确控制反应时间　传统化学反应中，为了防止反应过于剧烈，往往采用逐渐滴加反应物的方法，这会造成部分先加入的反应物在反应器内停留时间过长。而对于多数反应，在反应条件下，反应物、中间过渡态产物及终产物的长时间停留均会导致局部热点严重，产生大量副产物。微反应器技术是微管道中的连续流动反应，反应物停留时间一般由微通道长度决定，通过对微通道长度的设计可精确控制物料在反应条件下的停留时间，最优反应时间一旦达到可停止反应或进行下一步，能有效消除因反应时间长而产生的副产物，大幅提升产物的纯度。

⑤ 安全性、可靠性高　化工技术的发展对其生产安全性要求越来越高。微反应器因其超大的比表面积而具有高效的换热效率，尤其是在部分大量放热的反应过程中，能够在较短时间内迅速移除反应产热，从而保证温度维持在设定范围之内，最大程度上减少事故发生的可能性。同时，微反应器中反应试剂的量处于微量级别，即使生产有毒物质也能将反应过程控制在安全范围之内，进一步降低了危险出现的可能。

⑥ 反应过程环保　传统化工生产上依赖于大型反应设备，对原料和能源消耗大，产物转化率、收率上不及微反应器，且安全隐患相对较多。微反应器技术因为提高了产品的收率，减少了副产物的产生，降低了能耗且减少了辅助物质（比如保护基团）的使用等，能有效减少研究和生产中有害物质的排放，实现绿色可持续发展。

4.5 化工设备常见工程问题

4.5.1 压力容器

4.5.1.1 压力容器的蒸发损耗

压力容器作为化工与石油化工领域主要的储运设备，在储运过程中不仅要保证介质的安全，同时也要尽可能地减少其在储运过程中产生的损耗。

以石油为例，石油及其多种附属产品是数种有机化合物的混合产物，在生产制备中，技术条件和生产设备等多种因素影响会导致石油中有些液态烃物质发生气化蒸发，从而造成油品的损耗。油品损耗会造成油品大量挥发，大大降低油品的品质，同时石油中极易挥发的轻烃组分挥发后会在罐区、压力泵房等区域大量积聚，造成环境污染且极易引起爆炸，对安全生产造成极大威胁。因此降低成品油在储存过程中的蒸发损耗不仅是安全生产的需要，也是节能降耗与环保的一个重要措施。

油品蒸发损耗原因包括油品的成分组成、油品的温度、油罐内空隙空间体积的大小、油罐的密闭程度、油罐的不同呼吸损耗等。依据不同呼吸损耗原因，主要可分为大呼吸损耗和小呼吸损耗。大呼吸损耗是由油罐内油面高度的变化造成的；小呼吸损耗主要是由于受到外部环境因素的干扰，诸如温度的变化、压力的改变等。

所谓小呼吸损耗是储油设备在储油过程中，受到外部环境因素诸如温度的变化、压力的改变等的干扰，导致罐体内储存的油品蒸发产生的损耗，又称为静态损耗。在轻质油拱顶罐中尤为明显：在日照辐射较强的白天，罐内温度升高，沸点较低的轻馏分油品便会气化，充满罐体内气体空间。当气体压力达到呼吸阀正压阈值时，出于安全考虑，呼吸阀会马上打开释放罐体内压力，将油气混合气体排出，从而导致油气呼吸损耗。影响小呼吸损耗的主要因素有：①昼夜温差：昼夜温差越大，罐内油气活动越频繁，小呼吸损耗越大，反之，昼夜温差越小，小呼吸损耗就越小。②日照强度：日照强度越强，罐体内温度越高，蒸发越多，小呼吸损耗越多。③储罐敞口面积：通常储罐越大，敞口时总面积越大，蒸发面积也越大，小呼吸损耗也越大；反之，储罐小，蒸发面积越小，小呼吸损耗也越小。

大呼吸损耗又叫动态损耗，指的是油罐在储存和释放油品的过程中罐体内部油品液位的上升和下降所造成的油品消耗。影响大呼吸损耗的因素分内因和外因。内因是指油品的本身的品质，例如蒸发所需压力、密度等；外因是指油品操作次数和油罐所处的外部环境等，操作次数越多，损耗越大，油罐所处外部环境温度变化越大，损耗越大。

(1) 呼吸损耗的危害

① 油品损耗严重　通常情况下，容积为 10000m^3 的储油罐，如果密封不严密便会引起罐体通风，导致大量汽油挥发，30 天内便可造成 106000kg 汽油的损耗，由此可见，油品呼吸损耗可造成巨大的油品损耗和经济损失，危害巨大。

② 降低油品品位　油品呼吸蒸发过程中主要蒸发的轻烃是油品的重要组成部分，轻烃如蒸发过多会严重影响油品下游产物的质量，最终导致原本合格的产品变为不合格。以生活中最常用的汽车汽油为例，汽油中轻烃如蒸发过多，则汽油的闪点就会变高，将直接导致汽车无法启动、行驶途中发动机抖动严重等诸多问题。

③ 油气蒸发，造成严重污染　呼吸损耗所产生的油气，其主要组成是气相烃类有毒物质，密度大，主要浮于地面表层，严重影响周边环境。而油蒸气还是光化学烟雾的主要反应物，光化学烟雾中的有毒物质强烈刺激人的眼睛、喉咙，导致头痛以及使呼吸道疾病患者病情恶化，严重的会造成死亡。

(2) 降低蒸发损耗方法

目前降低油品蒸发损耗的方法主要有以下两种：第一是从外部环境入手，如控制储油罐外部温度变化，减少油罐内上部气体体积，尽量选择敞口面积较小的储油罐从而减小蒸发表面面积，提高罐体的密封度，对罐体进行定期检查维护等。第二是加强对蒸发油气的回收，如加装油气回收装置。

具体实施方法有以下四种：

① 提高过程管理水平　提高呼吸阀和液压阀的定期维护频率，充分发挥呼吸阀和液压阀减少油品损耗的作用。同时尽量避免在油罐上开过多的量油孔和透光孔等，从而降低因呼吸产生的损耗。

② 减少油面上方空间　条件允许可使用浮顶罐来减少罐体内空气的体积，从而减少油料的大小呼吸损耗。同时，如果在同样的工况下，安装呼吸阀挡板对减少油料损耗效果明显。

③ 安装隔热板　将隔热板安装在罐体顶部和上半部分可有效降低油料损耗。通常会在隔热板表面喷涂白色涂料来提高表面反射率，反射大部分阳光，从而避免罐体内温度过高，减少蒸发损耗；另外，隔热板与罐体之间可形成空气夹层，亦能很好地降低罐内温度。

④ 加强油料运输和过程管理　例如，在油料运输和储存过程中应尽量保持油品充满罐体，这样可减少罐体内气体体积，可大大降低油气蒸发损耗。

4.5.1.2　压力容器的低温脆性断裂

低温技术的发展促进了低温压力容器的应用。低温压力容器作为低温工业中的关键设备，其应用日趋普遍。然而受低温环境和低温介质的影响，容器材料的韧性下降，容器会发生脆性破坏，这种破坏形式不存在明显的塑性变形，脆性破坏前毫无征兆，因此这种脆性破坏的存在对人们的生命、财产安全带来了极大的安全隐患。

(1) 低温脆性断裂的基本特征

① 低温脆性断裂的发生与材料使用温度的降低密切相关。

② 低温脆性断裂破坏时材料处于脆性状态，塑性很低，称为低温脆性断裂。

③ 低温脆性断裂时容器元件内部的应力水平低于其屈服强度，甚至低于材料的设计应力（许用应力），称为低应力脆性断裂。

④ 低温脆性断裂的裂纹源一般是材料自身缺陷处或几何形状突变处，破坏几乎没有宏观的塑性变形。

⑤ 低温脆性断裂发生后裂纹扩展速度极快，在钢材中传播直至到达材料的高韧性区或更低的应力区，速度可达空气声速的 2～3 倍。

⑥ 材料的脆断断口平滑光亮，有晶粒状特点。

⑦ 在远离脆断断口位置的材料，强度和塑性仍然满足设计要求。

(2) 低温脆性断裂机理

一般碳素钢和低合金钢具有的体心立方晶格结构决定了材料具有随着温度降低而强度增加、韧性降低的特性；这类金属材料具有冷脆特点，随着温度的降低，材料的韧性会急剧下降。材料的韧脆性状态由脆性转变温度决定：在温度高于脆性转变温度时，材料处于韧性状态；低于脆性转变温度时，材料由韧性状态转为脆性状态。若容器中存在不可避免的缺陷时，在低于脆性转变温度时，材料就会发生脆性断裂。因此，低温压力容器用钢必须具有足够的低温韧性和较低的脆性转变温度。

(3) 低温压力容器的选材

较低的使用温度使得低温压力容器材料的脆性、韧性等物理性质容易发生极大的变化，如脆性增大、韧性降低等，对容器产生的破坏是致命的。所以低温压力容器在选材时除了要满足 GB/T 150 选材原则及要求外，还应针对具体使用环境对钢材提出更高标准的补充要求。

钢板加工时的轧制方向、热处理状态、应变时效、加载速度、残余应力等诸多因素都会对钢材的低温韧性造成影响。因此，要提高材料加工时工艺要求，如冶炼时在钢种加入少量的 Nb、V 等微合金元素；应控制轧制和冷却工艺；要求正火处理，以细化晶粒，减少钢材轧制产生的内部缺陷，降低钢材脆性转变温度。另外，低温材料在焊接后，其热影响区的低温冲击功会降低，在容器设计和钢材订货时应对钢材提出合理的、更高的冲击功指标，或降低母材的冲击试验温度来保证充分的韧性裕量。

(4) 低温压力容器的结构设计

钢材对结构处或缺陷处的应力集中敏感性会在低温条件下加大，低温脆性的破坏倾向随之增大。在结构设计中应注意消除尖角，消除应力集中，所以在设计中应注意以下问题：

① 应减少元件间的约束程度，使结构尽可能简单。

② 应避免结构产生过大的温度梯度。

③ 应避免结构中截面的急剧变化，减少应力集中。

④ 附件的连接焊缝应采用连续焊并避开设备上的 A、B 类焊缝。

⑤ 容器的鞍座、支腿、耳座或裙座与筒体焊接时应设置垫板或连接板，其选材应按低温用材考虑。

⑥ 应尽量对接管补强采用整体补强或厚壁管补强，若采用补强板补强，截面应为全焊透结构，焊缝应圆滑过渡。

⑦ 应避免结构中焊缝交叉和集中。

⑧ 容器焊有复杂部件时，需焊后消除应力而不能整体热处理时，应考虑部件单独热处理。

⑨ 焊缝结构：A 类焊缝应采用双面对接焊，或采用保证焊透、与双面焊具有同等质量的单面对接焊；B 类焊缝也应采用与 A 类焊缝相同的全焊透对接焊缝，除非结构限制，允许采用不拆除垫板的单面对接接头。C、D 类焊缝，原则上要求采用全截面焊透结构。

4.5.2 换热器

4.5.2.1 流致振动

换热设备的设计随着工业规模的发展逐渐趋于大型化，同时，为了提高换热效率并减少热阻，工业设计中倾向于选用较小直径的换热管和较大的工况流量，如此就会导致换热管管束容易发生流体诱导振动（简称流致振动），从而引起管子之间发生碰撞，而管子振幅过大会发生机械破坏。另外，振动所产生的应力也会使换热器管束发生疲劳，进而减少工作寿命。

目前，GB/T 151—2014 和 TEMA（管式换热器制造商协会）标准是对流体诱导振动的工程计算的主要参考标准，在固有频率、临界流速、卡门涡街频率、卡门涡街振幅以及湍流抖振参数的计算上，两个标准的原理相同，仅个别参数选取略有差异，利用两者计算所得结果是基本一致的。

（1）换热器振动机理

旋涡脱落（卡门涡街）、湍流抖振、弹性不稳定性和声振荡是流体在流动过程中产生激振的主要原因，当卡门涡街和湍流抖振的激励频率与换热器管束固有频率接近时会发生共振。当换热器内流体流动的雷诺数达到一定值致使管子吸收的能量超过其阻尼耗散的能量时，管束的振动幅度将急剧增大，将发生流体弹性激振现象。换热器的密闭壳体会使管束在旋涡脱落时产生弹性波，并在换热器壳体内传播，从而形成声学波和机械波，两者能量不断累积后，会出现噪声和机械振动。各种振动机理及依据 GB/T 151—2014 的计算方法阐述如下。

① 换热管固有频率及对数衰减率　换热管的固有频率本质上由换热管的刚度分布和单位长度质量决定，不仅对共振的发生造成影响，还与对数衰减率共同决定了发生共振时的振幅大小，是影响流致振动的关键因素。

直管和 U 形管作为典型的换热管结构，它们的一阶固有频率（Hz）可以通过下式计算得到：

$$f_1 = 35.3\lambda\sqrt{\frac{E(d_o^4 - d_i^4)}{ml^4}}$$

式中，λ 为频率常数；E 为材料的弹性模量，MPa；d_o 为换热管的外径，m；d_i 为换热管的内径，m；m 为单位管长的质量，kg/m；l 为换热管的跨距，m。

由于影响因素众多，从理论上来看无法精确分析计算管子固有频率，所以在计算管子固有频率时，工程上一般作如下简化假设：

a. 管子是线弹性体，且管子材料是均匀的、连续的和各向同性的；

b. 管子的变形和位移是微小的，且满足连续性条件；

c. 管子与管板连接处作为固定支承，在折流板处作为简支。根据上述假设，可以计算单跨管和多跨管的固有频率。

② 卡门涡街 在一定条件下的定常来流绕过某些物体时，物体两侧会周期性地脱落出旋转方向相反、排列规则的双列旋涡，由于非线性作用，形成冯卡门涡街（即卡门涡街）。旋涡的交替脱落会产生脉动载荷，当其与管束固有频率接近时，管束在外载荷作用下可能出现机械振动，即涡激共振。卡门涡街主频率 f(Hz) 和共振时的振幅 y_v(mm) 通过下式导出，主频率和振幅都随着换热器内流体流速的增加而增大：

$$f=Stv/d \tag{4-2}$$

$$y_v=\frac{C_L\rho_0 d_o v^2}{2\pi^2\delta f^2 m} \tag{4-3}$$

式中，St 为斯特劳哈尔数；v 为横流速度，m/s；f 为主频率；d 为障碍物直径；C_L 为升力系数；δ 为对数衰减率；ρ_0 为壳程流体密度，kg/m^3。

③ 湍流抖振 当换热器内流体流动的雷诺数 $Re>4000$ 时，流体呈现湍流状态，湍流和边界层分离时就会发生抖振，即气流、涡旋（流体）冲击管束表面。在湍流抖振主频率接近换热管固有频率时，管束会发生抖振现象。

国标（GB/T 151）采用 OWEN 给出的经验公式计算湍流抖振主频率，通过公式可见，主频率 f_t(Hz) 和振幅 y_t(mm) 随着换热器内流体流速的增加而增大：

$$f_t=\frac{vd_o}{LT}\left[3.05\left(1-\frac{d_o}{T}\right)^2+0.28\right] \tag{4-4}$$

$$y_t=\frac{C_F\rho_0 d_o v^2}{8\pi\delta^{0.5}f^{1.5}m} \tag{4-5}$$

式中，L 为纵向的换热管中心距，m；T 为横向的换热管中心距，m；C_F 为流体力系数。

④ 弹性不稳定性 当管束由于某种原因（旋涡、湍流）产生位移后，流场发生变化，进而改变了流体对换热管的作用力，当流体速度达到某一数值时，流体弹性力对管子系统所做的功将大于管子系统阻尼作用所消耗的功，此时管子的振幅将迅速增大，即使很小的流速增量也会导致管子振幅的突然增大，使管子与其相邻的管子发生碰撞而破坏。Connors 最先考虑并阐明了这一机理，将发生的流体弹性不稳定看作是受阻尼及流体弹性力控制的诱导振动。该诱因导致的振动振幅大，危害性大。为避免此类振动的发生，工程上通常需要将流体流速控制在临界流速之下。

临界流速 v_c(m/s) 通过下式导出：

$$v_c=K_c f_1 d_o \delta_s^b \tag{4-6}$$

式中，K_c 为比例系数；f_1 为换热管的固有频率，Hz；δ_s 为质量阻尼系数；b 为指数。

⑤ 声共振 当低密度气体稳定地横向流过管束时，在与流动方向及管子轴线都垂直的方向上会形成声学驻波。这种声学驻波在壳体内壁（即空腔）之间穿过管束来回反射，流动场的旋涡脱落或冲击的能量不断地输入，但是能量不能往外界传播。当声学驻波的频率与空

腔的固有频率或旋涡脱落频率一致时，便会激发起声学驻波的振动，从而产生强烈的噪声，同时，气体在壳侧的压力降也会大幅增加。

当壳程流体为液体时，由于声波在液体中传播的波长较长，而换热器壳体直径有限，难以形成声学驻波，因而对于气体流和两相流，在声振频率低于卡门涡街和抖振频率时就会发生共振。

(2) 振动破坏

磨损及疲劳为旋涡脱落及湍流抖振引起的破坏，称为长时破坏；流体弹性不稳定为短时破坏，换热管在短时间内相互剧烈碰撞发生破坏，产生瞬态失稳，因此设计横流速度必须小于发生流体弹性不稳定时的临界流速。

① 磨损破坏　随机振动引起的振动磨损为长时破坏，对于核级换热器，为了考虑其运行寿命内设备是否安全，有时要对振动磨损进行评估。使管子与支承板间隙小于 0.6mm 可以减小磨损失效；磨损量 V 可以表示为总运行时间 T 与磨损率 ν 的乘积，即 $V=T\nu$，磨损率按修正的 Archard 模型计算：

$$\nu=K_{fw}W_n \tag{4-7}$$

$$W_n=16\pi^3 f_n^3 m_t l \overline{y_{max}^2} \delta_F \tag{4-8}$$

式中，K_{fw} 为磨损系数，初步预估时管子和支承板接触良好，磨损系数取 $2\times10^{-14}\,m^2/N$；W_n 为管子与支承接触处动态交互作用的有效机械能量；f_n 为换热管固有频率；m_t 为换热管质量；l 为跨距；y_{max}^2 为最大振幅均方根值；δ_F 为支承阻尼。

假设支承处管子在周向及轴向均匀减薄，可得管壁厚磨损减薄量为

$$d_w=2V/\pi d_t t_b \tag{4-9}$$

式中，d_t 为换热管当量直径；t_b 为支承宽度。

② 振动疲劳　振动疲劳为高周疲劳，出于试验或运行需要，会在换热器内部布置温度或压力测点，内插式的小支管在流致振动作用下可能会出现疲劳开裂，国际原子能机构报告指出，振动疲劳是小支管失效的主要机理。对于 U 形换热管，当尾部缺少支承时，U 形管弯段刚性差，其力学特性与小支管相似。加拿大早期的坎杜堆蒸汽发生器、美国北安娜（North Anna）核电站机组蒸汽发生器以及日本美滨（Mihama）核电站机组蒸汽发生器都出现过由于 U 形管弯管部位的振动疲劳引起的失效。通常根据流体脉动功率谱密度（PSD）计算，对振动疲劳进行评定时，工程上也可以根据流体压力脉动均方根值及旋涡脱落引起的曳力和升力计算载荷，并根据材料的疲劳曲线进行评定。

(3) 存在的难点

① 横流速度　横流速度是流致振动分析中最重要的流动参数，卡门涡街及湍流抖振频率与横流速度直接相关，横流速度应严格小于临界流速，准确地计算横流速度可以降低设计风险，同时降低设备成本。对于均匀布置的换热管，通常取管间平均流速计算，但对于复杂结构或局部流动，要准确求解流动参数依然比较困难，通常需要根据比例模型试验或 CFD 方法得到。

② 阻尼　换热器流致振动计算中，目前最不确定的参数是阻尼，换热管对激励能量的耗散水平便是由阻尼决定的，准确的阻尼计算可以实现换热器的精确设计。换热管阻尼是由材料及支承结构等决定，对于由支承板支承的换热管，阻尼对管孔与管径的间隙比较敏感。受加工制造水平影响，当振幅很小时，不是所有支承板都起作用，此时的振动模态阻尼比典

型值小很多，当振幅很大时，支承板与管子的相互作用会使阻尼大大增加，目前尚没有准确的方法可以计算，只有依据试验得到的半经验关系式以及推荐的典型值。

对于气体介质，支承阻尼起主要作用，支承处无液膜，仅存在摩擦阻尼，即干式支承，一般认为气体介质中换热管支承阻尼为

$$\delta_F=5\left(\frac{N-1}{N}\right)\left(\frac{t_0}{l}\right)^{1/2} \tag{4-10}$$

式中，N 为换热管总跨数；t_0 为换热管壁厚。

对于液体介质，流体黏性阻尼、支承处压膜阻尼以及摩擦阻尼控制了振动的能量衰减，其中黏性阻尼是最主要的能量耗散项，以 HTRI（美国传热研究公司）采纳的研究成果为例，液体介质中黏性阻尼为

$$\delta_V=\frac{1000\pi}{\sqrt{8}}\left(\frac{\rho_0 d_o^2}{m_e}\right)\left(\frac{2\nu_0}{\pi f_n d_o}\right)^{1/2}\left(\frac{1+(d_o/d_i)^3}{[1-(d_o/d_i)^2]^2}\right) \tag{4-11}$$

式中，ρ_0 为液体密度，ν_0 为液体黏度，d_o 为换热管外径；f_n 为振动频率；d_i 为换热管内径。

压膜阻尼为

$$\delta_{SF}=\left(\frac{N-1}{N}\right)\left(\frac{1460}{f_n}\right)\left(\frac{\rho_0 d_o^2}{m_e}\right)\left(\frac{t_0}{l}\right)^{1/2} \tag{4-12}$$

液体中支承摩擦阻尼约为气体介质中的 1/10，对于两相流，还需增加一项附加黏性阻尼项。现有文献对换热管阻尼的研究多是对板支承下的，但对于如抗振条、支承杆等特殊的支承结构，尚未见到有标准推荐的阻尼计算式，通常需要通过试验测定。

(4) 流致振动评价方法

许多国家及行业根据流致振动发生机理制订了设计规范，在设计时通常要求避免涡旋脱落、湍流抖振及流体弹性不稳定引起的振动失效。

① ASME 方法　ASME（美国机械工程师协会）根据圆管振幅大小将流致振动分为小幅振动和大幅振动，由湍流抖振或未发生锁定的涡旋脱落引起的为小幅振动，由发生锁定的涡旋脱落或发生流体弹性不稳定引起的为大幅振动。根据 ASME 标准，流致振动设计要求如下：

a. 为了避免引起共振，设计时应避免涡旋脱落频率与固有频率同步锁定。对于管阵，需要满足下列三个要求之一：①$u/f_n d_o<1$；②$C_n>64$；③$u/f_n d_o<3.3$，$C_n>1.2$。

式中，u 为横流流速；C_n 为折算阻尼系数。

b. 如果共振无法避免，则需要计算振幅响应。在密排管束中，空间小而不足以形成卡门涡街，规律的卡门涡街被宽频脉动的湍流抖振代替，ASME 推荐了管束内涡旋脱落振幅响应计算方法。

c. ASME 给出了临界流速的预测方法，用于求设计流速，对于失稳初期，推荐采用以下半经验关系式：

$$v_c=Cm_e f_n(2\pi\delta/\rho_0 d_o) \tag{4-13}$$

式中，C 为管束几何参数。

② TEMA 方法　TEMA 标准是美国管式换热器协会制定的换热器设计标准，其流致振动评价包括卡门涡街、湍流抖振、流体弹性不稳定以及声振动的分析。要求横流流速小于临

界流速，防止动态失稳；当卡门涡街及湍流抖振频率小于0.5倍固有频率时，认为不会发生共振，否则需要进一步校核振幅，若振幅在允许范围内，表明激励能量，不足以造成管束破坏。

③ HEI方法 HEI（热交换协会）标准为美国电站换热器设计标准，其流致振动评定比较简单，仅考虑流体弹性不稳定，并对临界流速进行简化计算：

$$u_c = f_n \sqrt{m_e}\left(\beta\sqrt{\frac{12\delta}{\rho_0}}\right) \tag{4-14}$$

式中，δ为振幅对数衰减率，液体取0.1，气体取0.03；β为弹性不稳定常数。

④ GB/T 151—2014方法 GB/T 151中流致振动部分借鉴了TEMA分析方法，同样需要校核横流速度、卡门涡街和湍流抖振频率以及激励振幅，但对换热管固有频率、阻尼及临界流速的计算方法稍有不同。

⑤ HTRI方法 HTRI软件是美国传热研究公司开发的换热器设计软件，对于内部流速计算方法较为成熟，可以对换热器进出口段、中间段、折流板切口边缘、窗口区以及管束进出口第一排管的流致振动进行详细计算，并在美国阿贡国家实验室进行了验证。HTRI校核临界流速及卡门涡街激振，对湍流抖振不做计算。

HTRI根据实际运行经验指出，很多振动破坏发生在窗口区靠近折流板切口边缘的位置；壳程进口处设置防冲挡板时，挡板边缘处的换热管易发生流致振动；对于核级换热器，为保守设计，横流速度应小于0.75倍临界流速。

(5) 抗振措施

设计者应充分了解流致振动的机理，综合考虑换热管材料、规格、排列方式、支承结构、支承材料、跨距及轴向载荷等因素，避免流致振动破坏，确保换热器的安全性和可靠性。

① 材料与结构设计 选择强度高、刚度好的换热管材料，合理确定规格和排列方式，并优化支承结构、支承材料、跨距和轴向载荷，以提高换热管的固有频率，使其远离卡门涡街和湍流抖振频率，避免共振。同时，减小支承板管孔与换热管间隙，增强支承结构的刚度，提高换热管的整体刚度和阻尼，从而增强抗振能力。

② 减少冲刷破坏 在壳程进出口处设置防冲挡板或挡管，减少壳程进出口接管下方换热管的冲刷破坏，并优化流道设计，降低局部流速，避免产生新的振动问题。对于核级蒸发器，在U形管弯管段添加AVB（抗振条）或FUR（柔性支承结构），增强其抗振能力。

③ 优化流动方式 采用纵流换热器结构，可以有效降低流致振动发生的可能性。因为纵流换热器中，流体流动方向与换热管轴线平行，减少了横向流引起的激励。

④ 控制振动参数 通过调整流量、流速等参数，控制振动幅度，并安装振动传感器，实时监测换热器振动情况，建立振动监测系统，分析振动信号，及时发现异常情况，并采取相应的控制措施。

4.5.2.2 扰流强化传热原理及场协同原则

(1) 强化传热技术

强化传热技术被誉为第二代传热技术，能够显著改善换热器的传热性能。在实际应用中，强化传热技术是实现换热节能的主要途径之一。强化传热的主要作用是采用强化传热元件和改变壳程的支承结构，提高换热效率，实现换热过程的最优化。强化传热的主要目的是缩小设备尺寸，提高热效率，降低流体的输送功率消耗和高温部件的温度以及保证设备安全。

强化传热技术根据是否消耗外加动力可分为主动（有源）技术和被动（无源）技术。主动技术需要利用外加动力，主要有机械搅动、表面振动、流体振动、电磁场、喷射或吸出等；被动技术无须借助外部动力，主要有处理表面、粗糙表面、发展表面、扰流元件、涡流发生器、螺旋管、添加物、射流冲击等。主动技术大多仍处于研究开发阶段，只有几种技术在小范围应用。而被动技术大多是采用一定技术手段，通过扰流作用减弱边界层对流动和传热的影响，达到减小热阻、提高换热系数的目的。该技术长期以来受到广泛关注和深入研究，许多方法已得到广泛的工业应用。

(2) 扰流强化传热原理

扰流强化传热的理论基础是热边界层理论，而热边界层理论又源于流体力学流动边界层理论。

表面式换热器换热过程和流动过程类似，因此存在与流动边界层相类似的热边界层，即因主流流体与换热表面存在温差，在靠近换热壁面垂直方向上存在温度梯度 dT/dy，在热边界层内温度梯度较大、而在主流区温度梯度则趋近于零。当流体在圆管内流动时，热边界层首先从管口开始并由管壁处缓慢向主流区内部增长，直到汇合于管子中心轴，当汇于中心轴后可认为流体已达到充分发展阶段，此时换热系数已达最大并保持不变。

不同流动状态下的流体传热机理为：①流体做层流运动时，由于黏性力的作用，各层流体间互相不受影响，热边界层不易被破坏，在流体垂直方向上的热量传递只能依靠流体内部的导热过程，换热效果较差；②流体做紊流运动时，管内横截面的流体温度呈幂级数分布，流体中存在强烈的流体微团混合运动，大大破坏和削弱了热边界层，从而显著地提高了换热效果。实际上，在贴近管壁面处始终存在一个做层流运动的区域，即层流底层（热阻），在该区域仍然依靠热传导来进行热量的传递，因此紊流状态下，层流底层为主要热阻。

扰流作用将管内的流动状态变为高强度的紊流，一方面降低了边界层厚度，减小了层流底层带来的热阻影响，另一方面壁面不易沉积水体中的污垢离子，更加光洁，从而不易形成污垢热阻。管内流体换热系数 K 的表达式为

$$K=\frac{1}{\frac{1}{\alpha_c}+R_1+\frac{\delta}{\lambda}+\frac{1}{\alpha_h}+R_2} \tag{4-15}$$

式中，K 为换热系数，$W/(m^2 \cdot K)$；α_c，α_h 为冷、热流体的对流换热系数，$W/(m^2 \cdot K)$；R_1，R_2 为间壁两侧的总热阻，$W/(m^2 \cdot K)$；δ 为间壁厚度，mm；λ 为间壁材料热导率，$W/(m \cdot K)$。

根据上式中各项因子的具体含义可知，通过扰流强化可减小热阻，使换热系数提高，起到强化传热作用。

综上所述，对于单相流体，就原理本质而言，做层流运动的边界层是影响对流换热强度最主要的因素，对于整个流场处于层流状态的流动而言，热阻存在于整个边界层中；而对于做紊流运动的流场而言，热阻则主要集中在层流底层中。扰流强化传热，实际上就是通过一定手段减弱边界层的影响，降低热阻，提高换热系数。无论是层流还是紊流，其边界层是依附于固体壁面发展而成，所以传统的管内对流强化传热技术绝大部分都是针对管壁面而进行改造优化的。

(3) 场协同原则

随着强化传热技术研究的发展，中国科学院院士过增元教授等从流场和温度场相互配合

的角度重新审视对流换热机制，在此基础上提出了强化传热的场协同原则。

① 冷热流体温度场的协同

a. 协同的概念。换热器中冷流体和热流体之间存在热量交换，它们的温度在换热器中是沿流程而变化的，从而形成了冷流体的温度场和热流体的温度场。过增元曾把整个换热器看作由若干个子换热器所组成的，在子换热器中，冷、热流体的特征（平均）温度分别为 t_h 和 t_c，所以，对每一个子换热器存在着一个冷、热流体温度差 θ，从而在整个换热器中形成了一个冷热流体的温差场：

$$\theta(x,y,z)=t_h(x,y,z)-t_c(x,y,z) \tag{4-16}$$

众所周知，换热器的传热性能的好坏，不仅取决于冷、热流体的进口温度差和传热单元数，还取决于冷热流体的流动方式（顺流、叉流、逆流）。从换热器这个层次上看，可以认为，冷热流体温度场间的搭配，即温差场的特性，本质上决定了换热器的传热性能。冷热流体的温度都是空间的函数，它们的函数形式越接近时，它们的协同就越好。当换热器中冷热流体的温度场具有相同的函数形式，即它们间只差一个常数时，热流体温度场为

$$t_h(x,y,z)=A+f(x,y,z) \tag{4-17}$$

式中，A 为常数。冷流体的温度场为

$$t_c(x,y,z)=B+f(x,y,z) \tag{4-18}$$

式中，B 也为常数。此时，冷热流体的温差不随空间位置变化而变化，即温差场是完全均匀的，有

$$\theta(x,y,z)=t_h(x,y,z)-t_c(x,y,z)=A-B=\text{常数} \tag{4-19}$$

这时称冷热流体的温度场是完全协同的，也就是说，温差场的均匀程度代表了它们的协同程度。

b. 场协同数。由于换热器中冷热流体的温度场一般是比较复杂的，所以，需要定义一个参量，以便能定量描述它。以叉流换热器为例，把其看作由 $i\times j$ 个子换热器所组成。定义了温差场的均匀性因子 Φ，并求得了分析关系式。在叉流换热器中，当热容流率大的流体掺混、热容流率小的流体不掺混时，有

$$\Phi=2\sqrt{\frac{1-\exp\{-[1-\exp(-N_{tu})]C_r\}}{C_rN_{tu}[1+\exp(-N_{tu})]\exp\{-[1-\exp(-N_{tu})]C_r\}}} \tag{4-20}$$

当热容流率小的流体掺混、热容流率大的流体不掺混时，有

$$\Phi=\frac{2(1-\exp\{1-[1-\exp(-C_rN_{tu})]/C_r\})}{\sqrt{N_{tu}[1+\exp(-C_rN_{tu})]}\times(1-\exp\{-2[1-\exp(-C_rN_{tu})]/C_r\})} \tag{4-21}$$

式中，$C_r=C_{min}/C_{max}$（最小热容流率/最大热容流率）为热容量流比；N_{tu} 是传热单元数。当 $\Phi=1$ 时，冷、热流体温差场完全均匀。

由于冷热流体温差场的均匀性因子代表了冷热流体温度场间的协同程度，所以我们称 Φ 为场协同因数。

c. 换热器强化的协同原则。逆流、叉流和顺流换热器是 3 种最典型的换热器，它们换热效能的优劣次序清楚，而且可以有分析表达式。但是在工程应用中，由于工艺等因素通常需要应用复合型（混合型）流动方式的换热器，如此一来，很难对换热性能进行比较。而采用换热器中流体场协同度分析，就可以定量地分析比较各种类型换热器的换热性能。所以换热器强化的场协同原则可以表述为：换热器中冷热流体温度场间的协同越好，换热器的换热性能就越好。

② 场协同原则在换热器强化中的应用 通常提高换热器的换热性能，往往是从增加对流换热系数的角度出发，一般需要更高的泵功。而从换热器的角度，只需改善冷热流体温度场的协同来强化换热器，是从换热器中换热介质温度场相互配合的整体来考虑，它不是以增加阻力作为代价来提高换热器的性能，因此，在工程应用方面更有意义。

a. 叉流换热器。对于同一流动方式的换热器，则可以通过换热面积的重新分布来改善冷热流体温度场的协同，从而提高换热器的效能。图 4-28 所示是常规的叉流换热器示意图，并任意将其等分为很多子区。现以 16 个子区为例，首先，定性地分析各区（子换热器）的冷热流体的温差。显然，各区冷热流体的温度差是很不均匀的，即它们的协同程度很差，其中 1 区必然是换热器中冷热流体温度差最高之处，2 区的温差必然大于 9 区和 10 区的温差等，总之，对角线上子区的温差大于两侧子区的温差。对于每个子区（子换热器）的换热量可表示为

$$Q_i(x,y)=CF_iK\Delta t_i(x,y) \tag{4-22}$$

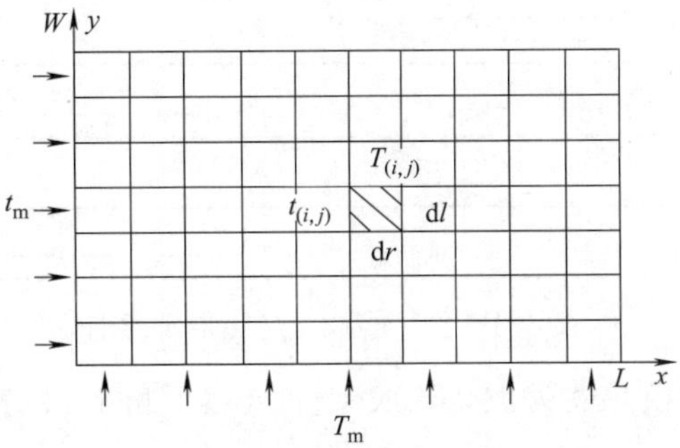

图 4-28 等面积布置叉流换热器

L—换热器在 x 方向（水平方向）的长度；W—换热器在 y 方向（垂直方向）的宽度；$T_{(i,j)}$ —在坐标（i，j）位置处的热流体温度；$t_{(i,j)}$ —在坐标（i，j）位置处的冷流体温度；dl—热流体在 x 方向上的微元长度；dr—冷流体在 y 方向上的微元长度；t_m—热流体的平均温度；T_m—冷流体的平均温度

式中，F_i 为子换热器的换热面积；K 为换热系数，可以近似看作为常量；$\Delta t_i(x, y)$ 为冷热流体的特征温差；C 为常数，与换热器的形式有关。所以，单位换热面积换热量为

$$Q_i/F_i=CK\Delta t_i(x,y) \tag{4-23}$$

由于 K 和C 为常量，单位换热面积换热量只与该区的特征温差成正比。由于 1 区的温差最高，则当地单位换热面积的换热量最高，这表明 1 区的换热面积换热效率最高，同样，对角线区换热面积的换热效率高于对角线两侧。所以，换热面积在各区的平均分配是不合理的，而应该在换热器对角线区上设置更大的换热面积，尤其是 1 区应设置最大的换热面积。用分析数值的办法，在总换热面积一定的条件下，求得了叉流换热器换热面积的最佳分布，此时，温差场最为均匀，即冷热流体温度场间的协同程度最好。图 4-29 给出了在热容量流

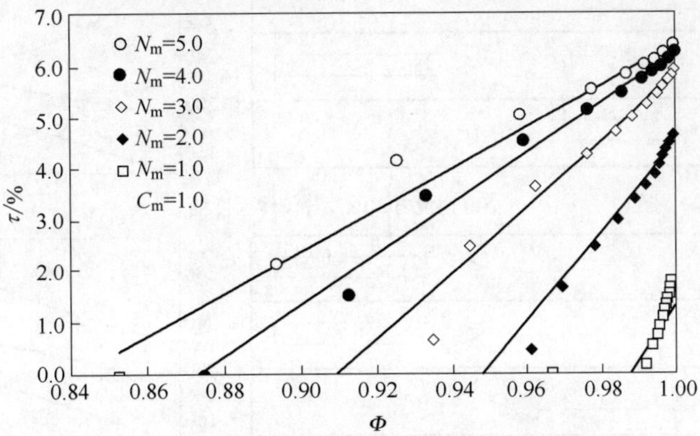

图 4-29 叉流换热器面积最佳分布时的效能

N_m—热流体无量纲流量；C_m—冷流体无量纲流量

比 $C_r=1$ 时，随着换热面积的优化分配，温差场均匀性（即场协同数）与换热器效能的关系。纵坐标 τ 是换热器效能增加的百分率。可以看到，随着场协同数 Φ 的增加，换热器效能提高，而当面积分布最佳时，场协同数 $\Phi=1$，叉流换热器的效能就能达到逆流换热器的效能。

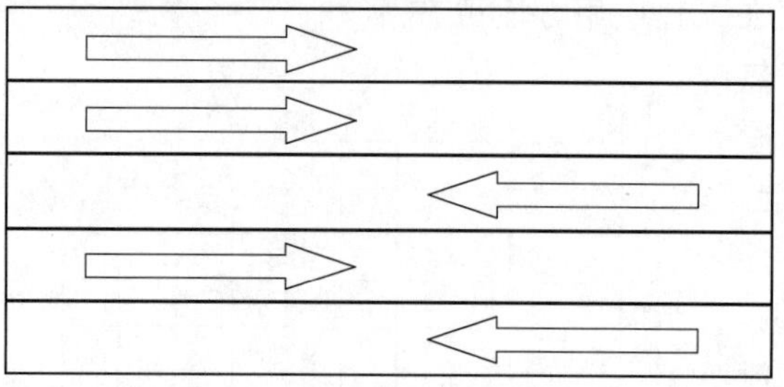

图 4-30 多股流换热器示意图

b. 多股流换热器。在一个换热器中有三股以上的冷热流体称为多股流换热器，如图 4-30 所示，其中至少有一股流体同时与其他两股流体进行热量交换，每一对流体的流动方式是逆流或顺流。多股流换热器的另一个特点是，顺流或逆流方式的换热性能不能再用对数平均温差来表示。流动方式的影响也必须重新考虑。现以三股流换热器为例，流股 1～3（用下角 1～3 表示）进口的温度分别为 $T_{1in}=300K$，$T_{2in}=230K$ 和 $T_{3in}=180K$，热容流率为 $\dot{M}C_1=2$，$\dot{M}C_2=8$，$\dot{M}C_3=8$，比较流股 1 和流股 2 以逆流方式和顺流方式安排时换热器的换热性能。用数值计算所得结果为：当流股 1、2 逆流安排时，它们之间的换热量为 134J；当顺流安排时，它们之间的换热量为 143J。可见流股 1 和流股 2 顺流安排，反而优于逆流安排，这似乎不合情理。其实，现有传热教科书和换热器有关的文献中所述的，在传热单元数（NTU）相同时，逆流换热器的传热性能总是优于顺流换热器的结论是在特定条件下得到的，而并非普遍适用。

其条件就是冷热流体中无内热源，或者除冷热流体间换热外，与外界无热量交换。而在多股流换热器中并不满足这些前提条件。所以不能认为逆流一定比顺流好，因此，对于多股流换热器应该用冷热流体温度场的协同度来分析其换热性能。图 4-31 相应给出了冷热流体温度的分布。从中可以看到，当流股 1 和 2 逆流安排时它们的温差场很不均匀，即它们的协同不好，如图 4-31（a）所示；而当安排为顺流时，它们的温差场反而较均匀，如图 4-31（b）所示。即它们的协同比较好，所以换热性能好。这个例子充分表明，在复杂条件下逆流换热器可以优于也可以劣于顺流换热器。所以，换热器中冷热流体温度场的协同程度更为本质地决定了换热器的传热性能。

对于顺流或逆流换热器则无法通过沿流程重新分配换热面积而改善流体温度场的协同，

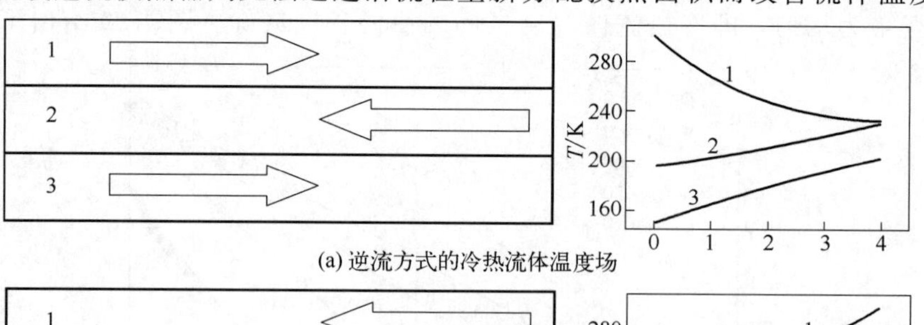

(a) 逆流方式的冷热流体温度场

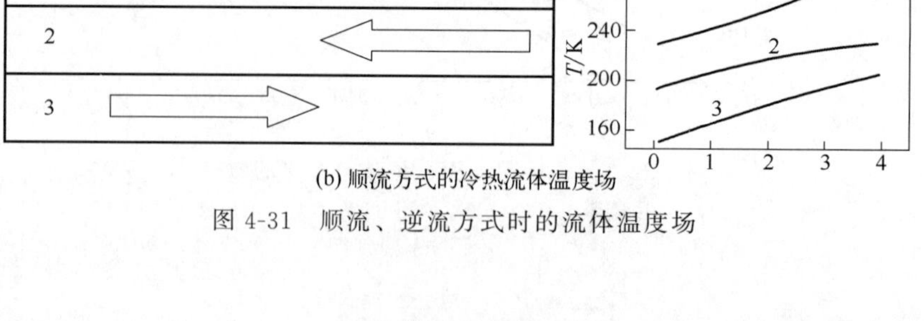

(b) 顺流方式的冷热流体温度场

图 4-31 顺流、逆流方式时的流体温度场

但是，可以通过同时分配换热面积和改变热容流率（复合流程）的方法，从而提高换热器的效能。

4.5.3 反应器

4.5.3.1 返混

返混（backmixing）在化学工程领域是一个重要的工程概念。返混是指不同年龄质点之间的混合，又称逆向混合。这里的逆向是时间概念上的逆向，不同于一般搅拌混合。返混问题对许多均相和多相的分离和反应过程至关重要。它会影响装置内流体浓度的分布和停留时间分布，进而影响到装置的性能，比如反应器的反应性能或者分离设备的分离效率等。返混最初作为一种重要的反应器传递过程而被用于反应工程领域，随后该概念也被用于非反应的单元操作过程，如换热器和传质分离过程。

（1）返混的起因

返混产生的原因有两点：①反应器内的环流运动。物料在连续反应器中的反向运动，如循环反应器中的循环流、连续流动塔式反应器中的轴向反向扩散以及连续釜式反应器中的搅拌作用等，都会造成返混。②反应器内物料的流速分布不均匀。当反应器内物料的流速分布不均匀时也同样可以改变反应器内的浓度分布造成返混。

（2）返混的度量

返混现象存在两种极限情况。一种是假定反应物料以稳定流率流入反应器，在反应器中平行向前移动，好像用一个活塞在气缸中推动气体向一个方向移动一样。该反应器称为活塞流反应器，其特点是沿着物料的流动方向，物料的温度、浓度不断变化，而垂直于物料流动方向的任何截面上，物料的所有参数如温度、浓度、压力、流速都相同，因此，反应器中没有返混。另一种是假定反应物料以稳定流率流入反应器，在其中，刚进入的新鲜物料与存留在器内的物料在瞬间达到完全混合，反应器中所有空间位置的物料参数都是均匀的，都等于反应器出口处的物料性质。这种反应器称为全混流反应器。全混流反应器的返混程度最大。而介于活塞流与全混流反应器之间的是有不同程度返混的非理想反应器。

（3）停留时间的概念

所谓停留时间是指物料质点从进入设备开始，到离开为止，在设备中总共停留的时间。连续流动的物料，流体微元从设备入口到出口可经过不同的路径，因此在设备内部停留不同时间，存在停留时间分布。间歇操作单元不存在停留时间分布。停留时间分布针对的是流体微元（微团、粒子），针对单个分子研究其停留时间分布没有意义。停留时间分布共分为两种：寿命分布和年龄分布。前者指反应器出口流出流体的年龄分布，而后者是反应器内部流体的年龄分布。

作为一个随机过程，物料在反应器中的停留时间分布可用停留时间分布密度与停留时间分布函数来描述。由于这两种函数关系密切，主要介绍停留时间分布密度。停留时间分布密度的定义是：同时进入反应器的 N 个流体质点中停留时间介于 t 与 $t+\mathrm{d}t$ 间的质点所占比例 $\frac{\mathrm{d}N}{N}$ 为 $E(t)\mathrm{d}t$。

通常由示踪物实验测定设备内部的停留时间分布，如阶跃注入法、脉冲注入法等。一方面，用停留时间分布密度与停留时间分布函数来描述物料在设备中的停留时间分布，将停留时间分布的实验数据与理想系统的特性比较，以此来推断设备内部可能存在的短路和死区等，后续在结构上采取措施将其排除；另一方面，可以从停留时间分布实验数据求出其数理统计特征如期望和方差，再进一步建立合适的流动模型，并且求出流动模型中的参数如轴向分散模型中的 Pe 准数，或多釜串联模型中的串联数量等，作为衡算基础，进行设备的设计和分析。

通常用物料在反应器中的停留时间分布来定量描述返混。一定的返混流动模式会表现出确定的停留时间分布，但同样的停留时间分布却可能由不同的返混流动模式造成。从停留时间分布仅能判断返混程度，对于流动模式不能确切推测。

另外，非理想实际反应器的性能除了取决于停留时间分布和流动模式，还要受到混合状态即离析程度和混合时间早晚的影响。不同微元在反应器内的停留时间从停留时间分布可以得知，但是各微元之间的物质交换（混合）的情况却无法得知。比如若具有相同的停留时间分布的两种不同的流动系统，一级反应动力学的反应不相同，则两种系统对应的反应器性能有所不同。

(4) 返混的影响

返混改变了反应器内物料的浓度分布，使反应物浓度普遍下降、产物浓度普遍上升。因此，反应动力学浓度效应决定了返混的利弊。对正级数的反应：返混降低了反应推动力，使反应速率降低、转化率降低。对负级数的反应：返混提高反应速率，有利于反应。对自催化反应：返混使产物（产物同时又是催化剂）浓度增加，也有利于反应。对复合反应中的平行反应：若主反应级数高于副反应级数，返混使主产物选择率下降；若主反应级数低于副反应级数，返混使主产物选择率提高。对复合反应中的连串反应：返混使反应物浓度降低、产物浓度提高，因而，使主产物的选择率下降。

在实际反应器中，由于物料质点的停留时间、反应程度及出口时物料中各个质点的浓度都不相同。为了计算平均转化率，就要根据不同的停留时间，求得出口物料的平均浓度。根据停留时间分布密度的定义，停留时间在 t 与 $t+\mathrm{d}t$ 间的质点所占的比例为 $E(t)\mathrm{d}t$，若这部分质点的浓度为 C_A，则出口物料中反应组分 A 的平均浓度 $\overline{C}_A$ 为

$$\overline{C}_A=\int_0^{\infty} C_A E(t)\mathrm{d}t \tag{4-24}$$

若知道物料质点的停留时间分布密度，就可由上式算出出口平均浓度。

总之，返混是反应器连续化后才出现的一种工程现象。在分析、设计和使用各种类型的反应器时都必须把反应器中的返混状况作为一项重要的特征加以考虑。某些反应器具有特殊的型式或结构，如一般管式反应器的长径比必须大于 100、连续釜式反应器的多釜串联操作等，究其原因就是出于限制返混的考虑。

4.5.3.2 **混沌混合**（搅拌器）

(1) 搅拌技术

搅拌技术是最常见、应用最广的流体混合过程的单元操作之一，大量应用于冶金、化工及废水处理等工程行业。物料的搅拌定义为使两种或两种以上不同的物料达到均匀混合的单元操作。搅拌技术通常有以下几个目的：①使被搅拌物料各处达到均质混合状态，如乳化、固体悬浮以及固体混合；②强化传质，如结晶、溶解、萃取等；③强化传热，对搅拌槽内的流体进行加热或是冷却；④促进化学反应。搅拌技术的种类常见的有四种，分别是机械搅拌、气体搅拌、电磁搅拌和超声波搅拌。机械搅拌是依靠机械动力进行的搅拌，通常需要借助搅拌器，主要有桨式、涡轮式与推进式，在科学研究领域包括化学工程、湿法冶金中应用

广泛。气体搅拌是依靠气体带动周围的液体运动而形成搅拌，广泛应用于火法冶金过程，尤其是富氧熔池熔炼工艺。而电磁搅拌和超声波搅拌分别是利用电磁感应产生的电磁力和超声波振动产生的力搅拌介质。

由于机械搅拌及其混合过程内部流动过程十分复杂，所以相关的理论研究并不是很多，对搅拌装置的设计、搅拌过程的优化等问题，仍是经验性大于实践性。当搅拌黏度较高的物料时，需要消耗更多的能量来达到较大的搅拌速度，这对搅拌桨结构的强度提出了较高的要求，即需要搅拌桨必须能够承受较大的弯矩；当搅拌对剪切比较敏感的物料时，它的组织结构很容易被剪切力破坏，就不能采用较高的搅拌转速；再如在湿法冶金工艺中（湿法冶金是在溶液中进行的冶金过程），温度并不是很高，一般低于100℃，即使是现代湿法冶金中的高温高压过程，温度也不过200℃左右，极个别情况温度可以达到300℃，但依旧要避免搅拌速度较高所造成的流体喷溅，所以对流体流动的雷诺数有严格的要求。综上所述这些现状，混沌混合这一概念由此诞生。

(2) 混沌混合

把表面的无序性与内在的规律性进行耦合，将这种耦合应用于流体混合，使其经过反反复复的拉伸与折叠后，流线呈现出特殊的杂乱无章的形态，即混沌混合。举例来说，空间中的任意两个点，经过这种拉伸与折叠的耦合作用后，最终的空间位置关系是很难预测的，或者说没有办法进行预测。初始状态下邻近的点经混沌混合后可能相距甚远，方向也与初始时无丝毫关联，而此时相邻的点也许是从任意方向任意远处经无数次的耦合作用而得到。最开始在流体力学领域提出混沌混合概念的是一位叫 Aref 的科学家，他在研究报告中提出混沌对流现象，之后，混沌混合这一思路一直都被看作是研究斯托克斯流体层流运动的最好方法。

(3) 混合隔离区

早在二十世纪五六十年代人们在研究层流搅拌槽中流型和搅拌能耗等特性的过程中发现，在搅拌器桨叶的上下方各自出现了一个清晰可辨的环状结构。由于当时人们把研究重点放在了流型和搅拌能耗上，这种环状结构并没有引起人们足够的重视。

在之后，人们进一步研究发现，当搅拌槽中流体雷诺数小于500时，这种环状结构普遍存在于搅拌槽中，混合效率很低。人们认识到，就是这种环状结构严重影响着层流搅拌槽中的混合效率，遂将这种环状结构区域称为混合隔离区。

自从美国学者 Aref 将混沌概念引入到流体混合领域后，人们首先对二维混沌对流进行了广泛的研究。大量研究结果表明，通过某种方式对流场进行持续的扰动可以在流场中诱发大范围的混沌对流，极大地提高混合效率。由于三维流场本身尚缺乏深入全面的研究，加之搅拌器等组件与流场的相互作用更是异常复杂，到目前为止，国内外学者对于搅拌槽中混合隔离区的形成机理尚未给出明确合理的论述，仍在进一步研究中。尽管如此，通过多年的研究，国内外学者得出这样一种结论：混合隔离区是由搅拌器对流场的周期性作用产生的，如果通过某种方式不断地扰乱搅拌器对流场的周期性作用，便可以诱发混沌对流，抑制混合隔离区形成，提高混合效率。目前针对消除混合隔离区方法的研究便是基于这一结论。

(4) 混沌混合的改善方法

为了改善流场分布，研究人员从多个角度出发调整流场结构，比如装置构造以及添加外部流场等，具体方法如下。

① 搅拌槽内部加装挡板　当流体的黏度较低时，搅拌混合过程中容易出现“打旋现

象”，为了解决这个问题，常用的方法是在搅拌槽内壁安装挡板来破坏旋涡的产生。已有研究表明：在搅拌槽内安装 4 块宽度为搅拌槽内直径的十分之一、同长等宽的挡板，可以有效地防止“打旋现象”，这就是所谓的标准挡板条件。除此之外，日本的永田进治等人提出了充分化挡板条件的方程，还探究了不同挡板条件下体系的功耗以及其准数之间的关系式。中国也有不少研究人员对挡板和混合性能的关系进行了探索。但目前依然存在一些棘手的问题尚未解决，比如挡板安装在槽内虽然能够影响流场结构，抑制“打旋现象”，但另一方面也使得搅拌槽的内部结构更加复杂化和多样化，同时挡板附近处出现的混合死区对流体的混合并无益处。

② 变速、偏心、往复搅拌　随着人们对混沌混合技术进一步的研究，在 20 世纪末就有研究学者想出通过转速在两个值之间顺序变化的方法提高介质混合效果，这是流体混合领域最早用来控制混沌的方法，也是到目前为止实验室研究成果最多的方法。

最先被提出、研究最多的方式就是变速搅拌。主要的研究内容包括两个方面：一方面是通过改变搅拌桨叶的转动方向来实现混沌混合，另一方面是改变桨叶的搅拌转速，其中后者研究居多，周期性或无规律性地改变搅拌桨转速有利于阻止搅拌槽内混合隔离区的形成，提高混合效率。

往复搅拌能增强搅拌槽内流体颗粒的轴向循环流动能力，且因为混合隔离区是分布在桨叶上、下方的环形区域，搅拌桨旋转方向与主要流动方向基本一致，因而槽体轴向扰动的强化有利于破坏混合隔离区，这也是往复搅拌具有潜在的提高混合效率优势的原因。往复搅拌方式一般分为上下往复和左右往复两种，不同的搅拌方式需搭配相对应的搅拌桨叶结构参数、操作条件、被搅拌介质的物理化学性质等诸多因素，才能达到预期的混合效果。

在最常见的这三种实现混沌搅拌的方法中，偏心搅拌的设置与操作最为简单，且混合效果也极为明显，这使得利用偏心式搅拌强化槽内流体颗粒混合逐渐成为研究的热点。偏心搅拌是使搅拌桨轴偏离搅拌槽的几何中心，破坏槽内流场的对称性，从而提高搅拌槽内部流体的混沌程度，加强混合，提高效率。偏心搅拌是从改变搅拌槽内的空间结构着手所采取的一种混合方式，属于空间混沌混合的范畴。

③ 流场耦合　空气射流在槽内可形成与机械搅拌不同的流场，因此当机械搅拌形成的流场与空气射流场相互耦合时，能够破坏拟序结构的单一性和规律性，扰动颗粒运动轨道，促进混沌状态的形成。但是，在搅拌过程中外加空气射流需要消耗更多的能量，提高了过程的成本。

习题

1. 化工设备在生产过程中可能会对环境产生哪些影响？请结合环境影响评估的原则和步骤，说明如何进行化工设备的环境影响评估。

2. 缠绕管换热器有哪些典型的结构类型？请结合其结构特点，分析这些结构如何满足特殊的工艺需求。

3. 压力容器在低温环境下工作时，为什么会出现脆性断裂？如何预防和减少低温脆性断裂的风险？

4. 微反应器技术相比于传统化工过程设备有哪些性能优势？请结合微反应器的特殊性进行分析。

5. 换热器在运行过程中可能会出现流致振动问题，请分析流致振动的机理和可能导致的破坏形式，并提出相应的抗振措施。

第5章 装备的振动及其控制

过程工业需要通过管道将单元操作设备连接起来，通过机泵等动力机械实现物料和能量在装置中的流动和交换，以实现设计的功能。机泵设备由于制造、安装的偏差，流体流动特性以及工艺工况的变化，都会对机泵本身以及与之相连的管道和设备产生激励，振动不可避免；容器、管道等静态设备在外加交变载荷下的响应问题在某些特殊情况下也必须加以研究，比如地震和风力等环境载荷下的结构振动和强度计算、叶轮机械的运行稳定性、往复类机泵产生的压力脉动，以及管式换热器的流体诱发管束振动问题。异常振动轻则导致管道与附件间磨损加剧，加速疲劳断裂，导致连接部件松动，破坏机器的基础，影响精密仪器和仪表的使用寿命；重则引起泄漏、破裂，造成灾难性事故，解决这一问题就需要振动理论来进行分析。

5.1 振动的基本概念与分类

5.1.1 机械振动的概念

机械振动是指物体或质点在其平衡位置附近所做的往复运动。机械振动是物体的固有机械属性，只要具备质量和刚度，物体就具备机械振动的特性。振动的强弱用振动量来衡量，振动量可以是振动体的位移、速度或加速度。

振动在大多数情况下是有害的，振动会影响仪器设备的工作精度，产生位移和噪声，影响工作人员的身心健康，振动量如果超过允许范围，机械设备将产生较大的动载荷和噪声，从而影响其工作性能和使用寿命，严重时会导致零部件的早期失效。例如，透平叶片因振动而产生的断裂，可以引起严重事故。由于现代机械结构日益复杂，运动速度日益提高，振动的危害更为突出。反之，利用振动原理工作的机械设备，则应能产生预期的振动。

在机械工程领域中，除固体振动外还有流体振动，以及固体和流体耦合的振动。空气压缩机的喘振，就是一种流体振动。

5.1.2 工程中的振动问题

从控制论的角度出发，振动就是机械系统（以下简称系统）对外界干扰（输入）的响应

(输出),因此从研究方向上可以分为三个问题。

振动的正问题:响应分析。已知激励和系统振动特性,计算响应。通常用于设计环节,用于应力和变形校核。

第一类反问题:系统识别。已知激励和响应,通过传递函数分析计算系统振动特性,比如系统固有频率和阻尼比的识别。

第二类反问题:环境(载荷)识别。已知响应和系统振动特性,分析计算载荷激励,例如故障诊断、载荷谱编制等。

5.1.3 振动的分类

① 按照描述振动的运动微分方程,振动可以分为线性振动和非线性振动。

线性振动针对线性系统,系统中构件的弹性服从胡克定律,运动时产生的阻尼力与广义速度(广义坐标的时间导数)成正比的振动。线性系统通常是实际系统微幅振动的一个抽象模型。线性振动系统适用叠加原理,即如果在输入 x_1 作用下,系统响应为 y_1,而在输入 x_2 作用下,系统响应为 y_2,则系统在输入 x_1 和 x_2 的联合作用下的响应就是 y_1+y_2。在叠加原理基础上,可把一个任意的输入分解为一系列微元冲量的和,然后求得系统的总响应;还可将一个周期激励经傅里叶变换,展成一系列谐和分量之和,分别考察各谐和分量对系统的作用结果,再将它们叠加起来,就得到系统的总响应。比如,周期激励是一种典型的经常性激励。由于周期激励总可分解为若干个谐和激励之和,故根据叠加原理,只要求出系统对各个谐和激励的响应,再把它们叠加起来,就可得到系统对周期激励的总响应。对更一般的机械振动,常参量线性系统的响应特性可用脉冲响应或频率响应描述。脉冲响应指系统对单位冲量的响应,表征系统在时域内的响应特性。频率响应指系统对单位谐和输入的响应特性,表征系统在频域内的响应特性。两者由傅里叶变换确定对应关系。

非线性振动指恢复力与位移不成正比或阻尼力不与速度一次方成正比的系统的振动。一般来说,线性振动只适用于小运动范围,超过此范围,就变成非线性振动。非线性系统的运动微分方程是非线性的,不能用叠加原理求解。近年来发现,在非线性系统中还会出现貌似随机而对初始条件极为敏感的运动,称为混沌。上述现象都无法用线性理论加以解释。机械和结构的自激振动(自振)、亚谐共振等都可能造成危害,必须防止。另一方面,自激振动、同步现象等也在物理学和工程技术中得到应用。

【自激振动、跳跃现象、亚谐共振、同步现象、频率俘获与参变激发】

自激振动:当阻尼为非线性时,阻尼系数随运动而变化。因而有可能在小振幅下,等效阻尼是负的;在大振幅下,等效阻尼是正的;在某个中间的振幅,相应的等效阻尼为零,与此相应,存在一个定常周期振动,称为自激振动,简称自振,弦乐器和钟表是常见的自振系统。这种振动是孤立的,其幅值变化和周期仅取决于系统参量,在一定范围内与初始状态无关。弱非线性系统的自振是接近于谐和的;强非线性系统的自振则是远离谐和的。后者在振动中,缓慢地积累能量的过程与几乎是瞬时地释放能量的过程在交替进行,因而被形象地称为张弛振动。

跳跃现象:非线性系统的振幅(A)对谐和外扰频率(简称扰频,ω)的曲线可有几个分支,缓慢地变动外扰频率,可在某些频率出现振幅的突变现象,称为跳跃现象。和线性系统不同,描述非线性系统的微分方程,在同一组参量下可能有多个周期解;而只有那些满足稳定性条件的解，才对应有物理上可实现的运动。在非线性系统中，运动的多样性和稳定性不可忽视。具有非线性恢复力的系统在谐和外扰作用下的定常响应曲线，往往在某些频带上有几个分支。因而对应于同一个扰频，可以有几个不同幅值的稳定的定常受迫振动。若干扰力的振动幅值保持不变，而其频率缓慢地改变，则当扰频变到某些值，两个定态振动之间就发生跳跃现象。因此，跳跃现象又称振动回滞。如保持扰频不变，而缓慢地改变干扰力振动幅值，也可能出现类似的跳跃现象。

亚谐共振：干扰力作用于非线性系统时所激发的、频率比扰频低整数倍的大幅振动。可解释为由于外扰对自由振动高谐分量所做的功而维持的受迫振动。固有频率为 $\omega_n \approx \omega/n$（$n$ 为正整数）。对线性系统，在频率为 ω 的谐和外扰作用下，只能产生频率为 ω 的定常受迫振动。但具有非线性恢复力且固有频率接近于 ω_n 的系统，在受到频率为 ω 的谐和外扰时，有可能产生频率为 ω/n 的定常受迫振动，称为亚谐共振或分频共振。理论和实验研究证明，亚谐共振的出现，不仅依赖于系统的参量，而且还依赖于初始条件。自振系统在谐和外扰作用下，也可能产生亚谐共振。

同步现象：干扰力频率接近自振系统固有频率到一定程度时，所激起的振动中只包含干扰力频率而自振频率被俘获的现象。17 世纪，C. 惠更斯已观察到，快慢稍微不同的两只时钟，挂在同一壁板上会保持同步计时。同步现象已被有效地利用于振荡器的稳频以及振动机械的同步激振中。同步现象不仅出现在扰频和自振频率相近的区域，在一定条件下，也可出现在扰频的整分数倍和自振频率相近的区域，这种现象称为亚谐同步。

频率俘获：在自振频率为 ω_n 的电子管振荡器中，设在栅极回路加上频率为 ω 的激励，则在 ω 接近固有频率 ω_0 时，按线性理论，输出中必然有拍频为 $|\omega-\omega_0|$ 的信号。实际上，当 $|\omega-\omega_0|$ 小于某个阈值时，拍频就突然消失，只剩下频率为 ω 的输出，即自振和受迫振动发生同步，或者说自振频率被扰频所俘获，因而这一现象也称为频率俘获。

参变激发：周期地改变系统的某个参量而激起系统的大幅振动。例如单摆支点在做铅垂振动时，摆的下铅垂平衡位置在一定条件下会丧失稳定性。当系统的固有频率等于或接近参量变化频率的一半时，参变激发现象最易产生。

线性系统的固有频率不依赖于运动的初始条件，而只与系统的参量（质量与刚度）有关。非线性系统则不然。由于刚度随变形大小而变化，因而系统的固有频率也随运动幅度大小而变化。刚度随变形增大而增大的弹簧，称为渐硬弹簧；反之，称为渐软弹簧。对于渐硬弹簧，振幅越大，周期越短；对于渐软弹簧，振幅越大，周期越长。渐硬非线性系统的固有频率随振幅变大而变大；渐软非线性系统则相反。

自治系统是指运动微分方程中不显含时间 t 的系统。在自治系统中出现的运动形式只有三种：发散型、保守型和衰减型。发散型对应于负阻尼情形，保守型对应于无阻尼情形，衰减型对应于正阻尼情形。只有在保守情况下，系统的运动才是谐和的，按能量大小，形成一组振幅连续分布的（即非孤立的）周期运动。

非线性自治系统除了在保守情况下仍有非孤立的周期运动外，在非保守情况下也可能出现孤立的周期运动。保守型非线性自治系统的自由振动仍是周期性的，但其周期依赖于振幅。

② 按照响应和激励的关系，可分为自由振动、强迫振动。

自由振动是指在外力使振动系统偏离平衡位置后，它们仅在系统恢复力（内部的弹力或重力作用下）振动起来，不再需要外力的推动的运动。理想情况下的自由振动叫无阻尼自由振动。自由振动时的周期叫固有周期，自由振动时的频率叫固有频率，它们由振动系统自身条件所决定，与振幅无关。

受迫振动，也叫强迫振动。在外来交变激励的持续作用下，振动系统发生的振动称为受迫振动，这个“外来的周期性力”叫驱动力（或强迫力）。物体的受迫振动达到稳定状态时，其振动的频率与驱动力频率相同，而与物体的固有频率无关。

③ 按照振动参数与时间的关系，振动分为随机振动和确定性振动。

随机振动指那些无法用确定性函数来描述，但具有一定统计规律的振动。例如，车辆行进中的颠簸、阵风作用下结构的响应、喷气噪声引起的舱壁颤动以及海上钻井平台发生的振动等。随机振动一般指的不是单个现象，而是大量现象的集合。这些现象似乎是杂乱的，但从总体上看仍有一定的统计规律。因此，随机振动虽然不能用确定性函数描述，却能用统计特性来描述。若系统的激励是随机过程，其响应也是随机过程。随机过程有各种类型，分为平稳随机过程和非平稳随机过程。前者又分为各态历经和非各态历经的随机过程。

确定性振动也叫定则振动，运动规律可以用以时间为变量的函数描述，又分为非周期振动和周期振动。周期振动指时间经过某一相同增量（周期）后其值能再现的振动。最简单的周期振动就是简谐振动，简谐振动的运动函数是正弦（或余弦）函数。

一个满足连续性条件的函数，使用傅里叶展开可以表述为一系列正弦函数的叠加，所以工程上的线性振动都可以分解为一系列不同频率的正弦函数的线性组合，所以本书仅对正弦函数激励引起的系统响应进行研究。

④ 按照描述系统的独立坐标数，振动系统可以分为单自由度系统、多自由度系统和连续体系统（无限自由度系统）。

单自由度系统指在任意时刻只要一个广义坐标即可完全确定其位置的系统；多自由度系统是在任意时刻，可由有限个广义坐标完全确定其位置的系统。两者的运动方程都是常微分方程（组）。连续体系统的运动微分方程是偏微分方程。线性振动中，多自由度系统振动问题通过模态转换可以转变为单自由度系统的振动问题进行分析，因此本书仅讨论单自由度系统的振动问题。

5.2 单自由度系统振动

5.2.1 无阻尼自由振动

运动过程中，总指向物体平衡位置的力称为恢复力。物体受到初干扰后，仅在系统的恢复力作用下在其平衡位置附近的振动称为无阻尼自由振动。常见单自由度振动系统运动方程如下：

$$\text{质量-弹簧系统：} m\ddot{x}=-kx,\ \ddot{x}+\omega_n^2x=0\ (\omega_n^2=k/m) \tag{5-1}$$

$$\text{单摆：} ml^2\ddot{\varphi}=-mgl\varphi,\ \ddot{\varphi}+\omega_n^2\varphi=0(\omega_n^2=g/l) \tag{5-2}$$

$$\text{复摆：} I\ddot{\varphi}=-mga\varphi,\ \ddot{\varphi}+\omega_n^2\varphi=0\ (\omega_n^2=mga/I) \tag{5-3}$$

式中，k 为弹簧的刚度系数；l 为摆长，即单摆的长度；I 为转动惯量，φ 为相位角。简谐运动的微分方程及解为

$$\begin{cases} a=\dfrac{d^2x}{dt^2} \\ \dfrac{d^2x}{dt^2}+\omega^2x=0 \end{cases} \tag{5-4}$$

它的解为

$$x=A\cos(\omega t+\varphi) \tag{5-5}$$

其速度和加速度为

$$\begin{cases} v=\dfrac{\mathrm{d}x}{\mathrm{d}t}=-\omega A\sin(\omega t+\varphi),\ v_{\mathrm{m}}=A\omega \\ a=\dfrac{\mathrm{d}^2x}{\mathrm{d}t^2}=-\omega^2A\cos(\omega t+\varphi),\ a_{\mathrm{m}}=A\omega^2 \end{cases} \tag{5-6}$$

式中，v_{m} 为最大速度；a_{m} 为最大加速度。对比加速度和位移关系，可以有 $a=-\omega^2x$。所以无阻尼自由振动的特点为：

① 振动规律为简谐振动；

② 振幅 A 和初相位 φ 取决于运动的初始条件（初位移和初速度）；

③ 周期 T 和固有频率 ω_{n} 仅取决于系统本身的固有参数（m，k，I）。

5.2.2 有阻尼自由振动

在很多情况下，振体速度不大时，由于介质黏度引起的阻尼的阻力与速度成正比，这种阻尼称为黏性阻尼。此时振动方程为

$$m\ddot{x}+cx+k\dot{x}=0 \tag{5-7}$$

式中，c 为阻尼系数。引入无量纲参数

$$\ddot{x}+2n\dot{x}+n^2=0 \tag{5-8}$$

如图 5-1 所示，其解为

$$x=A\mathrm{e}^{-nt}\sin(\omega_{\mathrm{d}}t+\phi) \tag{5-9}$$

式中，ω_{d} 为阻尼振动的阻尼圆频率，表达式为 $\omega_{\mathrm{d}}=\sqrt{\omega_{\mathrm{n}}^2-n^2}$。

衰减振动（图 5-1）的特点为：

① 振动周期变大，频率减小。

② 振幅按几何级数衰减。

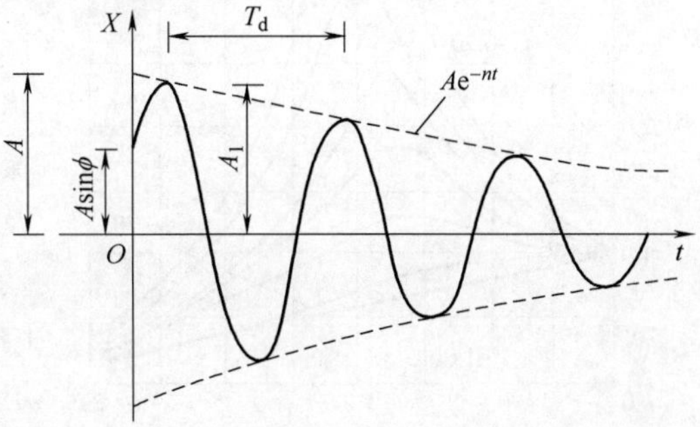

图 5-1 衰减振动图（n 为衰减系数，ϕ 为初相位）

阻尼是振动过程中，系统所受的阻力。当系统在介质中振动时，阻尼力一般表现为速度的函数。若物体以较大速度在空气或液体中运动，阻尼与速度平方成正比。但当物体以低速度在黏性介质中运动（包括两接触面之间有润滑剂时）可以认为阻尼与速度成正比，即 $R=-r\dot{x}$。这种阻尼（由于阻尼力与速度成正比）又称为线性阻尼（与介质的黏性有关，故为黏性阻尼）。它使计算大为简化，本节将着重研究这种情况，对于非黏性阻尼通过能量等效的方法引进等效黏性阻尼系数计算，等效原则指一个振动周期内耗散的能量不变。

工程中还存在其他阻尼：

材料阻尼，又称为结构阻尼。指在振动过程中因物体结构材料本身的内摩擦而引起的阻力。在完全弹性材料内，应变与应力的相位相同，所以在反复受力过程中没有能量损失。而在黏弹性材料内，应变滞后于应力，在反复受力过程中形成滞后回线，因此要耗散能量，而成为振动的阻尼。一般金属的材料阻尼是存在的，但是非常小，所以在以后的讨论中忽略它。

干摩擦阻尼，就是通常说的摩擦力，出现在干摩擦表面之间。按库仑摩擦定律，摩擦阻尼 R 与压力 N 间的关系为

$$R=\mu N \tag{5-10}$$

式中 μ——摩擦系数，由接触面的材料和粗糙程度决定。

5.2.3 强迫振动

在周期变化外力的持续作用下的振动即为受迫振动，对多自由度系统，在非零初始条件下自由振动的响应为伴随振动。单自由度线性系统在简谐力激励作用下表现为符合简谐运动规律的周期运动。

设简谐激振力 S（幅值为 H）为

$$S=H\sin(\omega t+\phi) \tag{5-11}$$

则运动微分方程为

$$m\ddot{x}+c\dot{x}+Kx=H\sin(\omega t) \tag{5-12}$$

式中，m 为质量；c 为阻尼系数；K 为弹簧系数。其解由齐次方程通解加特解组成

$$x=x_1+x_2 \tag{5-13}$$

其次方程通解为衰减函数，稳态振动下为 0。所以

$$x_2=B\sin(\omega T-\phi) \tag{5-14}$$

式中，用 T 表示时间，振幅 B 为

$$B=\frac{H}{\sqrt{(k-m\omega^2)^2+(r\omega)^2}},\ \phi=\tan^{-1}\frac{r\omega}{k-m\omega^2} \tag{5-15}$$

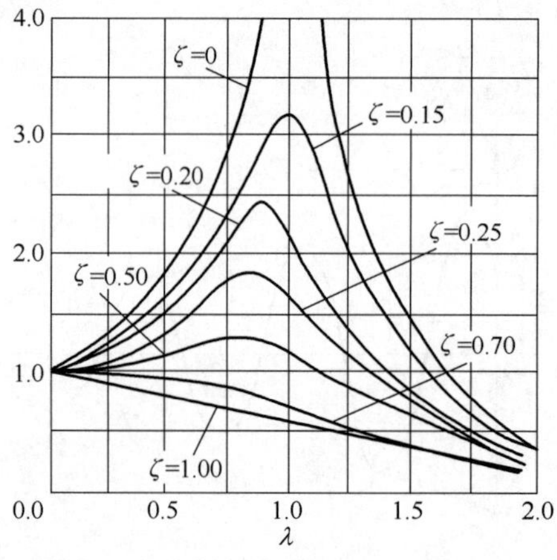

图 5-2 β-λ 曲线

式中，k 为刚度系数；r 为系统阻尼系数。

在简谐激振力下，单自由度系统强迫振动亦为简谐振动，强迫振动的频率等于简谐激振力的频率，与振动系统的质量 m 及刚度系数 k 无关。强迫振动的振幅大小与运动初始条件无关，而与振动系统的固有频率、激振力的频率（激励频率）及激振力的振幅有关。

引入无量纲量 $\lambda=$激励频率/固有频率，$\beta=$响应幅值/激励幅值，用 ζ 表示阻尼比，则得到强迫振动响应的幅值-频率曲线（β-λ 曲线）如图 5-2 所示。

当 $\lambda=1$ 时，激励频率等于固有频率，此时在无阻尼条件下振动趋于无限大，称为共振。实际上存在一个共振区，就是共振点（$\lambda=1$）附近振幅相对比较大的区域。当 λ 趋向无限大，也就是激励频率远大于固有频率时，响应趋于 0。

阻尼可以在所有频率上降低响应振幅。

对叶轮机械等存在旋转部件的设备，由于制造、安装以及工质的分布不均衡，可能在旋转时质心和旋转中心不重合，从而导致机组发生振动，该现象称为偏心质量引起的强迫振动。其运动微分方程为

$$M=\ddot{x}+C\dot{x}+Kx=me\omega^2\sin(\omega t) \tag{5-16}$$

式中，M 为机组总质量；m 为偏心质量；e 为偏心距。其振动响应幅频曲线如图 5-3 所示。

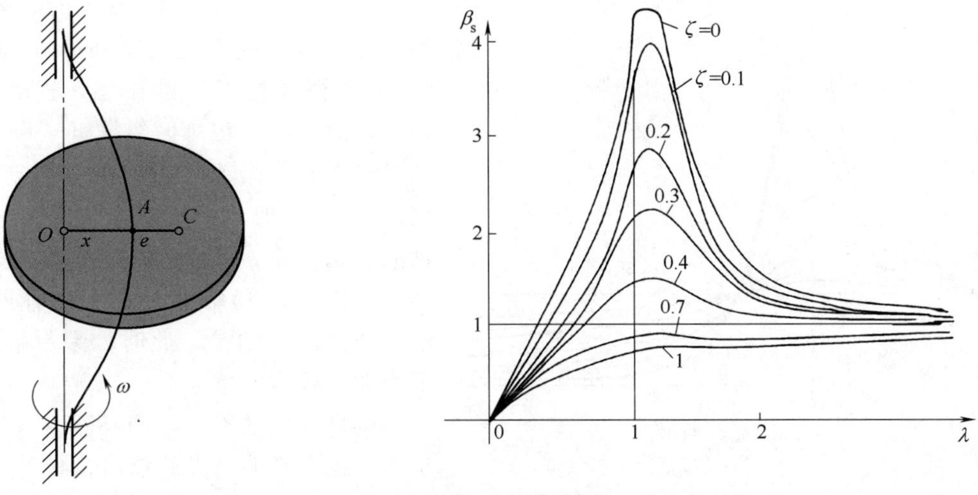

图 5-3 偏心转子振动响应

由此引入回转体的临界转速概念。临界转速是指某些特定的转速，当回转体或其附件在这些转速下运转时，本身将出现很大变形并做弓形回旋，引起支承及整个机械的剧烈振动，甚至造成轴承和回转体的破坏。而当转速在这些特定转速的一定范围之外时，运转即趋于平稳。这些引起剧烈振动的特定转速称为回转体的临界转速。

任何一个回转体旋转时，其体内无数个微小质点都将产生离心惯性力，这些无数的离心惯性力，组成了一个惯性力系，作用在回转体上，使其产生弯曲变形。弯曲变形改变了质点至旋转轴线的距离，使离心惯性力大小产生变化，又使回转体产生新的变形，如此反复，直至抵抗变形的弹性恢复力与离心惯性力平衡为止。工程中，若回转体在离心惯性力系的作用下，只产生微小变形，则称其为刚性回转体，并忽略其变形。这样做，能简化惯性力系的分析与处理。反之，则作为柔性回转体处理。

一般来说，工作转速低于其一阶临界转速 0.5 倍的回转体，可视为刚性回转体；工作转速超过其一阶临界转速 0.7 倍的回转体，则应按柔性回转体处理。以单圆盘转子为例，假设圆盘质量 m，质心 C 点；转轴过盘的几何中心 A 点，$AC=e$，盘和轴共同以匀角速度 ω 转动。当 $\omega<\omega_n$（ω_n 为圆盘转轴所组成的系统横向振动的固有频率）时，$OC=x+e$（x 为轴中点 A 的弯曲变形）；当 $\omega>\omega_n$ 时，质心 C 位于 O、A 之间，$OC=x-e$。不考虑阻尼的情况下，可得

$$x=\frac{e}{1-\dfrac{k}{m\omega^2}}=\frac{e}{1-\left(\dfrac{\omega_n}{\omega}\right)^2} \tag{5-17}$$

当转速 ω 非常高时，圆盘质心 C 与两支点的连线相接近，圆盘接近于绕质心 C 旋转，于是转动平稳，可以看作绕转子质心旋转，此现象称为自动定心作用。

在过程装备中还涉及一类问题，就是基础振动对其部件引起的激励响应问题。激振力不直接作用在质量上，而是由于基础本身振动使与基础相连的弹簧-阻尼-质量系统发生振动。比如由于往复机活塞运动导致的机组连接的测试仪表及管线的振动问题、管道振动导致的仪表接管断裂问题，都涉及由于基础位移将外界能量传递到管道或者仪表等静设备上导致的变形（响应）分析问题。该类问题的运动方程及求解不再赘述，下面仅讨论幅频曲线规律。

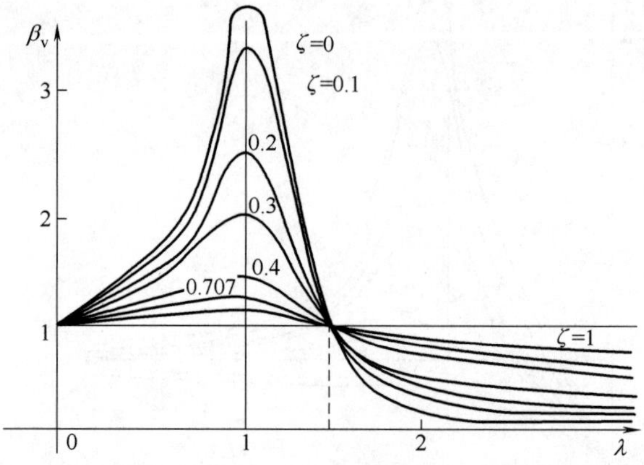

图 5-4 幅频曲线

如图 5-4 所示，当 $\lambda \ll 1$ 时，若基础振动频率 ω 远比系统固有频率 ω_n 低，质量 m 的振幅接近基础振幅，这就是说，两者同时运动，相对振幅接近于零。当 λ 接近于 1 时，振动达最大值，系统产生共振。当 $\lambda > 1$ 时，系统的振幅小于基础振动的振幅。而 λ 越大，系统振幅越接近于零，人们可以利用这一点来设计隔振系统。值得注意的是，此时如果提高阻尼，反而会导致振动增大。

剧烈的振动不但影响机器本身的正常工作，还会影响周围的仪器设备的正常工作。减小振动的根本措施是合理设计，避免在共振区内工作。许多引发振动的因素防不胜防，或难以避免，这时，可以采用减振或隔振的措施。减振是利用减振原理，比如在振体上安装各种减振器，使振体的振动减弱。隔振是利用上图，设计合理的基础刚度与阻尼，降低通过基础传递的振动能量，其中，主动隔振是将振源与基础隔离开；被动隔振是将需防振动的仪器、设备单独与振源隔离开；两者本质是一样的。

5.2.4 一般激励力下的强迫振动

激励力的存在使系统的动力方程式为非齐次方程：

$$m\ddot{x}+c\dot{x}+kx=F_0 e^{i\omega t} \tag{5-18}$$

式中，x 为复变量，实部和虚部分别表示系统对余弦激励和正弦激励的响应；F_0 为激励力的幅值；ω 为激励力的频率。

设激励力 $F(t)$ 具有周期性，将 $F(t)$ 展开为傅里叶级数，以复数形式表示为

$$F(t)=\sum_{n=-\infty}^{\infty} F_n e^{in\omega t} \tag{5-19}$$

$$F_n=\frac{1}{T}\int_{-\frac{T}{2}}^{\frac{T}{2}} F(t) e^{in\omega t}\,dt \quad (n=0,\pm 1,\pm 2,\cdots) \tag{5-20}$$

将激励力表达式（5-19）代入动力方程［式（5-18）］的右项，得到

$$m\ddot{x}+c\dot{x}+kx=\sum_{n=-\infty}^{\infty} F_n e^{in\omega t} \tag{5-21}$$

其中的常值分量可消去，仅影响系统的静平衡位置。不考虑线性常微分方程解的暂态过程，利用其解的可叠加性质，该系统的稳态响应为

$$x=\sum_{n=-\infty}^{\infty} A_n e^{i(n\omega t-\theta)} \tag{5-22}$$

设非线性系统受到频率为 ω 的任意周期为 $F(t)$ 的激励，动力方程式为

$$\ddot{x}+f(\dot{x},x)=F(t) \tag{5-23}$$

式中，$f(\dot{x}，x)$ 是作用在单位质量物体上的恢复力和阻尼力，设非线性函数 $f(\dot{x}，x)$ 可表示为多项式的形式。

设 $F(t)$ 激励为不含常值分量的周期偶函数，可展成傅里叶级数

$$F(t)=\sum_{n=1}^{\infty}F_n\cos(n\omega t) \tag{5-24}$$

式中

$$F_n=\frac{1}{T}\int_{-\frac{T}{2}}^{\frac{T}{2}}F(t)\cos(n\omega t)\mathrm{d}t \quad (n=1,2,\cdots) \tag{5-25}$$

式（5-24）代入动力方程［式（5-23）］，化作

$$\ddot{x}+f(\dot{x},\ x)=\sum_{n=1}^{\infty}F(n)\cos(n\omega t) \tag{5-26}$$

式（5-26）中 $F(n)$ 为傅里叶系数，式的解在周期偶函数激励的作用下，可展成傅里叶级数

$$x(t)=\sum_{n=1}^{\infty}a_n\cos(n\omega t-\theta_n) \tag{5-27}$$

式中，a_n 为傅里叶级数展开中的系数，表示系统在频率 ω 处的响应幅值；θ_n 为傅里叶级数展开中的相位角，表示系统在频率 ω 处的响应相位。

将式（5-27）代入式（5-26），可依次得到各阶谐波的振幅与频率之间的对应关系。

5.2.5 连续体和多自由度系统强迫振动

连续体具有无限多个自由度。连续体和多自由度系统有数量差别而没有本质差别。任何一个弹性连续体都具有无限多个固有频率以及无限多个与之相应的主振型，而且这些主振型之间也存在着关于质量与刚度的正交性。弹性体的任何振动形态也可表示为各主振型的线性叠加。因而对于弹性体的振动响应分析，主振型叠加法仍然适用。弹性体振动问题可归结为偏微分方程的边值问题，但只有在一些最简单的情况下才能找到准确解，因而对于复杂的弹性体振动问题，不得不求助于近似解法。各种近似解法的要旨是变无限为有限，也就是将无限多个自由度系统（连续系统）离散化为有限多个自由度系统（离散系统）。工程分析中广泛采用的离散化方法有两大类：有限元法与模态综合法。

对于大多数工程实际问题，连续系统的动力学方程为偏微分方程组，通常不存在解析解，必须利用近似方法或数值方法求解。以梁的弯曲振动为例：

将梁划分为多个单元，取出其中一个长度为 l 的单元进行分析，以两端节点的横向位移 $\boldsymbol{u}_1(t)$、$\boldsymbol{u}_3(t)$，以及转角 $\boldsymbol{u}_2(t)$、$\boldsymbol{u}_4(t)$ 为节点坐标 $\boldsymbol{u}_\mathrm{e}$ 令

$$\boldsymbol{u}_\mathrm{e}=(u_1,u_2,u_3,u_4)^\mathrm{T}$$

将横向坐标写作

$$w(x,t)=\sum_{i=1}^{4}N_i(x)\boldsymbol{u}_\mathrm{e}(t)$$

式中，$N_i(x)$（$i=1$，2，3，4）为梁单元的形函数。

在端点常值位移作用下梁的静挠度曲线：

$$N_i(x)=a_0+a_1x+a_2x^2+a_3x^3(i=1,2,3,4) \tag{5-28}$$

形函数应满足以下边界条件：

$$\begin{cases} N_1(0)=1,\ N_1'(0)=N_1(l)=N_1'(l)=0 \\ N_2(0)=0,\ N_2'(0)=1,\ N_2(l)=N_2'(l)=0 \\ N_3(0)=N_3'(0)=0,\ N_3(l)=1,\ N_3'(l)=0 \\ N_4(0)=N_4'(0)=N_4(l)=0,\quad N_4'(l)=1 \end{cases} \tag{5-29}$$

满足此边界条件的形函数取为

$$\begin{cases} N_1(x)=1-\dfrac{3x^2}{l^2}+\dfrac{2x^3}{l^3},\ N_2(x)=1-\dfrac{2x^2}{l}+\dfrac{x^3}{l^3} \\ N_3(x)=\dfrac{3x^2}{l^2}-\dfrac{2x^3}{l^3},\ N_4(x)=-\dfrac{x^2}{l}+\dfrac{x^3}{l^2} \end{cases} \tag{5-30}$$

将上式代入式（5-27），引入列阵 $\boldsymbol{N}=(N_i)$，写作

$$w(x,t)=\boldsymbol{N}^{\mathrm{T}}\boldsymbol{u}_{\mathrm{e}} \tag{5-31}$$

计算梁单元的动能 T_{e}，设 ρS 为梁单元的单位长度质量，得到

$$T_{\mathrm{e}}=\frac{1}{2}\int_0^l \rho S\left(\frac{\partial y}{\partial x}\right)^2 \mathrm{d}x=\frac{1}{2}\dot{\boldsymbol{u}}_{\mathrm{e}}^{\mathrm{T}}\boldsymbol{m}_{\mathrm{e}}\dot{\boldsymbol{u}}_{\mathrm{e}} \tag{5-32}$$

式中，$\boldsymbol{m}_{\mathrm{e}}$ 为梁单元质量矩阵。ρS 为常数时有

$$\boldsymbol{m}_{\mathrm{e}}=\int_0^1 \rho S\boldsymbol{N}\boldsymbol{N}^{\mathrm{T}}\mathrm{d}x=\frac{\rho SI}{420}\begin{bmatrix} 156 & 22I & 54 & -13I \\ 22I & 4l^2 & -13I & -3l^2 \\ 54 & 13I & 156 & -22I \\ -13I & -3l^2 & -22I & 4l^2 \end{bmatrix} \tag{5-33}$$

计算梁单元的势能 V_{e}，设 EI 为梁单元的抗弯刚度，得到

$$V_{\mathrm{e}}=\frac{1}{2}\int_0^l EI\left(\frac{\partial^2 y}{\partial x^2}\right)^2 \mathrm{d}x=\frac{1}{2}\boldsymbol{u}_{\mathrm{e}}^{\mathrm{T}}\boldsymbol{m}_{\mathrm{e}}\boldsymbol{u}_{\mathrm{e}} \tag{5-34}$$

EI 为常数时有梁单元刚度矩阵 k_{e} 为

$$k_{\mathrm{e}}=\int_0^l EI\boldsymbol{N}'\boldsymbol{N}'^{\mathrm{T}}\mathrm{d}x=\frac{2EI}{I^3}\begin{bmatrix} 6 & 3I & -6 & -3I \\ 3I & 2l^2 & -3I & -3l^2 \\ 54 & 13I & 156 & -I \\ 3I & I^2 & -3I & 2l^2 \end{bmatrix} \tag{5-35}$$

设梁上作用有横向分布力，其虚功为

$$\delta W=\int_0^l f(x,t)\delta w(x,t)\mathrm{d}x=\boldsymbol{F}_{\mathrm{e}}^{\mathrm{T}}\delta\boldsymbol{u}_{\mathrm{e}} \tag{5-36}$$

式中，$\boldsymbol{F}_{\mathrm{e}}$ 为与节点坐标 $\boldsymbol{u}_{\mathrm{e}}$ 对应的单元广义力，可用列阵表示为

$$\boldsymbol{F}_{\mathrm{e}}=\int_0^l f(x,t)N(x)\mathrm{d}x \tag{5-37}$$

对于均布载荷 f 仅为 t 的函数的情形，有

$$\boldsymbol{F}_{\mathrm{e}}=\frac{fl}{2}\left(1\cdots\frac{l}{6}\cdots-1\cdots-\frac{l}{6}\right) \tag{5-38}$$

多自由度系统的线性振动是自由度 $n\geqslant 2$ 的线性系统的振动。一个 n 自由度系统有 n 个固有频率和 n 个主振型。系统的任何振动形态都可以表示成各个主振型的线性组合。因此，

在多自由度系统动响应分析中，广泛采用主振型叠加法。这样，系统固有振动特性的测试和分析也就成为系统动态设计的一个常规步骤。多自由度系统的动态特性也可以用频率特性描述。由于各个输入输出之间都有一个频率特性函数，故构成一个频率特性矩阵。频率特性与主振型之间有确定的关系式。和单自由度系统不同，多自由度系统的幅频特性曲线具有多个共振峰。

多自由度系统强迫振动通常利用模态变换方法。它是利用模态分析结果将广义空间运动变换到模态空间，此时耦合的动力方程将解耦，也就是说，物理空间的 N 自由度系统在 N 维模态空间转变为 N 个单自由度系统，分别求解后再通过空间逆变换变为物理空间的响应。

模态分析以振动理论作为基础，数学上称之为特征值和特征向量分析，以模态参数作为目标函数，以辨别系统模态参数为最终目的，为结构的振动分析、设备故障诊断和结构动力特性的优化提供了理论支持，包含固有频率与固有模态分析。模态反映的是结构的固有振动特性。根据结构的边界条件，把状态变量分为已知（K）和未知（UK）两部分，则状态变量可写为

$$\{[S^K],[S^{UK}]\}=S \tag{5-39}$$

将总矩阵［T］进行矩阵变换为

$$\begin{bmatrix}[T^K,K_{(\omega)}] & [T^K,UK_{(\omega)}]\\ [T^{UK},K_{(\omega)}] & [T^{UK},UK_{(\omega)}]\end{bmatrix}\begin{pmatrix}[S^K]\\ [S^{UK}]\end{pmatrix}^{\mathrm{L}}=\begin{pmatrix}[S^K]\\ [S^{UK}]\end{pmatrix}^{\mathrm{R}} \tag{5-40}$$

式中

$$\begin{bmatrix}[T^K,K_{(\omega)}] & [T^K,UK_{(\omega)}]\\ [T^{UK},K_{(\omega)}] & [T^{UK},UK_{(\omega)}]\end{bmatrix}=[T_{(\omega)}] \tag{5-41}$$

从式（5-37）中提取出下式

$$[T^K,K_{(\omega)}][S^K]^{\mathrm{L}}+[T^K,UK_{(\omega)}][S^{UK}]^{\mathrm{L}}=[S^K]^{\mathrm{R}} \tag{5-42}$$

当 $[S^K]^{\mathrm{R}}=0$，$[S^K]^{\mathrm{L}}=0$，$[S^K,UK_{(\omega)}]$ 的行列式为零。即

$$|[S^K,UK_{(\omega)}]|=0 \tag{5-43}$$

求解方程即可得到所有的模态频率。每一阶模态具有对应的模态质量、模态阻尼、模态刚度、固有频率、模态振型。

对实际待计算目标的频域区间使用足够小的频域步长进行搜索，当相邻频率 ω_1、ω_2 计算所得的 $[T^K,UK_{(\omega)}]$ 异号，则存在模态频率 ω_0 满足

$$\omega_1<\omega_0<\omega_2 \tag{5-44}$$

类推计算此处省略，可参见计算方法类教材。

具有 N 个自由度的无阻尼系统自由振动一般由 N 个不同频率的主振动组成。在每一主振动中，系统各点的位移始终保持一定的比例关系（等于各点振幅之比），即系统有一定的振动形态，称为主振型（或固有振型）。可以任取出其中一点的振幅（例如 A_1）等于 1，使其标准化，这样的振型，称为标准化了的固有振型。固有振型之间对质量正交及对刚度具有正交性，其实质就是各阶主振动之间没有能量交换，因此它们之间是彼此独立的，按固有振型建立的振动微分方程彼此之间互不耦合。定义微分方程之间既无惯性耦合，又无弹性耦合的空间坐标为主坐标，在主坐标里可以对 N 个单自由度系统振动方程分别求解。

5.2.6 风载荷激励下的响应

20 世纪著名的美国塔科马大桥因风力诱导振动垮塌引起人们对风力激励的研究兴趣，近年来，风力载荷激励引起工程结构的振动问题屡见不鲜，虎门大桥共振、深圳赛格大厦在微风下剧烈摆动等都是风力激励导致的结构振动范例。化工装备常见的塔器、烟囱等高大设备及管壳式换热器的细长管束，也都存在流体诱导振动的潜在风险。安装在塔体上有时悬挂有再沸器、冷凝器等附属设备或其他附件，因此室外的塔设备将受风力的作用。风力除了使塔体产生应力和变形外，还可能使塔体产生顺风向的振动（纵向振动）及垂直于风向的诱导振动（横向振动），导致强度失效及失稳、装置运行效率降低。

当流体以一定的速度绕流固定截面（圆柱形）的塔设备时，将在两个方向上产生振动。一种是顺流体流向的振动，振动的方向与流体的流向一致；另一种是横流体流向的振动，振动的方向与流体的方向垂直，也称流体的诱发振动。在一定速度范围内，流体在圆柱形的塔设备背后的两侧周期性交替地形成旋涡并以相当确定的频率从柱体表面上脱落，在尾流中有规律地交错排列成两行，这就是通常所说的卡曼旋涡（见图 5-5）。当旋涡的频率等于或接近塔设备固有频率时，便会产生共振，这便是风诱发的振动问题。

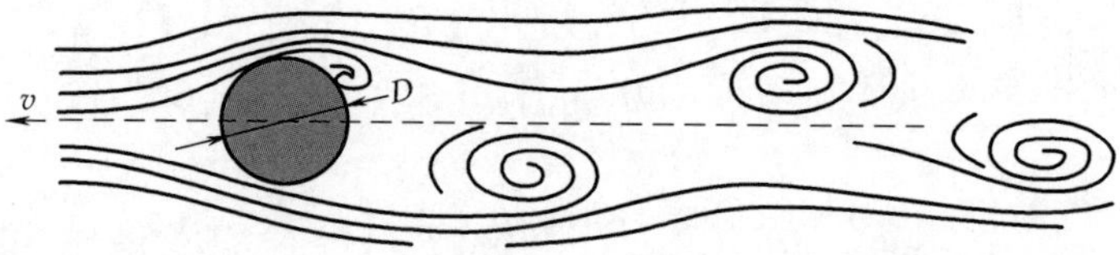

图 5-5 卡曼旋涡

在塔的一侧，卡曼旋涡是以一定的频率产生并从圆柱形塔体表面脱落的，该频率即为塔一侧横向力作用的频率或塔体的激振频率。研究表明，对于单个圆柱体，其旋涡脱落的频率 f_{v} 与圆柱体的直径及风速有关：

$$f_{v}=Sr\frac{v}{D} \tag{5-45}$$

式中 Sr——斯特劳哈尔数，其值与雷诺数 Re 有关；

D——塔体的等效风力外径，如塔体有保温层，则为保温层的外直径。

作用在塔体上的升力是交变的，因为升力的频率与旋涡脱落的频率相同，所以当旋涡脱落的频率与任一振型的固有频率一致时，塔就会产生共振。塔产生共振时的风速称为临界风速，为

$$v_{cn}=5f_{cn}D=\frac{5D}{T_{cn}} \tag{5-46}$$

式中 v_{cn}——塔在第 n 振型下共振时的临界风速，m/s；

f_{cn}——塔在第 n 振型时的固有频率，1/s；

T_{cn}——临界周期。

避免风致振动的措施有增大塔的固有频率、采用扰流装置、增大塔的阻尼等。

5.2.7 地震载荷激励下的响应

地震响应分析是对于结构在地震作用下的动力响应的计算分析，经常采用的方法有响应

谱法和时间历程法，简单情况下可采用等效静力法，过程设备设计教材中常介绍的就是等效静力法。

机械结构和电子设备中会涉及很多冲击问题（如坠撞等）。传统的分析方法是采用经典时域波形（脉冲波）来描述其冲击，对结构进行时域分析，获取结构的时域响应，也称为脉冲响应。近些年来，机械领域将反应谱法理论和机械机构抗冲击分析结合，发展出冲击响应谱分析技术，二者在基础理论和分析流程上是相似的。

响应谱分析是在计算得到每个模态响应值（加速度、位移、支反力和应力等）的基础上，采用平方和的平方根法进行组合，确定结构的地震响应分析方法。

响应谱的求解过程如下：首先进行模态分析，得到固有频率及振型；然后采用振型分解法得到各阶模态的响应；最后利用平方和的平方根法进行组合，获得结构地震响应。因为工程结构抗震设计需考虑的是将来发生的地震对结构造成的影响，由于地震的随机性，即使同一地点、不同时间发生的地震也绝不会完全相同，因此地震反应谱也将不同。为了便于工程抗震设计，规定设计反应谱。

地震系数 k，实质上是以重力加速度为单位的地面运动最大加速度。它是与地震影响程度有关的物理量。我国目前在工业与民用建筑以及水工建筑的抗震设计中所采用的地震系数，数值与地震烈度之间大体上成对应关系，它们是经过大量的调查研究和统计分析后规定的，可查表得知。

动力系数 β 实质上是以地面最大加速度为单位的质体绝对最大加速度。可以看出，动力系数的值取决于结构的自振周期和阻尼比。如图 5-6 所示。

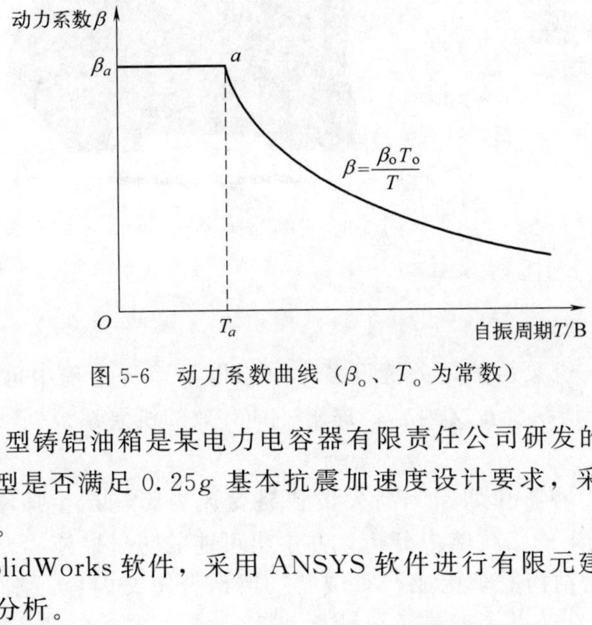

图 5-6　动力系数曲线（β_0、T_0 为常数）

案例：500kVCT 型铸铝油箱是某电力电容器有限责任公司研发的新产品，对总质量有严格限制，为确定模型是否满足 0.25g 基本抗震加速度设计要求，采用响应谱分析对其结构参数进行优化设计。

实体建模采用 SolidWorks 软件，采用 ANSYS 软件进行有限元建模，施加材料特性和边界条件，进行模态分析。

地震谱将中国南方电网有限责任公司超高压输电公司于 2016 年 1 月发布的《规准谱拟合地震动反应谱及时程》中的时程波反应谱数据，通过快速傅里叶变换转化为加速度响应谱，将三个方向的频域加速度加载至装配体。

分析流程如图 5-7 所示。

分析结果如图 5-8 所示。

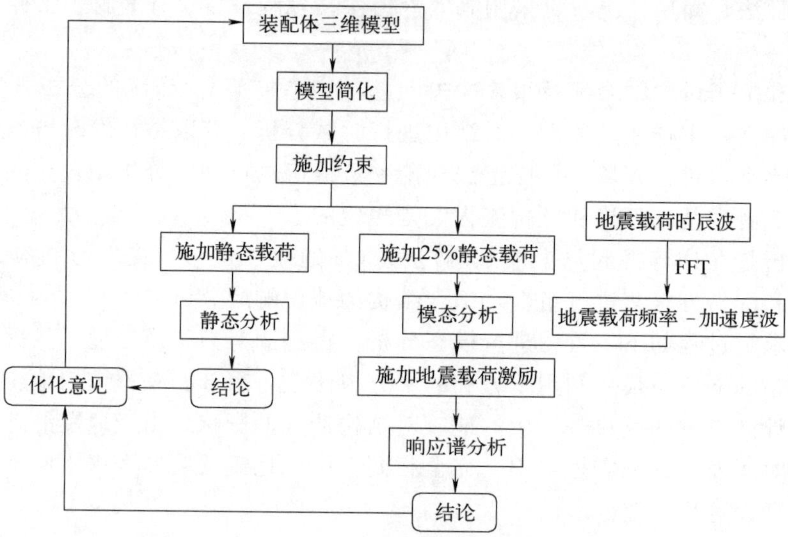

图 5-7 分析流程图

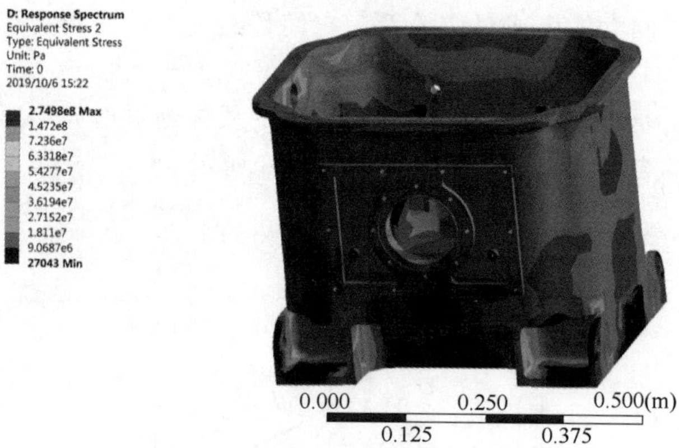

图 5-8 分析结果图

习题

1. 在过程工业中，机泵系统是关键设备之一，但其运行过程中可能产生振动，影响系统的稳定性和安全性。请结合正文内容，提出一种有效的机泵系统振动控制策略，并解释其工作原理。

2. 在化工装备中，塔器和烟囱等高大设备易受风力影响产生振动。请根据正文内容，描述如何进行风力激励下的结构响应分析，并给出可能的防振措施。

3. 地震载荷激励对结构安全构成严重威胁。请结合正文内容，阐述如何利用响应谱法对结构进行抗震设计优化，并说明其重要性。

4. 非线性振动系统在实际工程中非常常见，但其分析比线性系统更为复杂。请根据正文内容，介绍非线性振动系统的一个典型分析方法，并解释其适用性。

5. 在实际工程中，多自由度系统比单自由度系统更为普遍。请根据正文内容，解释如何利用模态分析法对多自由度系统的振动进行分析，并讨论其在工程中的应用。

第6章

化工过程设备数值模拟

6.1 数值建模

6.1.1 容积式压缩机

6.1.1.1 往复活塞式

（1）建立气缸内热力过程与气阀运动耦合的数学模型

图 6-1 为活塞压缩机工作过程示意图。研究活塞式压缩机的基本模型，第一步要确定其工作容积，在这个容积范围内来分析气体在循环中的参数变化。气缸的工作容积是由缸盖底面（包含吸排气阀）、气缸壁面及活塞顶部所围成的封闭容积，在这个容积范围内形成了压缩机的热力系统。在模拟过程中，工作容积内气体的压力、温度、体积、比容、质量、比内能、焓等分别以 p(Pa)、T(K)、V(m^3)、v(m^3/kg)、m(kg)、u(kJ/kg)、h(kJ/kg) 等字母表示，这些参数的瞬时数值随着曲轴转角 θ 变化而改变。同时假定，吸排气腔的压力和温度恒定，分别以 p_s、T_s（吸气腔）和 p_d、T_d（排气腔）表示。

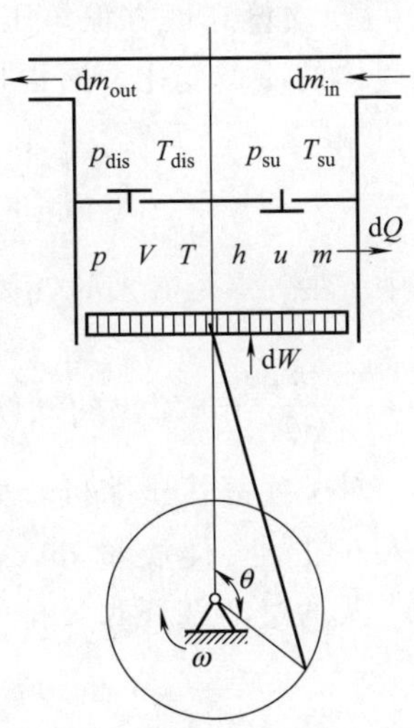

图 6-1 活塞压缩机工作过程示意图

in—流入；out—流出；dis—系统与外界差值；su—整个系统

① 能量守恒方程 依据能量守恒方程，分析气缸内发生的能量变化，引起气体的内能改变的因素主要是进入和流出气缸的气体携带的能量、活塞对气体做的功以及气缸壁面对气体的传热三个方面构成。因此气体的能量守恒方程可以表示为

$$\mathrm{d}(mu)=\mathrm{d}E_i+\mathrm{d}E_o+\mathrm{d}Q+\mathrm{d}W \tag{6-1}$$

式中 $\mathrm{d}E_i$——进入气缸的气体能量；

$\mathrm{d}E_o$——流出气缸的气体能量；

$\mathrm{d}Q$——气缸壁面对被压缩气体传递的热量；

$\mathrm{d}W$——活塞对气体做功。

就上式而言，进入工作容积的气体携带能量为正，流出工作容积的气体携带能量为负。对于进排气过程，存在气体质量的变化，则进入气缸气体质量为正，流出气缸气体质量为负。压缩机的曲柄转角 $\theta=\omega t$，则表达式可以写成

$$\frac{\mathrm{d}(mu)}{\mathrm{d}\theta}=\frac{\mathrm{d}Q}{\mathrm{d}\theta}+\frac{\mathrm{d}m_{\mathrm{i}}}{\mathrm{d}\theta}h_{\mathrm{i}}-\frac{\mathrm{d}m_{\mathrm{o}}}{\mathrm{d}\theta}h_{\mathrm{o}}-\frac{\mathrm{d}W}{\mathrm{d}\theta} \tag{6-2}$$

式中　$\mathrm{d}m_{\mathrm{i}}$——进入气缸的气体质量流量；

$\mathrm{d}m_{\mathrm{o}}$——流出气缸的气体质量流量；

h_{i}——进入气缸的气体焓值；

h_{o}——流出气缸的气体焓值；

将气体比内能的关系式 $u=h-pv$、比容 $v=V/m$ 代入式（6-2），推导后得到

$$\frac{\mathrm{d}p}{\mathrm{d}\theta}=\frac{\frac{1}{v}\left[\left(\frac{\partial h}{\partial v}\right)_T-\frac{(\partial h/\partial T)_v(\partial p/\partial v)_T}{(\partial p/\partial T)_v}\right]\frac{\mathrm{d}v}{\mathrm{d}\theta}}{1-\frac{1}{v}\times\frac{(\partial h/\partial T)_v}{(\partial p/\partial T)_v}}-\frac{\frac{1}{V}\left[\frac{\mathrm{d}m_{\mathrm{i}}}{\mathrm{d}\theta}(h_{\mathrm{i}}-h)+\frac{\mathrm{d}Q}{\mathrm{d}\theta}\right]}{1-\frac{1}{v}\times\frac{(\partial h/\partial T)_v}{(\partial p/\partial T)_v}} \tag{6-3}$$

对于此方程求解，需要通过实际气体状态方程得到被压缩气体的瞬时状态方程，得到物理量$(\partial h/\partial v)_T$、$(\partial p/\partial v)_T$、$(\partial h/\partial T)_v$ 和 $(\partial p/\partial T)_v$，同时联立质量守恒方程得到气体的质量变化率 $\mathrm{d}m/\mathrm{d}\theta$。

气体的比容随曲轴转角的变化率为

$$\frac{\mathrm{d}v}{\mathrm{d}\theta}=\frac{1}{m}\times\frac{\mathrm{d}V}{\mathrm{d}\theta}-\frac{V}{m^2}\times\frac{\mathrm{d}m}{\mathrm{d}\theta} \tag{6-4}$$

式中　v——气体比容，$v=\frac{V}{m}$；

V——在对应的曲柄转角 θ 下的气缸容积；

m——在对应的曲柄转角 θ 下的气缸内气体质量。

② 质量守恒方程　压缩机工作容积中，被压缩气体的质量变化只体现在进入气体与排出气体的质量变化，所以质量守恒方程可以表示为

$$\frac{\mathrm{d}m}{\mathrm{d}\theta}=\frac{\mathrm{d}m_{\mathrm{i}}}{\mathrm{d}\theta}-\frac{\mathrm{d}m_{\mathrm{o}}}{\mathrm{d}\theta} \tag{6-5}$$

式中　$\frac{\mathrm{d}m_{\mathrm{i}}}{\mathrm{d}\theta}$——流入的气体质量随曲柄转角的变化，符号为正；

$\frac{\mathrm{d}m_{\mathrm{o}}}{\mathrm{d}\theta}$——流出的气体质量随曲柄转角的变化，符号为负。

对于往复式压缩机，如表 6-1 所示，流入工作容积的气体质量 $\mathrm{d}m_{\mathrm{i}}$ 就是通过进气阀阀片进入气缸的气体质量 $\mathrm{d}m_{\mathrm{s}}$，流出气缸的气体质量 $\mathrm{d}m_{\mathrm{o}}$ 包括经排气阀正常排出的气体质量 $\mathrm{d}m_{\mathrm{d}}$ 及通过活塞环和吸排气阀位置泄漏出去的气体质量 $\mathrm{d}m_{\mathrm{l}}$。

表 6-1　气缸内气体的质量变化

项目	膨胀	吸气	压缩	排气
$\mathrm{d}m_{\mathrm{i}}$	0	$\mathrm{d}m_{\mathrm{s}}$	0	0
$\mathrm{d}m_{\mathrm{o}}$	$-\mathrm{d}m_{\mathrm{o}}$	0	$-\mathrm{d}m_{\mathrm{l}}$	$-m_{\mathrm{d}}-\mathrm{d}m_{\mathrm{l}}$

假设不考虑活塞环和吸排气阀位置的气体泄漏，即 $\mathrm{d}m_{\mathrm{l}}=0$，只考虑正常通过气阀处的气体质量流量，并且规定讨论过程中，气阀前参数注解为“1”，阀后参数注解为“2”。

气体通过气阀阀片流通面积为 A_y 时的流速为

$$w=\sqrt{2(h_1-h_2)} \tag{6-6}$$

可推导出气体通过气阀位置的质量流量为

$$dm=C_f A_y w \rho_2 dt \tag{6-7}$$

式中　C_f——气体流通气阀的流量系数，取决于被压缩气体种类、气阀类型和气阀开启程度等因素，一般取值为 $C_f=0.5\sim0.8$；

ρ_2——气阀后气体的密度，kg/m^3。

用 α 表示气阀的开启度，阀片升程为 y（单位 m），最大升程 y_{max}，即

$$\alpha=y/y_{max} \tag{6-8}$$

则阀隙流通面积为

$$A_y=A_{max}\frac{y}{y_{max}}=\alpha A_{max} \tag{6-9}$$

将式（6-6）、式（6-9）代入式（6-7）中，推导后可以得到进入进气阀的气体的质量流量为

$$\frac{dm_s}{d\theta}=\frac{C_f a_s A_{s,max}}{\omega v_s}\sqrt{2(h_s-h)} \tag{6-10}$$

流出排气阀的气体的质量流量为

$$\frac{dm_d}{d\theta}=\frac{C_f a_d A_{d,max}}{\omega v_d}\sqrt{2(h-h_d)} \tag{6-11}$$

式中　A_{max}——气阀最大流通面积，m^2；

ω——压缩机曲轴的转速，r/min；

h_s，h_d——吸、排气腔内气体的焓值；

v_d——排气腔内气体的比容。

③ 气阀运动方程　压缩机中使用气阀，气阀的开启和关闭取决于气阀两侧的压力差。气体通过气阀阀片时，相当于经过节流元件，会产生能量损失，所以气阀的质量好坏直接影响到压缩机运行的经济性。气阀有多种形式，其中最为典型的环形气阀如图 6-2 所示。

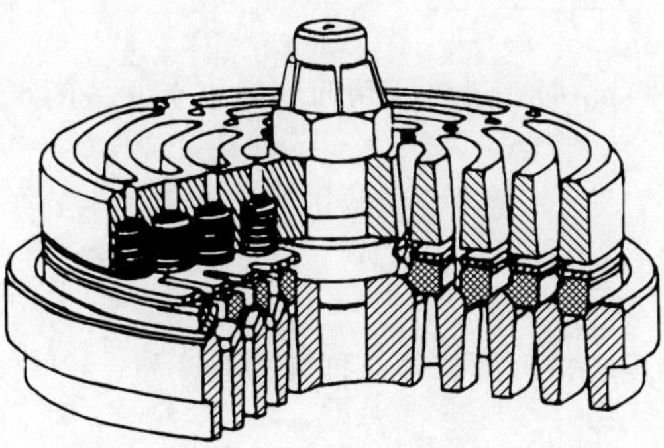

图 6-2　环形气阀模拟图

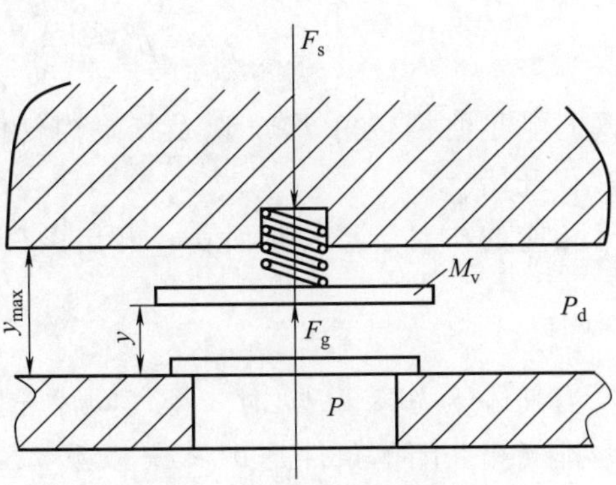

图 6-3　环形气阀结构图

由图 6-3 可知，排气阀阀片受到的力主要是缸内气体的升力与气阀弹簧力的合力，如果需要精确计算，还应该考虑到气阀阀片的重力、气体流动阻力、气阀上面油的黏力等因素，由于这些因素对气阀中气体运动产生损失影响较小，在模拟过程中可以忽略。

$$M_v\frac{d^2y}{dt^2}=F_g-F_s \tag{6-12}$$

$$F_g=C_1\Delta pA_v \tag{6-13}$$

$$F_s=\lambda(y+y_0) \tag{6-14}$$

式中 M_v——阀片的当量运动质量，即阀片与气阀弹簧的质量之和，一般选取弹簧质量的1/3作为弹簧的当量质量；

F_g——缸内气体对气阀阀片的作用力；

F_s——气阀弹簧的弹簧力。

要分析压缩机气阀阀片的运行过程，需要知道阀片的升力系数 C_1，由于影响因素较多，计算相对复杂，根据经验一般可取值为 $C_1=0.6\sim0.8$。用 A_v 表示气体作用在阀片上的受力面积，Δp 表示气阀前、后气体的压力差，λ 为气阀上面弹簧片的刚度系数，y_0 为生产气阀时的预留的阀片无位移时的预压缩量，令 $\beta=\frac{d\alpha}{d\theta}$。

整理以上方程，将式（6-13)、式（6-14）代入式（6-12）中，可以得到压缩机气阀阀片的运动微分方程为

$$\frac{d\beta}{d\theta}=\frac{C_1A_v\Delta p}{M_v\omega^2h_{max}}-\frac{\lambda_{st}}{M_v\omega^2}\alpha-\frac{\lambda_{st}h_0}{M_v\omega^2h_{max}} \tag{6-15}$$

式中，λ_{st} 为阀片结构有关的常数。压缩机工作过程的模拟可以当作一个分段函数的解析过程，下面讨论吸排气过程的初始和终了条件。

吸气过程开始的瞬间，式（6-15）中，$C_1=1$，$\Delta p=p_s-p_1$，$a=0$，$\frac{d^2\alpha}{d\theta^2}=0$，从而得到

$$p_1=p_s\frac{A_p}{A_v}-\frac{\lambda y_0}{A_v} \tag{6-16}$$

式中 A_p——气阀阀孔的通道面积。

当缸内压力下降至 p_1 后，气缸内外产生压差，进气阀打开，进气过程开始。

吸气过程结束，进气阀即将关闭的瞬时，$\Delta p=p_s-p_2$，$\alpha=1$，从而得到

$$p_2=p_s-\left(\frac{d^2a}{d\theta^2}+\frac{\lambda y_0}{M_v\omega^2y_{max}}\right)\frac{M_v\omega^2y_{max}}{C_1A_v} \tag{6-17}$$

当同时满足曲柄转角 $\theta\geqslant\pi$ 以及气缸内气体压力 $p\geqslant p_2$ 时，进气阀贴回到阀座上并关闭，压缩过程开始。

相应的，对于排气阀而言，开启条件为

$$p_3=p_d\frac{A_v}{A_p}-\frac{\lambda y_0}{A_p} \tag{6-18}$$

当气体压力高于 p_3 时，排气阀片开始脱离阀座，排气阀打开，排气过程开始。

排气阀关闭的条件是 $\theta\geqslant2\pi$ 以及

$$p\leqslant p_4=p_d-\left(\frac{d^2a}{d\theta^2}+\frac{\lambda y_0}{M_v\omega^2y_{max}}\right)\frac{M_v\omega^2y_{max}}{C_1A_v} \tag{6-19}$$

在求解阀片运动的过程中，阀片受力的运动微分方程只适用于阀片位于气阀阀座和升程限制器中间的位置，而当气阀阀片与阀座和升程限制器发生撞击时（即 $y=0$ 或者 $y=y_{max}$），阀片会受到阀座与升程限制器这两个边界的撞击力，前面的理论推导过程中并没有加入这个反弹受力，所以在求解过程中，需要在阀片发生撞击时，把撞击速度（下标 imp）

改变为反弹速度（下标 reb），即

$$\left(\frac{\mathrm{d}y}{\mathrm{d}\theta}\right)_{\mathrm{reb}}=-C_{\mathrm{R}}\left(\frac{\mathrm{d}y}{\mathrm{d}\theta}\right)_{\mathrm{imp}} \tag{6-20}$$

式中，C_R 为反弹系数。

这样每次发生阀片撞击时，以阀片的反弹速度继续计算即可。

④ 缸内气体传热模型　气缸内气体在工作过程中，时刻存在热量交换，对气体的能量变化过程产生较大影响。换热过程主要包括三部分：a. 气体与气缸壁面接触位置的热交换；b. 进气过程中，气体与余隙容积内残余高温气体的热交换；c. 气体在流动过程中，因阻力损失或泄漏而产生的热交换。本节模拟过程只考虑气体与气缸壁面所产生的热交换。

气体热交换的过程是不稳定的，精确描述 dQ 的变化也非常困难，使用较为通用的计算传热的公式，得到气体与缸壁的换热量表示为

$$\frac{\mathrm{d}Q}{\mathrm{d}\theta}=\frac{1}{\omega}k\left[(T_{1\theta}-T)A_{1\theta}+(T_{2\theta}-T)A_{2\theta}+(T_{3\theta}-T)A_{3\theta}\right] \tag{6-21}$$

式中　T——转角为 θ 时气体的温度；

$A_{1\theta}$，$A_{2\theta}$，$A_{3\theta}$——转角为 θ 时气缸壁面、活塞端面与气缸盖表面的换热面积；

$T_{1\theta}$，$T_{2\theta}$，$T_{3\theta}$——转角为 θ 时气缸壁面、活塞端面与气缸盖表面的平均温度。

计算气缸的几何模型，可以得到

$$A_{1\theta}=\pi DS(\theta) \tag{6-22}$$

$$A_{2\theta}=\frac{\pi D^2}{4} \tag{6-23}$$

$$A_{3\theta}=\frac{\pi D^2}{4} \tag{6-24}$$

式中，$S(\theta)$ 是活塞位移，取值为

$$S(\theta)=\frac{S}{2}\left[1-\cos\theta+\frac{1}{\lambda}(1-\sqrt{1-\lambda^2\sin^2\theta})\right] \tag{6-25}$$

$T_{1\theta}$、$T_{2\theta}$、$T_{3\theta}$ 的温度不稳定，难以精确计算，目前还没有通用的表达式，通过资料查询，可使用以下经验公式

$$T_{1\theta}=211+0.3T_s+0.017n+8(\varepsilon-1)-5\frac{S(\theta)}{S} \tag{6-26}$$

$$T_{2\theta}=202+0.3T_s+0.031n+15(\varepsilon-1) \tag{6-27}$$

$$T_{3\theta}=210+0.3T_s+0.01n+8(\varepsilon-1) \tag{6-28}$$

式中，T_s 为表面温度；n 为系统特性相关参数；ε 为发射率。

对于求解换热方程［式（6-21）］，难点在于换热系数 k 的确定。目前国内外研究对于换热系数 k 的求解表达式比较多，本文采用表达式

$$k=\frac{\lambda(\theta)}{De(\theta)}ARe(\theta)^{0.8}Pr(\theta)^{0.6} \tag{6-29}$$

式中　A——接触面积，根据经验公式，取值 $A=0.3\sim0.35$；

$\lambda(\theta)$——空气的热导率，W/(m·K)；

$De(\theta)$——气缸在转角为 θ 时的当量直径，取值为

$$De(\theta)=\frac{0.75D^2S(\theta)}{DS(\theta)+0.5D^2} \tag{6-30}$$

气体的雷诺数为

$$Re(\theta)=\frac{De(\theta)[0.5De(\theta)\omega_g(\theta)]}{v(\theta)\mu(\theta)} \tag{6-31}$$

气体的普朗特数为

$$Pr(\theta)=\frac{c_p(\theta)\mu(\theta)}{\lambda(\theta)} \tag{6-32}$$

其中，空气的 $Pr(\theta)$ 一般直接取值 0.7，$\omega_g(\theta)$ 是特征速度，表达式为

$$\omega_g(\theta)=\begin{cases}2\omega(1.04+\cos2\theta), & \frac{\pi}{2}<\theta<\frac{3\pi}{2}\\ \omega(1.04+\cos2\theta), & \frac{3\pi}{2}\leqslant\theta \text{ 或 } \theta\leqslant\frac{\pi}{2}\end{cases} \tag{6-33}$$

式中 $v(\theta)$——气体的比体积；

$\mu(\theta)$——气体的动力黏度系数；

$c_p(\theta)$——气体的定压比热容，kJ/(kg·K)；

⑤ 缸内气体容积方程　被压缩气体在工作循环中的参数变化与气缸工作容积的变化有关，为了得到被压缩气体的参数连续变化规律，需要得到活塞运动瞬时压缩机的工作容积及其随曲轴转角 θ 的变化率，参考图 6-4 得到

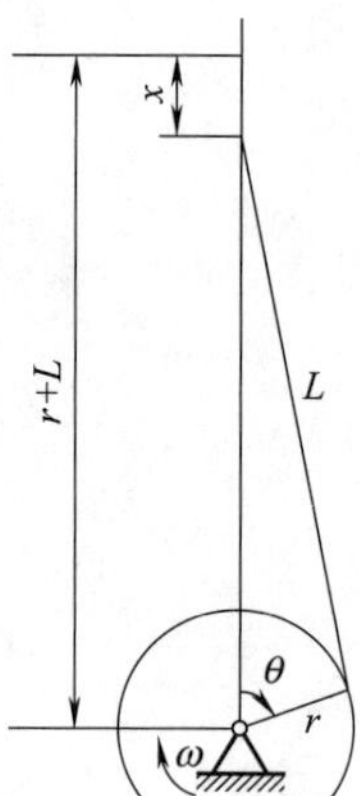

图 6-4　曲轴连杆机构的几何简图

$$V=\frac{\pi D^2 S}{8}\left[1-\cos\theta+\frac{1}{\lambda}\left(1-\sqrt{1-\lambda^2\sin^2\theta}\right)\right]+V_0 \tag{6-34}$$

式中 D——气缸直径，m；

S——活塞行程；

λ——连杆比，即 $\lambda=r/L$，r 为曲轴半径，L 为连杆长度；

V_0——气缸余隙容积。

推导可得气缸工作容积随曲轴转角变化规律为

$$\frac{dV}{d\theta}=\frac{\pi D^2 S}{8}\left(\sin\theta+\frac{\lambda\sin2\theta}{2\sqrt{1-\lambda^2\sin^2\theta}}\right) \tag{6-35}$$

⑥ 实际气体状态方程　在对于缸内气体状态进行分析时，需涉及被压缩气体的热力性质和状态方程，一般情况下，可以采用理想气体状态方程 $pv=R_gT$（R_g 为理想气体常数）。但如果热力过程发生在临界点附近，使用理想气体状态方程会产生很大误差，从而不能准确地描述气体变化过程。因此，本文模拟过程采用 R-K 方程，得到实际气体的状态方程为

$$p=\frac{R_gT}{v-b}-\frac{a}{T^{0.5}v(v+b)} \tag{6-36}$$

式中，a，b 是与被压缩气体相关的常数，计算方法为

$$a=\frac{0.42748R_g^2T_{cr}^{2.5}}{p_{cr}},\ b=\frac{0.08664R_gT_{cr}}{p_{cr}} \tag{6-37}$$

查询空气的临界状态参数 $T_{cr}=132.5$K，$p_{cr}=3.77$MPa。

进一步得到实际气体的焓值为

$$h=C_pT+\frac{bRT}{v-b}-\frac{a}{T^{0.5}(v+b)}-\frac{3a}{2bT^{0.5}}-\ln\frac{v+b}{v} \tag{6-38}$$

对式（6-36）、式（6-37）求偏导数可以得到能量守恒方程［式（6-3）］中需要的参数：$(\partial h/\partial v)_T$、$(\partial p/\partial v)_T$、$(\partial h/\partial T)_v$ 和$(\partial p/\partial T)_v$。

⑦ 建立方程组　模拟过程需要将气缸工作容积中的能量守恒方程式（6-3）、质量守恒方程式（6-10）、气阀运动方程式（6-15）联立耦合起来，得到能够准确表达气体在压缩过程中的状态变化的方程组：

$$\begin{cases}\dfrac{dp}{d\theta}=f_p(\theta,p,m,\beta,\alpha)\\[2ex]\dfrac{dm}{d\theta}=f_m(\theta,p,m,\beta,\alpha)\\[2ex]\dfrac{d\beta}{d\theta}=f_\beta(\theta,p,m,\beta,\alpha)\\[2ex]\dfrac{d\alpha}{d\theta}=f_\alpha(\theta,p,m,\beta,\alpha)\end{cases}\tag{6-39}$$

将以上方程组联立分析之后，利用 MATLAB 软件对方程组进行求解，使用龙格-库塔法，取活塞外止点位置为计算起点，此时设定初值 $i=1$，$\theta_1=0$，$p_1=p_d$，$m_1=m_0$（m_0 为初始质量），$\alpha_1=0$，$\beta_1=0$，以 $2\pi/500$ 为步长，计算得到下一个点 $i=2$ 的各项参数值，在膨胀过程与压缩过程中，阀片无运动，可直接取值 $\alpha=0$，$\beta=0$，对方程组逐点计算得到气体在整个工作过程中的运行参数，画出 p-V 图。数学模型的程序框图如图 6-5 所示。

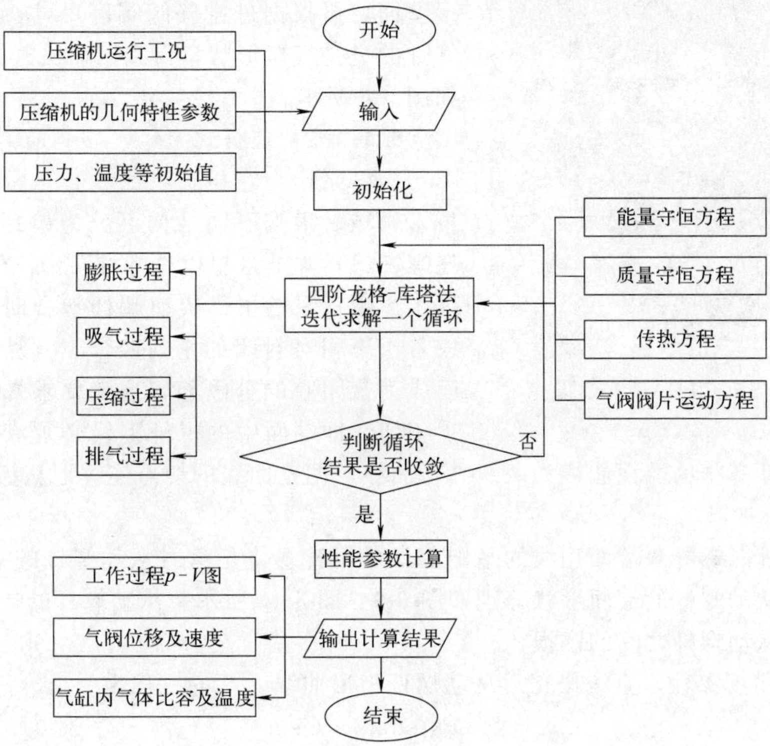

图 6-5　压缩机的模拟过程流程图

（2）建立几何模型

在对缸内流体流动过程进行 CFD 模拟分析之前，必须先建立压缩机气缸的计算模型。这里以 V-3.0/10 型号空气压缩机的第一级气缸作为研究对象，具体参数如表 6-2 所示。

表 6-2 压缩机基本参数

型号	压比	一级缸径/mm	活塞行程/mm	余隙容积/mm	连杆长度/mm	连杆比	转速/(r/min)
V-3.0/10	3.16	155	116	1.2	322	0.18	820

压缩机气缸是由缸盖、进气阀、排气阀、气缸壁和活塞组成，其中气阀是在压缩机运行过程中受到冲击最大的部件，其形状对压缩机的性能影响巨大，这里的研究对象采用的是环状阀片，具有节能、寿命长、抗液击等优点。气缸及排气阀形状如图 6-6、图 6-7 所示。

图 6-6 气缸实体图

图 6-7 排气阀实体

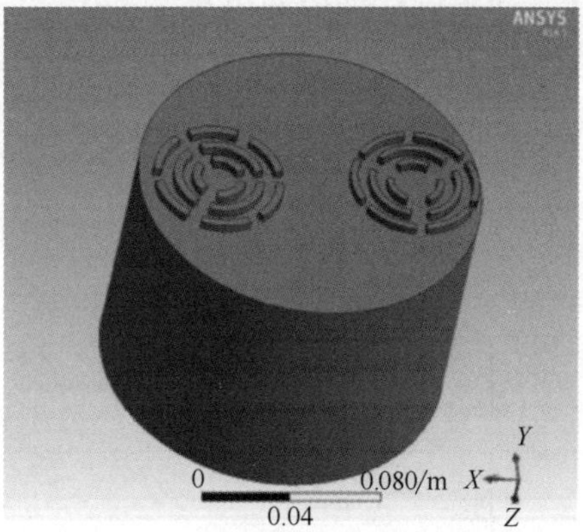

图 6-8 气缸几何模型示意图

建立气缸的物理模型时，首先建立气缸的圆柱形壁面，再根据进排气阀阀座尺寸，拔模出压缩机气缸的进排气口形状，得到压缩机气缸的实体模型，如图 6-8 所示。

6.1.1.2 螺杆式

螺杆泵作为容积式泵的一种，常用于多相混输技术领域。根据不同结构可分为单螺杆、双螺杆和三螺杆式，本节这里以三螺杆泵为例进行介绍。

三螺杆泵的主、从动螺杆啮合时，螺旋槽被分成若干个相对封闭的密封腔，主、从动螺杆的螺旋面成为密闭腔的分隔面，这就要求螺杆的螺旋面必须相切，即端面中的螺杆型线必须满足连续相切的要求，主、从动螺杆的端面曲线为一对共轭曲线，两条曲线的切点连续地从齿形曲线的一端移动到另一端。

在摆线设计三螺杆泵端面型线的基础上，采用直线修正法对从动螺杆的尖点进行修正，修正后的主、从动螺杆的端面形状分别如图 6-9、图 6-10 所示。从动螺杆的接触点内移，从而减小了主、从动螺杆之间的磨损。

用 φ 表示角度参数，直线修正后从动螺杆齿形曲线 $a'b'$ 的方程为

$$\begin{cases} X = P_{\mathrm{M}}\sin 2\varphi - C\sin\varphi \\ Y = C\cos\varphi - P_{\mathrm{M}}\cos 2\varphi \end{cases} \tag{6-40}$$

径向直线 $b'c'$ 的方程为

$$\begin{cases} X = -r\sin[(90° - 2\tau)/2] \\ Y = rd_{\mathrm{j}}\cos[(90° - 2\tau)/2] \end{cases} \tag{6-41}$$

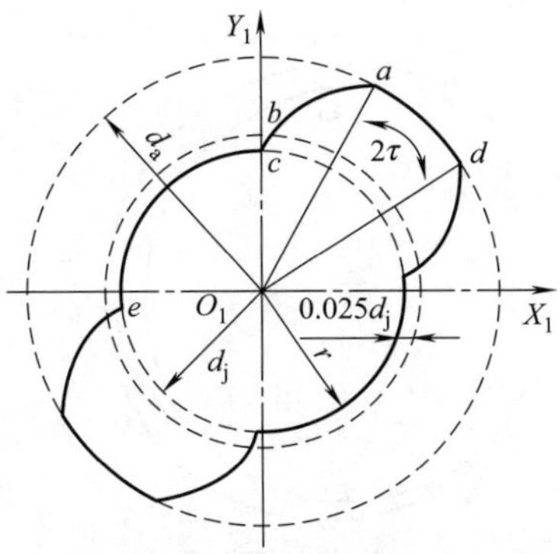

图 6-9　主动螺杆型线

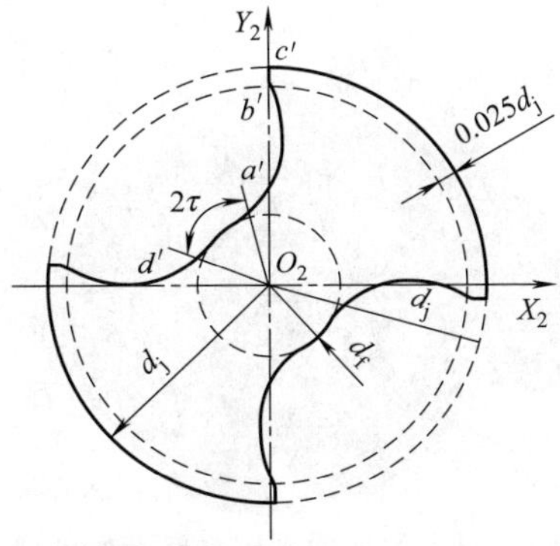

图 6-10　从动螺杆型线

式中，P_M 为节圆直径 d_j 的 0.83 倍；C 为节圆直径 d_j；2τ 为齿形中心角。

直线修正后主动螺杆齿形 ab 段曲线方程为

$$\begin{cases}X=C\cos\varphi-(0.5-x)d_j\cos2\varphi\\Y=C\sin\varphi-(0.5-x)d_j\sin2\varphi\end{cases}\tag{6-42}$$

式中，C 为节圆直径 d_j；x 为修正齿廓系数。

齿形曲线 bc 的方程式为

$$\begin{cases}X=A\cos\varphi-B\cos3\varphi\\Y=A\sin\varphi-B\sin3\varphi\end{cases}\tag{6-43}$$

式中，A 为节圆直径 d_j 的 0.75 倍；B 为节圆直径 d_j 的 0.5 倍。

通过 MATLAB 编程计算可得，主、从动螺杆的齿形线如图 6-11 和图 6-12 所示。再将 MATLAB 计算的一系列点导入三维建模软件中进行数据拟合，然后进行螺旋曲面扫掠之后得到的主、从动螺杆实体模型如图 6-13 所示。

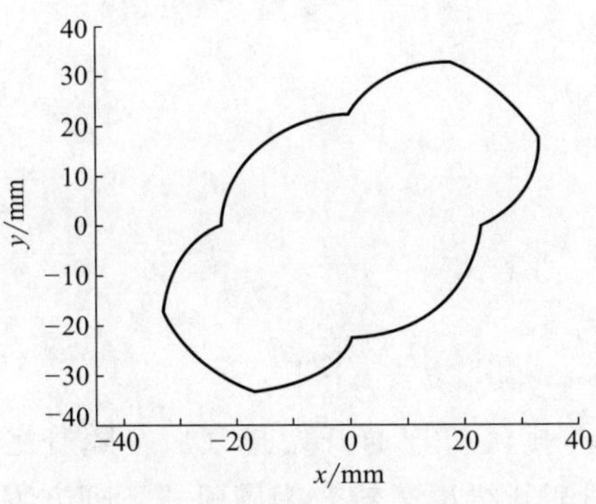

图 6-11　主动螺杆齿形线

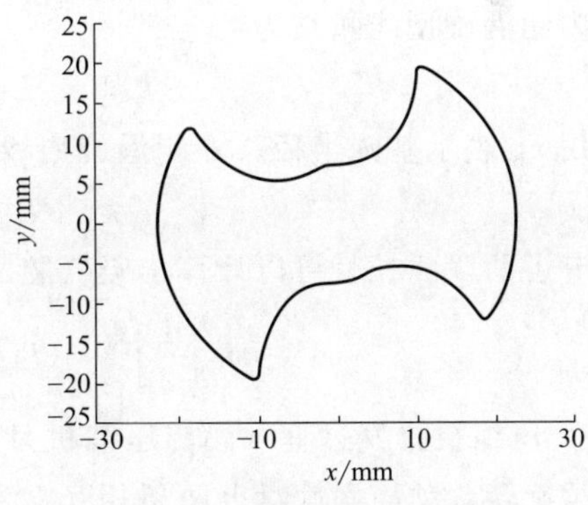

图 6-12　从动螺杆齿形线

6.1.1.3　涡旋式

(1) 数学模型

为了便于分析，选择修正角为 45°的涡旋型线作为分析对象，如图 6-14 所示。此涡旋齿型线类型为圆渐开线，涡旋齿的各结构参数如表 6-3 所示。

① 压缩机吸气过程　涡旋压缩机开始工作后，主轴转角 θ 的数值开始变大，与此同时涡旋压缩机压力腔开始进气，压力腔进气的体积是以涡旋齿高乘以其当前的压力腔面积计算

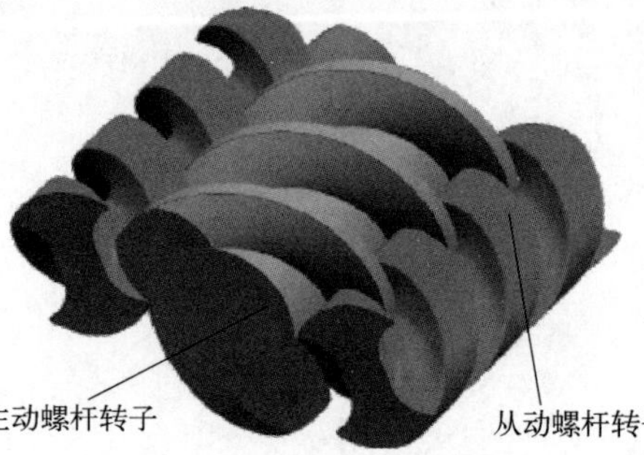

图 6-13 三螺杆泵的螺杆实体模型

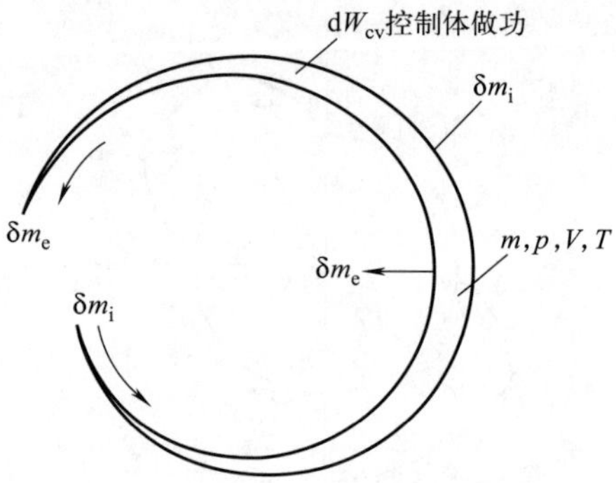

图 6-14 涡旋压缩机热力学模型

表 6-3 涡旋齿结构参数

参数名称	数值	参数名称	数值
基圆半径 R_b	3.5mm	修正后内型线起始展角 φ_{is}	206°
发生角 α	0.64rad	修正后外型线起始展角 φ_{os}	32°
齿高 h	40mm	结束角 φ_e	(7.5π)rad
齿厚 t	4.5mm	主轴偏心距 R_{or}	6.5mm
内型线起始展角 φ_{i0}	11.8794rad	修正参考角度 γ	$(\pi/4)$rad
外型线起始展角 φ_{o0}	10.5942rad	参考角度 β	0.2904rad

所得，月牙形压力腔由动涡旋内侧型线和静涡旋外侧型线相交而成，所以在计算压力腔面积时，用构成吸气腔动涡旋内侧型线的扇形面积减去同一吸气腔静涡旋外侧型线的扇形面积。同时在计算压力腔进气体积时要注意，在同一个进气过程中有两个相同的吸气腔。在吸气完成之前，吸气腔动涡旋内侧弧长起始角为 $\varphi_e-\theta$，终止角为 φ，吸气腔静涡旋外侧弧长起始角为 $\varphi_e-\theta-\pi$，终止角为 $\varphi_e-\pi$。

在计算吸气腔面积之前，应该先求得构成吸气腔的动静涡旋型线上的弧长。

内侧涡旋型线弧长为

$$L_i=r_b(\varphi-\varphi_{i0}) \tag{6-44}$$

用 r_b 表示基圆半径，外侧涡旋型线弧长为

$$L_o=r_b(\varphi-\varphi_{o0}) \tag{6-45}$$

有了两段弧长就可以计算出吸气腔的体积为

$$V_s=h\left[\frac{1}{2}\int_{\varphi_e-\theta}^{\varphi_e}(L_iL_i)\mathrm{d}\varphi-\frac{1}{2}\int_{\varphi_o-\theta-\pi}^{\varphi_o-\pi}(L_oL_o)\mathrm{d}\varphi\right] \tag{6-46}$$

② 压缩机排气过程 涡旋压缩机月牙形压力腔与排气口连通开始排气后，随着主轴转角继续旋转，动静涡旋盘上两条相互啮合的型线由圆渐开线逐渐转变为圆弧。下列方程采用修正角 45°进行计算，从排气过程开始到压力腔完全由圆弧组成为止，曲轴转过了大约 150°，从此刻开始到排气完全结束，曲轴又转过 210°左右，因此排气过程进行了大约 360°。

啮合型线转变为圆弧过程中的面积为

$$S_m=\frac{r_b^2}{6}\left[\left(\cot\beta+\frac{\pi}{2}+\alpha\right)^3-\left(\cot\beta-\frac{\pi}{2}+\alpha\right)^3\right]+\frac{r_b^2\times\pi}{2}+\frac{\lambda}{2}(r_s^2-r_d^2) \tag{6-47}$$

式中，λ 为系数；r_s 为齿顶圆半径；r_d 为齿根圆半径。

两条圆弧、两条渐开线组成的排气腔 1 的体积为

$$V_{d1}=\frac{hr_b^2}{3}\left[\left(\xi+\frac{3\pi}{2}-\alpha\right)^3-\left(\xi+\frac{\pi}{2}+\alpha\right)^3+\left(\cot\beta+\frac{\pi}{2}+\alpha\right)^3-\left(\cot\beta+\frac{\pi}{2}-\alpha\right)^3\right]-hr_b^2(\pi-4\alpha)-2S_mh \tag{6-48}$$

两条圆弧、两条渐开线组成的排气腔 2 的体积为

$$V_{d2}=0.13(r_s^2-r_d^2)[\xi-\gamma-\sin(\xi-\gamma)] \tag{6-49}$$

（2）热力学模型

涡旋压缩机在工作状态时压力腔在时刻变化，因此在完成压缩的过程中存在着许多不可控因素，为了简化计算并且保证结果的精度，要对以下条件进行限制：

① 压力腔内啮合处的介质状态被认为是稳定的；

② 忽略压力腔内为了润滑所喷入的润滑油产生的影响；

③ 将啮合间隙处泄漏的气体看作层流流动；

④ 忽略进、排气管内不同的气体压力产生的影响。

要建立涡旋压缩机的热力学模型，要有一个合适的控制体，如图 6-14，使用动静涡旋盘各个时间点啮合所形成的压力腔作为控制容积。伴随曲轴转动压力腔内的介质缓缓靠近排气口，同时在压力腔的两侧啮合处会因为压差的作用发生泄漏。

图 6-14 中各符号均为压力腔内介质的各项参数，其中 m 表示介质质量，p 表示压力，T 表示温度，V 表示体积，假设在 $\mathrm{d}t$ 这段时间流入控制体内的质量是 δm_i，流出控制体的质量是 δm_e，控制体做功是 $\mathrm{d}W_{cv}$。

压缩过程控制方程如下。

a. 状态方程。在涡旋压缩机工作时，压力腔内的介质质量时刻在改变，所以选择能够包含质量、压力、温度、体积的状态方程为

$$f(p,V,T,m)=0 \tag{6-50}$$

b. 质量守恒方程。在封闭系统中，质量是守恒的，那么在 $\mathrm{d}t$ 这段时间，如果控制体内流入质量 δm_i 与流出质量 δm_e，控制体内的质量改变如下

$$\delta m_i-\delta m_e=\mathrm{d}m_{cv} \tag{6-51}$$

转化为瞬态方程则变为

$$\frac{\mathrm{d}m_{cv}}{\mathrm{d}t}=m_i-m_e \tag{6-52}$$

式中，m_i 表示的是流入控制体的瞬时质量；m_e 表示的是流出控制体的瞬时质量。涡旋压缩机在实际工作状态下的泄漏现象应该用求和的形式表达出来，因此将上式更改为

$$\frac{\mathrm{d}m_{cv}}{\mathrm{d}t}=\sum m_i-\sum m_e \tag{6-53}$$

c. 能量守恒方程。在封闭系统中能量同样是守恒的，其方程为

$$\delta Q=\mathrm{d}E_{cm}+\delta W \tag{6-54}$$

$\mathrm{d}E_{cm}$ 表示的是 $\mathrm{d}t$ 这段时间控制体内的能量的变化，其方程为

$$\mathrm{d}E_{cm}=\mathrm{d}E_{cv}+(e_e\delta m_e-e_i\delta m_i) \tag{6-55}$$

式中，e_e 为出口比能量；e_i 为入口比能量。δW 表示的是控制体的总功，总功包括涡旋压缩机在工作时压力腔体积不停改变所做的功，这部分功为边界运动所做的功

$$\delta W=\delta W_{cv}+(pv\delta m)_e-(pv\delta m)_i \tag{6-56}$$

再加上 δm_e、δm_i 由高压区向低压区流动时产生的能量变化，得到

$$\delta Q = \mathrm{d}E_{\mathrm{cv}} + \delta W_{\mathrm{cv}} + (e + pv\delta m)_{\mathrm{e}} - (e + pv\delta m)_{\mathrm{i}} \tag{6-57}$$

式中，e 表示的是从高压区向低压区流动的介质自身的能量，其表达式为

$$e = u + \frac{v^2}{2} + gz \tag{6-58}$$

研究的涡旋压缩机不计流动时介质移动的位能，可得到最终的能量方程为

$$\delta Q = \mathrm{d}E_{\mathrm{cv}} + \delta W_{\mathrm{cv}} + \left(h + \frac{v^2}{2}\right)\delta m_{\mathrm{e}} - \left(h + \frac{v^2}{2}\right)\delta m_{\mathrm{i}} \tag{6-59}$$

6.1.1.4 旋叶（滑片）式

旋叶式压缩机工作过程动态数学模型的建立基于以下假设：

① 任一时刻基元内工质状态均匀；

② 通过吸、排气口的气体等熵流动；

③ 工质没有向外界环境的泄漏；

④ 压缩机各部件自身温度分布均匀；

⑤ 润滑油对工质性质无影响。

以压缩机工作腔为控制容积，根据假设并应用热力学第一定律和质量守恒定律，建立起压缩机实际工作过程热力学基本方程为

$$\mathrm{d}T = \frac{1}{c_{\mathrm{V}}}\left\{\left[h_{\mathrm{i}} - u + RT^2\left(\frac{\partial z}{\partial T}\right)\right]\frac{\mathrm{d}m}{m} - RT\left[z + T\left(\frac{\partial z}{\partial T}\right)\right]\frac{\mathrm{d}V}{V} + \frac{Q_{\mathrm{c}}\mathrm{d}\tau}{m}\right\} \tag{6-60}$$

式中 c_{V}——工质定容比热容，kJ/(kg·K)；

h_{i}——进入工作腔控制容积的工质的焓，kJ/kg；

u——工质比内能，kJ/kg；

R——制冷工质气体常数，kJ/(kg·K)；

T——制冷工质温度，K；

z——制冷工质状态方程的压缩性因子 $z = z(\rho, T)$；

$\mathrm{d}m$——进入工作腔控制容积的工质瞬时质量，kg；

m——工作腔控制容积中工质的质量，kg；

$\mathrm{d}V$——控制容积变化，$\mathrm{d}V = V(\varphi + \mathrm{d}\varphi) - V(\varphi)$；

Q_{c}——工作腔壁面向控制容积内工质的热交换速率，kW；

$\mathrm{d}\tau$——控制容积变化 $\mathrm{d}V$ 所需的时间，s。

上式是一个通用热力学关系式，用于工质的吸气、排气、压缩及膨胀过程，该式表明，工质温度随着工作腔控制容积的减小、进入工作腔工质的焓和质量的增加及外界传递给基元内工质热量速率的增加而增加。

式（6-60）是整个压缩机工作过程数学模型的关键方程，它的求解需要以下关系：

① 由几何模型决定的基元容积随转角 φ 的变化关系 $V(\varphi)$；

② 由质量方程决定的工质进入控制容积的质量 $\mathrm{d}m$，该质量包括通过吸、排气口和间隙泄漏引起的质量变化；

③ 热交换速率 Q_{c}；

④ 制冷工质的比热容、状态方程。

(1) 几何模型

几何模型用于确定旋叶式压缩机的基元容积，由相邻两滑片、两滑片之间的气缸内表面

和转子外表面，以及气缸两端盖所围成的空间，如图 6-15。由几何位置关系，考虑滑片厚度的影响，则滑片倾斜放置时的基元容积为

$$V_G=bS\Big|_{\phi-\beta}^{\phi}+\left\{\frac{1}{2}r\left[\rho(\phi-\beta')\left(1-\frac{B_v}{r\sin\theta}\right)\sin\xi'-\rho(\phi)\left(1+\frac{B_v}{r\sin\theta}\right)\sin\xi\right]+r(\xi-\xi')\right\}b \tag{6-61}$$

式中 b——转子轴向长度；

r——转子半径；

$\rho(\phi)$——气缸型线方程，ϕ 为角度变量；

B_v——滑片厚度；

β——滑片倾斜放置时的角度；

S——基元面积；

ξ——基元前滑片转子转角；

ξ'——基元后滑片转子转角。

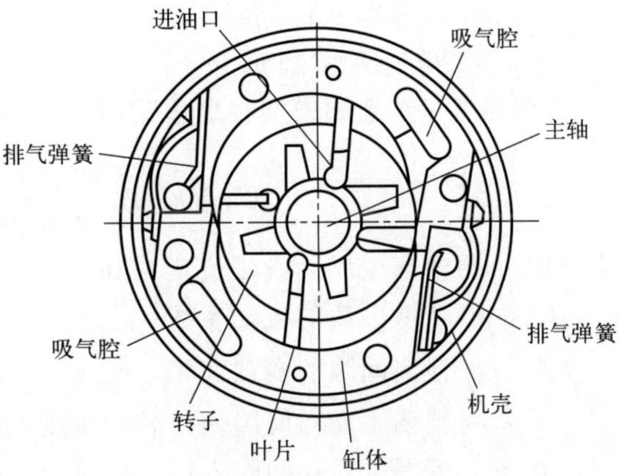

图 6-15 旋叶压缩机结构

(2) 质量与能量模型

吸气、排气、压缩和膨胀过程的模型分别用能量方程和质量方程描述如下。

① 吸气过程

$$h_i\mathrm{d}m=h_{suc}\mathrm{d}m_{suc}+h_l\mathrm{d}m_l$$
$$\mathrm{d}m=\mathrm{d}m_{suc}+\mathrm{d}m_l \tag{6-62}$$

式中，h_{suc} 为吸气管内工质的焓值，kJ/kg；$\mathrm{d}m_{suc}$ 为通过吸气管的工质质量，kg；h_l 为通过间隙泄漏到工作腔控制容积中的工质的焓，kJ/kg；h_i 为吸气腔内工质焓值；$\mathrm{d}m_l$ 为泄漏到控制容积中的工质质量，kg。

② 排气过程

$$h_i\mathrm{d}m=-h_{dis}\mathrm{d}m_{dis}-h_l\mathrm{d}m_l$$
$$\mathrm{d}m=-\mathrm{d}m_{dis}-\mathrm{d}m_l \tag{6-63}$$

式中 h_{dis}——排气管内工质的焓值，kJ/kg；

$\mathrm{d}m_{dis}$——排气质量，kg。

③ 压缩和膨胀过程 在实际压缩或膨胀过程中，工作腔控制容积内工质的质量是变化的：

$$h_i\mathrm{d}m=h_l^{in}\mathrm{d}m_l^{in}-h_l\mathrm{d}m_l^{out}$$
$$\mathrm{d}m=\mathrm{d}m_l^{in}-\mathrm{d}m_l^{out} \tag{6-64}$$

其中上标“in”和“out”分别表示泄漏流入或流出工作腔的控制容积。

④ 吸气质量流量

$$W_s=\frac{\pi}{4}D_P^2\overline{u}\rho_s \tag{6-65}$$

式中 W_s——基元吸气的质量流量，kg/s；

D_P——直径；

$\overline{u}$——吸气管内工质平均流速，m/s；

ρ_s——吸气口处工质的密度，kg/m^3。

⑤ 排气质量流量 基元内工质压力大于排气管内压力时排气开始，模型的排气质量流量为

$$W_d = K_f A_k \sqrt{(p-p_d)R} \tag{6-66}$$

式中 W_d——排气质量流量，kg；

K_f——流量系数；

A_k——排气过程中每一瞬时的通流面积，m^2；

p——基元内工质的压力，Pa；

R——气体常数；

p_d——排气压力，Pa。

⑥ 泄漏流量　泄漏模型在这里采用 Vaisman 提出的如下简化模型

$$W_l = K_{fl} A_c \sqrt{\frac{\rho_1 p_1 [(p_2/p_1)^2 - 1]}{\ln(p_2/p_1)^2 + \xi + \xi_{fr} S}} \tag{6-67}$$

式中 W_l——泄漏工质的质量流量，kg/s；

K_{fl}——泄漏工质的流动系数；

A_c——泄漏间隙的横截面积，m^2；

ρ_1——泄漏工质在间隙入口处的密度，kg/m^3；

p_1——泄漏工质在间隙入口处的压力，Pa；

p_2——泄漏工质在间隙出口处的压力，Pa；

ξ——间隙入口和出口的局部阻力系数；

ξ_{fr}——间隙沿程阻力系数；

S——间隙形状系数。

(3) 传热模型

传热过程模型由以下关系定义（Q_c 为传热量）

$$Q_c = \alpha A_w(\phi)(T_w - T) \tag{6-68}$$

式中 $A_w(\phi)$——基元内滑片和转子的内表面积；

T_w——基元内滑片与转子内表面温度；

α——工质与基元内表面间的换热系数，借用矩形截面弯曲管道的对流换热准则方程，即

$$\alpha = 0.025 \frac{\lambda}{D_h} Re^{0.8} Pr^{0.4} \left(1 + 1.77 \frac{D_h}{R}\right) \tag{6-69}$$

式中 D_h——管道水力直径，m；

Re——雷诺数；

λ——传热系数；

Pr——普朗特数。

$$Pr = \mu c_p / \lambda R = (R + r)/2 \tag{6-70}$$

6.1.1.5 罗茨式

根据模型的需要将罗茨泵流场分为三部分：吸气部分、旋转流场部分和排气部分，吸气和排气部分属于非旋转流场。考虑到吸气口、排气口的条件设定问题，在不影响计算结果的前提下，对这两个部分进行了简化。

(1) 转子型线

转子罗茨泵的关键零件是转子，而转子的关键是它的型线。转子横截面的外轮廓线即为

转子的型线。罗茨泵工作时，转子的表面之间不接触，但转子之间的间隙要保持一定，这样转子的型线必须做成共轭曲线。在实际设计中选用转子型线时，除了要能满足上述运动要求外，还应考虑如下条件：

① 转子的容积利用系数要尽可能大，即转子占的体积要小；

② 转子应有良好的几何对称性，保证运转平稳、互换性好；

③ 保证转子有足够的强度；

④ 转子应容易加工，易得到较高的精度型线。

这里所用是圆弧转子型线，如图 6-16 所示，通过点的拟合来实现。

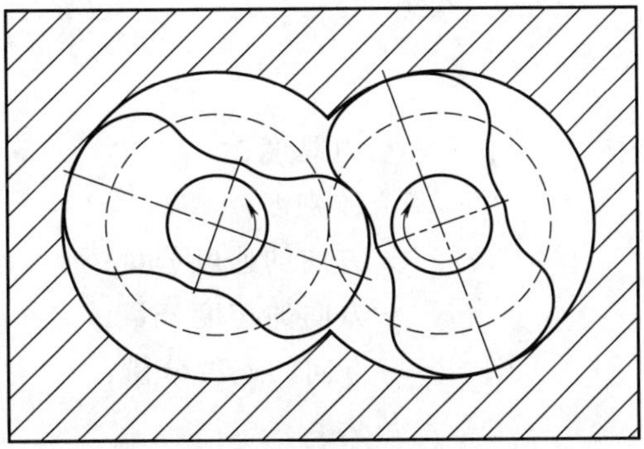

图 6-16　圆弧转子型线

在完成两个转子的型线构造后，首先要进行干涉试验，即观察两个转子旋转过程中是否有重叠部分，按照罗茨泵的工作原理，两个叶轮之间不能相互摩擦，因为这不仅会损坏转子，对工作效率影响也很大，且按照数值计算要求，也不允许出现重叠的计算域；其次要看两个转子的啮合程度，若在某个角度的啮合不好，那就说明可能至少存在两个问题：设计本身有问题或运行性能有问题。

(2) 三维模型

根据实际条件对罗茨泵的吸、排气口进行了简化，在模型非常接近实际罗茨泵的工作情况下，可以给计算机模拟带来很多好处：一方面，在一定程度上降低了模型外形的复杂程度，这有利于离散计算区域，减少前处理的工作时间；另一方面，减少了计算网格的数量和运动边界的区域，进而减少了计算机资源的浪费和计算时间。

CFD 软件所分析的是流通区域，而不是真正的实体，所以生成的实体模型和生成计算流通区域是有区别的。转子实际上是一个实体，但是在模拟过程中，它作为固体，我们将其处理为中空的结构，如图 6-17 所示，图中实体部分为流体流通区域，空心部分为转子。

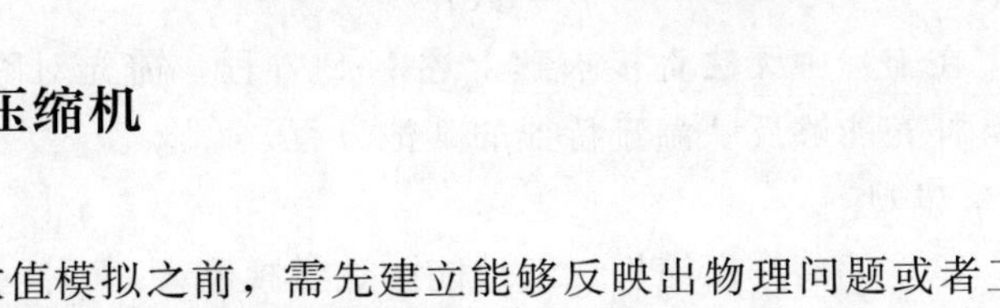

(a) 正视图　　(b) 斜视图

图 6-17　泵内部三维示意图

6.1.2　透平式压缩机

(1) 基本方程

在进行流动的数值模拟之前，需先建立能够反映出物理问题或者工程问题的数学模型，即建立能够反映问题的各个量关系的微分方程以及对应的定解条件。

对于流体，基本控制方程主要有质量守恒方程、能量守恒方程、动量守恒方程和相应的定解条件。

上述的基本方程如下。

N-S 方程：

$$\begin{cases}\dfrac{\partial(\rho u)}{\partial t}+\dfrac{\partial(\rho uu)}{\partial x}+\dfrac{\partial(\rho uv)}{\partial y}+\dfrac{\partial(\rho uw)}{\partial z}=\dfrac{\partial}{\partial x}\left(\mu\ \dfrac{\partial u}{x}\right)+\dfrac{\partial}{\partial y}\left(\mu\ \dfrac{\partial u}{y}\right)+\dfrac{\partial}{\partial z}\left(\mu\ \dfrac{\partial u}{z}\right)-\dfrac{\partial p}{\partial x}+S_u\\ \dfrac{\partial(\rho v)}{\partial t}+\dfrac{\partial(\rho vu)}{\partial x}+\dfrac{\partial(\rho vv)}{\partial y}+\dfrac{\partial(\rho vw)}{\partial z}=\dfrac{\partial}{\partial x}\left(\mu\ \dfrac{\partial v}{x}\right)+\dfrac{\partial}{\partial y}\left(\mu\ \dfrac{\partial v}{y}\right)+\dfrac{\partial}{\partial z}\left(\mu\ \dfrac{\partial v}{z}\right)-\dfrac{\partial p}{\partial y}+S_v\\ \dfrac{\partial(\rho w)}{\partial t}+\dfrac{\partial(\rho wu)}{\partial x}+\dfrac{\partial(\rho wv)}{\partial y}+\dfrac{\partial(\rho ww)}{\partial z}=\dfrac{\partial}{\partial x}\left(\mu\ \dfrac{\partial w}{x}\right)+\dfrac{\partial}{\partial y}\left(\mu\ \dfrac{\partial w}{y}\right)+\dfrac{\partial}{\partial z}\left(\mu\ \dfrac{\partial w}{z}\right)-\dfrac{\partial p}{\partial z}+S_w\end{cases} \tag{6-71}$$

式中 μ——动力黏度；

ρ——流体密度；

u——x 方向的速度分量；

v——y 方向的速度分量；

w——z 方向的速度分量；

p——压力；

t——时间；

S_u，S_v，S_w——源项，表示外部作用力在 x，y，z 方向的分量。

连续性方程：

$$\frac{\partial\rho}{\partial t}+\mathrm{div}(\rho u)=0 \tag{6-72}$$

能量守恒方程：

$$\frac{\partial(\rho T)}{\partial t}+\mathrm{div}(\rho uT)=\mathrm{div}\left(\frac{k}{c_{\mathrm{p}}}\mathrm{grad}\ T\right)+S_{\mathrm{T}} \tag{6-73}$$

式中 S_{T}——能量源项；

k——热导率；

c_{p}——比热容；

T——温度。

$\mathrm{div}(\rho uT)$——温度场的散度，表示能量守恒；

$\mathrm{grad}\ T$——温度方向梯度。

气体状态方程：

$$p=p(\rho,T) \tag{6-74}$$

其中，理想气体的状态方程：

$$p=\rho RT \tag{6-75}$$

此外，对于湍流，在工程中无法直接求解上述 N-S 方程，需先对瞬态的 N-S 方程进行时间平均化处理，并且补充能够反映湍流特征的其他方程。

(2) 气动性能数学模型

基于能量传递法，建立了离心压缩机气动性能的数学模型。

离心压缩机特性曲线表示 $\psi()$与以及 ω 的关系，其中 $\psi()$为压缩机的压力比，为通过压缩机的质量流量，ω 为压缩机的转速。将压缩过程建模为等熵压缩，则离心压缩机的压力比可以表示为

$$\psi(m_c,\omega)=\frac{p_2}{p_1}=\left(\frac{T_{2s}}{T_1}\right)^{\frac{\gamma}{\gamma-1}}=\left(1+\frac{\Delta h_{2s}}{c_p T_1}\right)^{\frac{\gamma}{\gamma-1}} \tag{6-76}$$

式中　p_2，p_1——压缩机进出口管路总压力；
m_c——质量流量；
T_1——压缩机入口温度；
T_{2s}——等熵压缩条件下转子出口处的滞止温度；
c_p——定压比热容；
γ——绝热指数。

压缩过程中实际焓变为

$$\Delta h_{2s}=(1-\Delta\eta)\Delta h_{ideal}-\Delta h_{loss} \tag{6-77}$$

式中　Δh_{ideal}——压缩空气的理想焓增；
Δh_{loss}——入射损失和摩擦损失之和；
$\Delta\eta$——其他损失，如间隙损失、回流损失以及蜗壳内损失。

如果研究的离心压缩机是无叶压缩机，则只有叶轮进口处的入射损失、叶轮处的摩擦损失和压缩机内的无叶扩散器的摩擦损失。整个过程中入射损失和摩擦损失的焓变可以表示为

$$\Delta h_{loss}=\Delta h_{ii}+\Delta h_f \tag{6-78}$$

叶轮进口处的入射损失为

$$\Delta h_{ii}=\frac{1}{2}(\omega r_i-c_1\cot\beta_1)^2=\frac{1}{2}\left(\omega r_i-\frac{m_c\cot\beta_1}{\rho_1 A_1}\right)^2 \tag{6-79}$$

式中　r_i——导流器的平均半径；
β_1——进气道叶片角；
ω——角速度；
c_1——叶轮进口处绝对速度；
m_c——质量流量；
ρ_1——空气密度；
A_1——进气道面积。

叶轮和无叶扩散器处的摩擦损失用下式表示：

$$\Delta h_f=\Delta h_{fd}+\Delta h_{fi}=k_{fd}m_c^2+k_{fi}m_c^2=k_f m_c^2 \tag{6-80}$$

式中　Δh_{fd}——叶轮处的摩擦损失；
Δh_{fi}——无叶扩压器处的摩擦损失；
k_{fd}——叶轮处的流体摩擦常数；
k_{fi}——无叶扩压器处的流体摩擦常数；
k_f——总的流体摩擦常数。

压缩空气的理想焓增可以用下式表示：

$$\Delta h_{ideal}=\sigma u_2^2 \tag{6-81}$$

式中　σ——滑移系数；
u_2——叶轮出口空气的周向速度。

离心压缩机的总损失计算式为

$$\Delta\eta=\Delta\eta_c+\Delta\eta_{bf}+\Delta\eta_v \tag{6-82}$$

间隙损失为

$$\Delta\eta_c \approx 0.3\frac{l_c}{b} \tag{6-83}$$

式中 l_c——叶尖间隙；

b——叶轮出口宽度。

回流损失为

$$\Delta\eta_{bf}=0.03 \tag{6-84}$$

蜗壳内损失取值为

$$0.02<\Delta\eta_v<0.05 \tag{6-85}$$

结合式（6-76）～式（6-85），离心压缩机特性曲线可以表示为

$$\psi(m_c,\omega)=\left\{1+\frac{1}{c_pT_1}\left[(1-\Delta\eta_c-\Delta\eta_{bf}-\Delta\eta_v)\sigma u_2^2-\frac{1}{2}\left(\omega r_i-\frac{m_c\cot\beta_1}{\rho_1A_1}\right)-k_fm_c^2\right]\right\}^{\frac{\gamma}{\gamma-1}} \tag{6-86}$$

如果压缩机在深喘振条件下运行，空气可能会反向流经压缩机，因此通过压缩机的质量流量很可能为负，压缩机特性曲线与抛物线精确匹配。因此，可以建立压缩机特性曲线的数学模型如下：

$$\psi(m_c,\omega)=\begin{cases}\left\{1+\dfrac{1}{c_pT_1}\left[(1-\Delta\eta_c-\Delta\eta_{bf}-\Delta\eta_v)\sigma u_2^2-\dfrac{1}{2}\left(\omega r_i-\dfrac{m_c\cot\beta_1}{\rho_1A_1}\right)-k_fm_c^2\right]\right\}^{\frac{\gamma}{\gamma-1}}, & m_c>0\\ c_nm_c^2+\psi_0, & m_c\leqslant 0\end{cases} \tag{6-87}$$

其中，c_n、ψ_0 是压缩机防喘振曲线方程的特性参数。$\psi_0(\omega)$ 需要确保 ψ（m_c，ω）在 $m_c=0$ 时连续。因此，表达式为

$$\psi(\omega)=\left(1+\frac{\Delta h_{2s}}{c_pT_1}\right)^{\frac{\gamma}{\gamma-1}}\Bigg|_{m_c=0} \tag{6-88}$$

式中，Δh_{2s} 为等熵焓差。

（3）非线性动力学模型

Moore-Greitzer 模型是压缩系统的经典模型，包括压缩机、管道、静压箱和节流阀。压缩系统原理图如图 6-18 所示。该模型考虑了静压箱的质量平衡和管道长度上的一维动量平衡。该模型能反映离心压缩机和静压箱的质量流量和压力的动态变化。基于 Moore-Greitzer 模型，建立了压缩系统的非线性动力学模型如下。

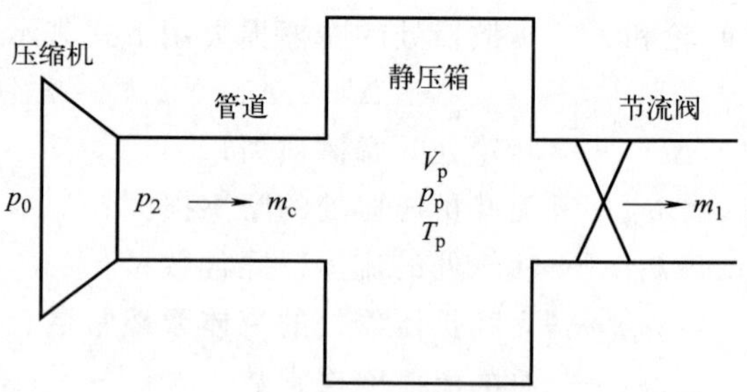

图 6-18 压缩系统原理图

$$\begin{cases}\dfrac{dp_p}{dt}=\dfrac{a_0^2}{V_p}(m_c-k_t\sqrt{p_p-p_0})=f_1(p_p,m_c)\\ \dfrac{dm_c}{dt}=\dfrac{A}{L_r}[\psi(\omega,m_c)p_0-p_p]=f_2(p_p,m_c)\end{cases} \tag{6-89}$$

式中　V_p——静压箱体积；

a_0——环境条件下的声速；

p_0——环境条件下的压力；

p_p——静压箱压力；

k_t——与阀门开度成正比的节流参数；

A——叶轮眼面积；

L_r——管道长度。为方便起见，将状态方程［式（6-89）］的平衡点转化为原点。新的状态变量被写成

$$\begin{gathered}\widetilde{m}_c=m_c-m_{c0}\\ \widetilde{p}_p=p_p-p_{p0}\\ \widetilde{\psi}(\omega,\widetilde{m}_c)=\psi(\omega,\widetilde{m}_c+m_{c0})-\psi(\omega,m_{c0})\end{gathered} \tag{6-90}$$

式中，m_{c0} 和 p_{p0} 为通过压缩机的质量流量和平衡点处的静压箱压力，它们满足下列方程：

$$\begin{cases}m_{c0}=k_t\sqrt{p_{p0}-p_p}\\ \psi(\omega,m_{c0})p_0=p_{p0}\end{cases} \tag{6-91}$$

新的动力学模型表示为

$$\begin{cases}\dfrac{d\widetilde{p}_p}{dt}=\dfrac{a_0^2}{V_p}(\widetilde{m}_c+m_{c0}-k_t\sqrt{\widetilde{p}_p+p_{p0}-p_0})=\widetilde{f}_1(\widetilde{p}_p,\widetilde{m}_c)\\ \dfrac{d\widetilde{m}_c}{dt}=\dfrac{A}{L_c}[\widetilde{\psi}(\omega,\widetilde{m}_c)p_0-\widetilde{p}_p]=\widetilde{f}_2(\widetilde{p}_p,\widetilde{m}_c)\end{cases} \tag{6-92}$$

(4) 压缩系统稳定性分析

研究压缩系统的稳定性，将动力学模型在原点附近线性化。线性化后的系统可以表示为

$$\dot{\boldsymbol{x}}=\boldsymbol{A}\boldsymbol{x} \tag{6-93}$$

其中，矩阵 $\boldsymbol{A}$ 如下所示：

$$\begin{aligned}\boldsymbol{A}&=\begin{bmatrix}-\dfrac{k_t a_0^2}{2V_p}\times\dfrac{1}{\sqrt{\widetilde{p}_p+p_{p0}-p_0}} & \dfrac{a_0^2}{V_p}\\ -\dfrac{A}{L_c} & \dfrac{Ap_0}{L_c}\times\dfrac{\partial\widetilde{\psi}(\omega,\widetilde{m}_c)}{\partial\widetilde{m}_c}\end{bmatrix}_{\widetilde{m}_c=0,\widetilde{p}_p=0}\\ &=\begin{bmatrix}-\dfrac{k_t a_0^2}{2V_p}\times\dfrac{1}{\sqrt{p_{p0}-p_0}} & \dfrac{a_0^2}{V_p}\\ -\dfrac{A}{L_c} & \dfrac{Ap_0}{L_c}\times\left.\dfrac{\partial\widetilde{\psi}(\omega,\widetilde{m}_c)}{\partial\widetilde{m}_c}\right|_{\widetilde{m}_c=0}\end{bmatrix}\end{aligned} \tag{6-94}$$

平衡点的稳定性可以分为两种情况进行分析，一种是平衡点在压缩机特性曲线的负斜率上，另一种是平衡点在压缩机特性曲线的正斜率上，接下来分这两种情况进行讨论。

① 平衡点在压缩机特性曲线的负斜率上　此时满足下列不等式：

$$\left.\frac{\partial\overline{y}(\omega,\widetilde{m}_c)}{\partial\overline{m}_k}\right|_{\widetilde{m}_c=0}\leqslant 0 \tag{6-95}$$

可以推导出矩阵 **A** 的迹和行列式满足下列不等式：

$$\mathrm{tr}(\boldsymbol{A})=\lambda_1+\lambda_2=A_{11}+A_{22}$$

$$=-\frac{k_q a_0^2}{2V_p}\times\frac{1}{\sqrt{p_{p0}-p_0}}+\frac{Ap_0}{L_\psi}\times\frac{\partial\overline{\psi}(\omega,\widetilde{m}_e)}{\partial\widetilde{m}_c}\Bigg|_{\widetilde{m}_c=0}<0 \tag{6-96}$$

$$|\boldsymbol{A}|=\lambda_1\lambda_2=-\frac{k_q a_0^2}{2V_p}\times\frac{1}{\sqrt{p_{p0}-p_0}}\times\frac{Ap_0}{L_c}\times\frac{\partial\overline{\psi}(\omega,\widetilde{m}_c)}{\partial\widetilde{m}_c}\Bigg|_{\widetilde{m}_c=0}+\frac{a_0^2}{V_p}\times\frac{A}{L_c}>0$$

式中，k_q 为与流量相关的系数；λ_1，λ_2 为特征值；A_{11}，A_{22} 为矩阵 **A** 主对角线上的元素；L_ψ，L_c 为与体积和压力有关的系数。

矩阵 **A** 的两个特征值实部都是负的。在这种情况下，平衡点是渐近稳定的。

② 平衡点在压缩机特性曲线的正斜率上　此时，满足下列不等式：

$$\frac{\partial\overline{y}(\omega,\widetilde{m}_c)}{\partial\overline{m}_k}\Bigg|_{\widetilde{m}_c=0}>0 \tag{6-97}$$

设矩阵 **A** 为

$$\boldsymbol{A}=\begin{bmatrix}-\dfrac{k_t a_0^2}{2V_p}\times\dfrac{1}{\sqrt{p_{p0}-p_0}} & \dfrac{a_0^2}{V_p}\\ -\dfrac{A}{L_c} & \dfrac{Ap_0}{L_c}\times\dfrac{\partial\widetilde{\psi}(\omega,\widetilde{m}_c)}{\partial\widetilde{m}_c}\end{bmatrix}_{\widetilde{m}_c=0}$$

$$=\begin{bmatrix}\boldsymbol{M} & \dfrac{a_0^2}{V_p}\\ -\dfrac{A}{L_c} & \boldsymbol{N}\end{bmatrix}$$

矩阵 **A** 的特征值可以表示为

$$\mathrm{eig}(\boldsymbol{A})=\frac{(\boldsymbol{M}+\boldsymbol{N})\pm\sqrt{(\boldsymbol{M}+\boldsymbol{N})^2-4\left(\boldsymbol{MN}+\dfrac{Aa_0^2}{L_cV_p}\right)}}{2} \tag{6-98}$$

当满足不等式（6-97）时，矩阵 **A** 至少有一个特征值的实部为正。在这种情况下，平衡点是不稳定的：

$$\boldsymbol{M}+\boldsymbol{N}=-\frac{k_q a_0^2}{2V_p}\times\frac{1}{\sqrt{p_{p0}-p_0}}+\frac{Ap_0}{L_c}\times\frac{\partial\overline{\psi}(\omega,\widetilde{m}_c)}{\partial\widetilde{m}_c}\Bigg|_{\widetilde{m}_c=0}>0 \tag{6-99}$$

为了证明极限环的存在，考察状态方程，我们可以构造一个曲线函数 $V(x)$ 为

$$V(x)=\frac{V_p}{2a_0^2}\widetilde{p}_p^2+\frac{L_c}{2A}\widetilde{m}_c^2=C \tag{6-100}$$

其中 C 为待定值。方程可以推导如下：

$$f(x)\cdot\nabla V(x)=\frac{\partial V(x)}{\partial\tilde{p}_{\mathrm{p}}}f_1(x)+\frac{\partial V(x)}{\partial\tilde{m}_{\mathrm{c}}}f_2(x)$$
$$=\frac{V_{\mathrm{p}}}{a_0^2}\times\frac{a_0^2}{V_{\mathrm{p}}}\tilde{p}_{\mathrm{p}}(\tilde{m}_{\mathrm{c}}+m_{\mathrm{c0}}-k_{\mathrm{t}}\sqrt{\tilde{p}_{\mathrm{p}}+p_{\mathrm{p0}}-p_0})+\frac{L_{\mathrm{c}}}{A}\times\frac{A}{L_{\mathrm{c}}}\tilde{m}_{\mathrm{c}}[\tilde{\psi}(\omega,\tilde{m}_{\mathrm{c}})p_0-\tilde{p}_{\mathrm{p}}]$$
$$=\tilde{p}_{\mathrm{p}}m_{\mathrm{c0}}-\tilde{p}_{\mathrm{p}}k_{\mathrm{t}}\sqrt{\tilde{p}_{\mathrm{p}}+p_{\mathrm{p0}}-p_0}+\tilde{m}_{\mathrm{c}}\tilde{\psi}(\omega,\tilde{m}_{\mathrm{c}})p_0 \tag{6-101}$$

将式（6-91）代入上式，可得

$$f(x)\cdot\nabla V(x)=\tilde{p}_{\mathrm{p}}k_{\mathrm{t}}\sqrt{p_{\mathrm{p0}}-p_0}-\tilde{p}_{\mathrm{p}}k_{\mathrm{t}}\sqrt{\tilde{p}_{\mathrm{p}}+p_{\mathrm{p0}}-p_0}+\tilde{m}_{\mathrm{c}}\tilde{\psi}(\omega,\tilde{m}_{\mathrm{c}})p_0$$
$$=\frac{-\tilde{p}_{\mathrm{p}}^2k_{\mathrm{t}}}{\sqrt{p_{\mathrm{p0}}-p_0}+\sqrt{\tilde{p}_{\mathrm{p}}+p_{\mathrm{p0}}-p_0}}+\tilde{m}_{\mathrm{c}}\tilde{\psi}(\omega,\tilde{m}_{\mathrm{c}})p_0 \tag{6-102}$$

上式的符号要确定，可分为两种情况讨论。如图 6-19 所示，我们考虑两种情况，分别如下。

情况一：$\tilde{m}_{\mathrm{c}}\in D_1=\{s\in\mathbf{R}\,|\,|s\leqslant\max(|\tilde{m}_{\mathrm{c1}}|,|\tilde{m}_{\mathrm{c2}}|)\}$

情况二：$\tilde{m}_{\mathrm{c}}\in D_2=\{s\in\mathbf{R}\,|\,|s\leqslant\max(|\tilde{m}_{\mathrm{c1}}|,|\tilde{m}_{\mathrm{c2}}|)<|s|\leqslant|\tilde{m}_{\mathrm{c0}}|\}$

其中，$\tilde{m}_{\mathrm{c1}}$ 是特征曲线与 x 轴负半轴的交点，$\tilde{m}_{\mathrm{c2}}$ 是特征曲线与 x 轴正半轴的交点，$\tilde{m}_{\mathrm{c0}}$ 是 $V(x)$ 与 x 轴的交点。

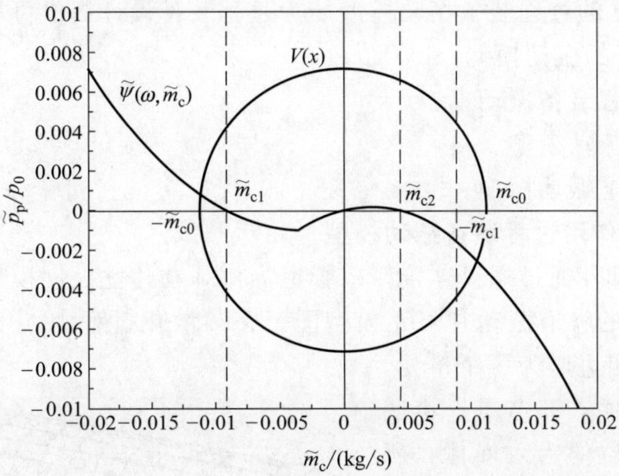

图 6-19 压缩系统的相平面（纵坐标为静压箱压力与环境压力的比）

如果是情况一，式（6-102）右侧的第一项总是负的。虽然式（6-102）右边的第二项可能是正的，但它是有界的。因为 C 是一个特定值，我们可以选择一个足够大的 C，即足够大的 $\tilde{p}_{\mathrm{p}}$ 来确保下面的不等式成立：

$$f(x)\cdot\nabla V(x)=\frac{-\tilde{p}_{\mathrm{p}}^2k_{\mathrm{t}}}{\sqrt{p_{\mathrm{p0}}-p_0}+\sqrt{\tilde{p}_{\mathrm{p}}+p_{\mathrm{p0}}-p_0}}+\tilde{m}_{\mathrm{c}}\tilde{\psi}(\omega,\tilde{m}_{\mathrm{c}})p_0\leqslant 0 \tag{6-103}$$

到目前为止，C 已经确定，函数 $V(x)$ 已经确定了，然后讨论情况二下式（6-102）的符号。

情况二下，式（6-102）右侧的第一项总是非正的。在确定 C 的情况下，如果 $\tilde{m}_{\mathrm{c}}\in D_2$，则 $\tilde{m}_{\mathrm{c}}$ 和 $\tilde{\psi}(\omega,\tilde{m}_{\mathrm{c}})$ 的符号不同。因此式（6-102）右边的第二项总是负的。下面的不等式

满足

$$f(x)\cdot\nabla V(x)=\frac{-\widetilde{p}_{p}^{2}k_{t}}{\sqrt{p_{p0}-p_{0}}+\sqrt{\widetilde{p}_{p}+p_{p0}-p_{0}}}+\widetilde{m}_{c}\widetilde{\psi}(\omega,\widetilde{m}_{c})p_{0}\leqslant 0 \qquad (6\text{-}104)$$

由上式可知，向量场 $f(x)$ 在曲线 $V(x)$ 上的点 x 处指向内。因此，对 $\{V(x)\leqslant C\}$ 形式的集合，包含不平衡点的区域 U 中的每个轨迹在未来的所有时间内都保持在 U 中。此外，U 只包含一个不稳定平衡点。根据庞加莱-本迪克松定理，极限环存在。这就证明了当压缩系统不稳定时，极限环存在。

6.1.3 装备的流固耦合与振动

过程装备线性结构系统的固有振动特性利用模态理论来研究，并通过固有振动频率、振动形式（模态）及模态阻尼等参数来表示。在实模态理论和复模态理论中，由于在不同模态之间存在正交性，利用模态作为里兹基，就可将结构的动力学方程解耦为一系列单自由度系统动力学方程的总和，从而为理论分析带来了方便。除此之外，在过程装备工程设计阶段，可以将实际结构简化后推导出的数学模型进行结构的动力学分析计算。显然，数学模型是否反映了过程装备结构的实际情况决定了所得结果的可靠性。为了作出正确的判断，通常将通过数学模型计算得到的理论模态参数与由共振实验所得到的实验模态参数相比较。如果两者符合程度良好，说明所建立的数学模型以及由此得到的动力学分析结果是可靠的。如果两者相差较大，就必须找出原因，改进实验技术或者修改数学模型，直到两者的符合程度满足精度要求为止。这样建立的过程装备振动模型能为过程装备设计提供可靠的振动载荷。以下从 3 个方面研究过程装备的振动模型：

① 无阻尼作用过程装备振动模型。

② 管道流固耦合振动模型。

③ 有阻尼作用管道振动模型。

6.1.3.1 无阻尼作用过程装备振动模型

过程装备由很多部件通过螺纹连接，以管道为例，在建立振动模型时，先对其进行离散化，建立图 6-20 所示的管道振动有限元模型图。在离散化过程中，用四边形对管道任一截面进行划分，每一个四边形为一个单元，且每一个单元有 4 个顶点即节点，将四边形单元沿管道轴向拉伸为六面体，所得到的六面体单元为管道的有限元单元。

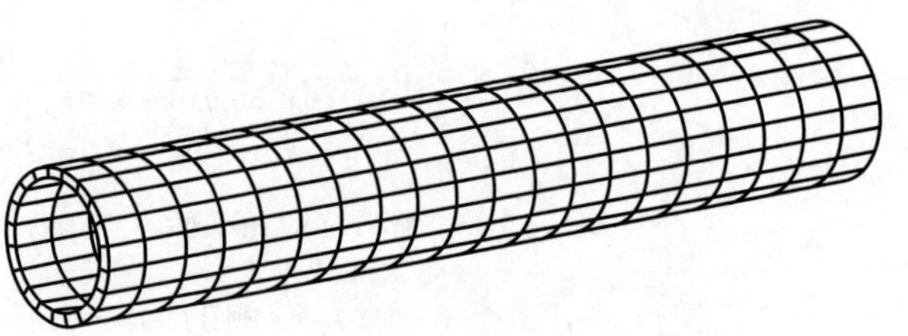

图 6-20 管道振动有限元模型图

在不考虑阻尼作用的情况下，当管道以某一固有频率做自由振动时，管道各点的振动处于同相或反相状态。因此，管道模态呈现驻波性，在共振实验中则可看到清晰的模态图像；在数学上，则可用实函数或实向量来表示模态函数或模态向量。

在数值分析中，首先是将结构离散化。任何一个无阻尼线弹性结构振动保守系统的自由振动方程可表示为

$$[M]\{\ddot{x}(t)\}+[K]\{x(t)\}=\{0\} \qquad (6\text{-}105)$$

式中，$[M]$ 和 $[K]$ 分别为管道的质量和刚度矩阵；$\{x(t)\}$ 为偏离原平衡位置的广义位移向量，而在 x 上面的“·”表示对时间微分。

研究实模态理论的问题，可归结为研究矩阵微分方程之解的性质的问题。按照微分方程理论，式（6-105）之解的形式可表示为

$$\{x(t)\}=\mathrm{e}^{-\mathrm{i}\omega t}\{x\} \tag{6-106}$$

式中，$\mathrm{i}=\sqrt{-1}$；ω 是待定参数；$\{x\}$ 是不随时间变化的待定向量。将式（6-106）代入式（6-105）并消去 $\mathrm{e}^{-\mathrm{i}\omega t}$，得到

$$[K]\{x\}=\lambda[M]\{X\},\ \lambda=\widetilde{\omega}^2 \tag{6-107}$$

于是管道振动问题的求解归结为对广义特征值问题的式（6-107）之解的研究。

（1）管道刚度矩阵 $[K]$ 的建立

如果将管道简化为一维结构，则管道固有振动的微分方程为 $(EAu')'-m\ddot{u}=0$ 和 $(EI\omega'')''+m\ddot{\omega}=0$，其一般形式可写成

$$L\omega=\lambda M\omega \quad (0<x<l) \tag{6-108}$$

式中，ω 是空间变量 x 的函数，代表管道偏离平衡位置的位移函数，λ 是待定的频率参数，而

$$L=k_0(x)+k_1(x)\frac{\mathrm{d}}{\mathrm{d}x}+\cdots+k_{2p}(x)\frac{\mathrm{d}^{2p}}{\mathrm{d}x^{2p}} \tag{6-109}$$

$$M=m_0(x)+m_1(x)\frac{\mathrm{d}}{\mathrm{d}x}+\cdots+m_{2q}(x)\frac{\mathrm{d}^{2q}}{\mathrm{d}x^{2q}},\ q<p \tag{6-110}$$

L 和 M 称为线性齐次微分算子 $k_i(z)$，（$i=0$，1，2，…，$2p$）和 m_j（$j=0$，1，…，$2q$）可以是 x 的函数，但并不影响 L 和 M 的线性性质，它们分别代表管道结构的刚度和质量特性。与式（6-108）相关的边界条件可写成如下的一般形式：

$$B_i\omega=\lambda C_i\omega;\ i=1,2,3,\cdots,p;\ 0<x<l \tag{6-111}$$

式中，B_i 和 C_i（$i=1$，2，…，p）也是线性齐次微分算子，但它们的最高微分阶次分别是 $2p-1$ 和 $2q-1$。

为了考察微分算子 L 的性质，设 $A=0$，然后取两个比较函数和，引入内积的定义如下：

$$(v,Lu)=\int_0^L vLu\,\mathrm{d}x \tag{6-112}$$

如果下列条件：

$$(v,Lu)=(u,Lv) \tag{6-113}$$

成立，则 L 称为自伴随的微分算子。上述条件是否能得到满足可通过分部积分验证。如果微分算子 L 联同相应的边界条件是自伴随的，则经过 p 次分部积分后就可得到下列结果：

$$(v,Lu)=(u,Lv)=\int\sum_{i=0}^{p}a_i\frac{\mathrm{d}^iu\,\mathrm{d}^iv}{\mathrm{d}x^i\,\mathrm{d}x^i}\mathrm{d}x+\sum_{j=0}^{p-1}b_j\frac{\mathrm{d}^j}{\mathrm{d}x^j}\times\frac{\mathrm{d}^jv}{\mathrm{d}x^j}\Bigg|_0^l \tag{6-114}$$

其中，a_i（$i=0$，1，…，p）和 b_j（$j=0$，1，…，$p-1$）在一般情况下也是 x 的函数，引入下列符号：

$$[u,v]=\int_0^l\sum_{i=0}^{p}a_i\frac{\mathrm{d}^iu\,\mathrm{d}^iv}{\mathrm{d}x^i\,\mathrm{d}x^i}\mathrm{d}x+\sum_{j=0}^{p-1}b_j\frac{\mathrm{d}^j}{\mathrm{d}x^j}\times\frac{\mathrm{d}^jv}{\mathrm{d}x^j}\Bigg|_0^l \tag{6-115}$$

并称 $[u,v]$ 为能量内积。相对于比较函数 u 和 v 是对称的，且这种对称性是所有自伴随系统所共有的特性。此外，在能量内积中，被积函数只涉及 p 阶导数，而其边界项只涉及 $p-l$ 阶导数，所以在边界项中只涉及几何边界条件。

(2) 管道质量矩阵 [M] 的建立

微分算子性质同样适用于与频率参数 λ 有关的微分算子 M 及其相关的边界微分算子 C_i ($i=1$, 2, …, $2q-1$)。如果 M 算子是自伴随的，则经过 q 次分部积分后，相应的能量内积可写成

$$[u,v]=\int_0^l \sum_{i=0}^{q} a_i \frac{\mathrm{d}^i u \mathrm{d}^i v}{\mathrm{d}x^i \mathrm{d}x^i}\mathrm{d}x+\sum_{j=0}^{q-1} b_j \frac{\mathrm{d}^j}{\mathrm{d}x^j}\times\frac{\mathrm{d}^j v}{\mathrm{d}x^j}\Bigg|_0^l \tag{6-116}$$

联系管道的固有振动问题，式 (6-116) 中的域内函数 a_i ($i=0$, 1, …, q) 将表示结构的质量分布特性，必定是恒正函数；而边界上的系数 b_j ($j=1$, 2, …, q) 则表示边界上的管道集中质量分布特性，所以也必定是恒正的。因此，将结构离散化后得到的管道质量矩阵 [M]，必定是正定对称矩阵。

建立管道总质量矩阵时，使质量矩阵对角化，略去与某些自由度相联系的质量的作用，管道总质量矩阵可简化成一个半正定对矩阵。对研究管道固有振动问题的特性而言，不妨采取缩聚自由度的方法，消去那些没有质量的自由度来获得一个正定对称的质量矩阵，其过程如下。

先通过分块处理把式 (6-107) 分块成下列两个矩阵方程：

$$[K_{mm}]\{x_m\}+[K_{m0}]\{x_0\}=\lambda[M_{mm}]\{x_m\} \tag{6-117}$$

$$[K_{0m}]\{x_m\}+[K_{00}]\{x_0\}=\{0\} \tag{6-118}$$

式中，右下标 m 代表管道有质量的自由度，而 0 代表无质量的自由度。由于 $\{x_0\}$ 只是管道系统的部分自由度，故不可能表示结构的刚体运动，因此子刚度矩阵 [K_{00}] 必定是一个正定对称矩阵，于是可从式 (6-118) 中得到

$$\{x_0\}=-[K_{00}]^{-1}[K_{0m}]\{x_m\} \tag{6-119}$$

代入式 (6-117)，可得到

$$[K_c]\{x_m\}=\lambda[M_{mm}]\{x_m\} \tag{6-120}$$

其中

$$[K_c]=[K_{mm}]-[K_{m0}][K_{00}]^{-1}[K_{0m}] \tag{6-121}$$

上式也可写成

$$[K_c]=\begin{bmatrix} \boldsymbol{I}_m \\ -[K_{00}]^{-1} \quad [K_{0m}] \end{bmatrix}^{\mathrm{T}}[K]\begin{bmatrix} \boldsymbol{I}_m \\ -[K_{00}]^{-1} \quad [K_{0m}] \end{bmatrix} \tag{6-122}$$

式中，$\boldsymbol{I}_m$ 代表 m 阶的单位矩阵。由于以上变换不影响矩阵的正定性，故缩聚后的管道刚度矩阵 [K_c] 与管道原刚度矩阵 [K] 的性质相同，仍是一个正定或半正定的对称矩阵。

通过以上的讨论，在下面的说明中，规定管道刚度矩阵是正定或半正定的对称矩阵，而质量矩阵则永远是正定对称矩阵。

(3) 管道固有振动频率方程

研究广义特征值问题的式 (6-107) 的特征方程为

$$|[K]-\lambda[M]|=0 \tag{6-123}$$

设管道的总自由度为 n，则从式 (6-123) 可以解出 n 个特征值 λ_i ($i=1$, 2, 3, …, n)，把特征值逐个代回式 (6-107)，即可求出相应的特征向量 $\{\varphi_i\}$ ($i=1$, 2, 3, …, n)，通常，把 λ_i 和 $\{\varphi_i\}$ 组合在一起称为特征对。

管道固有振动方程与瑞利商变分式是完全等价的，即式 (6-107) 也可表示为

$$\lambda = st_{|x|} \frac{\{x\}^{\mathrm{T}}[K]\{x\}}{\{x\}^{\mathrm{T}}[M]\{x\}} \tag{6-124}$$

由于管道质量矩阵 $[M]$ 是正定对称矩阵，故它与任意向量 $\{x\}$ 组成的二次型，即式(6-124) 的分母必为正实数。进一步，若管道刚度矩阵 $[K]$ 也是正定对称矩阵，则 λ 必为正实数，于是式(6-106) 中的 $\omega=\pm\sqrt{\lambda}$ 也必为实数，其物理含义是管道固有振动的角频率。

(4) 管道振动模态正交性判别

下面分别采用两种方法来证明管道振动模态的正交性。

方法一：

设 λ_i 和 $\{\varphi_j\}$ 是一个特征对解，它自然满足式(6-107)，即

$$[K]\{\varphi_i\}=\lambda_i[M\{\varphi_i\}] \tag{6-125}$$

若 λ_i 和 $\{\varphi_i\}$ 是另一个特征对解，则将 $\{\varphi_j\}^{\mathrm{T}}$ 左乘式(6-125) 的两端，可得

$$\{\varphi_j\}^{\mathrm{T}}[K]\{\varphi_i\}=\lambda_i\{\varphi_j\}^{\mathrm{T}}[M]\{\varphi_i\} \tag{6-126}$$

同理，交换下标 i 和 j，可得

$$\{\varphi_i\}^{\mathrm{T}}[K]\{\varphi_j\}=\lambda_j\{\varphi_i\}^{\mathrm{T}}[M]\{\varphi_j\} \tag{6-127}$$

注意到管道刚度矩阵 $[K]$ 与质量矩阵 $\{M\}$ 的对称性，将式(6-126) 转置再与式(6-127) 相减，即可得

$$(\lambda_i-\lambda_j)\{\varphi_i\}^{\mathrm{T}}[M]\{\varphi_j\}=\{0\} \tag{6-128}$$

若 $\lambda_i\neq\lambda_j$，则有

$$\{\varphi_i\}^{\mathrm{T}}[M]\{\varphi_j\}=\{0\},\ \lambda_i\neq\lambda_j \tag{6-129}$$

代入式(6-126) 或式(6-127)，又可得

$$\{\varphi_i\}^{\mathrm{T}}[K]\{\varphi_j\}=\{0\},\ \lambda_i\neq\lambda_j \tag{6-130}$$

如果 $\lambda_j=0$，而 $\lambda_i\neq0$，则由式(6-107) 可知刚体运动模态 $\{\varphi_j\}$ 满足

$$[K]\{\varphi_j\}=\{0\},\ \lambda_j=0 \tag{6-131}$$

将式(6-131) 代入式(6-127)，再将结果代入式(6-126)，同样可以证明式(6-129) 和式(6-130) 成立。式(6-130) 和式(6-131) 是对应于管道不同固有频率的模态之间以及振动模态和刚体运动模态之间的正交性的数学表达式。在物理上，模态正交性意味着在不同模态之间不存在能量交换关系，因此管道模态的振动运动都是独自进行的，这就是模态叠加法得以成立的理论基础。

关于模态正交性的上述证明方法，并不适用于特征值具有重根的情况。然而，利用线性代数中的舒尔(Schur) 定理，仍然可以证明，即使存在重特征值的情况，只要 $[M]$ 是正定对称矩阵，而 $[K]$ 是半正定对称矩阵，所有模态都能满足正交性条件。

广义特征值问题的式(6-107) 的特征行列式如式(6-123) 所示，即

$$|[K]-\lambda[M]|=0 \tag{6-132}$$

设系统的总自由度数为 n，则展开上式后可得到一个关于 λ 的 n 次特征方程。从中可以解出 n 个根，设记作 λ_i ($i=1, 2, \cdots, n$)，称为特征值。由于管道固有振动方程和瑞利商变分式是完全等价的，即特征值也可由式(6-124) 表示。即

$$\lambda = st_{|x|} \frac{\{x\}^{\mathrm{T}}[K]|x|}{\{x\}^{\mathrm{T}}[M]|x|} \tag{6-133}$$

为了证明 λ 必为非负实数。为此，引用下列矩阵转置运算规则：

$$(\{y\}^{\mathrm{H}}[A]\{y\})^{\mathrm{H}}=\{y\}^{\mathrm{H}}[A]^{\mathrm{H}}\{y\} \tag{6-134}$$

式中，$\{y\}$ 为一任意复向量，$[A]$ 为一任意方阵，右上标 H 为矩阵共轭转置符号。若 $[A]$ 为埃尔米特矩阵或实对称矩阵，即 $[A]^{\mathrm{H}}=[A]$，则式（6-134）的结果将意味着一个量与其共轭量相等，因此该量必定为实数量。进一步，若 $[A]$ 是半正定对称矩阵，则该量必定为非负实数量。注意到管道刚度矩阵 $[K]$ 是半正定对称矩阵，而 $[M]$ 是正定对称矩阵。因此瑞利商变分式（6-124）的分子必为非负实数，而分母必为正实数。λ 必为非负实数，而在式（6-106）中，$\omega=\pm\sqrt{\lambda}$，若根号前不取负号，则也必为非负实数，其物理含义即是管道固有振动的角频率。

现将式（6-107）改写成如下形式：

$$[A(\lambda)]\{x\}=[0] \tag{6-135}$$

其中：

$$[A(\lambda)]=[K]-\lambda[M] \tag{6-136}$$

当 λ 不等于特征值时，特征行列式不等于 0，即 $[A(\lambda)]$ 是非奇异的。于是，由式（6-135），$\{x\}$ 只可能有恒等于 0 的解。当 $\lambda=\lambda_i$ 而 λ 是特征方程的单根时，$[A(\lambda_i)]$ 将成为奇异矩阵，但其秩为 $n-1$，这意味着在式（6-135）中有一个方程不是线性独立的，因此可以从中任意去掉一个，例如去掉第 j 个方程，而将式（6-135）改写成：

$$[A(\lambda_i)]_{-j}\{x\}_{-j}=\{a_{-j}\}x_j \tag{6-137}$$

式中，$[A(\lambda_i)_{-j}]$ 表示将 $[A(\lambda_i)]$ 去掉第 j 行和第 j 列后所得结果，$\{a\}_{-j}$ 表示 $[A(\lambda_i)]$ 的第 i 列但去掉第 j 个分量后所得向量，$\{x\}_{-j}$ 表示将 $\{x\}$ 去掉第 j 个分量后所得结果，而 x_j 表示 $\{x\}$ 的第 j 个分量。由于 $[A(\lambda_j)_{-j}]$ 是满秩矩阵，故对于任意指定的非零 x_j 值，可先从式（6-137）解出 $\{x\}_{-j}$ 的唯一解；然后，将所指定的 x_j 插入 $\{x\}_{-j}$ 的相应位置上，即可得到与特征值 λ_i 相应的特征向量 $\{\varphi_i\}$。由于 x_j 可以为任意非 0 常数，故 $\{\varphi_i\}$ 也可以乘以一个相应的常数。为了方便起见，不妨选择一个适当的 x_j 使特征向量 $\{\varphi_i\}$ 满足某种指定的条件，称为特征向量的规范化条件。规范化条件是人为选择的，设模态的某一个分量为单位值，并引用符号：

$$\{\varphi_i\}^{\mathrm{T}}[M]\{\varphi_i\}=M_i,\ i=1,2,\cdots,n \tag{6-138}$$

式中，M_i 称为第 i 个模态的广义质量，再由式（6-107）可导出第 i 个模态的广义刚度为

$$\{\varphi_i\}^{\mathrm{T}}[K]\{\varphi_i\}=M_i\omega_i^2,\ i=1,2,\cdots,n \tag{6-139}$$

另一种常用的规范化条件是使 M_i 为单位值。

由此，由于 $[A(\lambda_i)]$ 是一个实数矩阵，故 $\{\varphi_i\}$ 必定是一个实向量。

如果 λ_i 是特征方程的 m 重根，则 $[A(\lambda_i)]$ 的秩将为 $n-m$。因此，在式（6-135）中，将有 m 个方程不是线性独立的。仿照特征值为单根时的处理方法，从式（6-135）中任意抽掉 m 个方程，然后将相应的列移到式（6-136）的右边作为右端项而得到类似于式（6-137）的方程组。系数矩阵是 $n-m$ 阶的满秩矩阵，而右端项共有 m 个，分别与 $\{x\}$ 的某 m 个分量相联系。将这 m 个分量之一依次取单位值，而其他分量为 0，这样就可依次得到 m 个解，再依次将所设的各分量值插入所得解向量的相应位置，即可得到对应于 λ_i 的 m 个特征向量。得到的每一个特征向量都能满足式（6-107），这意味着，如果 λ_i 是一个 m 重的重特征值，则对应地将存在 m 个线性独立的特征向量。而且在由这 m 个特征向量所生成的 m 维子空间中，任何一个向量也是特征向量。

方法二：

管道特征值 λ 和其相应的特征向量 $\{\varphi_i\}$ 组合在一起，$(\lambda_i, \{\varphi_i\})$ 称为特征对，特征值的平方根为管道系统的固有角频率，特征向量在物理上是由描述管道系统偏离其平衡位置的广义位移变量所组成的一种向量。虽然特征向量可以乘以一个任意的非 0 常数，但其分量之间的相对比值却是固定不变的。因此，系统以固有角频率做自由振动时，其振动形态即各点振幅之间的比例关系是固定不变的。所以，在管道振动理论中，特征向量称为管道固有振动模态。可利用线性代数中的舒尔（Schur）定理来说明实模态之间的正交性。

由于管道质量矩阵 $[M]$ 是正定对称的，因此可以通过三角分解法（或称平方根法）将其分解为

$$[M]=[L][L]^{\mathrm{T}} \tag{6-140}$$

其中，$[L]$ 是一个非奇异的下三角矩阵。将式（6-140）代入式（6-107），得到

$$[K]([L][L]^{-1})^{\mathrm{T}}\{x\}=\lambda[L][L]^{\mathrm{T}}\{X\} \tag{6-141}$$

将上式两端均乘以 $[L]^{-1}$，并引入下列变换：

$$\{y\}=[L]^{\mathrm{T}}\{x\} \tag{6-142}$$

即可得到

$$[A]\{y\}=\lambda\{y\} \tag{6-143}$$

其中：

$$[A]=[L]^{-1}[K]([L]^{\mathrm{T}})^{-1} \tag{6-144}$$

仍是一个对称矩阵。由于 $[L]$ 是非奇异的，故 $[A]$ 的正定性与 $[K]$ 相同。至此，管道广义特征值问题式（6-107）已通过变换式（6-144），被变换成了标准特征值问题式（6-143）。式（6-143）的特征行列式可展开为

$$\begin{aligned}|[A]-\lambda[I]| &= |[L]^{-1}-\lambda[M]([L]^{\mathrm{T}})^{-1}| \\ &= |[L]^{-1}||[K]-\lambda[K]||([L]^{\mathrm{T}})^{-1}|=0\end{aligned} \tag{6-145}$$

由于 $|[L]^{-1}|$ 和 $|([L]^{\mathrm{T}})^{-1}|$ 不等于 0，故上式表示 $[A]$ 的特征值与原问题式（6-107）的特征值相同。然而，在两者的特征向量之间则存在着变换关系式（6-144）。

此外，在线性代数中，满足下列条件：

$$[R]^{-1}=[R]^{\mathrm{H}} \text{或} [R][R]^{\mathrm{H}}=[R]^{\mathrm{H}}[R]=[I] \tag{6-146}$$

非奇异复矩阵 $[R]$ 称为酉矩阵。当 $[R]$ 退化为实矩阵而仍然满足上述关系式时，则称 $[R]$ 为正交矩阵。如果有两个矩阵 $[A]$ 和 $[B]$ 可以通过酉矩阵 $[R]$ 满足下列变换关系：

$$[R]^{-1}[A][R]=[B] \text{或} [A]=[R][B][R]^{-1} \tag{6-147}$$

则称矩阵 $[A]$ 和 $[B]$ 是酉相似矩阵，而变换式（6-147）称为酉相似变换。利用与导出式（6-145）相同的方法，容易证明酉相似矩阵具有相同的特征值，但它们的特征向量之间则存在下列变换关系：

$$\{x\}=[R]\{y\} \text{或} [R][R]^{\mathrm{H}}=[R]^{\mathrm{H}}[R]=[I] \tag{6-148}$$

式中，$\{x\}$ 是 $[A]$ 的特征向量，而 $\{y\}$ 是 $[B]$ 的特征向量。

为了证明在重频情况下管道模态之间的正交性，引用线性代数中的舒尔定理。该定理指出：任何一个方阵 $[A]$ 均与一个三角矩阵酉相似，且三角矩阵对角线上的元素也就是矩阵 $[A]$ 的特征值。用数学公式表示，即

$$[R]^{-1}[A][R]=\begin{bmatrix}\lambda_1 & * & * & * & * \\ & \lambda_2 & * & * & * \\ & & * & * & * \\ & & & * & * \\ & & & & \lambda_n\end{bmatrix} \tag{6-149}$$

如果 $[A]$ 是一个埃尔米特（或实对称）矩阵，则 $[R]^{\mathrm{H}}$ $[A]$ $[R]$ 也是一个埃尔米特矩阵。显然，若一个埃尔米特矩阵与一个三角矩阵相等，则两者必须均为对角矩阵。将此结论用于标准特征值问题。式（6-143）中 $[A]$ 是一个实对称矩阵，故必定存在一个正交矩阵 $[B]$ 使下列关系得到满足：

$$[R]^{-1}[A][R]=[\Lambda] \tag{6-150}$$

式中，$[\Lambda]$ 是以特征值 λ_i（$i=1$，2，…，n）作为对角线元素而构成的对角矩阵。式（6-150）改写成

$$[A][R]=[R][\Lambda] \tag{6-151}$$

可见正交矩阵 $[R]$ 也就是矩阵 $[A]$ 的特征向量矩阵。因为 $[R]$ 是正交矩阵，故其特征向量是两两正交的。由于舒尔定理并没有对特征值施加任何限制，故上述结论同样适用于重特征值情况。

利用变换关系式（6-142），就可得到原管道特征值问题式（6-107）的管道特征向量矩阵。即模态矩阵，用符号 $[\phi]$ 表示，则有

$$[\phi]=([L]^{\mathrm{T}})^{-1}[R]\text{和}[R]=[L]^{\mathrm{T}}[\phi] \tag{6-152}$$

代回式（6-146），得到

$$([\phi]^{\mathrm{T}}[L])([L]^{\mathrm{T}}[\phi])=[\phi]^{\mathrm{T}}[M][\phi]=[I] \tag{6-153}$$

利用式（6-144）和式（6-150），又可得到

$$[\phi]^{\mathrm{T}}[K][\phi]=[\Lambda] \tag{6-154}$$

式（6-153）和式（6-154）分别表示管道模态无论对管道质量矩阵或者管道刚度矩阵都是加权正交的。在物理上，模态正交性意味着在不同模态之间不存在能量交换关系，因而管道各模态的自由振动运动都是独自进行的。满足式（6-153）的管道模态矩阵 $[\phi]$ 称为管道规范化正交模态矩阵，其规范化条件是使对应于所有模的广义质量均等于一个单位。

（5）管道模态向量的线性独立性

设有一组数量 α_i 和一组向量 $\{X_i\}$，$i=1$，2，…，n，那么向量

$$\{x\}=\alpha_1\{x_1\}+\alpha_2\{x_2\}+\cdots+\alpha_n\{x_n\} \tag{6-155}$$

称为向量组 $\{x_1\}$，$\{x_2\}$，…，$\{x_n\}$ 的一个线性组合。如果下列条件

$$\alpha_1\{x_1\}+\alpha_2\{x_2\}+\cdots+\alpha_n\{x_n\}=\{0\} \tag{6-156}$$

只有在全部系数 α_i 全等于 0 的情况下才能成立，则称这组向量是线性独立的，否则称这组向量是线性相关的。显然，单个向量（x）是线性相关的充分必要条件是 $\{x\}=\{0\}$，而两个以上（$n>1$）向量线性相关的充分必要条件是其中有一个向量是其余向量的线性组合。

为了分析管道模态向量的线性独立性，只要分析下列条件

$$\alpha_1\{\phi_1\}+\alpha_2\{\phi_2\}+\cdots+\alpha_n\{\phi_n\}=\{0\} \tag{6-157}$$

在什么情况下成立即可。为此，将式（6-157）左乘 $\{\varphi\}^{\mathrm{T}}[\mathrm{M}]$，并利用模态的正交性 $\{\varphi^{\mathrm{T}}\}$ $[\mathrm{M}]\{\varphi\}\neq 0$，即可得到

$$\alpha_i=0,\ i=1,2,\cdots,n \tag{6-158}$$

上式表明模态向量是线性独立的。

(6) 管道模态叠加法

具有 n 个自由度的管道振动系统具有 n 个线性独立的模态向量。若以全部模态向量构成一组基来生成一个 n 维空间，则该振动系统的任何一种位置状态都可表示为该空间中的一个向量，并且能唯一地展开为基（即模态向量）的线性组合：

$$\{x\}=q_1\{\varphi_1\}+q_2\{\varphi_2\}+\cdots+q_n\{\varphi_n\} \tag{6-159}$$

式中，q_i 称为广义坐标，并可利用模态的正交性唯一地确定为

$$q_i=\frac{\{\varphi_i\}^{\mathrm{T}}[M]\{x\}}{\{\varphi_i\}^{\mathrm{T}}[M]\{\varphi_i\}},\ i=1,2,\cdots,n \tag{6-160}$$

式中，视所采用的模态规格化条件，分母为管道模态质量 M，或者取为一个单位。

管道振动系统的强迫振动方程为

$$[M]\{\ddot{x}\}+[K]\{x\}=\{f\} \tag{6-161}$$

这是一个微分方程组，其中 $\{f\}$ 表示驱动力向量。若驱动力向量与振动状态无关，则可以利用变换式（6-159），将式（6-161）解耦成一系列单自由度强迫振动方程的总和。将式（6-160）写成矩阵形式，并代入式（6-161），得到

$$[M][\Phi]\{\ddot{q}\}+[K]\{\varphi\}\{q\}=\{f\} \tag{6-162}$$

式中，$[\Phi]$ 是模态矩阵，而 $\{q\}$ 是广义位移向量。将式（6-162）左乘以 $\{\varphi_i\}^{\mathrm{T}}$，并利用正交条件，即可得到

$$M_i\ddot{q}_i+M_i\omega_i^2q_i=\{\varphi_i\}^{\mathrm{T}}\{f\},i=1,2,\cdots,n \tag{6-163}$$

由此可方便地逐个求出各广义位移对驱动力的响应，然后代入式（6-160），得到系统的总响应，这就是模态叠加法。模态叠加法的优点不仅可将联立微分方程组［式（6-162）］解耦为一组独立的微分方程式，而且当驱动力所含的频率成分不高时，由于管道高频模态响应很小，通常只需计算管道前几阶低频模态的响应，即可获得满意的结果。但若驱动力含有很高的频率成分，如在冲击载荷作用下，则不适合使用模态叠加法。

(7) 管道频率响应函数与脉冲响应函数

用矩阵形式，得

$$\{\ddot{q}\}=-[\Lambda]\{q\}+[M_{\mathrm{c}}]^{-1}[\Phi]^{\mathrm{T}}\{f\} \tag{6-164}$$

式中，$[\Lambda]$ 为管道特征值矩阵，而 $[M_{\mathrm{c}}]$ 为管道模态质量矩阵，且这两者均为对角矩阵。

利用拉普拉斯变换，可由式（6-164）导出

$$\{q^{\mathrm{L}}\}=[H^{\mathrm{L}}][M_{\mathrm{c}}]^{-1}[\Phi]^{\mathrm{T}}\{f\} \tag{6-165}$$

式中

$$\{q^{\mathrm{L}}\}=\int_0^{\infty}\{q\}\mathrm{e}^{-st}\,\mathrm{d}t$$

$$\{f\}=\int_n^{\infty}\{f\}\mathrm{e}^{-st}\,\mathrm{d}t$$

$$[H^{\mathrm{L}}]=\begin{bmatrix}\dfrac{1}{s^2+\omega_1^2} & & & \\ & \dfrac{1}{s^2+\omega_2^2} & & \\ & & \ddots & \\ & & & \dfrac{1}{s^2+\omega_n^2}\end{bmatrix} \tag{6-166}$$

将式（6-160）代入用模态展开的位移表达式（6-153）的拉普拉斯变换，即可得到

$$\{x^{\mathrm{L}}\}=[H]\{f^{\mathrm{L}}\} \tag{6-167}$$

其中

$$[H]=[\Phi][H^{\mathrm{L}}][M_{\mathrm{c}}]^{-1}[\Phi]^{\mathrm{T}}=\sum_{i=1}^{n}\frac{\{\varphi_i\}\{\varphi_i\}^{\mathrm{T}}}{M_i(s^2+\omega_i^2)} \tag{6-168}$$

称为传递函数。若令 $s=\mathrm{j}\omega$（s 为复数频率，j 为虚数单位，ω 为角频率），即可由式（6-162）得到频率域中的频率响应函数。如将式（6-168）进行拉普拉斯逆变换，又可得时间域内的脉冲响应函数 G 如下：

$$[G]=[\Phi]\mathrm{diag}\left[\frac{\sin(\omega_i t)}{\omega_i}\right][M_{\mathrm{c}}]^{-1}[\Phi]^{\mathrm{T}}=\sum_{i=1}^{n}\frac{\{\varphi_i\}\{\varphi_i\}^{\mathrm{T}}}{M_i\omega_i} \tag{6-169}$$

（8）管道刚体模态

如果管道结构的约束不足，可做刚体运动而使刚度矩阵成为奇异矩阵，它的秩则为 $n-r$，其中 n 为总自由度数，r 为管道刚体模态数。由于［K］是非满秩矩阵，可由下式

$$[K]\{x\}=\{0\} \tag{6-170}$$

找到 r 个非 0 解，也就是 r 个管道刚体模态。并不需要从式（6-170）求解刚体模态，刚体模态可根据约束不足的情况直接得出。把式（6-170）代入式（6-133），对应于刚体模态的特征值或固有频率为 0。常用的特征值分析程序往往以逆选代法为基础，因为此法要使用刚度矩阵的逆矩阵，首先将奇异的刚度矩阵转化为非奇异矩阵，采用移频法，将管道特征方程式（6-107）改写成

$$([K]+\mu[M])\{x\}=(\lambda+\mu)[M]\{x\} \tag{6-171}$$

式中，μ 是任选的一个正实数。由于 μ 是正实数，而［M］是正定对称矩阵，可容易看出（［K］+［M］）必为正定对称矩阵。显然，由于式（6-171）和式（6-107）之差是一个恒等式，因此，它们具有相同的特征向量，两者的特征值则相差一个常数 μ。从理论上讲 μ 无论取任何值都不影响最终结果。但是，在实际运算时，如何选取一个恰当的 μ 值是一个值得注意的问题，当管道矩阵各元素的数值变化范围很大时，若 μ 值选择不当，则会使结果有很大的误差。

6.1.3.2 管道流固耦合振动模型

在测试或采气过程中，井口及管道受气流影响，其振动十分明显，这就是存在天然气与油管之间的流固耦合振动。下面对流固耦合问题进行讨论。

在管道流固耦合分析中，位移通常作为变量，但在分析流体部分时则可采用位移、压力以及速度势作为变量。如果采用位移作为流体变量，存在着自由度太大且出现大量零能或虚假模态的缺点，因此使用不便。若采用压力作为流体的变量，则将导致矩阵方程不对称，从而需要辅以对称化的技术。为了便于讨论问题的性质，这里采用速度势作为流体的变量。

对于流体的无旋运动，其速度在直角坐标系中的3个分量 v_x，v_y，v_z 应满足下列条件：

$$\frac{\partial v_z}{\partial y}-\frac{\partial v_y}{\partial z}=0，\frac{\partial v_x}{\partial z}-\frac{\partial v_z}{\partial x}=0，\frac{\partial v_y}{\partial x}-\frac{\partial v_x}{\partial y}=0 \tag{6-172}$$

因此必定存在一个速度势 ψ 使得

$$v_x=\frac{\partial \psi}{\partial x},\ v_y=\frac{\partial \psi}{\partial y},\ v_z=\frac{\partial \psi}{\partial z} \tag{6-173}$$

设 p 为流体压力，ρ 为流体密度，则平衡方程为

$$\frac{\partial p}{\partial x}=-\rho v_x,\ \frac{\partial p}{\partial y}=-\rho v_y,\ \frac{\partial p}{\partial z}=-\rho v_z \tag{6-174}$$

联合式（6-173）和式（6-174），可将流体对过程装备压力表示为

$$p=-\rho\dot{\psi} \tag{6-175}$$

在不考虑重力作用时，可压缩流体做微振动的泛函 Π，且可写作

$$\Pi_{\mathrm{f}}=\int_{t_2}^{t_1}\left(\int_{V_{\mathrm{f}}}\left\{\frac{1}{2}\times\frac{1}{\beta}(\rho\psi)^2-\frac{1}{2}\rho\left[\left(\frac{\partial\psi}{\partial x}\right)^2+\left(\frac{\partial\psi}{\partial y}\right)^2+\left(\frac{\partial\psi}{\partial z}\right)^2\right]\right\}\mathrm{d}V_{\mathrm{f}}+\int_B\rho\psi u_n\mathrm{d}B\right)\mathrm{d}t \tag{6-176}$$

在上式中，$\int_{V_{\mathrm{f}}}\left\{\frac{1}{2}\times\frac{1}{\beta}(\rho\psi)^2-\frac{1}{2}\rho\left[\left(\frac{\partial\psi}{\partial x}\right)^2+\left(\frac{\partial\psi}{\partial y}\right)^2+\left(\frac{\partial\psi}{\partial z}\right)^2\right]\right\}\mathrm{d}V_{\mathrm{f}}$ 代表对流体部分的体积分，$\int_B\rho\psi u_n\mathrm{d}B$ 代表对流固交界面上的面积分。第一个积分项表示流体的压缩能，而 β 是其体积弹性模量，第二个积分项代表流体的动能，第三个积分项表示流固交界面上压力所做的功，而 u_n 是法向位移，当指向流体内部时为正。应该指出，在式（6-176）中，没有考虑自由面边界条件或无限域的辐射条件。

由 Π_{f} 对 ψ 取驻值的条件可给出流体的虚速度势原理，如下：

$$\int_{V_{\mathrm{f}}}\left[\frac{\rho^2}{\beta}\ddot{\psi}\,\delta\psi+\rho\left(\frac{\partial\psi}{\partial x}\delta\frac{\partial\psi}{\partial x}+\frac{\partial\psi}{\partial y}\delta\frac{\partial\psi}{\partial y}+\frac{\partial\psi}{\partial z}\delta\frac{\partial\psi}{\partial z}\right)\right]\mathrm{d}V_{\mathrm{f}}+\int_B\rho\dot{u}_n\delta\psi\mathrm{d}B=0 \tag{6-177}$$

上式是假设 ψ 已满足 $t=t_1$，t_2 时的时端条件。

固体部分的泛函 Π_{s} 在不受外力作用时可表示为

$$\Pi_{\mathrm{s}}=\int_{t_2}^{t_1}\left\{\int_{V_{\mathrm{s}}}\left[A(u_x,u_y,u_z)-\frac{1}{2}\rho_{\mathrm{s}}(\dot{u}_x^2+\dot{u}_y^2+\dot{u}_z^2)\right]\mathrm{d}V_{\mathrm{s}}+\int_B\rho\dot{\psi}u_m\mathrm{d}B\right\}\mathrm{d}t \tag{6-178}$$

式中，A 为固体部分以位移表示的应变能密度函数；u_x，u_y，u_z 分别为固体质点位移 u 的3个分量；ρ_{s} 为固体密度；u_m 为流固交界面上的法向速度，以指向固体外部为正。应注意，在式（6-176）和式（6-178）中，已经使用了流体和固体部分的法向位移在交界面上的连续条件。

于是，由 Π_{s} 对 u 取驻值的条件可导出固体部分的虚位移原理：

$$\left[\frac{\partial A}{\partial x}\delta u_x+\frac{\partial A}{\partial y}\delta u_y+\frac{\partial A}{\partial z}\delta u_z+\rho_{\mathrm{s}}(\ddot{u}_x\delta u_x+\ddot{u}_y\delta u_y+\ddot{u}_z\delta u_z)\right]\mathrm{d}V_{\mathrm{s}}-\int_B\rho\dot{\psi}\delta u_m\mathrm{d}B=0 \tag{6-179}$$

式中，假设 u 已满足条件。

如果 u 已事先满足位移边界条件，则分部积分后［式（6-177）和式（6-179）］，即可导出有关的欧拉公式及自然边界条件。它们分别代表井筒中的波动（平衡）方程、管道中的平衡方程、流体的刚硬边界面条件以及管道的力的边界条件。

先利用有限元法将式（6-177）和式（6-178）离散化，在每一个固体单元结点上将有3个自由度 u_x，u_y，u_z，而在流体单元结点上将只有一个自由度 ψ；然后，将全部自由度按类排列成两个向量，即固体结点的位移向量 $\{u\}$ 和流体结点的速度势向量 $\{\psi\}$；最终可导出自由振动的矩阵方程如下：

$$\begin{bmatrix}[M_s] & \\ & [M_f]\end{bmatrix}\begin{bmatrix}\ddot{u}\\ \ddot{\psi}\end{bmatrix}+\begin{bmatrix} & [D_{sf}]\\ [D_{fs}] & \end{bmatrix}\begin{bmatrix}\dot{u}\\ \dot{\psi}\end{bmatrix}+\begin{bmatrix}[K_s] & \\ & [K_f]\end{bmatrix}\begin{bmatrix}u\\ \psi\end{bmatrix}=0 \tag{6-180}$$

式中，$[M_s]$ 和 $[K_s]$ 代表固体部分常规的质量和刚度矩阵，$[M_f]$ 和 $[K_f]$ 则代表流体部分的质量和刚度矩阵。另外，由式（6-180）可导出固体对流体作用的矩阵 $[D_{fs}]$：

$$[D_{fs}]=\int_B \rho[N_s]^T[\Theta]^T[N_f]\mathrm{d}B \tag{6-181}$$

而由式（6-180）可导出流体对固体作用的矩阵 $[D_{sf}]$：

$$[D_{sf}]=-\int_B \rho[N_f]^T[\Theta][N_s]\mathrm{d}B \tag{6-182}$$

式中，$[N_s]$ 为离散化固体位移时所用的形状函数矩阵；$[\Theta]$ 为交界面上结点处的方向余弦矩阵；$[N_f]$ 为离散化流体速度时所用的形状函数矩阵。因此，显然有

$$[D_{sf}]=-[D_{fs}]^T \tag{6-183}$$

利用式（6-183）的结果，把式（6-181）与式（6-182）进行比较，显然两者具有相似的形式。因此，流固耦合问题中的特征对解与考虑陀螺效应后的无阻尼结构振动系统中的特征对解，具有完全相同的数学结论。

当 β 趋于无限大时，$[K_f]$ 将变为零矩阵。于是，自式（6-180）中消去 $\{\psi\}$ 并代入式（6-183）后，即可导出下列方程：

$$[M_c]\{\ddot{u}\}+[K_s]\{u\}=\{0\} \tag{6-184}$$

其中：

$$[M_c]=[M_s]+[D_{fs}]^T[M_f]^{-1}[D_{fs}] \tag{6-185}$$

是一个正定对称矩阵。

6.1.3.3 有阻尼作用管道振动模型

建立管道振动模型过程中，当考虑黏性阻尼作用时，管道结构系统的固有振动方程为

$$[M]\{\ddot{\chi}\}+[D]\{\dot{\chi}\}+[K]\{\chi\}=\{0\} \tag{6-186}$$

其中，设管道质量矩阵 $[M]$ 是正定对称矩阵，管道刚度矩阵 $[K]$ 是半正定对称矩阵，而黏性阻尼矩阵 $[D]$ 一般应为正定对称矩阵。因为正定对称的阻尼矩阵意味着系统因初始扰动而储存起来的能量，在振动过程中将因阻尼作用而被不断地耗散掉。

如果黏性阻尼矩阵符合条件

$$[D]=\alpha[M]+\beta[K] \tag{6-187}$$

式中，α 和 β 为两个实系数，则称 $[D]$ 为比例阻尼矩阵。这时，由于管道的实模态矩阵 $[\Phi]$ 相对于 $[D]$ 同样满足正交条件，即

$$[\Phi]^T[D][\Phi]=\alpha[M_c]+\beta[M_c][\Lambda] \tag{6-188}$$

故式（6-186）亦可通过实模态解耦为一系列单自由度系统的黏性阻尼振动方程。

比例阻尼矩阵的条件式（6-187）在一般情况下可进一步放宽为

$$[K][M]^{-1}[D]=[D][M]^{-1}[K] \tag{6-189}$$

（1）管道振动方程的阻尼矩阵

若［D］不符合比例阻尼矩阵条件，则方程式（6-186）不能按实模态解耦。为了研究特征解的性质，需要引入状态向量，并将式（6-186）改写成

$$[A]\{q\}=[\dot{q}] \tag{6-190}$$

而相应的特征方程为

$$[A]\{q\}=\lambda\{q\} \tag{6-191}$$

其中：

$$[A]=\begin{bmatrix}-[M]^{-1}[D] & -[M]^{-1}[K]\\ [I] & [0]\end{bmatrix},\{q\}=\begin{bmatrix}\{\dot{\chi}\}\\ \{\chi\}\end{bmatrix} \tag{6-192}$$

显然这是一个非对称的实矩阵。非对称实矩阵的特征解的性质要比正定对称矩阵的特征解的性质复杂得多，这时特征值可以为实数，也可以为复数。但若为复数，则必以共轭复数的形式出现。在自由振动时，振幅因阻尼的作用而不可能无限制地增大，故特征值不可能为正实数。此外，当阻尼很小时，特征值为共轭复数且其实数部分必为负值。随着阻尼的增加而达到某一临界值时，将有一对共轭复根转变为负实数重根，并随阻尼的继续增加而转变为两个相异的负实根。随着阻尼的不断增加，这种情况将相继发生直到全部特征值转变为相异负实根为止。

当特征值为共轭复数即 $\lambda=-\gamma\pm i\omega$ 时，相应的特征向量自然也为共轭复向量，设为 $\{\Phi\}=\{y\}\pm i(z)$。于是，在式（6-190）中的 $\{q\}$ 现在应为

$$q(t)=c\mathrm{e}^{-i\gamma t}[\{y\}\cos(\omega t-\alpha_\gamma)-\{z\}\sin(\omega t-\alpha_\gamma)] \tag{6-193}$$

式中，c 和 α_γ 可根据该模态的初始条件决定。由式（6-193）可知，虽然 $\{y\}$ 和 $\{z\}$ 均为实向量，但由于它们的相应分量具有不同的比值，因此合成的各分量将在不同的时刻通过零点，即存在时间相位差。因此，即使在同一个模态中，振动也将呈现行波性质而有别于实模态振动的驻波性质。于是，有关的模态理论称为复模态理论。

（2）管道振动方程特征向量的正交性判别

为了研究管道非对称实矩阵特征向量的正交性，需要把式（6-191）和下列方程一起考虑：

$$\{q^1\}^{\mathrm{T}}[A]=\{\lambda\}[q^1]^{\mathrm{T}}\text{ 或}[A]^{\mathrm{T}}\{q^1\}=\lambda\{q^1\} \tag{6-194}$$

上式称为式（6-191）的伴随方程。在线性代数中，把式（6-169）的特征向量称为右特征向量。而式（6-194）的特征向量称为左特征向量。由于该两式的特征行列式是相同的，故两者具有相同的特征值。然而，比较式（6-191）和式（6-194）可知，当［A］为非对称实矩阵时，相对应同一特征值的左右特征向量是不相同的。

对于具有 n 个自由度的振动系统，矩阵［A］的阶是 $2n$。当阻尼不大时，可设特征值由 n 对不相同的共轭复数组成。并用（λ_i，$\{\varphi_i\}$）表示右特征对解，用（λ_i，$\{\varphi_i^1\}$）来表示左特征对解，其中 i，$j=1$，2，…，n，再设 $\lambda_{n+i}=\overline{\lambda}_i$，$\lambda_{n+j}=\overline{\lambda}_j$，$\{\varphi_{n+i}\}=\{\overline{\varphi}_i\}$，$\{\varphi_{n+j}^1\}=\{\overline{\varphi}_i^1\}$。这样，总共有 $2n$ 个特征值和 $2n$ 个左右特征向量。于是，显然有

$$[A]\{\varphi_i\}=\lambda_i\{\varphi_i\},\ i=1,2,\cdots,2n \tag{6-195}$$

$$\{\varphi_j^1\}^{\mathrm{T}}[A]=\lambda_j\{\varphi_j^1\}^{\mathrm{T}},\ j=1,2,\cdots,2n \tag{6-196}$$

用 $\{\varphi_j^1\}^T$ 左乘式（6-195）并用 $\{\varphi_i\}$ 右乘式（6-196），然后将结果相减，即可得到

$$\{\varphi_j^1\}^T\{\varphi_i\}=0,\ \lambda_i\neq\lambda_j \tag{6-197}$$

利用这个结果，又可由式（6-195）或式（6-196）导出

$$\{\varphi_j^1\}^T[A]\{\varphi_i\}=0,\ \lambda_i\neq\lambda_j \tag{6-198}$$

上两式通常称为左右特征向量的双正交条件。值得注意的是，当 $\lambda_i=\bar{\lambda}$ 而 $\{\varphi_j^1\}=\{\bar{\varphi}_i\}^1$ 时，上两式仍成立，故有

$$\{\varphi_j^1\}^H\{\varphi_i\}'\{\varphi_j^1\}^H[A]\{\varphi_i\}=0,\ i=1,2,\cdots,n \tag{6-199}$$

注意到左右特征向量均将以共轭复向量的形式成对出现，故左（右）特征向量的规范化条件一般可表示为

$$\{\varphi_i^1\}^T\{\varphi_i\}=\{\varphi_i^1\}^H\{\bar{\varphi}_i\}=1,\ i=1,2,\cdots,n \tag{6-200}$$

$$\{\varphi_i^1\}^T[A]\{\varphi_i\}=\lambda_i;\{\varphi_i^1\}^H[A]\{\bar{\varphi}_i\}=\bar{\lambda}_i,\ i=1,2,\cdots,n \tag{6-201}$$

由正交条件式（6-199）和规范化条件式（6-200）的实部和虚部，应该满足的条件总共有 4 个，恰巧可以用来唯一地规定左右特征向量的实部和虚部的大小。

把正交条件和规范化条件合在一起写成矩阵形式，即

$$[\Phi^1]^T[\Phi]=[\Phi]^T[\Phi^1]=[I] \tag{6-202}$$

$$[\Phi^1]^T[A][\Phi]=[\Lambda] \tag{6-203}$$

式中，$[\Phi^1]$ 和 $[\Phi]$ 分别是由 $2n$ 个左右特征向量组成的矩阵，它们的后 n 个向量是前 n 个向量的共轭。利用左右特征向量的双正交条件，可以将状态空间中的任一向量通过 $[\Phi]$ 或 $[\Phi^1]$ 来表示，即

$$\{q\}=[\Phi]\{c\}\text{或}\{q\}=[\Phi^1]\{c^1\} \tag{6-204}$$

式（6-203）和式（6-204）称为双展开定理。注意到 $[\Phi^1]$ 或 $[\Phi^1]^T$ 的下半部是其上半部的共轭，故 $[c^1]$ 或 $[c]$ 的下半部也是其上半部的共轭。于是，式（6-204）的展开形式成为

$$\{q\}=\sum_{i=1}^{n}(c_i\varphi_i+\bar{c}_i\bar{\varphi}_i)\quad\text{或}\quad\{q\}=\sum_{i=1}^{n}(c_i^1\varphi_i^1+\bar{c}_i^1\bar{\varphi}_i^1) \tag{6-205}$$

（3）管道复模态特征

对于不受控制的结构黏性阻尼振动系统，当不考虑陀螺效应及不受循环力的作用时，则 $[M]$、$[D]$、$[K]$ 均为实对称矩阵。于是可设：

$$\{q^1\}=\begin{bmatrix}[M] & \\ & -[K]\end{bmatrix}\{q\} \tag{6-206}$$

代入式（6-194）并展开，即可得到

$$[M]\{\ddot{x}\}+[D]\{\dot{x}\}+[K]\{x\}=\{0\},-[K]\{\dot{x}\}=-[K]\{\dot{x}\}=-[K]\{\dot{x}\} \tag{6-207}$$

前者即原振动方程，而后者是一恒等式，故式（6-207）显然成立。

于是由正交规范化条件式（6-177）可得

$$[\dot{X}]^T[M][\dot{X}]-[X]^T[K][X]=[I] \tag{6-208}$$

式中，$[\dot{X}]$ 为由前 n 个特征向量中的速度分量所组成的 n 阶矩阵；$[X]$ 为由前 n 个特征向量中的位移分量所组成的 n 阶矩阵。条件式（6-208）对 $[\dot{X}]$ 和 $[X]$ 的共轭矩阵同样是成立的。因此有

$$[\dot{X}]^{H}[M][\dot{X}]-[X]^{H}[K][X]=[0] \tag{6-209}$$

由此：

$$\lambda_i\bar{\lambda}_i=\frac{\{x_i\}^{H}[K]\{x_i\}}{\{x_i\}^{H}[M]\{x_i\}},\ i=1,2,\cdots,n \tag{6-210}$$

而由式（6-203）可得到前 n 个模态之间的另一正交关系式：

$$[\dot{X}]^{T}[D][\dot{X}]-[\dot{X}]^{T}[K][X]-[X]^{T}[K][\dot{X}]=[\Lambda] \tag{6-211}$$

由于

$$[K][X]=-[M][\ddot{X}]-[D][\dot{X}] \tag{6-212}$$

代入式（6-211）中的中间项，即可得到

$$[\dot{X}]^{T}[M][\ddot{X}]-[X]^{T}[K][\dot{X}]=\frac{1}{2}\times\frac{d}{dt}[L]=[\Lambda] \tag{6-213}$$

其中

$$[L]=[\dot{X}]^{T}[M][\dot{X}]-[X]^{T}[K][X] \tag{6-214}$$

则它的每一个元素都可以看成与两个模态有关的拉格朗日函数。于是，式（6-208）和式（6-211）可写成：

$$[L]=[I]\quad 及\quad \frac{d}{dt}[L]=2[\Lambda] \tag{6-215}$$

这意味着在两个不同的复模态之间，拉格朗日函数及其对时间的导数均是不相耦合的。且当将对应于同一个复模态的拉格朗日函数规范化为一个单位时，其对时间的导数即是复频率的两倍。

(4) 管道频率响应函数和脉冲响应函数

用状态向量来表示黏性阻尼管道结构系统强迫振动方程的矩阵形式，为

$$\{\dot{q}\}=[A]\{q\}+\begin{bmatrix}[M]^{-1} & \{f\}\\ & \{0\}\end{bmatrix} \tag{6-216}$$

引进模态坐标变换 $\{q\}=[\Phi]\{p\}$ 并左乘 $[\Phi^{l}]$ 后，可以得

$$\{\dot{p}\}=[\Lambda]\{p\}+[\Phi^{l}T]\begin{bmatrix}[M]^{-1} & \{f\}\\ & \{0\}\end{bmatrix} \tag{6-217}$$

对式（6-217）作拉普拉斯变换，得到

$$\{p^{L}\}=[H^{L}][\Phi^{l}]^{T}\begin{bmatrix}[M]^{-1} & \{f^{L}\}\\ & \{0\}\end{bmatrix} \tag{6-218}$$

其中

$$[H^{L}]=\begin{bmatrix}\ddots & & & \\ & \frac{1}{s-\lambda_i} & & \\ & & \ddots & \\ & & & \frac{1}{s-\bar{\lambda}_i} \\ & & & & \ddots\end{bmatrix},\ i=1,2,\cdots,n \tag{6-219}$$

因此

$$\{q^{\mathrm{L}}\}=[\Phi]\{p\}=[H]\begin{bmatrix}[M]^{-1} & \{f^{\mathrm{L}}\}\\ & \{0\}\end{bmatrix} \tag{6-220}$$

其中

$$[H]=[\Phi][H^{\mathrm{L}}][\Phi^{\mathrm{l}}]^{\mathrm{T}}=\sum_{i=1}^{n}\left\{\frac{\{\varphi_i\}\{\varphi_i^{\mathrm{l}}\}^{\mathrm{T}}}{s-\lambda_i}+\frac{\ddot{\varphi}_i\{\varphi_i^{\mathrm{l}}\}^{\mathrm{H}}}{s-\lambda_j}\right\} \tag{6-221}$$

称为传递函数。若令 $s=\mathrm{j}\omega$，则可得到频率域中的频率响应函数。至于在时间域内的脉冲响应函数 $[G]$，则可从式（6-221）的拉普拉斯逆变换得到

$$[G]=[\Phi]_{e}^{[\Lambda]\mathrm{l}}[\Phi^{\mathrm{l}}]^{\mathrm{T}}=\sum_{i=1}^{n}(\mathrm{e}^{\lambda_i t}\{\varphi_i\}\{\varphi_i^{\mathrm{l}}\}^{\mathrm{T}}+\mathrm{e}^{\overline{\lambda}_i t}\{\dot{\varphi}_i\}\{\varphi_i^{\mathrm{l}}\}^{\mathrm{H}}) \tag{6-222}$$

如果转变成物理坐标，则当质量、阻尼和刚度矩阵均为对称矩阵时，有

$$\{x^{\mathrm{L}}\}=[[0][I]]\{q\}=[H_x]\{f^{\mathrm{L}}\} \tag{6-223}$$

式中，$[H_x]$ 是位移向量 $\{X\}$ 的传递函数，它的计算为

$$[H_x]=\sum_{i=1}^{n}\left[\frac{\{x_i\}\{x_i\}^{\mathrm{T}}}{s-\lambda_i}+\frac{\{x_i\}\{x_i\}^{\mathrm{H}}}{s-\lambda_j}\right] \tag{6-224}$$

其中

$$x_i=[[0][I]]\{\varphi_i\},\ i=1,2,\cdots,n \tag{6-225}$$

而位移向量 $\{X\}$ 的脉冲响应函数则是

$$[G_x]=\sum_{i=1}^{n}(\mathrm{e}^{\lambda_i t}\{x_i\}\{x_i\}^{\mathrm{T}}+\mathrm{e}^{\overline{\lambda}_i t}\{\overline{x}_i\}\{x_i\}^{\mathrm{H}}) \tag{6-226}$$

6.2 数值模拟方法

6.2.1 容积式压缩机

6.2.1.1 往复活塞式压缩机模拟方法

随着计算流体力学领域的发展，使用计算机对压缩机气缸内部气体的流场变化进行分析也成为研究气体进入气缸后变化过程的主要方法，CFD 计算是专门针对流体流动状态变化的分析方法，通过建立流动模型并划分网格具体计算，可以得到工作过程中气体瞬时的速度场、压力场和温度场等分布情况，进一步研究压缩机热力过程变化规律。

通常 FLUENT 软件对缸内气体流动状态进行模拟，模拟计算步骤如图 6-21 所示，求解过程中需要解决以下问题：

① 使用 CAD 软件创建流动区域压缩机气缸的实体模型；

② 将气缸模型导入 Hypermesh 软件中，划分三维网格；

③ 运行 ANSYS 软件中 FLUENT 解算器，并导入网格；

④ 选择流动特征和材料的物理性质等；

⑤ 设置流动的边界条件；

⑥ 设置动网格，使用 FLUENT 自带的 In-Cylinder 模块；

⑦ 对流场初始化；

⑧ 开始求解计算；

⑨ 保存运算结果，并进行后期处理。

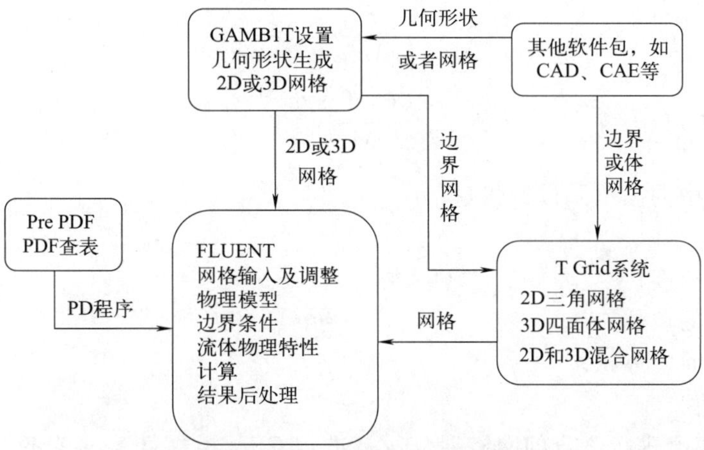

图 6-21 FLUENT 求解的基本流程图

CFD 流体仿真主要是研究压缩机在工作过程中，被压缩气体瞬时参数的变化规律。在模拟分析中，结果的真实性主要取决于划分网格的质量、选择的数学模型和边界条件等多种因素。因为在压缩机的实际运行过程中，受到的外部影响较大，使得完全模拟实际工作过程非常复杂。所以在进行模拟之前，要先对实际过程进行分析，在不影响模拟结果的情况下，对实际过程做出相应简化，忽略进、排气道形状以及气阀提前或延迟启闭等因素，假设大气为理想气体进行模拟，可以节省模拟时间，方便整理结果。

(1) 活塞式压缩机缸内流场的基本特性

活塞式压缩机的气缸空间比较小，并且在运行过程中压缩机缸内气流不断变化，使其瞬态参数变化非常复杂，难以利用实验的方法对其研究分析。相对来说，使用 CFD 技术对缸内流体进行模拟，就显得全面、直观。缸内的流体流动过程是相对复杂的紊流状态，流动速度快，主要是存在涡流与滚流，以及在压缩过程中产生的挤流。

① 涡流 主要是在压缩机进气过程中，空气进入气缸时产生的以气缸轴线为轴的流动。在形成涡流的过程中，随着气流之间、气流与气缸壁面间的摩擦消耗，进气过程产生的涡流逐渐衰减。

② 滚流 主要是气体进入气缸后，与气缸壁面、活塞面相互作用之后产生的旋涡流动，它的流动轴线和气缸轴线垂直。在压缩过程中，滚流流动是逐渐增加的，随后滚流破碎并形成紊流。

③ 挤流 主要是在压缩过程中，由于活塞向上止点运动，气缸空间体积逐渐减小，气体受到挤压而产生的横向或径向运动，这种流动相比涡流和滚流对流场影响较小。

气流在气缸内做的流动可以看作是大尺度的旋涡流动，研究中可以定量地使用涡流比与滚流比进行描述。在缸内流动的流体，使用 M、H 分别表示围绕轴线进行旋转流动时的平均惯性矩与角动量，R_s 代表围绕缸体轴线（z 轴）的涡流比，R_{tx}、R_{ty} 分别是流体围绕 x 轴与 y 轴的滚流比。

$$
\begin{cases}
M = \int\limits_{R(t)} \rho \left| \boldsymbol{r} \times \boldsymbol{b} \right| \mathrm{d}\tau \\
H = \int\limits_{R(t)} \rho \left| \boldsymbol{r} \times \boldsymbol{v} \cdot \boldsymbol{b} \right| \mathrm{d}\tau \\
R_{\mathrm{s}} = \dfrac{60 H_z}{2\pi M_z \omega} \\
R_{\mathrm{t}x} = \dfrac{60 H_x}{2\pi M_x \omega}
\end{cases}
\tag{6-227}
$$

式中 $\boldsymbol{r}$——流域中的微单元位置矢量；

ρ——密度；

$\boldsymbol{v}$——平均速度；

$\boldsymbol{b}$——旋转的单位矢量；

$\mathrm{d}\tau$——微单元的体积。

(2) 划分网格

对建立好的模型进行适合的网格划分，是进行 CFD 模拟计算的关键。因为在对控制方程进行求解时，需要在模型空间中对控制方程进行离散化，再对离散方程组进行求解。一般采用网格的形式对空间区域进行控制方程的离散。

网格生成的技术在 CFD 工程模拟中占据非常重要的地位。网格的品质关系到数值计算的准确性，划分的网格质量高，就能较好地提高计算精度以及运行的收敛速度。尤其是 N-S 方程的求解过程，对网格质量要求比较高。越精细的网格，求解越准确。

压缩机在运行过程中，进、排气阀是有开启和关闭的过程的。由于这里研究的是压缩机内部气体的热力变化过程，对气阀的运动情况进行简化，只考虑瞬时开启和关闭。在压缩过程中，活塞做往复式运动，压缩机气缸的内部空间在不停地变化，这就需要使用到动网格模型。

使用 HyperMesh 软件对模型进行网格划分，它可以划分结构网格、非结构网格以及混合网格等，并且具有几何修正的功能。对建立好的气缸模型，总体思路是先对缸盖上的面划分二维的四边形网格，然后拉伸成全部气缸空间的六边形体网格，气阀部分单独划分网格。为了提高网格质量，在给气缸缸体划分网格时采用的是钱币形式，这样可以使网格更加密切、整齐，提高计算精度。对于简单的圆柱体模型，可以先在圆截面上画一个正方形，然后将圆截面切割成四部分，并分别进行网格生成（generate mesh），生成的网格模型如图 6-22 所示。本文的计算模拟主要涉及气阀的启闭和活塞的运动。将气阀和气缸分为两个部分建立网格，这样两部分交界面的节点不连接。在计算中，可以设置气阀阀门关闭时交界面属性为“wall”，将气阀空间和气缸空间隔离成两个部分；在气阀开启时，将交界面设置为“interface”，将气阀和气缸空间连通，如图 6-23 所示。

(3) 确定数值计算的模型和边界条件

① 选择湍流模型　在对划分的模型开始 CFD 计算时，需要先选择物理模型与边界条件。压缩机气缸内的流动以湍流为主，所以选择 k-ε 湍流模型。

② 选择求解器　在 FLUENT 计算中主要有基于压力、密度的两种求解器。本文选择基于压力的求解器，主要变量是动量与压力，适用范围较广泛。

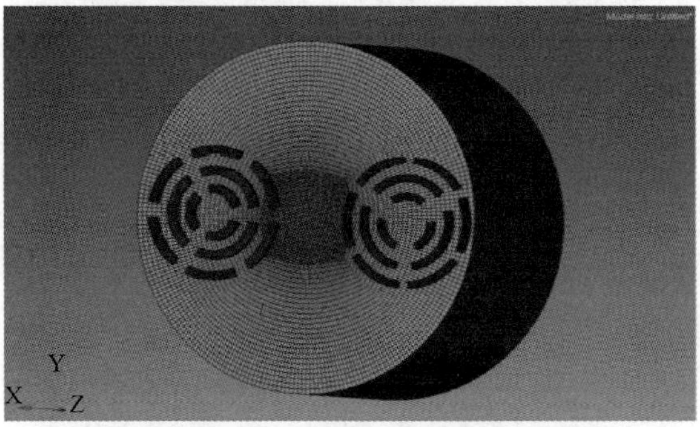

图 6-22　缸体的网格模型

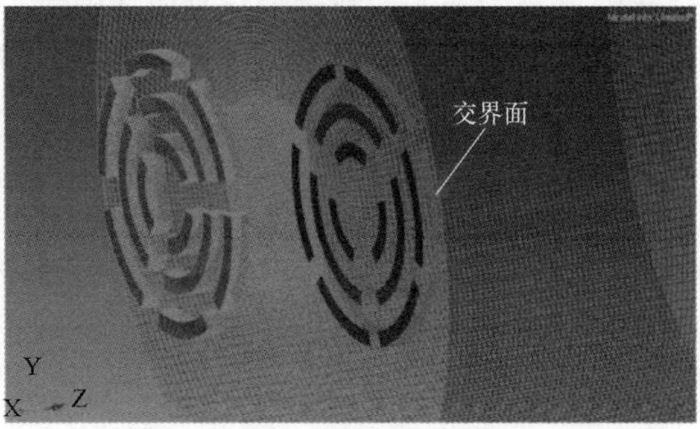

图 6-23　气阀与气缸交界面

③ 设置边界条件　在进气阀和排气阀位置设置压力入口边界与压力出口边界。进入气缸气体选择理想气体，定压比热容是 1008J/(kg・K)。

进口边界：进气腔空气温度 300K，空气绝对压力 1bar，空气以垂直于进气阀阀片方向进入气缸，空气在入口处的湍流强度为 5%，湍流黏度比为 10；

出口边界：排气腔空气温度 410K，压力 3.16bar；

壁面边界：气缸顶部温度 325K，缸壁温度 330K，活塞顶部温度 350K，流体运动过程在壁面接触位置没有渗透与滑移现象。

(4) 设置动网格

① 动网格模型　对压缩机的气缸运动进行模拟，核心就在于动网格的设置。在 FLUENT 软件中，动网格模型就是用来解决边界运动或者流域内部某些元素移动的问题。在考虑动态边界的运动情况之前，要先对模型的初始网格进行定义，然后在动态边界发生变形或者运动情况时，利用 FLUENT 程序对流体区域的网格进行重新划分。一般有三大模型可以进行动网格模拟，分别是：

动态分层模型：主要是分析动态边界的运动情况，再根据边界的运动方向来相应地控制边界上网格层数的增减，达到重新生成网格的目的。这种方法主要适用于六面体网格或者楔形网格。

局部网格重划模型：是按照一定的计算方法，对发生运动的边界以及流动区域内的网格重新划分。是为了避免在运动边界的位移较大而模型局部尺寸较小的情况下，局部网格质量下降，导致求解困难。这种方法只适用于四面体网格与三角形网格。

弹簧光顺模型：这种方法是先将网格上的节点连线假设成弹簧，然后在运动边界发生位移时，节点之间的连线会像弹簧一样产生形变，从而调整节点位置，当连线的弹性力打破系统平衡，经过迭代后达到新的网格系统的平衡时，就完成了网格重划。从理论上讲，这种方法适用于任何网格体系。

在 FLUENT 软件中，除了这三种基本的动网格设置方法以外，还专门设计了针对气缸活塞运动的 In-cylinder 模块和定义气阀运动的 Events 模块。模块包含了活塞以及气阀开启关闭的运动控制方程，可以计算曲轴在不同转角时的活塞运动速度以及缸内气体的具体参数。

在使用活塞模块计算时，要先对活塞的起始曲轴转角、曲轴转速、计算步长、曲轴半径、连杆长度等参数进行确定。定义模型数据如图 6-24 所示，设置模拟的曲轴起始转角为 −180°，初始条件为吸气结束，缸内气体温度和压力与进气腔相同，这样模拟得到的第二次循环结果就是较为接近实际情况。定义曲轴转动 0.5°为一个时间步长，每个时间步长按最多迭代 20 次计算，可以确保计算的准确性。

In-cylinder 模块是使用下式来计算随着曲轴转动而引起的活塞位移情况：

$$S=L+\frac{A}{2}(1-\cos\theta_c)-\sqrt{L^2-\frac{A^2}{4}\sin^2\theta_c} \tag{6-228}$$

$$\theta_c=\theta_s+t\omega \tag{6-229}$$

式中 S——活塞位移；

L——连杆长度；

A——活塞冲程；

θ_c——曲轴转动的角度；

θ_s——曲轴转动的起始角度；

ω——曲轴转速；

t——时间。

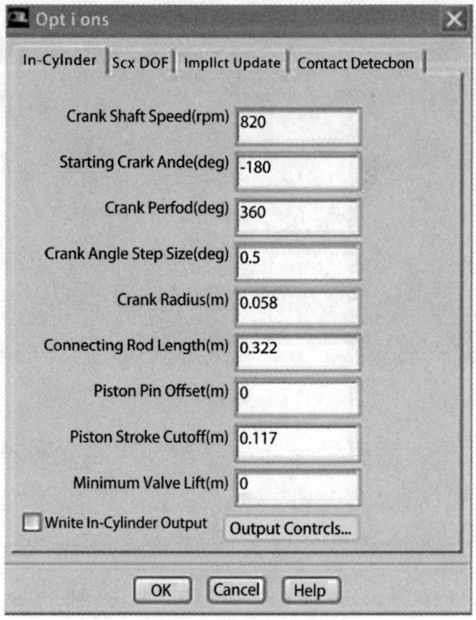

图 6-24 活塞模型设置

② 设置活塞时间 在气缸内做活塞运动时，随着活塞的运动，改变缸内气体压力。当缸内压力与进气腔、排气腔内气体压力产生压差时，会发生进、排气阀的开启或关闭运动。这样在使用 In-cylinder 模块定义活塞运动时，可以通过“Dynamic Mesh Events”对话框定义气阀的运动事件，使模拟更加符合实际。

在事件的定义中，可以通过“Change Zone Type”选项来改变计算网格的类型，将网格改变为 wall（壁面）、interface（交界面）、interior（内部）、fluid（流体）以及 solid（固体）等。这种事件定义方法都是将曲柄转角作为变量，例如在曲轴转到某个角度时，缸内气体压力小于进气腔压力，产生压差，气体顶开进气阀，进气口边界条件变为内部（interior）型等。活塞事件的设置如图 6-25 所示。

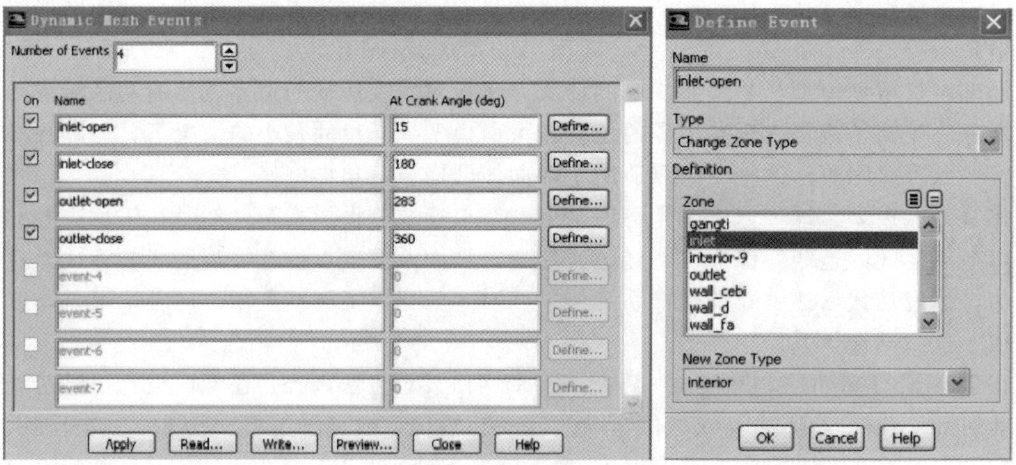

图 6-25 活塞事件设置

6.2.1.2 三螺杆泵模拟方法

(1) 湍流模型方程

湍流模型是 CFD 数值模型中经常用的基本模型，选取不同的湍流模型会直接影响计算结果的准确性。

湍流黏性 μ_t 为

$$\mu_t=\rho C_\mu \frac{k^2}{\varepsilon} \tag{6-230}$$

式中　C_μ——常数；

ρ——流体密度；

k——湍动能；

ε——湍流耗散率。

常用的湍流模型有 Spalart-Allmaras 模型、k-ε 模型和 k-ω 模型。采用 k-ε 湍流模型，标准 k-ε 模型的方程如下：

$$\begin{cases} \dfrac{\partial}{\partial t}(\rho k)+\dfrac{\partial}{\partial x_i}(\rho k u_i)=\dfrac{\partial}{\partial x_i}\left[\left(\mu+\dfrac{\mu_t}{\sigma_k}\right)\dfrac{\partial k}{\partial x_j}\right]+G_k+G_b-\rho\varepsilon-Y_M+S_k \\ \dfrac{\partial}{\partial t}(\rho\varepsilon)+\dfrac{\partial}{\partial x_i}(\rho\varepsilon u_i)=\dfrac{\partial}{\partial x_i}\left[\left(\mu+\dfrac{\mu_t}{\sigma_\varepsilon}\right)\dfrac{\partial \varepsilon}{\partial x_j}\right]+G_{1\varepsilon}\dfrac{\varepsilon}{k}(G_k+G_{3\varepsilon}G_b)-C_{2\varepsilon}\rho\dfrac{\varepsilon^2}{k}+S_\varepsilon \end{cases} \tag{6-231}$$

式中，μ 和 μ_t 为黏性系数；x 为 x 方向；t 为时间；$G_{1\varepsilon}$，$G_{3\varepsilon}$，$C_{2\varepsilon}$ 为常数；i，j 为空间坐标方向；G_k 为由层流速度梯度而产生的湍动能项；G_b 为由浮力产生的湍动能项；Y_M 为在可压缩流动中湍流脉动膨胀对耗散率的贡献项；σ_k 与 σ_ε 为湍流普朗特数；S_k 和 S_ε 分别为湍动能源项和湍流耗散率源项。

（2）流体模型计算

三螺杆泵中的工作介质选用高黏度的非牛顿流体，可作如下假设：流体为不可压缩的牛顿流体；流场稳定，等温；流道的壁面没有滑移；流体为湍流流动。

连续性方程为

$$\frac{\partial \rho}{\partial t}+\frac{\partial(\rho\boldsymbol{\mu})}{\partial x}+\frac{\partial(\rho\boldsymbol{v})}{\partial y}+\frac{\partial(\rho\boldsymbol{\omega})}{\partial z}=0 \tag{6-232}$$

引入符号∇表示散度有

$$\nabla\cdot(\boldsymbol{a})=\mathrm{div}(\boldsymbol{a})=\frac{\partial \boldsymbol{a}_x}{\partial x}+\frac{\partial \boldsymbol{a}_y}{\partial y}+\frac{\partial \boldsymbol{a}_z}{\partial z} \tag{6-233}$$

式中，$\boldsymbol{a}$ 为流体流动相关矢量场。将式（6-233）代入式（6-232）可得

$$\frac{\partial \rho}{\partial t}+\nabla\cdot(\rho\boldsymbol{\mu})=0 \tag{6-234}$$

式中，ρ 为密度，kg/m^3；t 为时间，s；$\boldsymbol{\mu}$ 为速度矢量 $\boldsymbol{u}$ 在 x 轴方向上的分量，m/s；$\boldsymbol{v}$ 为速度矢量 $\boldsymbol{u}$ 在 y 轴方向上的分量，m/s；$\boldsymbol{\omega}$ 为速度矢量 $\boldsymbol{u}$ 在 z 轴方向上的分量，m/s。

动量方程有

$$\begin{cases} \rho\dfrac{\partial \boldsymbol{\mu}}{\partial t}+\nabla\cdot(\rho\boldsymbol{\mu}\boldsymbol{u})=\nabla\cdot(\vartheta\,\mathrm{grad}\boldsymbol{\mu})-\dfrac{\partial \boldsymbol{p}}{\partial x}+\boldsymbol{S}_\mu \\ \rho\dfrac{\partial \boldsymbol{v}}{\partial t}+\nabla\cdot(\rho\boldsymbol{v}\boldsymbol{u})=\nabla\cdot(\vartheta\,\mathrm{grad}\boldsymbol{v})-\dfrac{\partial \boldsymbol{p}}{\partial y}+\boldsymbol{S}_v \\ \rho\dfrac{\partial \boldsymbol{\omega}}{\partial t}+\nabla\cdot(\rho\boldsymbol{\omega}\boldsymbol{u})=\nabla\cdot(\vartheta\,\mathrm{grad}\boldsymbol{\omega})-\dfrac{\partial \boldsymbol{p}}{\partial z}+\boldsymbol{S}_\omega \end{cases} \tag{6-235}$$

式中，$\boldsymbol{u}$ 为速度矢量，m/s；ϑ 为运动黏度，m^2/s；$\boldsymbol{p}$ 为静压力，Pa；$\boldsymbol{S}_\mu$，$\boldsymbol{S}_v$，$\boldsymbol{S}_\omega$ 为源项，代表外力或其他物理效应。

(3) 网格划分及前处理

在三维软件中，将三螺杆泵螺杆模型通过布尔运算，得到三螺杆泵的三维流场模型，见图 6-26 (a)。将模型导入到 FLUENT 软件中划分网格，采用非结构四面体网格形式，三螺杆泵的流场网格模型如图 6-26 (b) 所示。

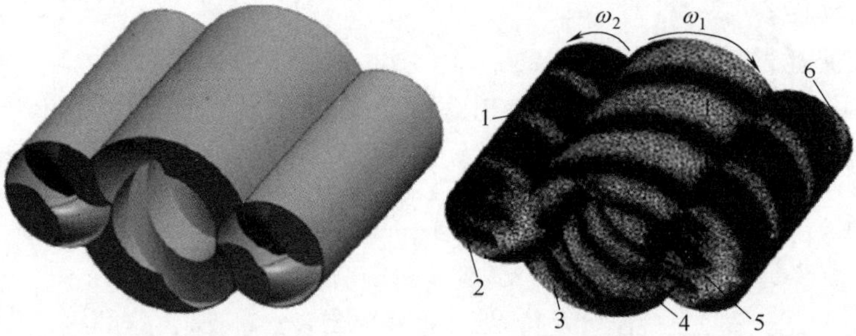

(a) 三螺杆泵流场模型　(b) 流场中划分的网格模型

图 6-26　三螺杆泵流场有限元模型

1—外壁；2—左从动螺杆表面；3—入口；4—主动螺杆表面；5—右从动螺杆表面；6—出口；ω_1—主动螺杆转速；ω_2—从动螺杆转速

三螺杆泵的螺杆参数如表 6-4 所示，三螺杆泵流场的计算过程是在空间上用有限体积法将计算区域离散成许多小的体积单元，在每个体积单元上进行求解。在流场仿真过程中，为了实现速度与压力耦合求解，采用 SIMPLEC 算法，压力项选择 Standard 格式，将三螺杆泵的入口边界设置为压力入口、出口边界设置为压力出口；将主、从动螺杆的外壁设为静止壁面，将一根主动螺杆和两根从动螺杆表面设为转动壁面。进口处压力为 p_1，出口处压力为 p_2，压力差为 $\Delta p = p_2 - p_1$。主动螺杆与两根从动螺杆转动方向相反，主、从动螺杆的传动比为 1∶1，3 根螺杆的转速相同。湍流强度设定为 5%，而湍流黏度比设定为 10。

表 6-4　三螺杆泵的螺杆参数　单位：mm

参数名称	数值	参数名称	数值
节圆直径	45	中心距	45
主动螺杆齿顶圆直径	75	导程	75
从动螺杆齿顶圆直径	15		

6.2.1.3　涡旋压缩机模拟方法

目前涡旋压缩机的三维动态流动模拟研究甚少，为了得到压缩机内部的流动特性，必须首先建立流动区域的几何模型。利用 AutoCAD 软件，首先通过面域、实体操作差集等操作，画出不包含径向泄漏区域的流体区域，之后分别对齿顶、齿底两个径向泄漏区域单独绘图，如图 6-27 所示。

分别将三个图形以 SAT 文件格式导入 Gambit 软件中，通过对面的移动、拉伸等操作，整个涡旋压缩机流体区域由五个部分组成：中间流体区域，两个径向泄漏流体区域，排气管内流体区域，吸气管内流体区域。由于涡旋压缩机动静齿始终处于啮合状态，较小的啮合间隙使得网格歪斜度较大，增大了网格划分的难度，因此选择非结构化 Tri 网格类型，cooper 扫掠成型。图 6-28 为网格划分示意图。

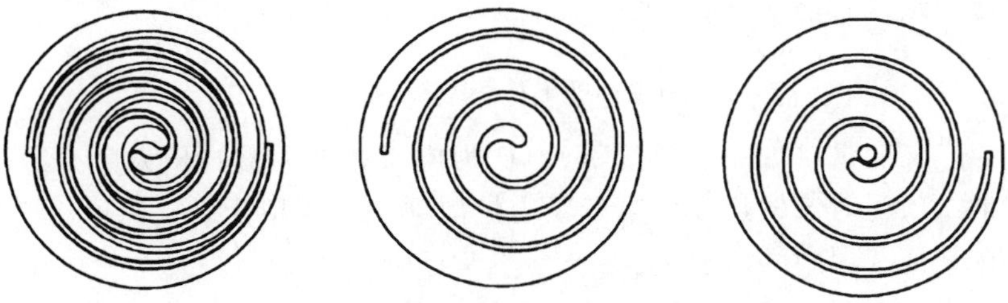

图 6-27　涡旋压缩机几何 CAD 建模

定义涡旋压缩机入口为压力入口，排气口为压力出口，动静涡旋齿边界类型为 wall，中间流体部分与两个泄漏区域的交界面设置为“interface”，用来交换界面信息，其他默认为 wall 边界条件。水力直径为进气及排气口处的圆管直径。

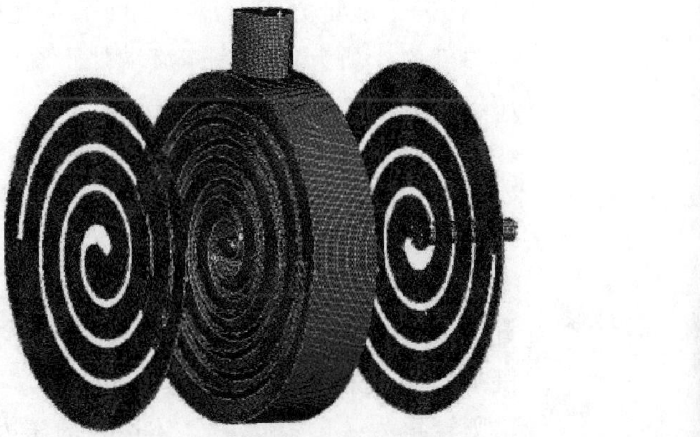

图 6-28　模型网格划分示意图

网格和边界条件都设定好之后将生成的 MESH 文件导入 FLUENT 软件中，利用动网格技术（见图 6-29）完成涡旋压缩机的流动模拟。将控制动涡旋齿运动的 UDF（用户定义函数）文件导入 FLUENT 软件中，将其中中间流体区域动齿及动涡旋齿底的径向泄漏区域的动齿设为 UDF 控制的刚体运动，将中间流体区域的两个端面以及动涡旋齿底的径向泄漏区域的两个端面设为 UDF 控制的变形，动网格的设置采用 remeshing（网格重构）和 smoothing（网格光顺）相结合的方法。通过 mesh motion 方法不断地调试网格重构变形情况，直至达到网格质量较高，并且动齿能顺利转过一个周期为止。

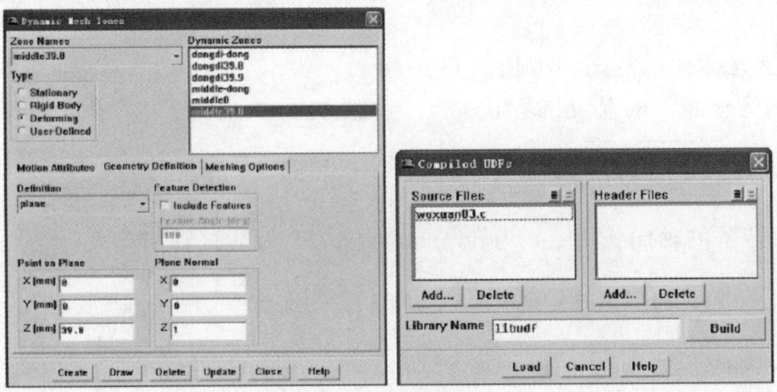

图 6-29　动网格控制程序

涡旋压缩机工作腔内气体的流动过程所遵循的控制方程有：质量守恒方程、动量守恒方程、能量方程和理想气体状态方程。求解采用耦合隐式求解方法、非定常流标准 k-ε 湍流模型。计算采用有限体积法离散微分方程组，压力和速度的耦合采用 SIMPLE 算法来实现，计算采用一阶迎风格式进行离散。

6.2.1.4　滑片压缩机模拟方法

(1) 控制方程的建立

为了便于对各种控制方程进行分析，并用同一程序对各控制方程进行求解，现建立各基本控制方程的通用形式：

$$\frac{\partial(\rho\Phi)}{\partial t}+\mathrm{div}(\rho\boldsymbol{u}\Phi)=\mathrm{div}(\Gamma\mathrm{grad}\Phi)+\boldsymbol{S} \tag{6-236}$$

式中，Φ 为广义变量（如熵、速度等）；Γ 为广义扩散系数；$\boldsymbol{S}$ 为广义源项。上式第一项为瞬态项，第二项为对流输运项，第三项为扩散项，第四项为广义源项。广义源项中包括了所有不包括在其他 3 项中的所有量。

这种通用形式的控制方程可以表示任意一种基本控制方程。$\Phi=1$，表示连续方程（$\boldsymbol{S}=0$）；$\Phi=u$，v，w 时表示 x，y，z 方向上的动量方程（$\Gamma=\mu$，$\boldsymbol{S}$ 相应于 $\boldsymbol{S}_x$，$\boldsymbol{S}_y$，$\boldsymbol{S}_z$）；$\Phi=T$，表示能量方程（$\Gamma=k/c$，c 为比热，$\boldsymbol{S}=\boldsymbol{S}_{\mathrm{T}}$）。

另外由于所分析的流体流动处于湍流状态，故需要在系统中附加湍流运输方程，本文所采用的湍流模型为 RNG k-ε 模型。

（2）初始条件和边界条件的确定

采用 FLUENT 软件对压缩机排气过程进行模型仿真，需要首先确定计算模型的边界条件。

① 进口边界　求解域的进口（左边界）为垂直于进口边界的均匀无旋流条件。由于该压缩机基元内气体压缩按指数 m 的多方过程进行，则转角为 ϕ 时基元内气体达到的压力为

$$p_\phi=p_{\mathrm{s}}\left(\frac{V_{\mathrm{emax}}}{V_{\mathrm{e}}}\right)^m \tag{6-237}$$

式中，p_ϕ 为转角为 ϕ 时基元内气体达到的压力；p_{s} 为吸气压力；V_{emax} 为基元达到最大的容积；V_{e} 为转角为 θ 时的基元容积；m 为压缩指数（$m=2$）。

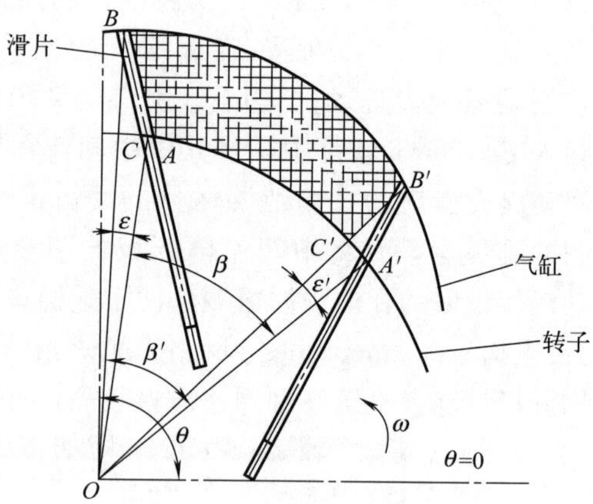

图 6-30　基元截面示意图

图 6-30 为基元截面示意图，根据图 6-30 可以计算得到转角为任意 θ 时基元的容积 V_{e}：

$$V_{\mathrm{e}}=\frac{1}{2}bH\left[\left(r+\frac{3}{8}H\right)\beta+\frac{H}{16}\cos(4\theta-2\beta)\sin(2\beta)-\left(r+\frac{H}{2}\right)\cos(2\theta-\beta)\sin\beta\right] \tag{6-238}$$

式中，b 为转子的轴向长度；r 为转子的半径；H 为气缸轴向高度。

各角度的几何意义如图 6-30 所示。当 $\phi=\frac{\pi}{2}+\frac{\beta}{2}=\left(\frac{1}{2}+\frac{1}{z}\right)\pi$ 时（z 为无量纲参数），基元容积达到最大：

$$V_{\mathrm{emax}}=\frac{1}{2}bH\left[\left(r+\frac{3}{8}H\right)\beta+\frac{H}{16}\sin2\beta+\left(r+\frac{H}{2}\right)\sin\beta\right] \tag{6-239}$$

由式（6-237）～式（6-239），可以得知当排气过程开始（$\phi=108°$）时的气体进口压力 p_{i}。

② 出口边界　出口边界采用压力出口，旋叶式压缩机的出口压力按理论计算应为一个变化的量。这里为了方便计算，仿真采用了其平均值 p_{d} 作为出口压力边界条件。

③ 壁面边界　对于侧壁面采用法向梯度为零条件，对于上下壁面采用无滑移边界条件、绝热边界条件。

(3) 计算网格的划分

采用有限体积法对计算域进行网格划分，网格类型为非结构化三角形网格。

至此，已经完整地建立了对旋叶式压缩机进行 CFD 仿真分析所需的数学模型，下面所需要做的工作就是将建立好的计算模型导入 FLUENT 软件中，利用已建立的数学模型来确定仿真所需设置的边界条件和各种参数。

6.2.1.5　罗茨真空泵模拟方法

(1) 网格划分

据模拟过程中网格运动情况的不同，并结合观察目标的不同，在流动区域上建立各部分的块生成型六面体结构化网格；吸气孔和排气孔分别为两圆柱体和泵腔剩余部分的组合，为便于网格生成，采用四面体非结构网格。

模型划分网格之后，结构化网格与非结构化网格需要分别存储为特定的格式，在 ANSYS CFX 中采用不同方法导入模型并组合，在各网格模型之间可采用交界面技术进行连接。

(2) 模型边界条件与初始条件

此处选择入口压力为 100Pa 的罗茨泵工作情况进行模拟，该入口压力下的基本参数如表 6-5。

表 6-5　入口压力为 100Pa 时基本参数

工作升压/Pa	入口温度/K	出口温度/K
900	293.15	464.611

在 ANSYS CFX 中，不同的进出口边界条件对计算稳定性和收敛性影响不同。质量流量边界条件稳定性最好，其次为总压边界条件；若没有合理的初始值，应用静压出入口条件收敛比较困难。在计算中，通常先按总压算一次，以此作为初始值，再进行静压边界的计算，效果较好。

根据实际情况，模型的进出口边界和壁面边界位置的具体说明及其计算所设的边界条件如下。

流动介质：采用空气，属性按理想气体进行设置；

进口边界条件：采用开放入口，给出入口边界上的总压，同时需要给出总压、总温、流动方向等，网格移动状态设为静止，湍流强度为 1%（考虑回流的影响）；

出口边界条件：采用开放出口，给定出口边界上的静压（用函数控制），网格移动状态设为静止；

壁面边界条件：除了进出口以外，其余所有面都为壁面；

初始条件：给定进气状态的静压、总温初始化整个流场。

(3) 模型的域和子域的设定

流场计算中，由于各个部分流动特点或几何位置不同，需要将其分成若干个域，对这些不同的域，用户可以根据需要对每个域设置各自的初始值以及计算时间步长。为组成整个流场，需要用域接口（domain interface）将各个域连接起来。根据域之间的相对运动情况，可将接口性质定义为 none（无相对运动）、frozen rotor（静止的动叶）等。

模型设置吸排气和泵体两个域，并且在泵体域中设置子域。吸排气域中的壁面网格移动状态设定为静止，泵体域中的两侧圆周面的壁面网格移动状态设定为静止，两转子和两端面的壁面网格移动状态设定为不定值。子域中的网格移动状态设定为指定坐标，可由程序控制。

(4) 非一致网格交界面的设定

由于不同计算域网格生成方式和参考坐标不同，交界面两侧网格数和节点位置不可能完全一致，因此在旋转部分与进气、排气部分之间的交界面采用的是非一致网格交界面（interface），以保证界面间流动参数的正确传递。

(5) 动网格的实现

① 动网格的实现方式　当流体模型伴有几何运动，例如转子压缩机、齿轮泵、内燃机等，就需要考虑网格的运动。动网格策略涵盖了几乎每个可以想象到的运动类型。特别是在流固耦合计算中涉及固体在流体中的大变形和大位移运动时，ANSYS CFX 结合 ICEM CFD 可以实现外部网格重构功能，用来模拟特别复杂构型的动网格问题，而不会产生坏的网格单元。这种运动可以是指定规律的运动，比如气缸的活塞运动，也可以是通过求解刚体六自由度运动的结果。结合 ANSYS CFX 的多构型模拟，可以方便处理活塞封闭和边界接触计算。此外，对于螺杆泵、齿轮泵这种特殊的泵体运动，ANSYS CFX 开发了独特的浸入固体（immersed solids）方法，不需要任何网格变形或重构，采用施加动量源项的方法即可模拟固体在流体中的任意运动。基于以上两种动网格策略，用户可以方便地解决任意复杂的动网格问题。

除了上述两种方法外，ANSYS CFX 还带有外接程序的接口，可以使用 Fortran 编写程序，在求解的过程中调用该程序来控制某些变量和参数，同样可以实现网格的移动。

另外，可使用 ANSYS CFX 自带的 CEL 语言编写程序来控制变量，从而实现网格移动。CEL 是一种说明性的编译语言，可以让用户不借助外挂子程序而对模拟进行强化，并且它自带了许多变量和函数，能够使用户很好地对程序进行控制。

这里所使用的方式，实际上是利用 ANSYS CFX 外接 Fortran 程序来控制旋转流场部分的子域，使得在每个时间步内，都能控制子域内的每一点的坐标，按照程序中的方程来重新排列，从而实现网格的移动。

② 模型转子的形成　转子的型线在模型的坐标系中，任意角度都对应着一个半径 R，实际上是 R 随着 θ 角的变化而呈规律性变化的。所以，可以尝试将 R 值用一个函数 $f(\theta)$ 来表述，并将 θ 作为这个函数的自变量。

这样，首先将绘制好的转子型线 CAD 的文件打开，将型线上各点的坐标值复制下来并存成数据文件（如 excel 文件等），再将其导入 MATLAB 软件中。编写程序，绘制以 θ 为横坐标、R 值为纵坐标的图形。

图 6-31 给出了 MATLAB 绘制图形的结果，在此基础上构造一个方程来拟合该曲线，当然这要不断地重复修改—绘制曲线—比较曲线再次修改的过程，这样可以得到一个比较准确的拟合曲线 $R(\theta)$。

如图 6-32 所示，在模型的坐标系中，找到转子坐标（x，y）与角度 α、转子半径 R 的关系。

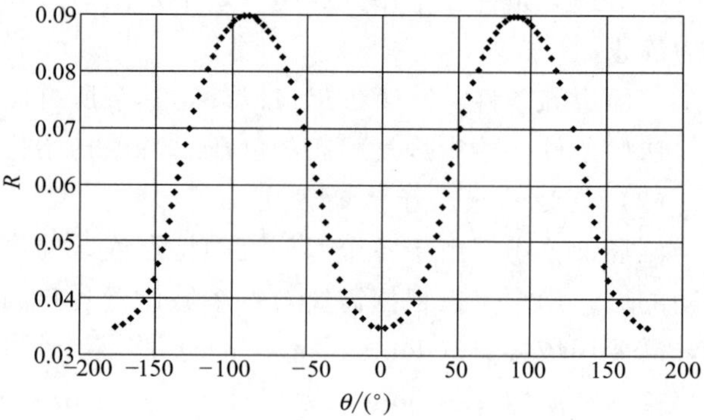

图 6-31　$R(\theta)$ 的模拟图形

左边转子的坐标有

$$x+62.5=R\cos\alpha, y=R\sin\alpha \tag{6-240}$$

右边转子的坐标有

$$x-62.5=R\cos\beta, y=R\sin\beta \tag{6-241}$$

同时，使用 ANSYS CFX 自带的变量，可以取得子域内各点在每一个时间步的坐标值，从而经过换算就可以得到每一点的角度值，这样，就可以用以角度 θ 为自变量的方程 $f(\theta)$ 来控制子域内的点坐标，使其沿各自所在角度的半径方向变化，从而在一定的时间步内，使子域内逐渐形成中空的转子形态。

③ 转子转动的实现　首先将转子转过一个角度 Φ，如图 6-33 所示，可以知道，在该角度的转子型线上的点的半径仍然是关于 $R(\theta)$ 的一个方程，记为 $f(\Phi, \theta)$，并且，通过 ANSYS CFX 提供的变量，可以获得在该角度下，子域内各点的坐标。这样，在接下来的每个时间步相应地增大 Φ 值，并且通过方程来改变上一时间步后各点的坐标，使之沿半径方向移动，继而形成转子转过角度 Φ 之后的网格位置。

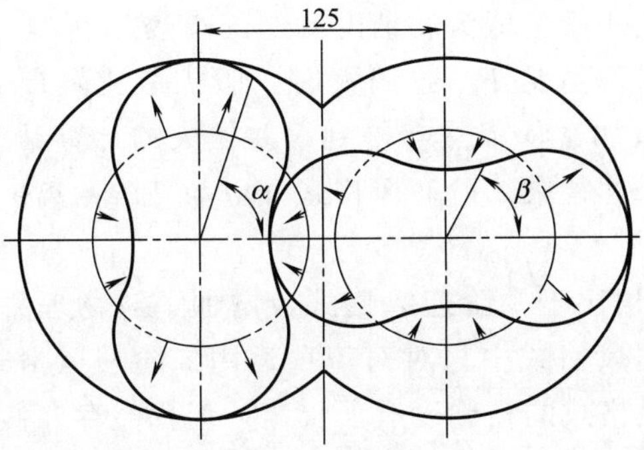

图 6-32　转子的形成

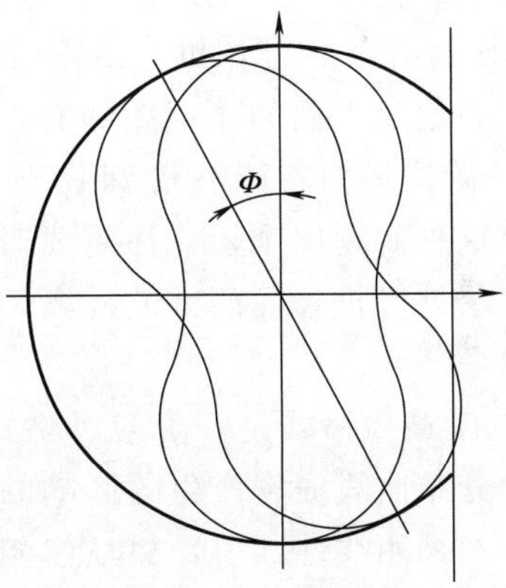

图 6-33　转子位置

换句话说，旋转流场子域内的各个点都只是在其所在的半径方向上移动，而使子域形成转子转过 Φ 角度的形态。

由于使用了网格，并且由合适的方程控制，转动过程中的网格仍然保持了良好的质量，后面可通过比较模拟计算的残差值来观察这一段时间步内网格的质量情况。

6.2.2　透平式压缩机

对于在求解域内理论上有解的偏微分方程，实际要处理问题的复杂性往往会导致很难求得真解，故需要运用数值方法来进行求解。数值方法的基本逻辑是将计算域中有限数量的网格中心点或者网格节点上的因变量视为基本的未知量，从而进一步建立关于未知量的一组代数方程组，再通过对代数方程组进行求解得到节点位置上的值，其他位置的值则可以通过节点值得到，至此，所有位置上的值都求解成功。目前离散化方法主要包括有限元法、有限体积法以及有限差分法等。对于同一离散化方法，采取的离散格式不同也会导致离散方程的形式不同。

在上述提到的离散化方法中，有限元体积法发展十分迅速，也是较为成熟的一种离散化方法。有限元体积法具有计算效率高的特点，已经在 CFD 领域内得到了大量的应用，商业用的 CFD 软件大多使用此方法。

有限元体积法的基本思维逻辑是：将计算域划分成一个个网格，所有网格点四周都有一个互相不重叠的控制体积，对每个控制体积运用微分方程进行积分，会得到一个离散方程组。方程组中的未知量是网格节点上的因变量，用 ϕ 表示。为了能够求解，需要对 ϕ 在网格节点中的变化规律进行假定，得到插值函数，并且将此当作近似解。在运用有限元体积法时，插值函数仅仅用于对控制体积的积分进行计算，在得到离散方程后，插值函数便无用。如果需要，对于微分方程的不同的项可以采取不同插值函数。

根据上面的介绍，运用有限元体积法的过程中需要建立离散方程组。在建立离散方程组的过程中，需要对网格节点的物理量进行插值，以求解出对应控制体积内的量和对应的导数，此插值方法被称为离散格式。离散格式包括线性插值格式、一阶迎风格式、二阶迎风格式、混合格式、指数格式、QUICK 格式以及改进 QUICK 格式，接下来将对这几种不同的离散格式进行介绍。

① 线性插值，又称中心差分格式。当参数范围不产生振荡且 P_e 数不大于 2 时，线性插值能够得到较为准确的结果。P_e 数是有关流动特征（u）、流体特征（ρ 和 Γ）和网格特征（δx）参数的组合。当 ρ 和 Γ 给定时，若要 P_e 数不大于 2，就需要 u 很小或者网格之间的距离很小。通过上面的介绍能够看到线性插值不适用于一般流动情况问题的离散。

② 一阶迎风格式能够得到物理可接受的结果，但是 P_e 数偏大时，假扩散比较严重。为了避免这种问题出现，往往需要对计算网格进行加密，不然会得到误差较大的计算结果。当前，由于计算机计算能力的提高，一阶迎风格式往往被二阶迎风格式等更为高阶的离散格式所取代。

③ 二阶迎风格式是一阶迎风格式的进阶版，相比于一阶迎风格式，增加了对物理量在节点之间分布曲线曲率产生的影响的考虑。二阶迎风格式中只对对流项运用二阶迎风格式，扩散项仍然采用线性插值，故虽然相比于一阶迎风格式的精确度有所提高，但仍然存在假扩散的问题。

④ 混合格式与线性插值和一阶迎风格式有相似之处，不多介绍。

⑤ 指数格式主要用于无源项的对流扩散问题。对于包含非常数源项的情况，P_e 数偏大时，误差会较大。

⑥ QUICK 格式相比于以上离散格式精度更高，可以降低假扩散导致的误差。因此 QUICK 格式应用更为广泛，主要运用在四面形网格或者六面体风格中。

⑦ 改进 QUICK 格式和标准的 QUICK 格式性能相似，但有不稳定的问题。

流场的计算本质上是对控制方程进行离散后的求解。对控制方程离散后的求解有耦合式解法以及分离式解法。

耦合式解法的求解过程如下：

① 对初始压力以及速度等变量进行假设，并对离散方程的常数项和系数等进行确定。

② 对连续方程、动量方程和能量方程进行联立求解。

③ 对湍流方程和其他的标量方程进行求解。

④ 对之前的计算进行判断。如果不收敛则返回第②步，进行迭代计算；如果收敛则重复以上步骤，对下一时间步物理量进行计算。

与耦合式解法不同的是，分离式解法不对方程组直接联立求解，而是对单个变量代数方程组进行逐个求解。目前压力修正法是在工程中使用最广泛的流场数值的计算方法。压力修正法的步骤是：每一个时间步长运算中，首先给出初始压力场的猜测数值，然后求得速度场的猜测值，再对连续方程所得到的压力修正方程进行求解，对之前猜测的速度场以及压力场修正。这样循环之后即可得到速度场和压力场的收敛解。

FLUENT 的默认求解器为分离式求解器，但对高速的可压缩流动、由强体积力所引起的耦合流动，或者是对于非常精细网格中进行求解的流动，需要运用耦合式求解器。耦合式求解器结合了流动以及能量方程，因此能够很快收敛。但耦合式求解器运行时所需要的内存为分离式求解器的 1.5～2 倍。若计算机的内存不足，可以使用耦合显式或者分离式求解器。

CFD 模型中的基础是网格，网格同时也是模拟以及分析的载体，因此网格的质量对于 CFD 计算很重要，网格质量差时，计算的精度和效率都会受到影响。由于网格生成过程十分耗时，而且非常容易出错，因此生成网格的时间会大于 CFD 实际计算所需要的时间。下面将会介绍常用于网格划分的方法。

① 贴体坐标法　此法是运用曲线坐标使得网格边界与具有复杂几何形状和表面相吻合，这就能够用网格点表示所有的边界点，不需要进行插值。贴体坐标法具有以下三个优点：能适用于具有复杂几何形状的积分区域；能够在近固壁处布置较密网格，以适应近壁区参数变化剧烈的求解要求，较准确地体现固壁对流场的影响；使网格线与流线的方向一致或接近，可以减少一些常用差分格式（如线性上风格式）的数值扩散误差。在工程中广泛应用。

② 区域法　区域法将计算域拆分成若干个子域，对每个子域进行单独求解之后再进行整合。这种方法能够使得各个子域根据其自身特点运用合适的数学模型、格式和计算方法，从而让总体解误差更小，并且还可以缩短运算时间。区域法主要有两种，分别是不重叠区域法以及重叠区域法。不重叠区域法是以有限元为基础，将原求解域拆分为若干个子域，并且每个子域互不重叠。使用有限元法进行求解计算前，先对求解域进行剖分，以判断区域之间是否有交点，没有交点情况的处理和计算会相对容易，在有交点的情况下需要使用专门的预处理方法，会稍微复杂一些。重叠区域法以 Schwarz 交替法为根据，也是将原求解域拆分为若干个子域，但此时子域互相重叠。使用 Schwarz 交替法求解时，相邻的子域之间重叠部分会互相传递信息，且将对原问题求解的主要部分转化成每个子域的独立运算，这就使得计算的规模大幅减小，同时也更为灵活高效。

③ 非结构网格法　上述所介绍的方法均是结构化网格法，结构化网格法的特征是网格节点有序排列，相邻节点之间的关系固定，在计算域内网格线与平面维持连续。尤其是区域法已经有大量经验积累，技术也比较成熟，目前已经被广泛应用。但是，对于结构化网格法，当复杂外形发生改变时，需要对区域进行重新划分以及对网格进行重新构造，这就会消耗人力与时间。在这种情况下，非结构网格法应运而生。非结构化网格是指网格区域内的内部点不具有相同的毗邻单元，即与网格剖分区域内的不同内点相连的网格数目不同，这也意味着结构不会限制网格节点，任何区域都可以被划分，边界能得到更好的处理，网格单元的形状、大小和位置也易于控制。可以看出，相比于结构化网格，非结构化网格更为灵活且具有更高的适应性。目前主要用三角化法以及推进阵面法来生成非结构化网格。虽然非结构化网格有这么多优点，但是其还是有一些缺点，比如需要比较大的内存来存储节点之间的关联信息，又比如需要更多的 CPU 时间等。

④ 多重网格法　多重网格法是一种以高速收敛为特征的计算技术。该方法在对偏微分方程进行求解时，通过一系列连续加密或稀疏网格来对区域进行求解，不同粗细的网格可以避免不同波长带来的误差，从而达到加快收敛的目的。这种方法的基本逻辑是，在不同粗细的网格中使用迭代法来对差分方程进行求解。每层网格得到的解由两部分组成，一个是上层的解在此层网格中的插值，另一个是此层网格所消除的误差。通过将此层网格所消除的误差（上层未消除）插值到上层网格中，以对上层的原始解进行修正，从而获得差分方程在此层

网格的解。由于多重网格法将现有计算方法的速度提升了一到两个数量级，因此得到了广泛的应用与迅速的发展

6.2.3 装备的流固耦合与振动

6.2.3.1 流固耦合理论

流固耦合系统计算域包括了流体域和固体域，两者之间存在相互作用和影响，彼此之间通过耦合交界面进行物质和能量之间的交换和传输。但无法对流体域或固体域进行单独求解，对流体运动或固体特性进行描述的独立变量也不能显式地消去。流固耦合问题的求解方式有两种，一种是分别对流场和结构场进行求解，即对两场进行交叉迭代，又称弱耦合；另一种是直接求解，又称强耦合。这两种求解方法根据不同的场合进行应用，其中弱耦合作用主要是通过界面力实现，对于容易分开并且场间没有相互重叠与渗透的场合较为适用；强耦合求解适用于场间有较明显的重叠与渗透的情况，其优点是在一些简单问题的求解上更容易收敛，虽然所需的运算资源较为庞大，但由时间步滞后所带来的误差可以得到减小。

6.2.3.2 耦合控制方程

(1) 流体控制方程

流体的流动需要遵循包括动量守恒定律、能量守恒定律和质量守恒定律等在内的基本物理守恒定律。如果流体中还包含有其他不同的成分，则除了这些定律之外，系统还要遵循组分守恒定律。对于一般的可压缩牛顿流体，守恒定律的控制方程如下。

质量守恒方程：

$$\frac{\partial \rho_{\mathrm{f}}}{\partial t}+\boldsymbol{\nabla}\cdot(\rho_{\mathrm{f}}\boldsymbol{v})=0 \tag{6-242}$$

动量守恒方程：

$$\frac{\partial(\rho_{\mathrm{f}}\boldsymbol{v})}{\partial t}+\boldsymbol{\nabla}\cdot(\rho_{\mathrm{f}}\boldsymbol{v}\cdot\boldsymbol{v}-\boldsymbol{\tau}_{\mathrm{f}})=\boldsymbol{F}_{\mathrm{f}} \tag{6-243}$$

式中 ρ_{f}——流体密度；

t——时间；

$\boldsymbol{v}$——流体速度矢量；

$\boldsymbol{\tau}_{\mathrm{f}}$——剪切应力张量；

$\boldsymbol{F}_{\mathrm{f}}$——体积力矢量。

常用下标 s 表示固体，f 表示流体。剪切应力张量计算方程为

$$\boldsymbol{\tau}_{\mathrm{f}}=(-p+\mu\boldsymbol{\nabla}\cdot\boldsymbol{v})\boldsymbol{I}+2\mu\boldsymbol{E} \tag{6-244}$$

式中 p——流体压力；

μ——动力黏度；

$\boldsymbol{I}$——单位张量；

$\boldsymbol{E}$——速度应力张量。计算方程为

$$\boldsymbol{E}=\frac{1}{2}(\boldsymbol{\nabla}\cdot\boldsymbol{v}+\boldsymbol{\nabla}\boldsymbol{v}^{\mathrm{T}}) \tag{6-245}$$

(2) 固体控制方程

通过牛顿第二定律可以导出固体部分的控制方程：

$$\rho_{\mathrm{s}}\ddot{\boldsymbol{d}}_{\mathrm{s}}=\boldsymbol{\nabla}\cdot\boldsymbol{\sigma}_{\mathrm{s}}+\boldsymbol{F}_{\mathrm{s}} \tag{6-246}$$

式中　ρ_s——固体密度；

$\ddot{\boldsymbol{d}}_s$——固体域当地的加速度矢量；

$\boldsymbol{\sigma}_s$——柯西应力张量；

$\boldsymbol{F}_s$——体积力矢量。

$$\frac{\partial(\rho h_{tot})}{\partial t}-\frac{\partial p}{\partial t}+\nabla\cdot(\rho_f \boldsymbol{v} h_{tot})=\nabla\cdot(\lambda\nabla\cdot T)+\nabla\cdot(\boldsymbol{v}\cdot\tau)+\boldsymbol{v}\cdot(\partial\boldsymbol{F}_f)+S_E \tag{6-247}$$

式中　h_{tot}——流体部分总焓；

τ——应力张量；

S_E——能量源项；

T——温度；

λ——传热系数。

对于固体部分，增加了由温差引起的热变形项

$$\boldsymbol{f}_T=\alpha_T\nabla\cdot T \tag{6-248}$$

式中　α_T——热膨胀系数，与温度相关。

(3) 流固耦合方程

流固耦合也同样遵循最基本的守恒定律，所以在流固耦合的交界面处，应满足温度（T）、位移（d）、固体应力（τ）和热流量（q）等变量的相等或守恒（$\boldsymbol{n}$ 为法向量）：

$$\begin{cases}T_f=T_s\\ \boldsymbol{d}_f=\boldsymbol{d}_s\\ \boldsymbol{\tau}_f\cdot\boldsymbol{n}_f=\boldsymbol{\tau}_s\cdot\boldsymbol{n}_s\\ q_f=q_s\end{cases} \tag{6-249}$$

6.2.3.3　模态分析

模态分析是以模态参数为目标函数、振动理论为基础的分析方法，实质是将原有的线性定常系统振动微分方程组转换成用模态坐标，前者以物理坐标描述，后者以模态参数描述，从而使系统的模态参数更易于求解，中间涉及一系列的变换、解耦。模态分析可以提取模态振型、固有频率和阻尼比等参数，为系统振动特性的响应谱分析、振动故障诊断和谐响应分析等提供依据。

理论模态分析通过理论计算研究得到系统、激励和响应之间的关系，以线性振动理论为基础；数值模态分析是一种理论建模过程，通常采用有限元法对弹性结构进行离散，在计算机上求解得到的系统特征值和特征向量即为固有频率和振型；试验模态分析通过动态测试技术、线性振动理论等进行信号采集，并由此实现模态参数测试的目的。

在动力学问题中，线性多自由度系统运动微分方程的一般形式为

$$[M]\{\ddot{x}\}+[C]\{\dot{x}\}+[K]\{x\}=\{F(t)\} \tag{6-250}$$

式中　$[M]$——系统的质量矩阵；

$[C]$——系统的阻尼矩阵；

$[K]$——系统的刚度矩阵；

$\{x\}$，$\{\dot{x}\}$，$\{\ddot{x}\}$——系统中各质量单元组成的位移向量、速度向量和加速度向量；

$\{F(t)\}$——系统中各质量单元组成的激励向量。

$[M]$ 和 $[K]$均为 n 阶实系数对称方阵。

阻尼难以被准确计算，小阻尼系统的阻尼一般忽略不计。由式（6-250）可得到不考虑阻尼影响的无阻尼自由振动形式：

$$[M]\{\ddot{x}\}+[M]\{\ddot{x}\}=[0] \tag{6-251}$$

结构振动为简谐运动形式时，即

$$\{x\}=\{X\}e^{j\omega t} \tag{6-252}$$

式中 $\{X\}$——系统中各质量单元的振幅向量。

将式（6-250）代入式（6-251）可得

$$([K]-\omega^2[M])\{X\}=\{0\} \tag{6-253}$$

当位移阻抗矩阵的行列式等于零时，$\{X\}$ 具有非零解，即

$$|[K]-\omega^2[M]|=0 \tag{6-254}$$

通过求解式（6-254）得到 n 个特征值 ω^2，将其代入式（6-253）便可算出对应的特征向量 $\{X\}_r$，系统的固有频率即特征值的平方根，系统的固有振型便是特征向量。

变换法适用于求解所有的特征值问题，但若只需求解几个特征值，则迭代法更为方便。常用的迭代法有 Reduced（缩减）法、PowerDynamics 法、Subspace（子空间）法和 Block Lanczos（兰佐斯）法。

工程实际中最常用的特征值求解方法是 Block Lanczos 法，该方法采用一组向量来实现针对该算法的递归计算，运算速度快且精准度高，缺点是占用的计算机内存量较大，对硬件要求较高。PowerDynamics 法常用 PCG（预处理共轭梯度）迭代求解器进行求解，其计算速度比 Subspace 法和 Block Lanczos 法要快很多，但容易发生计算不收敛的问题，尤其是对于网格粗糙或质量较差的模型。Subspace 子空间法的计算速度较慢但精度高，适用于对超大模型的前几阶模态利用广义 Jacobi 迭代算法进行求解。计算速度最快的是 Reduced 法，其工作原理是采用 HBI 算法来求解运动方程组中的特征值和特征向量，主自由度的数目和位置决定了模态参数的计算精确度。

6.3 典型算例

6.3.1 静设备的热力模拟

扁平翅片管管外流体流动与换热的数值模拟研究

（1）问题描述及物理模型

以氨水在扁平翅片管换热器翅片表面的周期性流动与换热为例。扁平管的排列方式为叉排，相比于顺排而言，基管为叉排时翅片管换热器的流体扰动较强，换热效果更好。由于在翅管换热器中重复的几何单元多，各单元都是对称的，所以为了简化模型与计算，选取它的一个重复单元进行模拟研究，计算的物理模型如图 6-34 所示，其中翅片左右两侧为周期性边界，尺寸为 5.84mm，标注翅片壁面（wall）的表面为扁平管壁面，扁平管长 18.72mm，半径为 1.27mm，其余为对称边界，下部分对称边界长度 21.42mm，上部分各为其一半。周期性流动具有广泛的应用，如热交换管道以及通过水箱的管流。在这些流动模式中，几何外形沿流动方向上具有重复性的特点，从而导致了周期性完全发展的流动。

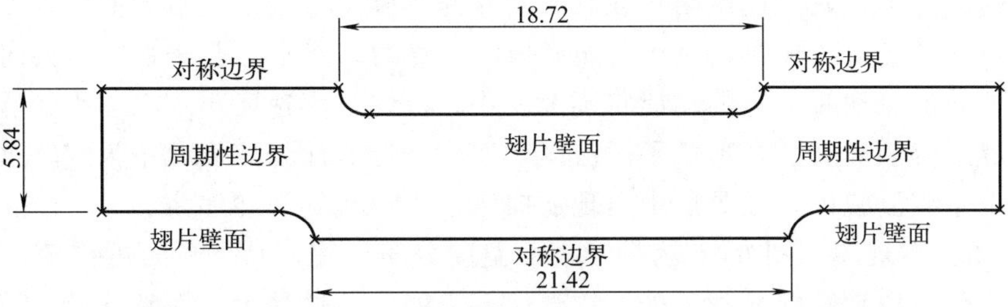

图 6-34　间断式翅管换热器计算区域

(2) FLUENT 求解

① 网格划分　为了准确地模拟出流动和传热，同时控制网格的数目，采用给壁面加边界层和局部加密网格两种画法，翅管换热器计算区域网格如图 6-35 所示，总共有 20172 个单元网格。

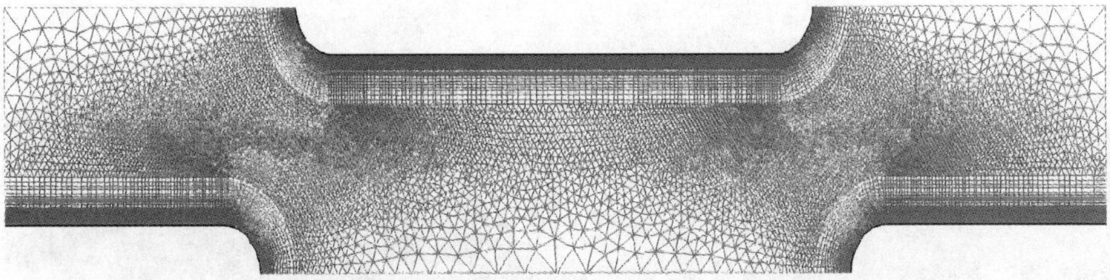

图 6-35　间断式翅管换热器计算区域网格图

② 边界条件及物性参数　选用氨水为工作介质，密度为 $\rho=610\text{kg/m}^3$，比热容 $c_p=4758\text{J/(kg·K)}$，热导率 $\lambda=0.493\text{W/(m·K)}$，黏度 $\mu=0.000152\ \text{kg/(m·s)}$。边界条件中，翅片壁面为壁面边界，包括 wall-top 和 wall-bottom，给定扁平管壁面温度为 350K；入口和出口为周期性边界，氨水从左侧周期性边界流入，从右侧流出，质量流量为 1.385kg/s，温度 240K。

选用 RNG k-ε 模型，对于不可压缩流体离散方案选择压力速度耦合中的 SIMPLE 算法，方程对流项选择二阶迎风格式，能量松弛因子为 0.95，能量方程残差为 1×10^{-3}，其余方程残差全部为 1×10^{-4}。

(3) 模拟结果分析

① 压力场分布规律　图 6-36 为翅片表面压强分布规律，从图 6-36 可以看出，压强最大处出现在迎着来流侧的扁平管左侧，随着流动截面的变化，流体的压强大约在扁平管左侧半圆部分递降，即 $dp/dx<0$，最小压强在扁平管左侧半圆的上下表面处，而后流体压强 X 趋向回升，即 $dp/dx>0$。

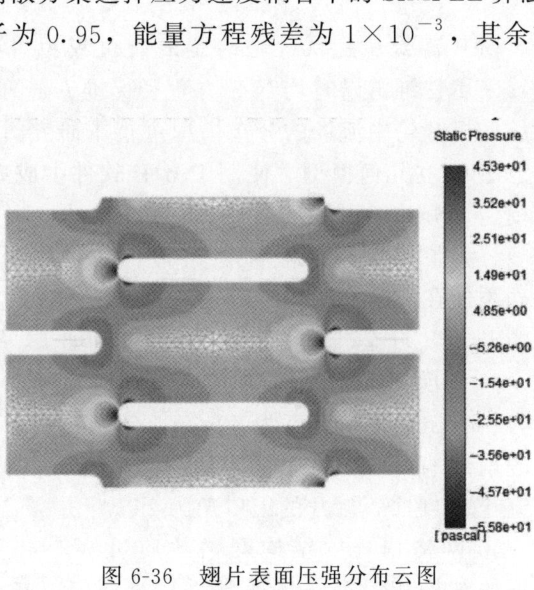

图 6-36　翅片表面压强分布云图

② 速度场分布规律　图 6-37 为翅管换热器翅片表面速度分布云图，氨水从左侧周期性边界流入，从速度云图可以清晰地看出，在扁平管左侧半圆部分，即 $dp/dx<0$

的区域内，速度递增，最大速度出现在扁平管左侧半圆上下表面位置，而后速度又回落。这是因为在 $\mathrm{d}p/\mathrm{d}x>0$ 的区域内，流体只能靠消耗本身的动能来克服压强的增长向前流动，因此当它持续地向前流动时，它的动能将逐渐变小。流体最小速度出现在扁平管后侧，因为这里的流体边界层流动被破坏，形成了回流区，速度较低。此处速度几乎为零，这与外掠圆管流动类似，发生绕流脱体，边界层中出现逆向流动，形成旋涡和涡束。

③ 温度场分布规律　图 6-38 为翅片表面温度分布云图，从图中可看出流体主流区的温度几乎没有变化，扁平管壁面附近处流体温度等于壁温。这是由于在对流换热情况下，在扁平管壁面附近存在一薄流体层，在该层中流体温度沿垂直壁面方向，从壁面处的温度急剧变化到流体主流温度，而在流体主流区的温度变化率可视为零。在迎着来流侧的扁平管左侧，温度场分布密集，此时流体与壁面的温差较大，换热强烈。在扁平管后侧，温度梯度较小，流体与壁面温差较小，在扁平管后侧尾迹区，由于发生扰流脱体而产生回流，循环流动的流体不能带走热量，使得扁平管后侧翅片表面温度较高，接近管壁温度，因而换热最弱。

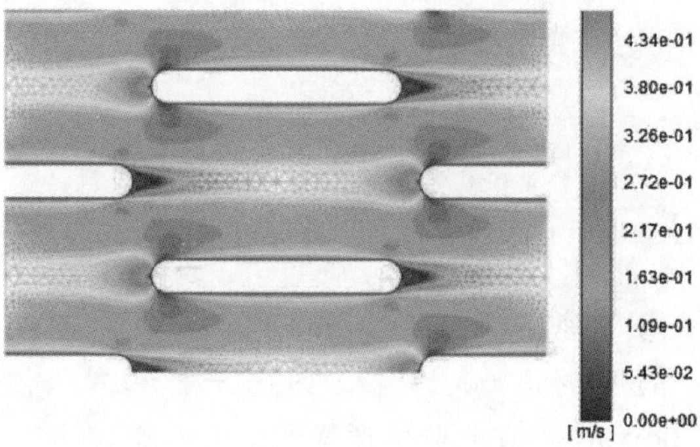

图 6-37　翅片表面速度分布云图

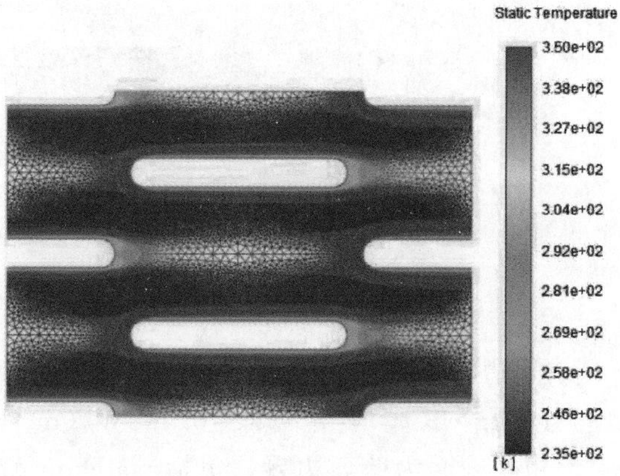

图 6-38　翅片表面温度分布云图

6.3.2　动设备的流动/传热

(1) 离心压气机叶轮的湍流数值模拟

采用三维雷诺时均 N-S 方程和标准 k-ε 两方程湍流模型，通过非定常的数值模拟法对离心压气机叶轮中流场的分布情况进行了研究。

① 建立几何模型　使用 Pro/E 软件生成离心压气机第二级叶轮的三维模型和流场计算域模型。分流叶片在两个相邻的长叶片之间，为了确保模拟能够稳定进行，将蜗壳添加在叶轮流场的出口处，并延长入口的长度。叶轮与流场的三维模型如图 6-39 所示。叶轮的主要参数为：出口直径为 918mm，出口宽度为 50mm，分流叶片的前缘直径为 654mm，长叶片 11 个，分流叶片 11 个，叶片的出口角为 25°。

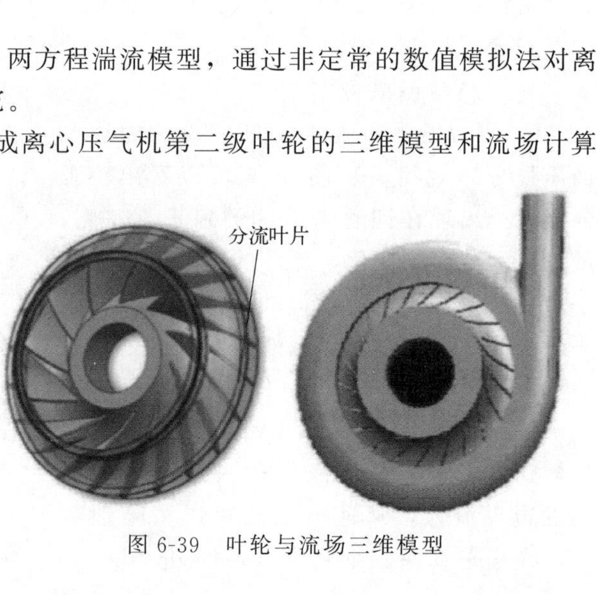

图 6-39　叶轮与流场三维模型

② 网格划分　结构网格的质量好，数据的结构相对简单，通常采用样条插

值或者参数化的方法对空间进行拟合，这样得到的区域光滑且和实际模型更为接近，故此处采用结构网格划分方法。三维流场的网格尺寸长为 6 mm，网格数为 1528994。

③ 控制方程以及湍流模型　离心压气机叶轮内的三维流动为典型湍流流动，工作介质可压缩。运用三维雷诺时均 N-S 方程以及标准 k-ε 两方程湍流模型，使用 Simple 算法进行数值模拟。

连续性方程如下：

$$\frac{\partial \rho}{\partial t}+\frac{\partial}{\partial x_i}(\rho \boldsymbol{u}_i)=0 \tag{6-255}$$

式中　ρ——密度；

t——时间；

$\boldsymbol{u}_i$——速度矢量，其中 i 为张量指标，表示在三维空间中的方向。

N-S 方程如下：

$$\frac{\partial}{\partial t}(\rho \boldsymbol{u}_i)+\frac{\partial}{\partial x_j}(\rho \boldsymbol{u}_i \boldsymbol{u}_j)=-\frac{\partial p}{\partial x_i}+\frac{\partial}{\partial x_j}\left(\mu \frac{\partial \boldsymbol{u}_i}{\partial x_j}-\rho \overline{\boldsymbol{u}_i' \boldsymbol{u}_j'}\right)+\boldsymbol{S}_i \tag{6-256}$$

式中　p——微元体上的压力；

$\boldsymbol{S}_i$——动量守恒方程的广义源项。

④ 边界条件

进口边界条件（质量流量进口）：$p_{in}=0.17$MPa、气流温度、湍流强度、$Q_n=26$kg/s、当量直径等。

出口边界条件（压力出口）：质量流量、气流背压、当量直径、湍流强度。

叶轮模型使用 MRF（多重参考系），旋转速度为 6188r/min。

⑤ FLUENT 以及 NUMECA 模拟　运用 FLUENT 以及 NUMECA 分别进行模拟，结果如图 6-40 所示。从图中可以看到，FLUENT 以及 NUMECA 的模拟结果基本相同，误差不超过 10%，由此可以证明结果是可靠的。

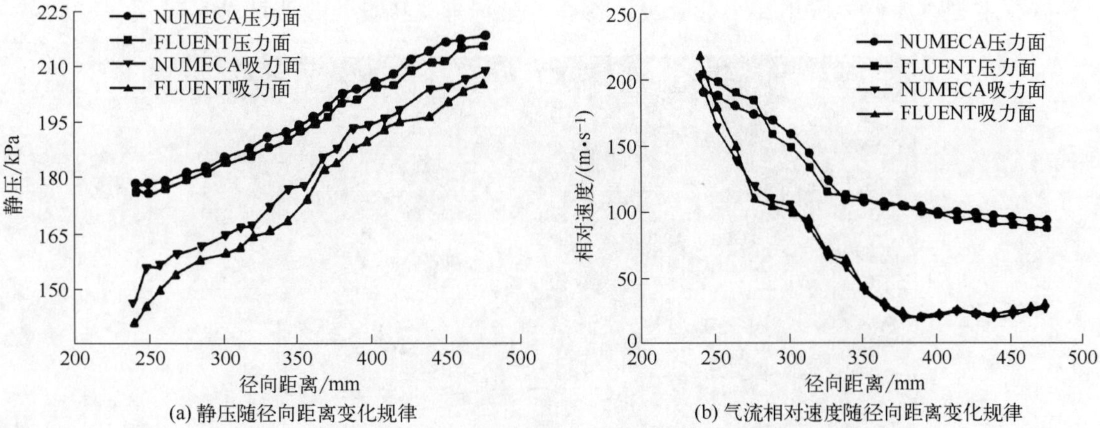

图 6-40　FLUENT 以及 NUMECA 模拟结果

(2) 运用 FLUENT 对离心压气机的内部流场进行数值模拟

运用 SolidWorks 建立了三维模型，如图 6-41 所示。网格划分采用的是 Gambit 软件，如图 6-42 所示。

模型包括四个部分，分别是进口、无叶扩压器、叶轮和蜗壳。压比 1.42，进口流速

3.957m^3/min，电机转速 42000r/min，工作介质是空气。建立模型时，确定进口直径 D_0，轮顶间隙为 0.3m。由于是小流量的单级离心压气机，因此 b_2（压缩机叶轮出口宽度）/D_2（压缩机叶轮出口直径）比较小。采用等宽无叶扩压器，出口直径 1.5D_2，蜗壳为偏心圆蜗壳。

图 6-41　三维模型

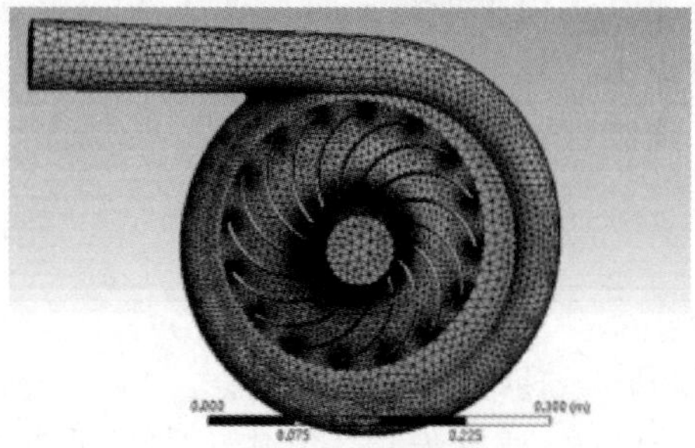

图 6-42　网格划分

① 边界条件

a. 进口边界条件。静温 273K，质量流量 0.08kg/s，轴向进气。

b. 出口边界条件。静压 144000Pa。

c. 壁面边界条件。转动壁面转速均为 42000r/min，其他壁面转速为 0。

② 设定控制参数　方程中系数是默认数值，工质是空气。

参考系：将 fluid 定义为转动参考系，Rotation-Axis Origin 值设置为（0，0，0），Rotation-Axis Direction 值设置为（0，0，1）；Lun 设置成固定参考系，Rotation-Axis 值设置为（0，−140，0），Rotation-Axis Direction 值设置为（0，0，1）；Speed 设置为 42000r/min。

Inlet 设置为 pressure-inlet，进口压力是 101154Pa；Outlet 设置为 pressure-outlet，出口压力是 144000Pa。

将 Translational Velocity 值设置为（0，0，0）。

③ 数值模拟结果　全局残差曲线如图 6-43 所示。从图中可以发现，600 次迭代之后，剩余值变小，全局残差减小 3 个数量级，符合收敛标准，因此可认为收敛。

图 6-43　全局残差曲线

压气机内部的静压分布如图 6-44 所示。静压沿着圆周变化，在蜗壳出口处有最大值，在叶轮的非工作面入口处有最小值。压气机内部的静压沿着圆周周期性变化，因此可以认为边界条件的设定是比较合理的。在大部分的流动域中，空气的流动方向是沿着预期的流动方向，因此流动也很合理。空气从叶轮到扩散器的过程中流量分布是不均匀的，压力的变化更为明显。经扩散器之后压力逐渐向蜗壳扩散，蜗壳扩散管内的压力再度增加。

速度矢量图如图 6-45 所示。由于受到旋转叶轮影响，空气的流动从轴向转换为复合流动（轴向、径向和周向）。离心力和流道内的间隙导致空气流动更加不均匀。从图中可以看到，前盖板的入口处有一个逆流区，这严重影响下一步流动。无叶扩压器中，无叶片对流动进行诱导，圆周上的速度矢量分布不均匀。叶轮出口处存在流速最大值，之后流经扩散器入口、轮盖侧，速度逐渐减小，当空气从扩散器的腔室流入蜗壳时，速度分布开始不规律，径向的速度逐渐减小。

图 6-44　压气机内部静压分布

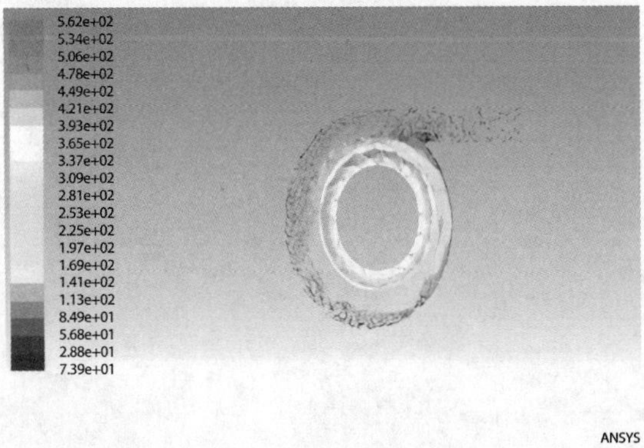

图 6-45　速度矢量图

湍流强度等值线如图 6-46 所示。从图中可以看出，沿着流线的方向，湍流的强度逐渐增大。同一截面的条件下，叶轮出口处以及通道的吸入表面强于压力表面，射流梯度增大导致射流尾部变化更为明显。扩压器通道入口处，由于尾流的影响，越靠近出口处，湍流强度越大，但增加幅度逐渐减小。蜗壳内部的湍流强度极小，因此气流较稳定。

（3）基于 ANSYS Workbench 的离心压气机流场的数值模拟

研究的离心压气机叶轮有 15 个叶片，进口压力为 0.17MPa，温度为 77 ℃，转速为 4800r/min，输送介质为 H_2S 和 CH_4，摩尔分数分别为 30%和 70%。

采用 Pro Engineer 软件建立流场模型，如图 6-47 所示。

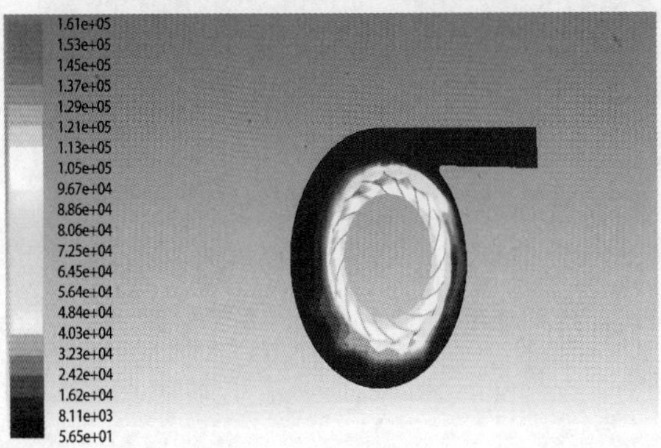

图 6-46　湍流强度等值线

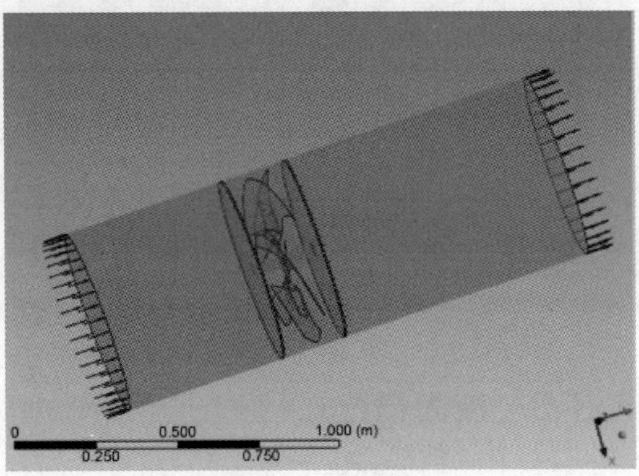

图 6-47　叶轮流场模型

流场模型有限元网格采用非结构化混合网格法建立，由 2276156 个单元和 478092 个节点组成，如图 6-48 所示。采用计算流体动力学软件 CFX，利用 Navier-stokes 方程和 RNG k-ε 模型对离心压气机叶轮内部流场进行三维稳态数值计算，并且利用流体运输方程对各组分的流体流动特性进行分析。

离心压气机叶轮内部流场总压如图 6-49 所示。叶片压力侧的压力明显高于吸力侧的压力。由于叶轮做功，叶轮流动压力从叶轮进口到出口逐渐增大，且在出口处达到最大，为 0.17MPa。

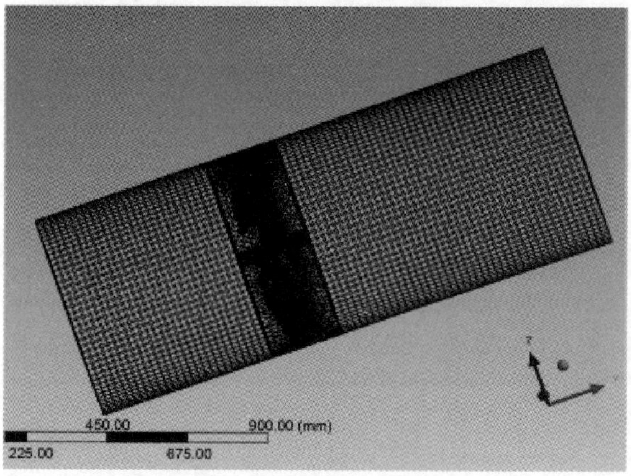

图 6-48　流场的有限元模型

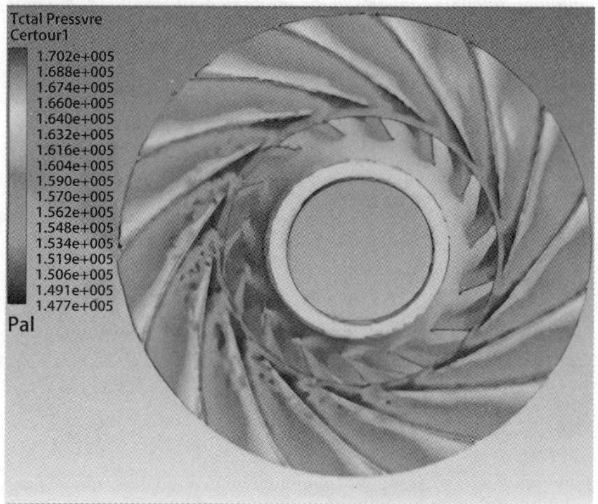

图 6-49　叶轮内部流场总压

CH_4 和 H_2S 在离心压气机叶轮内部流场中的分布如图 6-50 所示。H_2S 主要分布在叶轮叶片的吸力面，其浓度由叶轮进口向出口递减，浓度最大的地方是靠近前缘与轮盖交界处的叶片入口。CH_4 主要分布在叶片压力面，浓度沿叶轮入口到出口逐渐增加，且在出口处最大。

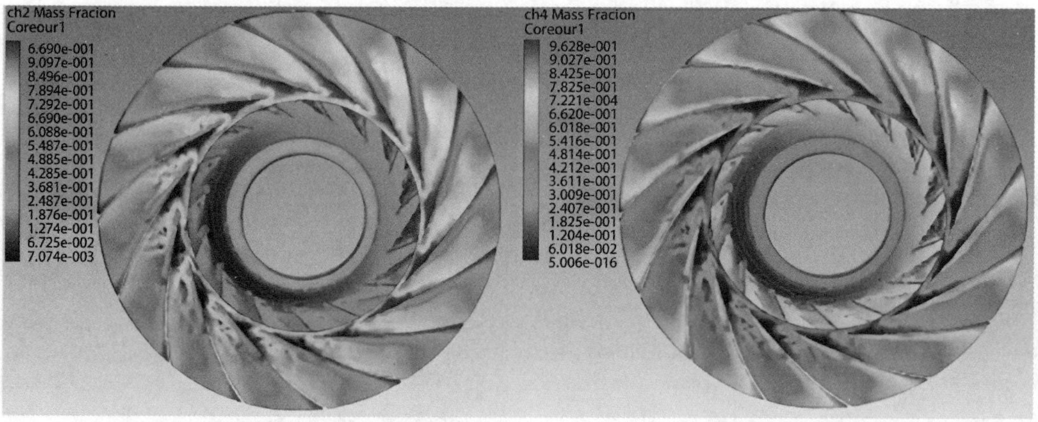

图 6-50　CH_4 和 H_2S 在离心压气机叶轮内部流场中的分布

6.3.3　流固耦合

塔结构、材料特性、流动载荷以及约束等条件共同决定了塔设备的固有频率和相应振型。当塔的振动频率与固有频率相同时将诱发共振，危害塔的正常工作。选取某石化企业的板式塔作为研究对象，在设计工况下采用 Workbench 多物理场求解平台提供的流固耦合计算方法，对塔设备进行结构计算、模态分析和谐响应分析。首先用流固耦合算法对内部流场进行气液两相流稳态计算，然后对塔体进行静力结构计算，载荷条件有重力以及通过流固耦合界面施加到塔体的流动压力，计算得到了不同塔板数的塔结构位移、应力、固有频率及其振型等结果和规律。最后采用模态叠加法对板式塔进行谐响应分析，得到内部流动载荷对塔设备动响应的影响规律。

6.3.3.1　建模及边界条件

运用 SolidWorks 软件分别建立如图 6-51 所示的高塔固体域和流体域模型（k 为塔板数），将模型导入网格划分软件进行计算网格划分；在 Workbench 平台中使用流动软件 CFX 对流体域进行气液两相流稳态计算；对流动计算域采用非结构网格划分，选取 k-ε 湍流模型，重力为 Z 轴方向，根据气液两相流量的设计参数设置气液两相的入口流速，出口采取压力设置；图 6-52 示出塔高 9m 处中心压力（p）值随计算网格数的变化情况，当网格数 N 超 110 万后 p 值基本稳定，因此，选取 110 万作为流动计算域的网格数；在平台中使用 Structure 软件对塔固体域进行结构计算；载荷条件有重力以及通过流固耦合界面施加到塔体的流动压力，塔底为固定约束；材料选用 Q345R 钢，密度 $7850kg/m^3$，弹性模量 2×10^5 MPa，泊松比 0.3，最大屈服强度 460MPa。

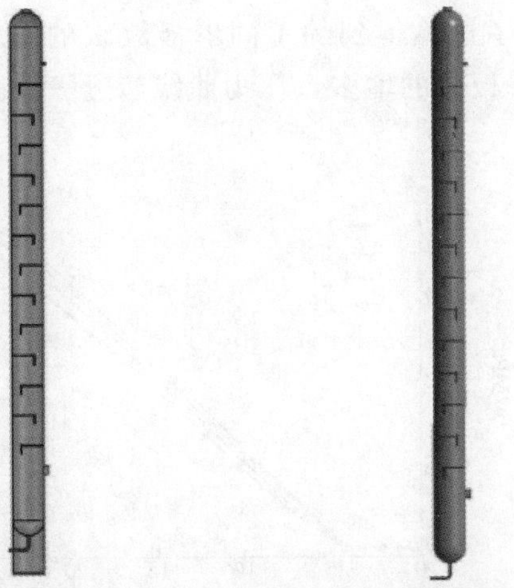

图 6-51　塔设备计算模型

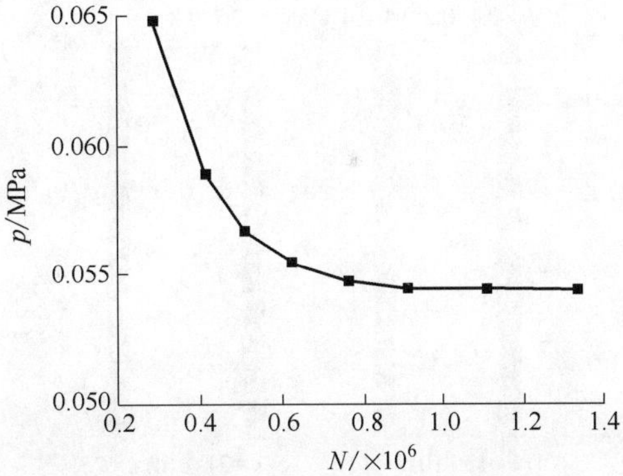

图 6-52　塔高 9m 处中心压力 p 随网格数 N 的变化情况（k=25）

6.3.3.2　计算结果及分析

(1) 塔内两相流场

图 6-53、图 6-54 分别示出了计算得到的不同塔板数 k 的板式塔内气相和液相的流线分布。可以看出，塔内的气相流速一般在 10～50m/s 范围内，液相流速则在 1.0m/s 以内。随着塔板数的增加，流体所受的阻力增大，要满足同样的流量工况，需要增加入口压力。

图 6-55 示出了计算得到的不同塔板数 k 的板式塔内气相体积分数分布。可以看出，塔内的气相占据较大的空间，因重力作用液相滞留在气体入口下方的塔底位置，少部分液相处于塔板上方。随着塔板数的增加，塔内流速增大，使得滞留在塔板上的液体逐渐减少。

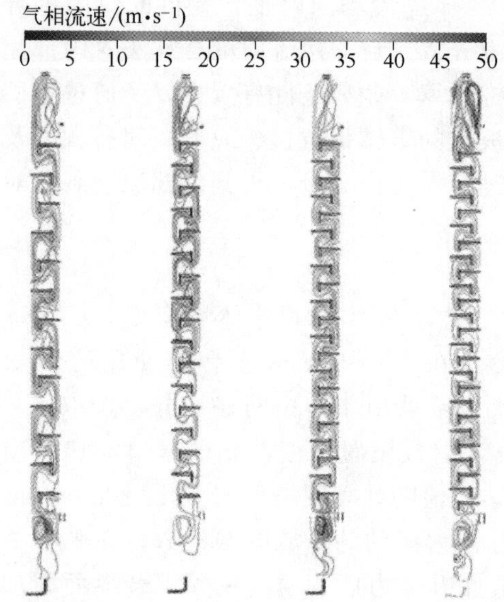

(a) k=13 (b) k=17 (c) k=21 (d) k=25

图 6-53 板式塔内气相流线分布

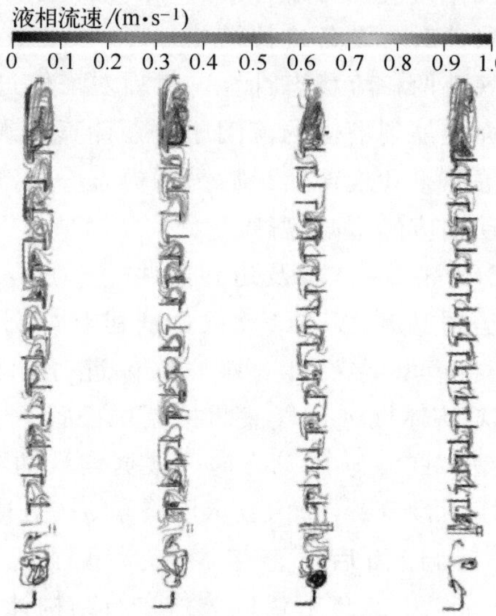

(a) k=13 (b) k=17 (c) k=21 (d) k=25

图 6-54 板式塔内液相流线分布

(2) 塔内流体压力

流体压力表征了流动载荷的大小。图 6-56 示出了计算得到的不同塔板数 k 的板式塔中心压力 p 随高度 H 的变化曲线。可以看出，随着塔板数的增多，压力曲线趋近一致。

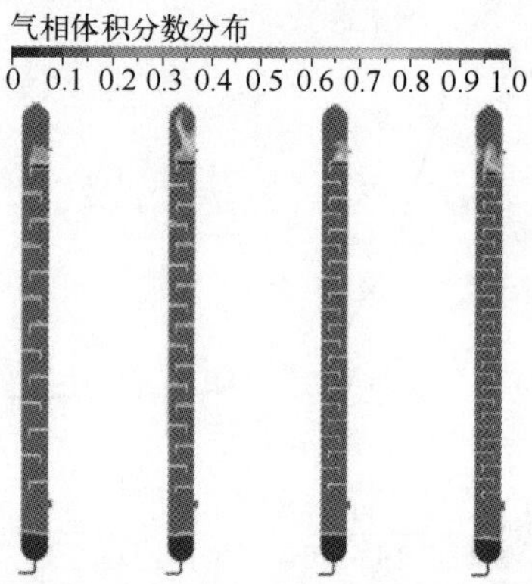

(a) k=13 (b) k=17 (c) k=21 (d) k=25

图 6-55 板式塔内气相体积分数分布

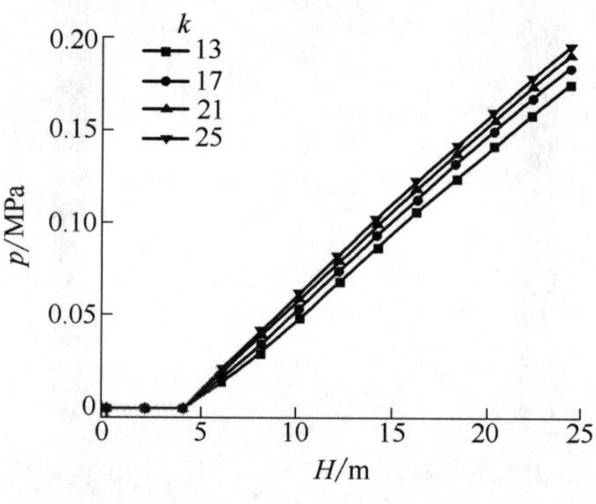

图 6-56 板式塔中心压力 p 随高度 H 分布情况

(3) 静力学分析

表 6-6 列出了计算得到的不同塔板数 k 的板式塔位移 δ 和应力 σ 的最大值，其中，最大位移 δ_{max} 出现在塔顶，而最大应力 σ_{max} 则出现在塔底。可以看出，随着塔板数的增多，δ_{max} 和 σ_{max} 值有所增大。但当塔板数足够多时，δ_{max} 稳定在 9.0mm 以内，σ_{max} 稳定在 170MPa 以内，小于最大屈服强度值 460MPa。结合图 6-57 的流动载荷趋势，说明塔板数足够多时，塔板数和流动载荷对塔体结构静力学的影响逐渐减弱。

表 6-6 板式塔位移、应力的最大值

塔板数 k	13	17	21	25
δ_{max}/mm	8.51	8.67	8.79	8.81
σ_{max}/MPa	143.5	158.1	165.3	167.6

（4）模态分析

以 $k=25$ 为例，图 6-57 示出了计算得到的 1～6 阶模态的振型图。可以看出，1 阶和 2 阶、3 阶和 4 阶、5 阶和 6 阶模态出现了频率和振型重合的现象，这是由于塔模型是轴对称的，所以在 X，Y 方向具有相同的振型和频率，若去掉重复的结果，可得到前 3 阶实际振动频率和振型。

图 6-58 示出了板式塔固有频率与流固耦合计算的结果对比。可以看出，随着塔板数 k 增多，固有频率理论值和模拟计算值有相同的下降趋势，其中 1 阶理论值与模拟值的相对误差在 1.9%以内，2 阶和 3 阶的相对误差分别在 3.3%和 7.3%以内。理论方法和模拟计算的主要差别在于：模拟计算考虑了流动载荷的影响，说明流动载荷对塔设备固有频率的影响随着阶数的增加而增大。

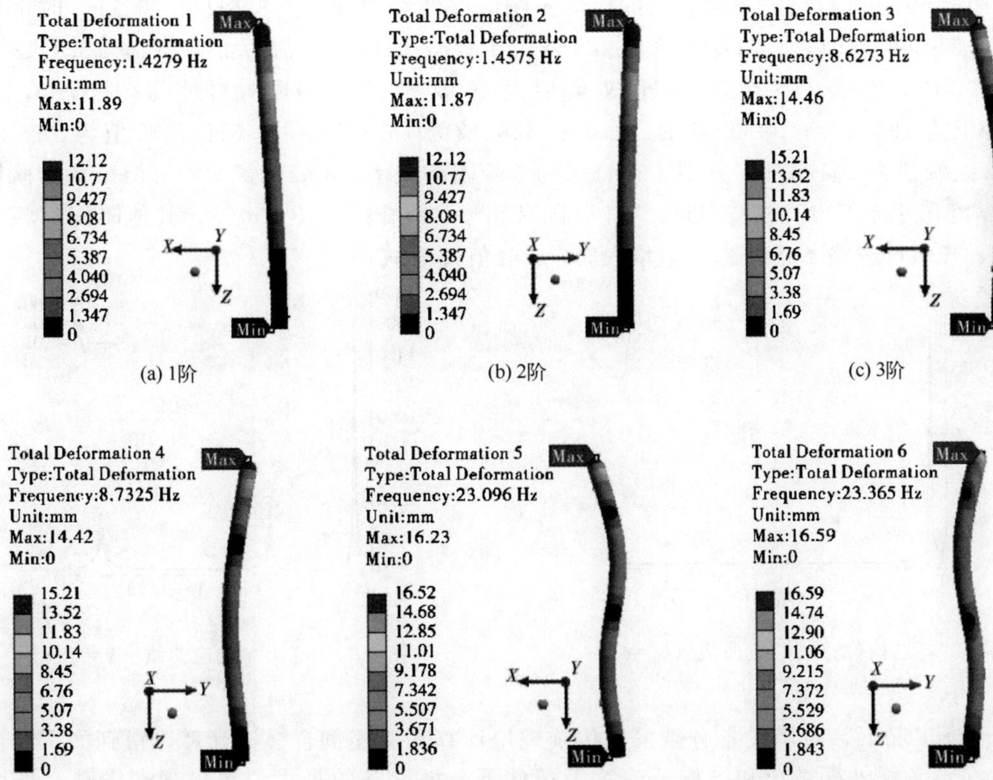

(a) 1阶　(b) 2阶　(c) 3阶　(d) 4阶　(e) 5阶　(f) 6阶

图 6-57　板式塔模态振型（$k=25$）

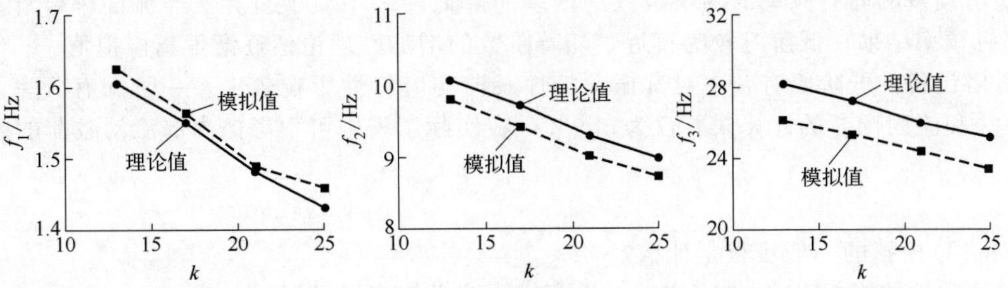

(a) 1阶　(b) 2阶　(c) 3阶

图 6-58　固有频率理论值与模拟结果对比

(5) 谐响应分析

谐响应分析采用模态叠加法。基于图 6-59 的模态分析结果，谐响应范围为 0～30Hz，扫描间隔取 0.1Hz。根据 GB 50009—2012，塔设备的阻尼比 β 值为 0.004～0.01，因此可分别取 $\beta=0.004$，0.007，0.01 进行谐响应分析，计算得到的结构位移 δ 响应如图 6-59 所示。可以看出，不同 β 值的结构位移 δ 曲线在 1.4Hz 和 8.6Hz 都出现了峰值：$\beta=0.004$ 时，1.4Hz 处峰值为 35.74mm，8.6Hz 处峰值为 0.67mm；$\beta=0.07$ 时，1.4Hz 处峰值为 34.1mm，8.6Hz 处峰值为 0.47mm；$\beta=0.01$ 时，1.4Hz 处峰值为 33.6mm，8.6Hz 处峰值为 0.35mm。其中，1.4Hz 为 1 阶固有频率，δ 峰值最大；8.6Hz 为 2 阶固有频率，δ 峰值小于 1.0mm。其他阶固有频率所对应的 δ 峰值可忽略不计，当 β 值增大时，δ 峰值逐渐减小。图 6-60 示出了计算得到的应力 σ 响应曲线（$k=25$）。

从图 6-60 可以看出，不同 β 值的应力 σ 响应曲线在 1.4Hz、8.6Hz、23.1Hz 时都出现了峰值：$\beta=0.004$ 时，1.4Hz 处峰值为 1654.0Pa，8.6Hz 处峰值为 484.4Pa，23.1Hz 处峰值为 508.7Pa；$\beta=0.007$ 时，1.4Hz 处峰值为 1605.6Pa，8.6Hz 处峰值为 337.7Pa，23.1 Hz 处峰值为 291.4Pa；$\beta=0.01$ 时，1.4Hz 处峰值为 1538.5Pa，8.6Hz 处峰值为 252.8Pa，23.1Hz 处峰值为 204.5Pa。其中，1.4Hz 为 1 阶固有频率，σ 峰值最大；8.6Hz 为 2 阶固有频率，σ 峰值小于 500Pa；23.1Hz 为 3 阶固有频率，σ 峰值小于 550Pa。其他阶固有频率所对应的 σ 峰值可忽略不计，当 β 值增大时，σ 峰值逐渐减小。

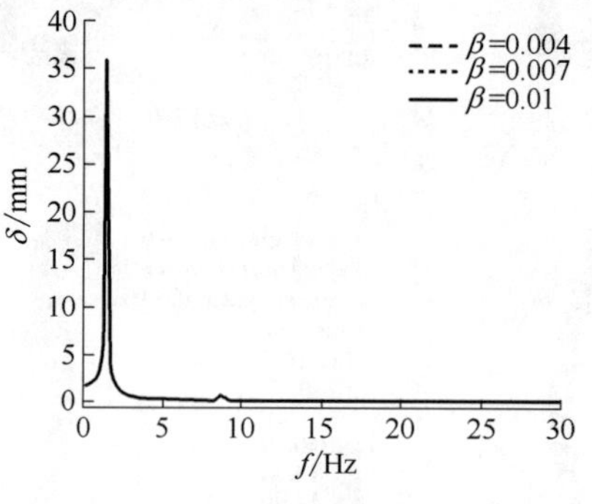

图 6-59 结构位移 δ 响应曲线（$k=25$）

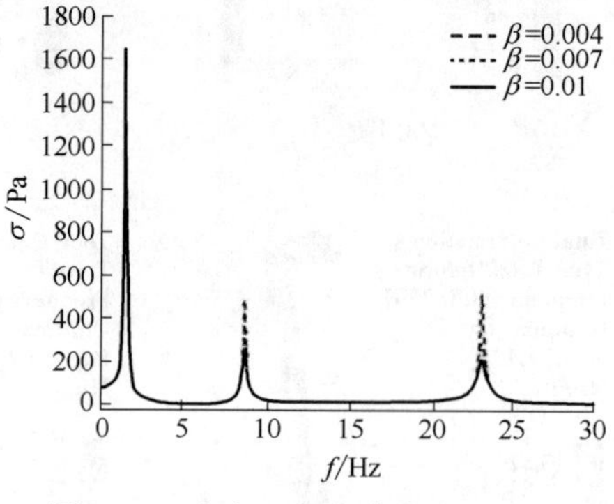

图 6-60 应力 σ 响应曲线（$k=25$）

(6) 结论

在设计工况下，对塔设备分别采用传统理论计算和流固耦合模拟计算，得到如下结论。

① 在不考虑外部载荷和结构不连续等条件下，塔设备的最大位移出现在塔顶，最大应力出现在塔底。塔高一定时，随着塔板数的增多，塔的最大位移和最大应力值有所增大；但塔板数足够多时，最大位移和最大应力趋于定值。

② 塔设备的固有频率值随塔板数的增多而降低。采用质量折算法与流固耦合计算的塔设备固有频率结果在低阶时较为接近，随着阶数的增加，理论值逐渐偏离模拟值。

③ 塔设备的低阶固有频率对其振动特性及谐响应特性影响较大。一阶固有频率采用质量折算法和流固耦合的计算误差仅为 1.9%，在实际工程中可不考虑内部流动载荷的影响。

习题

1. CFD 模拟的一般步骤是什么？
2. 请尝试使用 CFD 软件完成往复活塞式压缩机的流场模拟。
3. 如何使用 CFD 模拟完成塔设备的流固耦合模拟计算？

参考文献

[1] 丁伯民. 化工容器 [M]. 北京：化学工业出版社，2003.
[2] 关醒凡. 现代泵技术手册 [M]. 北京：宇航出版社，1995.
[3] 何川，郭立君. 泵与风机 [M]. 4 版. 北京：中国电力出版社，2008.
[4] 黄振仁，魏新利. 过程装备成套技术 [M]. 北京：化学工业出版社，2001.
[5] 李勤，李福宝，孙博. 过程装备力学分析及有限元法 [M]. 北京：中国石化出版社，2021.
[6] 林玉娟. 石油化工典型设备设计指导 [M]. 北京：中国石化出版社，2016.
[7] 李云，姜培正. 过程流体机械 [M]. 2 版. 北京：化学工业出版社，2008.
[8] 刘伯林. 轴流风机噪声预测与降噪研究 [D]. 四川：西南交通大学，2003.
[9] 钱锡俊. 泵和压缩机 [M]. 东营：石油大学出版社，2005.
[10] 秦立庆，颜文煅. 基于 CFD 法的流体机械设计 [J]. 黑龙江工程学院学报，2021，35 (3)：28-32.
[11] 孙启才，金鼎五. 离心机理结构与设计计算 [M]. 北京：机械工业出版社，1987.
[12] 吴琳，刘吉祥. 洗涤塔的设计 [J]. 化工设备与管道，2009，46 (6)：29-31.
[13] 徐海涛. 蒸汽喷射器的理论及数值研究 [D]. 南京：南京工业大学，2003.
[14] 余国琮. 化工容器及设备 [M]. 北京：化学工业出版社，1980.
[15] 余伟炜，高炳军. ANSYS 在机械与化工装备中的应用 [M]. 北京：中国水利水电出版社，2006.
[16] 郑津洋. 过程设备设计 [M]. 北京：化学工业出版社，2001.
[17] 吴青. 化工过程强化关键技术丛书：石油分子工程 [M]. 北京：化学工业出版社，2020.
[18] 党修成. 节流调节在螺杆压缩机节能中的理论研究 [J]. 压缩机技术，2015 (2)：6-8，29.
[19] 邓定国，束鹏程. 回转压缩机 [M]. 2 版. 北京：机械工业出版社，1989.
[20] 董稹，王跃飞. 无油润滑往复压缩机关键技术分析 [J]. 压缩机技术，2019 (6)：30-33.
[21] Chen S Y，Zuo S G，Wu Z P. Aerodynamic performance modeling of the centrifugal compressor and stability analysis of the compression system for fuel cell vehicles [J]. SAE International Journal of Advances and Current Practices in Mobility，2021，3 (5)：2325-2336.
[22] 耿东方. 高压聚乙烯超高压往复压缩机典型故障分析及预知维护长周期探究 [J]. 化学工程与装备，2019 (4)：227-229.
[23] 顾兴坤，刘燕，顾晓伟. 往复式压缩机余隙无级调节气量节能技术的研发与应用 [J]. 中国设备工程，2019 (5)：148-150.
[24] 郭靖. 双工作腔滑片压缩机内部工质动态泄漏特性的数值模拟分析 [D]. 广西：广西大学，2013.
[25] 郭晓颖. 活塞压缩机运动部件受力分析及数值模拟 [D]. 河北：华北理工大学，2020.
[26] 化学工业部人事教育司，化学工业部教育培训中心. 化工用泵 [M]. 北京：化学工业出版社，1997.
[27] 姬忠礼，邓志安，赵会军，等. 泵和压缩机 [M]. 北京：石油工业出版杜，2008.
[28] 江志农，张进杰，马波，等. 往复式压缩机故障监测与诊断技术 [M]. 北京：科学出版社，2017.
[29] 金江明. 活塞式压缩机排气量无级调节系统关键技术的研究 [D]. 浙江：浙江大学，2010.
[30] 况成虎，赵全升，付超伟，等. 国产气量无级调节系统在重整氢增压机 K202A 上的应用 [J]. 四川化工，2017，20 (1)：36-40.
[31] Guo Z Y，Zhou S Q，Li Z X，et al. Theoretical analysis and experimental confirmation of the uniformity principle of temperature difference field in heat exchanger [J]. International Journal of Heat and Mass Transfer，2002，45 (10)：2119-2127.

[32] Arjomand Kermani N，Petrushina I，Rokni M M. Evaluation of ionic liquids as replacements for the solid piston in conventional hydrogen reciprocating compressors：A review [J]. International Journal of Hydrogen Energy，2020，45 (33)：16337-16354.

[33] 李春欣，吕晓仁，林金梁. 往复压缩机密封件及摩擦磨损研究进展 [J]. 压缩机技术，2021 (4)：14-21.

[34] 李冠男. 往复式压缩机能耗增加的原因分析及节能降耗技术探究 [J]. 中国设备工程，2021 (23)：108-109.

[35] 李慧. 基于 MWorks 的螺杆压缩机型线的研究与仿真 [D]. 湖北：华中科技大学，2013.

[36] 李继勇，马有建. 螺杆压缩机常见故障分析及检修方法 [J]. 大氮肥，2018，41 (6)：416-419.

[37] 李文林，周瑞秋，赵超人. 回转式制冷压缩机 [M]. 北京：机械工业出版社，1992.

[38] 刘峰. HydroCOM 无级气量调节系统在往复式压缩机中的应用 [D]. 西安：西安石油大学，2015.

[39] 刘玉勇，王宇川，鲍洋洋，等. 喷油螺杆空气压缩机节能技术应用 [J]. 通用机械，2019 (10)：20-22.

[40] 刘泽坤，郑刚，张倩，等. 加氢站用离子压缩机及离子液体简述 [J]. 化工设备与管道，2020，57 (6)：47-53.

[41] 陆春晖. 基于 SolidWorks 的滑片压缩机三维造型设计 [J]. 压缩机技术，2006 (5)：26-28.

[42] Patil V C，Liu J，Ro P I. Efficiency improvement of liquid piston compressor using metal wire mesh for near-isothermal compressed air energy storage application [J]. Journal of Energy Storage，2020，28：101226.

[43] 马国远，郁国章. 双工作腔滑片压缩机结构分析 [J]. 压缩机技术，1997 (5)：1-6.

[44] 潘鑫. 往复式压缩机常见故障及在线监测系统的应用 [J]. 中国设备工程，2021 (6)：182-183.

[45] Pei J，Gan X C，Wang W J，et al. Multi-objective shape optimization on the inlet pipe of a vertical inline pump [J]. Journal of Fluids Engineering，2019，141 (6)：061108.

[46] Predel T，Schlücker E. Ionic liquids in oxygen compression [J]. Chemical Engineering & Technology，2009，32 (8)：1183-1188.

[47] Sdanghi G，Maranzana G，Celzard A，et al. Review of the current technologies and performances of hydrogen compression for stationary and automotive applications [J]. Renewable and Sustainable Energy Reviews，2019，102：150-170.

[48] 宋健忠，何雪明，范海港，等. 变螺距双螺杆压缩机性能分析 [J]. 液压与气动，2022，46 (8)：52-57.

[49] Sun J，Ding J，Chen S，et al. Numerical simulation of centrifugal compressor impeller flow flied based on ANSYS Workbench [C] //Proceedings of the 5th International Conference on Advanced Design and Manufacturing Engineering：Atlantis Press，2015.

[50] 唐斌，李连生，王乐. 往复式压缩机气量无级调节过程中进气阀的动态研究 [J]. 机械工程学报，2011，47 (4)：136-141.

[51] 王闯，张益钦，袁恒川，等. 水润滑双螺杆空压机工作过程传热传质特性研究 [J]. 机械工程学报，2021，57 (8)：247-254.

[52] Wang Y F，Xue C，Jia X H，et al. Fault diagnosis of reciprocating compressor valve with the method integrating acoustic emission signal and simulated valve motion [J]. Mechanical Systems and Signal Processing，2015，56：197-212.

[53] Zheng H B，Liu X L，Xuan Y M，et al. Efficient direct solar-driven thermochemical energy storage of (AlMgFeMn)O_xCaCO_3 pellets in a fluidized bed reactor [J]. Energy Conversion and Management，2023，285：116990.

[54] 王昊. 往复式压缩机节能降耗技术分析 [J]. 中国设备工程，2017 (15)：129-130.

[55] 王玮，刘洋，孙文忠．往复式压缩机节能降耗技术分析 [J]．天然气技术与经济，2014，8 (1)：49-51，79.

[56] 王旭飞，刘菊蓉，戴俊平，等．多相位双缸双作用往复旋转泵设计 [J]．机械设计与研究，2011，27 (3)：117-120.

[57] 魏会军，冯海，赵旭敏，等．余隙容积对往复式压缩机性能的影响 [J]．制冷学报，2021，42 (1)：134-139.

[58] 吴业正，李红旗，张华，等．制冷压缩机 [M]．北京：机械工业出版社，2011.

[59] 吴军超，杨现卿，吴习耕．矿用 L 型活塞式压缩机常见故障分析 [J]．煤矿机械，2007 (6)：195-198.

[60] 吴荣仁，刘生礼，陆君毅．压缩机进气阀部分行程顶开时缸内气体压力的计算 [J]．低温工程，2000 (5)：37-40.

[61] 武红胜，吕刚．气体参数对往复式压缩机功率的影响 [J]．石油石化节能，2011，1 (1)：28-30，54.

[62] 邢子文．螺杆压缩机：理论、设计及应用 [M]．北京：机械工业出版社，2000.

[63] 徐忠．离心式压缩机原理 [M]．2 版．北京：机械工业出版社，1990.

[64] 严天宏，梁嘉麟，李青．压缩机的现状、发展及新型技术展望 [J]．压缩机技术，2011 (1)：52-58.

[65] 尹志刚．往复式压缩机气阀失效原因分析及解决措施 [J]．石化技术，2019，26 (9)：334-335.

[66] 臧志宾．往复压缩机润滑站系统结构研究及优化设计 [D]．辽宁：沈阳理工大学，2016.

[67] 张殿文．L 型活塞式空压机常见故障分析及处理方法 [J]．有色矿冶，2021，37 (3)：48-50.

[68] 张官军．螺杆式压缩机常见故障和预防 [J]．化工管理，2019 (25)：177-178.

[69] 张炯焱．双螺杆压缩机齿型优化 [J]．压缩机技术，2020 (2)：49-53.

[70] 张晓静．螺杆式空气压缩机变频调速系统研究 [J]．自动化应用，2019 (9)：55-56.

[71] 张晓冉．往复压缩机在线状态监测系统在储气库中的应用 [J]．石油化工自动化，2021，57 (4)：72-74，89.

[72] 章根国．单螺杆压缩机发展现状及优越性分析 [J]．压缩机技术，2012 (2)：65-68.

[73] 章根国．二级压缩单螺杆压缩机节能技术 [J]．压缩机技术，2014 (5)：46-49.

[74] 周国良．压缩机维修手册 [M]．北京：化学工业出版社，2010.

[75] 朱俊杰，屈宗长，冯健美．新型锥形双螺杆压缩机的结构和原理 [J]．流体机械，2007 (8)：22-24，38.

[76] 左健民．液压与气压传动 [M]．3 版．北京：机械工业出版社，2005.

[77] Karassik I J，Messina J P，Cooper P，et al．泵手册 [M]．北京：中国石化出版社，2002.

[78] 巴鹏，马春峰，张秀珩，等．往复压缩机优化技术 [M]．北京：机械工业出版社，2024.

[79] 蔡仁良，顾伯勤，宋鹏云．过程装备密封技术 [M]．2 版．北京：化学工业出版社，2006.

[80] 曹天兵．往复式压缩机气阀频繁故障原因探究 [J]．中国石油和化工标准与质量，2021，41 (21)：16-17.

[81] 邓世海．离心式压缩机防喘振控制的探析 [J]．建筑工程技术与设计，2015 (17)：1840-1841.

[82] 高艳春．模糊控制在压缩机防喘振控制系统中的应用 [J]．活力，2019 (24)：127.

[83] 花严红，袁卫星，袁修干．微小流量离心压缩机叶轮流场性能模拟计算 [J]．航空动力学报，2008 (10)：1896-1902.

[84] 黄炜．离心泵汽蚀损伤的研究 [D]．上海：上海交通大学，2000.

[85] 黄钟岳，王晓放．透平式压缩机 [M]．北京：化学工业出版社，2004.

[86] 贾润达．基于紧连控制阀的离心式压缩机防喘振控制 [D]．大连：大连理工大学，2006.

[87] 李俊超，余文龙．轴流压缩机原理与气动设计 [M]．北京：机械工业出版社，1987.

[88] 刘德勇. 影响离心泵扬程曲线驼峰的主要因素及消除途径 [J]. 中国科技纵横，2011 (6)：2.
[89] 刘娜. 汽轮机驱动离心式压缩机的调节系统设计 [D]. 沈阳：东北大学，2012.
[90] 刘宜，陈建新，宋怀德. 离心泵内部空化流动的定常数值模拟及性能预测 [J]. 新技术新工艺，2010 (8)：41-45.
[91] 刘宜，惠伟安，赵希枫. 高比转数离心泵叶轮内空蚀两相流动的数值模拟 [J]. 兰州理工大学学报，2008 (5)：60-63.
[92] 吕书臣. 叶片出口角对离心泵性能影响的研究 [D]. 济南：山东大学，2005.
[93] 乐志成，吕文灿. 轴流式压缩机 [M]. 北京：机械工业出版社，1980.
[94] 倪成龙. 小流量离心压缩机流场分析及结构改进研究 [D]. 浙江：浙江大学，2017.
[95] 祁大同. 离心式压缩机原理 [M]. 北京：机械工业出版社，2018.
[96] 秦玉兵，苏莫明，李泰勋. 控制加载规律下的离心压缩机叶轮设计方法及数值计算 [J]. 风机技术，2007 (6)：36-39.
[97] 沙毅，闻建龙. 泵与风机 [M]. 合肥：中国科学技术大学出版社，2005.
[98] 王志魁. 化工原理 [M]. 3 版. 北京：化学工业出版社，2005.
[99] 王秀礼，袁寿其，朱荣生. 长短叶片离心泵汽蚀性能数值模拟分析及实验研究 [J]. 中国机械工程，2012，23 (10)：1154-1157.
[100] 王雅君. 离心压缩机焊接式蜗壳流动分析与优化研究 [D]. 大连：大连理工大学，2007.
[101] 王雨峰，苏莫明，田晓平. 函数控制加载规律下离心叶轮三维设计方法及数值分析 [J]. 风机技术，2012 (6)：37-41.
[102] 魏龙，常新忠，滕文锐. 离心压缩机喘振分析及实例 [J]. 通用机械，2003 (7)：38-41.
[103] 杨军虎，李淑萍，阎世杰，等. 低比转速离心泵驼峰稳定性及其影响因素研究 [J]. 西华大学学报：自然科学版，2021，40 (4)：40-47.
[104] 姚志峰，曾永顺，王福军，等. 一种离心泵叶片的尾部修型方法，离心泵叶轮及离心泵：CN 106089797A [P]. 2016-11-09.
[105] 郁永章，姜培正，孙嗣莹. 压缩机工程手册 [M]. 北京：中国石化出版社，2012.
[106] 周云龙，李洪伟，孙斌，等. 基于现代信号处理技术的泵与风机故障诊断原理及其应用 [M]. 北京：科学出版社，2014.
[107] 朱荣生，付强，李维斌. 基于混合模型的离心泵叶轮内汽蚀两相流的 CFD 分析 [J]. 中国农村水利水电，2006 (8)：51-53.
[108] 浙江理工泵业有限公司. 一种具有防堵塞功能的轴流泵：CN 113357161A [P]. 2021-09-07.
[109] 庄科. 离心泵内的空泡形态和汽蚀损伤 [D]. 上海：上海交通大学，2003.
[110] 焦广栋，朱昌全. 换热器的功能选型及塔顶再沸器结构设计 [J]. 聚酯工业，2020，33 (5)：43-44.
[111] 许明. 化工装置中塔设备的安全设计及监察 [J]. 石油和化工设备，2006，9 (1)：14-17.
[112] JB 4732—1995. 钢制压力容器分析设计标准 [S].
[113] GB/T 4732.1～4372.6—2024. 压力容器分析设计 [S].
[114] 黄文达. 钢轨裂纹扩展寿命的估计 [C] //第十届粤京港沪铁道学会学术年会论文集. 香港：香港铁道学会，2006：221-227.
[115] 李慧. 基于温度场试验的铝合金活塞疲劳寿命预测研究 [D]. 太原：中北大学，2012.
[116] Minichmayr R，Riedler M，Winter G，et al. Thermo-mechanical fatigue life assessment of aluminium components using the damage rate model of Sehitoglu [J]. International Journal of Fatigue，2008，30 (2)：298-304.
[117] 薛长礼. 中华人民共和国安全生产法 [M]. 北京：中国法制出版社，2021.
[118] AQ/T 3034—2022. 化工过程安全管理导则 [S].

[119] AQ/T 3033—2022. 化工建设项目安全设计管理导则 [S].

[120] 环境保护部环境工程评估中心. 化工石化及医药类环境影响评价 [M]. 北京：中国环境科学出版社，2012.

[121] 李庄，黄明达. 化工设备突发事故处理与分析预防技术规范实务全书 [M]. 天津：天津电子出版社，2004.

[122] 生态环境部环境工程评估中心. 重点行业环境评估报告：2022 年 [M]. 北京：中国石化出版社，2023.

[123] 张麦秋，唐淑贞，刘三婷. 化工生产安全技术 [M]. 3 版. 北京：化学工业出版社，2020.

[124] 许菲. 新型螺旋折流板换热器传热性能研究 [D]. 北京：北京化工大学，2015.

[125] Chen S，Zhang K，Zhang Q. Experimental investigation of helical baffles heat exchanger，Part 1，Part 2 [J]. Journal of Fushun Petroleum Institute，1998，18 (3)：31-38.

[126] 张宇. 国内外螺旋折流板换热器技术创新综述 [J]. 石油和化工设备，2015 (10)：94-96.

[127] 曹晔. 连续微型串联搅拌槽式反应器用于固液分离和反应的研究 [D]. 上海：华东理工大学，2021.

[128] Zhang X N，Stefanick S，Villani F J. Application of microreactor technology in process development [J]. Organic Process Research & Development，2004，8 (3)：455-460.

[129] Yue J. Multiphase flow processing in microreactors combined with heterogeneous catalysis for efficient and sustainable chemical synthesis [J]. Catalysis Today，2018，308：3-19.

[130] 姜营. 低温压力容器设计中的关键问题 [J]. 山东化工，2017，46 (6)：111-113.

[131] 徐亮亮. 基于 ADINA 的若干化工设备流—固耦合动力特性研究 [D]. 上海：华东理工大学，2012.

[132] 许光第，董玉新. 回热器流致振动研究综述 [J]. 科技视界，2021 (17)：70-73.

[133] 舒斌，毛霖. 基于扰流作用的凝汽器强化换热技术原理分析 [J]. 汽轮机技术，2020，62 (3)：224-226，230.

[134] 过增元. 换热器中的场协同原则及其应用 [J]. 机械工程学报，2003，39 (12)：1-9.

[135] 王嘉伟. 低雷诺数下实现机械搅拌混沌混合的模拟与实验研究 [D]. 昆明：昆明理工大学，2018.

[136] 高鸿海，姜锦玲. 塔振动与卡曼旋涡的解决办法 [J]. 甘肃科技，2005，21 (6)：35-36.

[137] 郭鹏. 往复式压缩机工作过程模拟计算及试验研究 [D]. 洛阳：河南科技大学，2014.

[138] 朱博文，赵永强，刘智，等. 三螺杆泵流场动力学特性数值模拟 [J]. 机床与液压，2020，48 (16)：113-120.

[139] 张继跃. 涡旋压缩机压力腔内流场分析 [D]. 大连：大连交通大学，2020.

[140] Chen Y，Halm N P，Groll E A，et al. Mathematical modeling of scroll compressors：Part I：Compression process modeling [J]. International Journal of Refrigeration，2002，25 (6)：731-750.

[141] 张雨英. 旋叶式压缩机的数值模拟与工作过程仿真 [D]. 重庆：重庆大学，2005.

[142] 张宇. 罗茨真空泵内部流场的研究 [D]. 沈阳：东北大学，2010.

[143] 黄桢. 油管柱振动机理研究与动力响应分析 [D]. 成都：西南石油大学，2005.

[144] 张晓慧. 涡旋压缩机整场数值模拟及工作特性研究 [D]. 青岛：中国石油大学（华东），2014.

[145] Sham R，Kovacevic A，Kethidi M. CFD Modeling in screw compressors with complex multi-rotor configurations [C] //International Compressor Engineering Conference at Purdue. West Lafayette，2012.

[146] 杨诚，时超，周科. 旋叶式压缩机 CFD 仿真分析 [J]. 压缩机技术，2010 (2)：1-3，7.

[147] 郭晨光. 双塔设备在内外流动载荷下的振动研究 [D]. 广州：华南理工大学，2020.

[148] 余海. 扁平翅片管管外流体流动与换热的数值模拟研究 [J]. 洁净与空调技术，2021 (4)：57-59.

[149] 龚宝龙，李剑峰，贾秀杰，等. 离心式空气压缩机叶轮内湍流的数值模拟 [J]. 石油机械，2013，41 (9)：37-40.

[150] 张岳，唐美玲，张凯．基于FLUENT的离心式压缩机内部流场的数值模拟研究［J］．沈阳工程学院学报（自然科学版），2018，14（4）：330-333.

[151] 汪文锋，黄思，郭晨光，等．塔设备在内部流动载荷作用下的振动分析［J］．压力容器，2019，36（11）：19-24.

[152] Belloli M，Rosa L，Zasso A．Wind loads and vortex shedding analysis on the effects of the porosity on a high slender tower［J］．Journal of Wind Engineering and Industrial Aerodynamics，2014，126：75-86.

[153] 傅德薰．流体力学数值模拟［M］．北京：国防工业出版社，1993.

[154] 王福军．计算流体动力学分析：CFD软件原理与应用［M］．北京：清华大学出版社，2004.

[155] 吴子牛．计算流体力学基本原理［M］．北京：科学出版社，2001.

[156] 张来平，常兴华，赵钟，等．计算流体力学网格生成技术［M］．北京：科学出版社，2017.